21 世纪高等学校精品教材

数据挖掘技术

谭建豪 章兢 黄耀 胡章谋 编著

中国水利水电出版社
www.waterpub.com.cn

内容提要

本书较为系统地介绍了数据挖掘的基本概念、基本方法和基本技术以及数据挖掘的最新进展，并以较大篇幅叙述了数据挖掘在复杂工业系统中的应用情况。

本书深入而系统地阐述了数据挖掘的研究历史和现状、数据挖掘与数理统计的关系、数据挖掘技术（包括语义网络、智能体、分类、预测、复杂类型数据等基础概念和技术）、数据库系统及专家系统中的数据挖掘方式、数据挖掘的应用及一些具有挑战性的研究课题，对每类问题均提供了代表性算法和具体应用法则。全书共分7章，主要内容包括数据挖掘综述、从数理统计到数据挖掘、语义网络挖掘及其应用、智能体挖掘及其应用、分类挖掘及其应用、预测挖掘及其应用和复杂类型数据挖掘及其应用。

本书可作为高等院校自动化、电子信息、测控技术与仪表、电气工程、系统工程、机电工程等专业的本科生和研究生教材，也可作为相关专业工程技术人员的自学参考书。

本书配有免费电子教案，读者可以从中国水利水电出版社网站下载，网址为：http://www.waterpub.com.cn/softdown/，或与作者联系（tanjianhao96@sina.com.cn），获取更多教学资源。

图书在版编目（CIP）数据

数据挖掘技术/谭建豪等编著. —北京：中国水利水电出版社，2009

21世纪高等学校精品教材

ISBN 978-7-5084-6207-3

Ⅰ. 数… Ⅱ. 谭… Ⅲ. 数据采集－高等学校－教材 Ⅳ. TP274

中国版本图书馆 CIP 数据核字（2008）第212187号

书　　名	21世纪高等学校精品教材 数据挖掘技术
作　　者	谭建豪　章　兢　黄　耀　胡章谋　编　著
出版　发行	中国水利水电出版社（北京市三里河路6号　100044） 网址：www.waterpub.com.cn E-mail：mchannel@263.net（万水） sales@waterpub.com.cn 电话：（010）63202266（总机）、68367658（营销中心）、82562819（万水）
经　　售	全国各地新华书店和相关出版物销售网点
排　　版	北京万水电子信息有限公司
印　　刷	北京蓝空印刷厂
规　　格	184mm×260mm　16开本　18.5印张　451千字
版　　次	2009年1月第1版　2009年1月第1次印刷
印　　数	0001—4000册
定　　价	35.00元

前　言

数据挖掘是一门综合性学科，借鉴了多门学科的概念、理论、方法和技术。这些学科包括数据库系统、专家系统、机器学习、统计学、模式识别、信息检索、人工神经网络（正文中简称神经网络）、支持向量机、遗传算法、模糊优化、高性能计算和数据可视化等。数据挖掘旨在发现隐藏在大型数据集中的知识模式，其基本问题是可行性、实用性、有效性和可伸缩性问题。

数据挖掘出现于20世纪80年代后期，随着国内外研究的深入，已经取得了一批有价值的成果，并展现出良好的发展势头。本书较系统地阐述了该领域目前的研究状况，介绍了几种典型的数据挖掘技术和系统，并讨论了数据挖掘的应用情况和研究方向。

与数据挖掘有关的一些书籍主要是关于数据库方面的。随着大规模数据库（或信息库）的广泛应用，人们已不满足于仅对数据或信息进行查询和检索，因为简单的查询和检索一般不能使用户直接获得带有结论性的信息。因此仅仅依靠查询和检索的手段，数据库蕴藏的知识是得不到充分发掘和利用的。

另外，人工智能、专家系统和机器学习方面的书籍对数据挖掘也有所论述。研究虽然取得了一定的进展，但是知识获取仍然是瓶颈问题，知识工程师从专家那里获取知识的方式仍然带有很强的个体性和随机性，没有统一的方法。

知识发现与数据挖掘是一门新的技术学科，其理论框架与技术原理尚处于研究的初级阶段，还没有形成完整的理论体系。尽管如此，仅从已有的研究成果看，也足以展示其广阔的研究领域和应用前景。本书拟在阐述知识发现与数据挖掘原理的基础上，探索将其用于复杂工业系统的原理、方法和技术。

目前，许多学校正在对传统的教学内容进行改革，自动化、电子信息、测控技术与仪表、电气工程、系统工程、机电工程等专业迫切需要较多与信息相关的知识。由于这些专业的学生在本科阶段已较为扎实地掌握了数据库系统的知识，在研究生阶段便转入人工智能理论与技术的学习。如何将数据挖掘技术及人工智能理论在一个大的框架内以统一的视角用于解决工程实际问题，是本书着力的方向。

本教材是为电子信息及相关专业编写的。作为一门技术基础课，它以“数据库技术”及“人工智能”课程为先修课。既要学时少，又要让学生对数据挖掘原理及其在复杂工业系统中的应用建立较全面的印象，同时还应该使学生学有所用，并为今后的发展打下基础，这是本书编写的指导思想。编者力求避免本书与先修课程内容重复，对书中必不可少的相关知识只作简单介绍。

本书深入而系统地阐述了数据挖掘的研究历史和现状、数据挖掘与数理统计的关系、数据挖掘技术（包括语义网络、智能体、分类、预测、复杂类型数据等基础概念和技术）、数据库系统及专家系统中的数据挖掘方式、数据挖掘的应用及一些具有挑战性的研究课题，并对每类问题均提供代表性算法和具体应用法则。

全书共分 7 章，各章内容安排如下：

第 1 章，对数据挖掘进行综述。从技术角度和商业角度对数据挖掘进行定义，对数据挖掘与传统数据分析方法、数据挖掘和数据仓库、数据挖掘和在线分析处理（OLAP）、数据挖掘、机器学习和统计、软硬件发展对数据挖掘的影响之间的关系进行讨论；探讨数据挖掘所发现的知识类型、数据挖掘的功能、数据挖掘常用技术、数据挖掘中的数据仓库等内容；阐述数据挖掘系统的工作原理，其中包括数据挖掘系统结构和数据挖掘流程。

第 2 章，介绍从数理统计到数据挖掘的发展过程。阐述数据挖掘与数理统计的关系，对数理统计和数据库技术的结合进行讨论，由此说明数理统计在数据挖掘中的基础地位；重点讨论数理统计中的核心分析方法——回归分析法；就回归分析的基本概念、线性回归方程、线性相关的显著性检验、非线性回归分析、多元线性回归分析、一般情况下的线性回归分析进行论述；结合数据挖掘的特点，给出采用逐步回归分析法建立锻模设计准则的实例；就逐步回归分析的软件设计、锻模飞边尺寸设计准则的制定、锻模飞边金属消耗设计准则的制定等问题进行论述；最后，得出利用逐步回归分析软件建立的上述两类准则，并对结果进行分析，获得相关结论。

第 3 章，研究语义网络挖掘及其应用问题。阐述语义网络的概念，论述语义网络挖掘的原理；对课题基于 AutoCAD 的注塑模架设计专家系统进行详细讨论，以此说明语义网络挖掘在 CAD 系统中的应用情况。

第 4 章，研究智能体挖掘及其应用问题。阐述智能体概念，论述智能体挖掘算法；对课题基于智能对象和模糊推理的注塑模普通浇注系统进行详细讨论，以此说明智能体挖掘在 CAD 系统中的应用情况。

第 5 章，研究分类挖掘及其应用问题。阐述分类概念，论述决策树分类、贝叶斯分类、基于关联规则分类、基于数据库技术分类、基于支持向量机的分类、基于 AIS 模型分类等分类算法；对课题人工免疫算法及其在故障诊断中的应用进行详细的讨论，以此说明分类挖掘在解决复杂工程问题中的应用情况。

第 6 章，研究预测挖掘及其应用问题。阐述预测概念，论述技术（统计）预测、信息预测、拟合预测等预测挖掘方法，并与传统预测挖掘方法进行比较，介绍智能预测挖掘方法；对课题基于遗传算法的模糊优化算法及其在预测挖掘中的应用进行详细讨论，以此说明预测挖掘在 CAD 系统中的应用情况。

第 7 章，介绍复杂类型数据挖掘及其应用状况。探讨数据挖掘未来研究方向，论述网站数据挖掘、文本数据挖掘、语音数据挖掘、空间数据挖掘、图像数据挖掘等复杂类型数据挖掘；描述数据挖掘在超市布局、客户关系管理、天文数据分析、欺诈甄别等方面的应用情况；分析数据挖掘的技术、经济及社会因素。

本书可作为高等院校自动化、电子信息、测控技术与仪表、电气工程、系统工程、机电工程等专业的本科生和研究生教材，也可作为相关专业工程技术人员的自学参考书。

本书编者从事自动化专业的教学与科研十多年，积累了丰富的教学经验和可供参考的科研成果，这是本书得以成功编写的关键。

本书有关研究得到湖南省自然科技学术著作出版基金、国家自然科学基金（批准文号 60634020）、湖南省自然科学基金（批准文号 08JJ3132）的资助，中国水利水电出版社相关领导与编辑对本书的出版给予了大力支持，作者借此机会深表谢意。

在本书编写过程中，得到了鲁蓉蓉老师的鼎立支持和研究生陈文斌、刘小林、蒋海波、张伟刚、李丹、李晓光、唐莎、郭芙的大力帮助，在此表示衷心的感谢。

由于作者水平有限，书中不妥之处在所难免，恳请读者指正。

编　者

2008 年 9 月

目　录

第 1 章　数据挖掘综述

1.1　数据挖掘的研究历史和现状

数据挖掘其实是一个逐渐演变的过程。电子数据处理的初期，人们就试图通过某些方法来实现自动决策支持，当时机器学习成为人们关心的焦点。机器学习的过程就是将一些已知的并已被成功解决的问题作为范例输入计算机，机器通过学习这些范例总结并生成相应的规则，这些规则具有通用性，使用它们可以解决某一类的问题。随后，随着人工神经网络(以下简称神经网络)技术的形成和发展，人们的注意力转向知识工程。知识工程不同于机器学习，它是直接给计算机输入已被代码化的规则，而计算机是通过使用这些规则来解决某些问题。专家系统就是用这种方法所得到的成果，但它有投资大、效果不甚理想等不足。20 世纪 80 年代，人们又在新的神经网络理论的指导下，重新回到机器学习的方法上，并将其成果应用于处理大型商业数据库。

随着数据库技术的不断发展及数据库管理系统的广泛应用，数据库中存储的数据量急剧增大，在大量的数据背后隐藏着许多重要的信息，如果能把这些信息从数据库中抽取出来，将为公司创造很多潜在的利润，数据挖掘概念就是从这样的商业角度开发出来的。

数据仓库技术的发展与数据挖掘有着密切的关系。数据仓库的发展是推动数据挖掘技术发展的原因之一。但是，数据仓库并不是数据挖掘的先决条件，因为有很多数据挖掘可直接从操作数据源中挖掘信息。

确切地说，数据挖掘(Data Mining)，又称数据库中的知识发现(Knowledge Discovery in Database - KDD)，是指从大型数据库或数据仓库中提取隐含的、未知的、非平凡的及有潜在应用价值的信息或模式，它是数据库研究中的一个很有应用价值的新领域，融合了数据库、人工智能、机器学习、统计学等多个领域的理论和技术。

数据挖掘工具能够对将来的趋势和行为进行预测，从而很好地支持人们的决策。比如，经过对公司整个数据库系统的分析，数据挖掘工具可以回答诸如“哪个客户对我们公司的邮件推销活动最有可能作出反应？为什么？”等类似的问题。有些数据挖掘工具还能够解决一些很消耗人工时间的传统问题，因为它们能够快速地浏览整个数据库，找出一些专家们不易察觉的极有用的信息。

数据挖掘技术是人们长期对数据库技术进行研究和开发的结果。起初各种商业数据是存储在计算机的数据库中的，然后发展到可对数据库进行查询和访问，进而发展到对数据库的即时遍历。数据挖掘使数据库技术进入了一个更高级的阶段，它不仅能对过去的数据进行查询和遍历，并且能够找出过去数据之间的潜在联系，从而促进信息的传递。

我们以研究数据挖掘的历史可以发现，数据挖掘的快速增长和商业数据库的空前速度增长是分不开的，并且 20 世纪 90 年代较为成熟的数据仓库正同样广泛地应用于各种商业领域。从商业数据到商业信息的进化过程中，每一步前进都是建立在上一步的基础上的。

表1-1 给出了数据进化的四个阶段,从中可以看到,第四步进化是革命性的,因为从用户的角度来看,这一阶段的数据库技术已经可以快速地回答商业上的很多问题了。

表1-1　数据进化的四个阶段

进化阶段	时间段	技术支持	生产厂家	产品特点
数据搜集	20 世纪 60 年代	计算机,磁带等	IBM, CDC	提供静态历史数据
数据访问	20 世纪 80 年代	关系数据库,结构化查询语言 SQL	Oracle, Sybase, Informix, IBM, Microsoft	在记录中提供动态历史数据信息
数据仓库	20 世纪 90 年代	联机分析处理,多维数据库	Pilot, Comshare, Arbor, Cognos, Microstrategy	在各层次提供回溯的动态的历史数据
数据挖掘	正在流行	高级算法,多处理系统,海量算法	Pilot, Lockheed, IBM, SGI,其他初创公司	可提供预测性信息

数据库中的"发现知识(KDD)"一词首次出现在 1989 年举行的第十一届国际联合人工智能学术会议上。到目前为止,由美国人工智能协会主办的 KDD 国际研讨会已经召开了 8 次,规模由原来的专题讨论会发展到国际学术大会,研究重点也逐渐从发现方法转向系统应用,注重多种发现策略和技术的集成,以及多种学科之间的相互渗透。1999 年,亚太地区在北京召开的第三届 PAKDD 会议收到 158 篇论文。IEEE 的 Knowledge and Data Engineering 会刊率先在 1993 年出版了 KDD 技术专刊。并行计算、计算机网络和信息工程等其他领域的国际学会、学刊也把数据挖掘和知识发现列为专题和专刊讨论。

目前,世界上比较有影响的典型数据挖掘系统有:SAS 公司的 Enterprise Miner, IBM 公司的 Intelligent Miner, SGI 公司的 SetMiner, SPSS 公司的 Clementine, Sybase 公司的 Warehouse Studio, RuleQuest Research 公司的 See5, 还有 CoverStory、EXPLORA、Knowledge Discovery Workbench、DBMiner、Quest 等。

与国外相比,国内对 DMKDD 的研究稍晚,没有形成整体力量。1993 年国家自然科学基金首次支持该领域的研究项目。目前,国内的许多科研单位和高等院校竞相开展知识发现的基础理论及其应用研究,这些单位包括清华大学、中科院计算技术研究所、空军第三研究所、海军装备论证中心等。其中,北京系统工程研究所对模糊方法在知识发现中的应用进行了较深入的研究,北京大学也在开展对数据立方体代数的研究,华中科技大学、复旦大学、浙江大学、中国科技大学、中科院数学研究所、吉林大学等单位开展了对关联规则开采算法的优化和改造,南京大学、四川联合大学和上海交通大学等单位探讨、研究了非结构化数据的知识发现及 Web 数据挖掘。

1.2　数据挖掘定义

1.2.1　技术角度的定义

数据挖掘(Data Mining)就是从大量的、不完全的、有噪声的、模糊的、随机的实际应用数据中,提取隐含在其中的、人们事先不知道但又是有用的信息和知识的过程。

与数据挖掘相近的同义词有数据融合、数据分析和决策支持等。数据挖掘的定义包括几层含义:数据源必须是真实的、大量的、含噪声的;发现的是用户感兴趣的知识;发现的知识要可接受、可理解、可运用;并不要求发现放之四海而皆准的知识,仅支持特定发现的问题即可。

何谓知识?从广义上理解,数据、信息也是知识的表现形式,但是人们更把概念、规则、模式、规律和约束等看作知识。人们把数据看作是形成知识的源泉,好像从矿石中采矿或淘金一样。原始数据可以是结构化的,如关系数据库中的数据,也可以是半结构化的,如文本、图形和图像数据,甚至是分布在网络上的异构型数据。发现知识的方法可以是数学的,也可以是非数学的;可以是演绎的,也可以是归纳的。发现的知识可以用于信息管理、查询优化、决策支持和过程控制等,还可以用于数据自身的维护。因此,数据挖掘是一门交叉学科,它把人们对数据的应用从低层次的简单查询,提升到从数据中挖掘知识,提供决策支持。在这种需求牵引下,汇聚了不同领域的研究者,尤其是数据库技术、人工智能技术、数理统计、可视化技术、并行计算等方面的学者和工程技术人员,都投身到数据挖掘这一新兴的研究领域,形成新的技术热点。

这里所说的知识发现,不是要求发现普遍的真理,也不是要去发现崭新的自然科学定理和纯数学公式,更不是什么机器定理证明。实际上,所有发现的知识都是相对的,是有特定前提和约束条件,面向特定领域的,同时还要能够易于被用户理解。最好能用自然语言表达所发现的结果。

1.2.2　商业角度的定义

数据挖掘是一种新的商业信息处理技术,其主要特点是对商业数据库中的大量业务数据进行抽取、转换、分析和其他模型化处理,从中提取辅助商业决策的关键性数据。

简而言之,数据挖掘其实是一类深层次的数据分析方法。数据分析本身已经有很多年的历史,过去数据收集和分析的目的是用于科学研究,由于当时计算能力有限,对大数据量进行分析的复杂数据分析方法受到很大限制。现在,由于各行业业务自动化的实现,商业领域产生了大量的业务数据,这些数据不再是为了分析的目的而收集的,而是由于纯机会(Opportunistic)的商业运作而产生。分析这些数据也不再是单纯为了研究的需要,更主要是为商业决策提供真正有价值的信息,进而获得利润。但所有企业面临的一个共同问题是,企业数据量非常大,而其中真正有价值的信息却很少。因此,从大量的数据中经过深层分析,获得有利于商业运作、有竞争力的信息,与从矿石中淘金相似,“数据挖掘”也因此而得名。

因此,数据挖掘可以描述为:一种按企业既定业务目标,对大量的企业数据进行探索和分析,揭示隐藏的、未知的或验证已知的规律性,并进一步将其模型化的先进有效的方法。

1.2.3　数据挖掘与传统分析方法的区别

数据挖掘与传统的数据分析(如查询、报表、联机应用分析)的本质区别是数据挖掘是在没有明确假设的前提下挖掘信息、发现知识。数据挖掘所得到的信息应具有先前未知、有效和可实用三个特征。

先前未知的信息是指该信息是未曾预料到的,既数据挖掘是要发现那些不能靠直觉发现的信息或知识,甚至是违背直觉的信息或知识,挖掘出的信息越是出乎意料,就可能越有价值。在商业应用中最典型的例子就是一家连锁店通过数据挖掘发现了小孩尿布和啤酒之间有着惊人的联系。

1.2.4 数据挖掘和数据仓库

在大部分情况下,数据挖掘都要先把数据从数据仓库中拿到数据挖掘库或数据集市中如图 1-1 所示。从数据仓库中直接得到进行数据挖掘的数据有许多好处,就如后面会讲到的,数据仓库的数据清理和数据挖掘的数据清理差不多,如果数据在导入数据仓库时已经清理过,那很可能在进行数据挖掘时就没必要再清理一次,而且所有数据不一致的问题都已经被解决了。

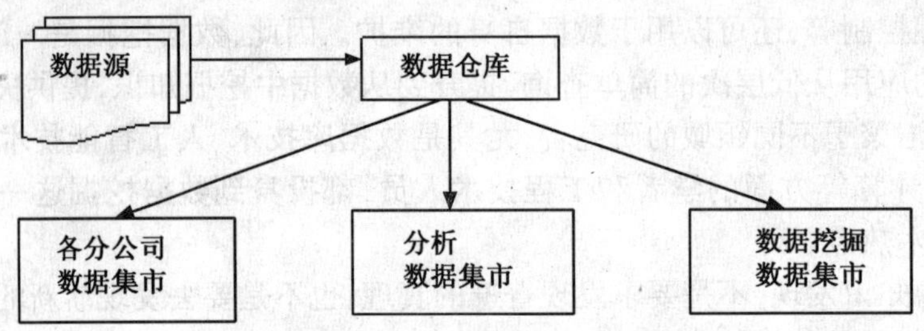

图 1-1 数据挖掘从数据库中得出

数据挖掘库,不一定非得是物理上单独的数据库,也可能是数据仓库的一个逻辑上的子集。但如果数据仓库的计算资源已经很紧张,最好还是建立一个单独的数据挖掘库,如图 1-2 所示。

当然,为了数据挖掘也不必非得建立一个数据仓库,数据仓库不是必需的。建立一个巨大的数据仓库,把各个不同源的数据统一在一起,解决所有的数据冲突问题,然后把所有的数据导到一个数据仓库内,是一项巨大的工程,可能要用大量时间,花上大量资金才能完成。要进行数据挖掘,可以把一个或几个事务数据库导到一个只读的数据库中,就把它当作数据集市,据此进行数据挖掘。

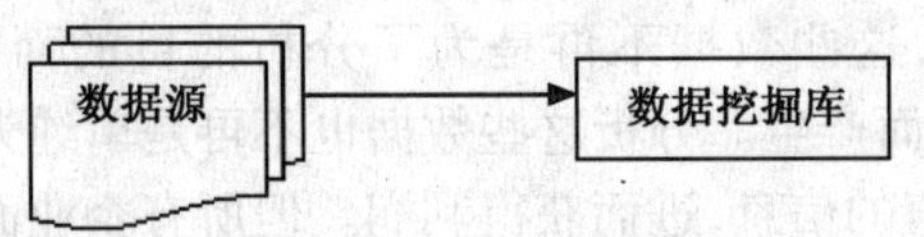

图 1-2 数据挖掘从事物数据库中得出

1.2.5 数据挖掘和在线分析处理

一个经常问到的问题是,数据挖掘和在线分析处理(OLAP)到底有何不同。通过下面的解释可以知道,它们是完全不同的工具,所基于的技术也大相径庭。

OLAP 是决策支持领域的一部分。传统的查询和报表工具是告诉用户数据库中都有什么(What happened),OLAP 则更进一步告诉用户下一步会怎么样(What next)及如果用户采取这样的措施又会怎么样(What if)。用户首先建立一个假设,然后用 OLAP 检索数据库来验证这个假设是否正确。比如,一个分析师想找到导致贷款拖欠的原因,他可能先做一个初始的假定,认为低收入的人信用度也低,然后用 OLAP 来验证他这个假设。如果这个假设没有被证实,他可能去查看那些高负债的账户,如果还不行,他也许要把收入和负债一起考虑,一直进行下去，直到找到他想要的结果，或者放弃寻找。

也就是说，OLAP 分析师是建立一系列的假设，然后通过 OLAP 来证实或推翻这些假设，最终得到自己的结论。OLAP 分析过程在本质上是一个演绎推理的过程。但是如果分析的变量达到几十个或上百个，那么再用 OLAP 手动分析验证这些假设将是一件非常困难的事情。

数据挖掘与 OLAP 不同的地方是，数据挖掘不是用于验证某个假定的模式（模型）的正确性，而是在数据库中自己寻找模型。这在本质上是一个归纳的过程。比如，一个用数据挖掘工具的分析师想找到引起贷款拖欠的风险因素，数据挖掘工具可能帮他找到高负债和低收入是引起这个问题的因素，甚至还可能发现一些分析师从来没有想过或试过的其他因素，比如年龄等。

数据挖掘和 OLAP 具有一定的互补性。在采用通过数据挖掘得到的结论之前，用户也许要验证一下如果采取这样的行动会给公司带来什么样的影响，那么 OLAP 工具能回答这些问题。

在知识发现的早期阶段，OLAP 工具还有其他一些用途：可以帮用户探索数据，找到哪些是对一个问题比较重要的变量；发现异常数据和互相影响的变量。这都能帮用户更好地理解这些数据，加快知识发现的过程。

1.2.6　数据挖掘、机器学习和统计

数据挖掘利用了人工智能（AI）和统计分析的进步带来的好处，这两门学科都致力于模式发现和预测。

数据挖掘不是为了替代传统的统计分析技术。相反，它是统计分析方法学的延伸和扩展。大多数的统计分析技术都基于完善的数学理论和高超的技巧，预测的准确度还是令人满意的，但对使用者的要求很高。而随着计算机计算能力的不断增强，可以利用计算机强大的计算能力，通过相对简单和固定的方法完成同样的功能。

一些新兴的技术同样在知识发现领域取得了很好的效果，如神经元网络和决策树，在足够多的数据和计算能力下，它们几乎不用人的操作就能自动完成许多有价值的功能。

数据挖掘就是利用统计和人工智能技术的应用程序，把这些高深复杂的技术封装起来，使人们不用自己掌握这些技术也能完成同样复杂的工作，并且可以更专注于自己所要解决的问题。

1.2.7　软硬件发展对数据挖掘的影响

使数据挖掘这件事情成为可能的关键一点是计算机性能价格比的提高。在过去的几年里，磁盘存储器的价格几乎降低了 99%，这在很大程度上改变了企业界对数据收集和存储的态度。如果每兆的价格是 10 元，那存放 1TB 的费用是 10 000 000 元，但当每兆的价格降为 1 元时，存储同样的数据只需 1 000 000 元。

计算机计算设备的降价幅度同样非常显著，而且每一代芯片的诞生都会把 CPU 的计算能力提高一大步。内存 RAM 也一样，几年之内每兆内存的价格由上百元降到现在的不足 1 元。

在单个 CPU 计算能力大幅提升的同时，基于多个 CPU 的并行系统也取得了很大的进

步。目前大多数的服务器都支持多个 CPU,SMP 服务器簇甚至能让成百上千个 CPU 同时工作。

基于并行系统的数据库管理系统也给数据挖掘技术的应用带来了便利。如果有一个庞大而复杂的数据挖掘问题要求通过访问数据库取得数据,那么效率最高的办法就是利用一个本地的并行数据库。

1.3 数据挖掘研究内容

随着数据挖掘研究逐步走向深入,数据挖掘和知识发现的研究已经形成了三根强大的技术支柱:数据库、人工智能和数理统计。因此,KDD 大会程序委员会曾经由这三个学科的权威人物同时任主席。目前数据挖掘的主要研究内容包括基础理论、发现算法、数据仓库、可视化技术、定性定量互换模型、知识表示方法、发现知识的维护和再利用、半结构化和非结构化数据中的知识发现及网上数据挖掘等。

1.3.1 数据挖掘所发现的知识

数据挖掘所发现的知识最常见的有以下 5 类。

1. 广义知识(Generalization)

广义知识指类别特征的概括性描述知识。根据数据的微观特性发现其表征的、带有普遍性的、较高层次概念的、中观和宏观的知识,反映同类事物共同性质,是对数据的概括、精炼和抽象。

广义知识的发现方法和实现技术有很多,如数据立方体、面向属性的归约等。数据立方体还有其他一些别名,如“多维数据库”、“实现视图”、OLAP 等。该方法的基本思想是实现某些常用的代价较高的聚集函数的计算,诸如计数、求和、平均、最大值等,并将这些实现视图储存在多维数据库中。既然很多聚集函数需经常重复计算,那么在多维数据立方体中存放预先计算好的结果将能保证快速响应,并可灵活地提供不同角度和不同抽象层次上的数据视图。另一种广义知识发现方法是加拿大 SimonFraser 大学提出的面向属性的归约方法。这种方法以类似 SQL 语言表示数据挖掘查询,收集数据库中的相关数据集,然后在相关数据集上应用一系列数据推广技术进行数据推广,包括属性删除、概念树提升、属性阈值控制、计数及其他聚集函数传播等。

2. 关联知识(Association)

关联知识是反映一个事件和其他事件之间依赖或关联的知识。如果两项或多项属性之间存在关联,那么其中一项的属性值就可以依据其他属性值进行预测。最为著名的关联规则发现方法是 R. Agrawal 提出的 Apriori 算法。关联规则的发现可分为两步:第一步是迭代识别所有的频繁项目集,要求频繁项目集的支持率不低于用户设定的最低值;第二步是从频繁项目集中构造可信度不低于用户设定的最低值的规则。识别或发现所有频繁项目集是关联规则发现算法的核心,也是计算量最大的部分。

3. 分类知识(Classification & Clustering)

分类知识是反映同类事物共同性质的特征型知识和不同事物之间的差异型特征知识。最为典型的分类方法是基于决策树的分类方法。它从实例集中构造决策树,是一种有指导的学习方法。该方法先根据训练子集(又称为窗口)形成决策树,如果该树不能对所有对象给出正确的分类,那么选择一些例外加入到窗口中,重复该过程一直到形成正确的决策集。最终结果是一棵树,其叶结点是类名,中间结点是带有分支的属性,该分支对应该属性的某一可能值。最为典型的决策树学习系统是ID3,它采用自顶向下不回溯策略,能保证找到一个简单的树。算法C4.5和C5.0都是ID3的扩展,它们将分类领域从类别属性扩展到数值型属性。

数据分类还有统计、粗糙集(RoughSet)等方法。线性回归和线性辨别分析是典型的统计模型。为降低决策树生成代价,人们还提出了一种区间分类器。最近也有人研究使用神经网络方法在数据库中进行分类和规则提取。

4. 预测型知识(Prediction)

预测型知识根据时间序列型数据,由历史的和当前的数据去推测未来的数据,也可以认为是以时间为关键属性的关联知识。

目前,时间序列预测方法有经典的统计方法、神经网络和机器学习等几种。1968年Box和Jenkins提出了一套比较完善的时间序列建模理论和分析方法,这些经典的数学方法通过建立随机模型,如自回归模型、自回归滑动平均模型、求和自回归滑动平均模型和季节调整模型等,进行时间序列的预测。由于大量的时间序列是非平稳的,其特征参数和数据分布随着时间的推移而发生变化。因此,仅仅通过对某段历史数据的训练,建立单一的神经网络预测模型,还无法完成准确的预测任务。为此,人们提出了基于统计学和基于精确性的再训练方法,当发现现存预测模型不再适用于当前数据时,对模型重新训练,获得新的权重参数,建立新的模型。也有许多系统借助并行算法的计算优势进行时间序列预测。

5. 偏差型知识(Deviation)

偏差型知识是对差异和极端特例的描述,用来揭示事物偏离常规的异常现象,如标准类外的特例、数据聚类外的离群值等。

所有这些知识都可以在不同的概念层次上被发现,并随着概念层次的提升,从微观到中观再到宏观,以满足不同用户不同层次决策的需要。

1.3.2　数据挖掘的功能

数据挖掘通过预测未来趋势及行为,做出前摄的、基于知识的决策。数据挖掘的目标是从数据库中发现隐含的、有意义的知识,主要有以下5类功能。

1. 自动预测趋势和行为

数据挖掘在大型数据库中自动寻找预测性信息,以往需要进行大量手工分析的问题如今可以迅速直接由数据本身得出结论。一个典型的例子是市场预测问题,数据挖掘使用过去有关促销的数据来寻找未来投资中回报最大的用户,其他可预测的问题包括预报破产及认定对指定事件最可能作出反应的种群。

2. 关联分析

数据关联是数据库中存在的一类重要的、可被发现的知识。若两个或多个变量的取值之间存在某种规律,就称为关联。关联可分为简单关联、时序关联和因果关联。关联分析的目的是找出数据库中隐藏的关联网。有时并不知道数据库中数据的关联函数,即使知道也是不确定的,因此关联分析生成的规则带有可信度。

3. 聚类分析

数据库中的记录可被化分为一系列有意义的子集，即聚类。聚类增强了人们对客观现实的认识，是概念描述和偏差分析的先决条件。聚类技术主要包括传统的模式识别方法和数学分类学。20 世纪 80 年代初，Mchalski 提出了概念聚类技术，其要点是在划分对象时不仅考虑对象之间的距离，还要求划分出的类具有某种内涵描述，从而避免了传统技术的某些片面性。

4. 概念描述

概念描述就是对某类对象的内涵进行描述，并概括这类对象的有关特征。概念描述分为特征性描述和区别性描述，前者描述某类对象的共同特征，后者描述不同类对象之间的区别。生成一个类的特征性描述只涉及该类对象中所有对象的共性。生成区别性描述的方法很多，如决策树法、遗传算法等。

5. 偏差检测

数据库中的数据常有一些异常记录，从数据库中检测这些偏差很有意义。偏差包括很多潜在的知识，如分类中的反常实例、不满足规则的特例、观测结果与模型预测值的偏差、量值随时间的变化等。偏差检测的基本方法是寻找观测结果与参照值之间有意义的差别。

1.3.3　数据挖掘常用技术

1.3.3.1　人工神经网络

神经网络近来越来越受到人们的关注，因为它为解决大复杂度问题提供了一种相对来说比较有效的简单方法。神经网络可以很容易地解决具有上百个参数的问题（当然实际生物体中存在的神经网络要比这里所说的程序模拟的神经网络复杂得多）。神经网络常用于两类问题：分类和回归。

在结构上，可以把一个神经网络划分为输入层、输出层和隐含层，如图 1-3 所示。输入层的每个结点对应一个个的预测变量。输出层的结点对应目标变量可以有多个。在输入层和输出层之间是隐含层（对神经网络使用者来说不可见），隐含层的层数和每层结点的个数决定了神经网络的复杂度。

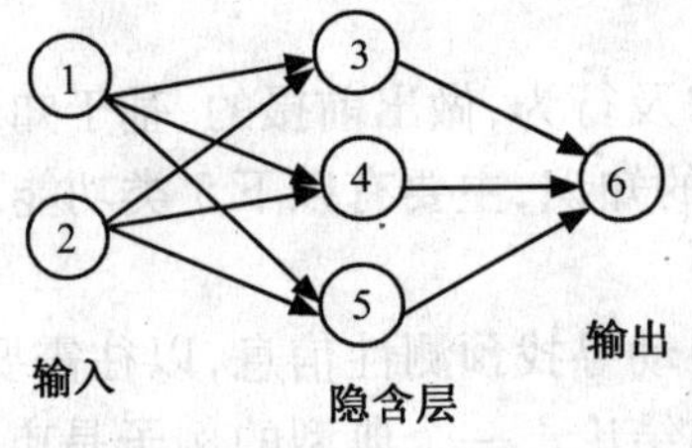

图 1-3　一个神经网络

除了输入层的结点，神经网络的每个结点都与它前面的很多结点（称为此结点的输入结点）连接在一起，每个连接对应一个权重 W_{xy}，此结点的值就是通过它所有输入结点的值与对应连接权重乘积的和作为一个函数的输入而得到，我们把这个函数称为活动函数或挤压函数。如图 1-4 中结点 4 输出到结点 6 的值可通过下式计算得到

$$W_{14} \times \text{结点 1 的值} + W_{24} \times \text{结点 2 的值}$$

神经网络的每个结点都可表示成预测变量（结点1，结点2）的值或值的组合（结点3～结点6）。注意结点6的值已经不再是结点1、结点2的线性组合，因为数据在隐含层中传递时使用了活动函数。实际上如果没有活动函数的话，神经元网络就等价于一个线性回归函数，如果此活动函数是某种特定的非线性函数，那神经网络又等价于逻辑回归。

调整结点间连接的权重是在建立（也称训练）神经网络时要做的工作。最早的也是最基本的权重调整方法是错误回馈法，现在较新的有变化坡度法、类牛顿法、Levenberg－Marquardt法和遗传算法等。无论采用哪种训练方法，都需要有一些参数来控制训练的过程，如防止训练过度和控制训练的速度。

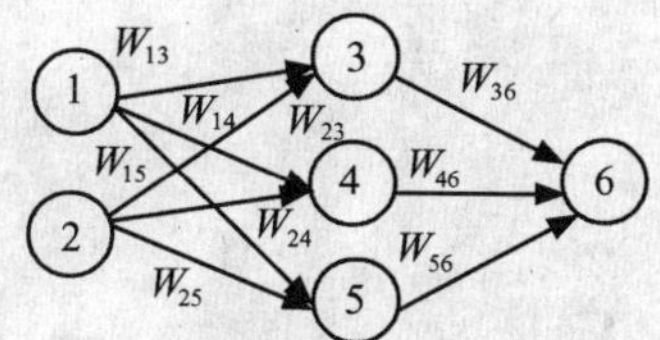

图1-4　带权重 W_{xy} 的神经元网络

决定神经网络拓扑结构（或体系结构）的是隐含层及其所含结点的个数，以及结点之间的连接方式。要从头开始设计一个神经网络，必须要决定隐含层和结点的数目，活动函数的形式及对权重作哪些限制等。当然，如果采用成熟软件工具的话，它会帮你决定这些事情。

在诸多类型的神经网络中，最常用的是前向传播式神经网络。下面进行详细讨论，为讨论方便假定只含有一层隐含结点。

可以认为错误回馈式训练法是变化坡度法的简化，其过程如下：

（1）前向传播。数据从输入到输出的过程是一个从前向后的传播过程，后一结点的值通过它前面相连的结点传过来，然后把值按照各个连接权重的大小加权输入活动函数再得到新的值，进一步传播到下一个结点。

（2）回馈。当结点的输出值与预期的值不同，也就是当发生错误时，神经网络就要进行"学习"（从错误中学习）。可以把结点间连接的权重看成后一结点对前一结点的"信任"程度（它自己向下一结点的输出更容易受它前面那个结点输入的影响）。学习的方法是采用惩罚的方法，其过程为：如果一结点输出发生错误，那么就要看其错误是受哪个（些）输入结点的影响造成的，是不是它最信任的结点（权重最高的结点）"陷害"了它（使它出错）。如果是，则要降低对它的信任值（降低权重），"惩罚"它们，同时提高那些做出正确建议结点的信任值。对那些受到"惩罚"的结点来说，它也需要用同样的方法来进一步"惩罚"它前面的结点。就这样把惩罚一步步向前传播直到输入结点为止。

对训练集中的每一条记录都要重复这个步骤，用前向传播得到输出值，如果发生错误，则用回馈法进行"学习"。当把训练集中的每一条记录都运行一遍之后，称完成一个训练周期。要完成神经网络的训练可能需要很多个训练周期，经常是几百个。训练完成之后得到的神经网络就是在通过训练集发现的模型，描述了训练集中响应变量受预测变量影响的变化规律。

由于神经网络隐含层中的可变参数太多，如果训练时间足够长的话，神经网络很可能把训练集的所有细节信息都"记"下来，而不是建立一个忽略细节只具有规律性的模型，称这种情况为训练过度。显然这种模型对训练集会有很高的准确率，而一旦离开训练集应用到其他数据，准确率很可能急剧下降。为了防止这种训练过度的情况，必须知道在什么时候要停止训练。在有些软件实现中会在训练的同时用一个测试集来计算神经网络在此测试集上的正确率，一旦这个正确率不再升高甚至开始下降时，那么就认为现在神经网络已经达到最好的状态，可以停止训练。

图 1-5 中的曲线可以帮我们理解为什么利用测试集能防止训练过度的出现。在图 1-5 中可以看到训练集和测试集的错误率在一开始都随着训练周期的增加不断降低，而测试集的错误率在达到一个谷底后反而开始上升，这个开始上升的时刻就是应该停止训练的时刻。

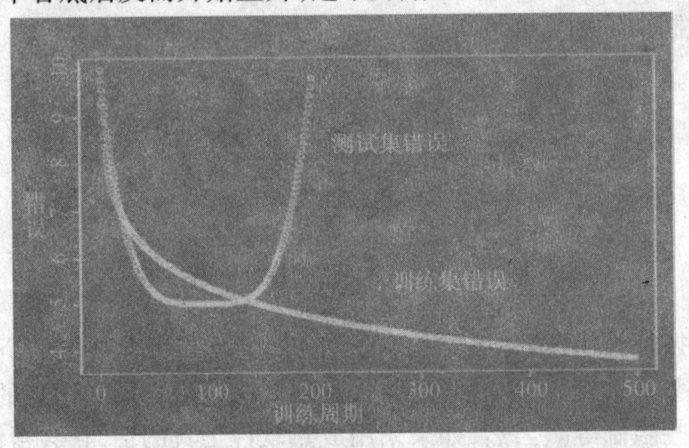

图 1-5　神经网络在训练周期增加时准确度的变化情况

神经网络和统计方法在本质上有很多差别。神经网络的参数可以比统计方法多很多。由于参数多，这些参数会通过各种各样的组合方式影响输出结果，以至于很难对一个神经网络表示的模型作出直观的解释。实际上神经网络也正是被当作“黑盒”来用的，不用去管“盒子”里面是什么，只管用就行了。在大部分情况下，这种限制条件是可以接受的。比如银行可能需要一个笔迹识别软件，但没必要知道为什么这些线条组合在一起就是一个人的签名，而另外一个相似的则不是。在很多复杂度很高的领域，如化学试验、机器人、金融市场的模拟和语言图像的识别等，神经网络都取得了很好的效果。

神经网络的另一个优点是很容易在并行计算机上实现，可以将结点分配到不同的 CPU 上并行计算。

在使用神经网络时有几点需要注意。

第一，神经网络很难解释，目前还没有能对神经网络作出清晰解释的方法学。

第二，神经网络会学习过度，在训练神经网络时一定要恰当地使用一些能严格衡量神经网络的方法，如前面提到的测试集方法和交叉验证法等。这主要是由于神经网络太灵活，可变参数太多，如果有足够的时间，它几乎可以“记”住任何事情。

第三，除非问题非常简单，训练一个神经网络可能需要相当可观的时间才能完成。当然，一旦神经网络建立好了，用它做预测时运行还是很快的。

第四，建立神经网络需要做的数据准备工作量很大。一个很有误导性的说法是不管用什么数据神经网络都能很好地工作并作出准确的预测。这是不确切的，要想得到准确度高的模型必须认真地进行数据清洗、整理、转换、选择等工作，对任何数据挖掘技术都是这样，神经网络尤其注重这一点。比如神经网络要求所有的输入变量都必须是 0 ~ 1（或

-1~+1)之间的实数,因此像“地区”之类文本数据必须先作必要的处理之后才能用作神经网络的输入。

1.3.3.2　支持向量机

支持向量机是以统计学理论为基础的,因而具有严格的理论和数学基础,可以不像神经网络的结构设计需要依赖于设计者的经验知识和先验知识。支持向量机与神经网络的学习方法相比,支持向量机具有以下特点。

(1)支持向量机是基于结构风险最小化(Structural Risk Minimization,SRM)原则,保证学习机器具有良好的泛化能力。

(2)解决了算法复杂度与输入向量密切相关的问题。

(3)通过引用核函数,将输入空间中的非线性问题映射到高维特征空间中,在高维空间中构造线性函数判别。

(4)支持向量机是以统计学理论为基础的,与传统统计学习理论不同,它主要是针对小样本情况,且最优解是基于有限的样本信息,而不是样本数趋于无穷大时的最优解。

(5)算法可最终转化为凸优化问题,因而可保证算法的全局最优性,避免了神经网络无法解决的局部最小问题。

(6)支持向量机有严格的理论和数学基础,避免了神经网络在实现中的经验成分。

1.3.3.3　决策树

决策树提供了一种展示类似在什么条件下会得到什么值的方法。比如,在贷款申请中,要对申请的风险大小做出判断,图 1-6 是为了解决这个问题而建立的一棵决策树,从中可以看到决策树的基本组成部分为:决策结点、分支和叶子。

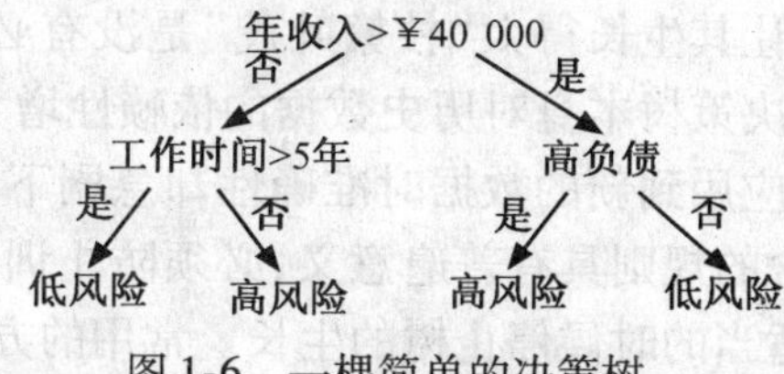

图 1-6　一棵简单的决策树

决策树中最上面的结点称为根结点,是整个决策树的开始。本例中根结点是“年收入>￥40 000”,对此问题的不同回答产生了“是”和“否”两个分支。

决策树的每个结点子结点的个数与决策树在用的算法有关。如 CART 算法得到的决策树每个结点有两个分支,这种树称为二叉树。允许结点含有多于两个子结点的树称为多叉树。

每个分支要么是一个新的决策结点,要么是树的结尾,称为叶子。在沿着决策树从上到下遍历的过程中,在每个结点都会遇到一个问题,对每个结点上问题的不同回答导致不同的分支,最后会到达一个叶子结点。这个过程就是利用决策树进行分类的过程,利用几个变量(每个变量对应一个问题)来判断所属的类别(最后每个叶子会对应一个类别)。

假如负责借贷的银行职员利用上面这棵决策树来决定支持哪些贷款和拒绝哪些贷款,那么他就可以用贷款申请表来运行这棵决策树,用决策树来判断风险的大小。“年收入>￥40 000”和“高负债”的用户被认为是“高风险”,同时“年收入<￥40 000”但“工作时间>5 年”的申请,则被认为“低风险”而建议贷款给他。

数据挖掘中决策树是一种经常要用到的技术，可以用于分析数据，同样也可以用来作预测（如上面的银行职员用决策树来预测贷款风险）。常用的算法有 CHAID、CART、Quest 和 C5.0。

建立决策树的过程，即树的生长过程是一个不断地把数据进行切分的过程。每次切分对应一个问题，也对应一个结点。对每个切分都要求其分成的组之间的“差异”最大。

各种决策树算法之间的主要区别就是对这个“差异”衡量方式的区别。对具体衡量方式算法的讨论超出了本文的范围，在此只需要把切分看成是把一组数据分成几份，份与份之间尽量不同，而同一份内的数据尽量相同。这个切分的过程也可称为数据的“纯化”。图 1-6所示的决策树中包含两个类别——低风险和高风险。如果是经过一次切分后得到的分组，每个分组中的数据都属于同一个类别，显然这就是期望达到的切分效果。

到现在为止所讨论的例子都是非常简单的，树也容易理解，但实际应用的决策树可能非常复杂。假定利用历史数据建立了一个包含几百个属性，输出的类有十几种的决策树，这样的一棵树对人来说可能太复杂了，但每一条从根结点到叶子结点的路径所描述的含义仍然是可以理解的。决策树的这种易理解性对数据挖掘的使用者来说是一个显著的优点。然而，决策树的这种明确性可能带来误导。比如，决策树每个结点对应分割的定义都是非常明确，毫不含糊的，但在实际生活中这种明确可能带来麻烦：凭什么说年收入 40 001 元以上的人具有较小的信用风险，而年收入 40 000 元的人就没有信用。

建立一颗决策树可能只要对数据库进行几遍扫描之后就能完成，这也意味着需要的计算资源较少，而且可以很容易地处理包含很多预测变量的情况，因此决策树模型可以很快建立，并适合应用到对大量数据的处理上。

对最终形成的决策树，让其生长得太“枝繁叶茂”是没有必要的，这样既降低了树的可理解性和可用性，同时也使决策树本身对历史数据的依赖性增大，也就是说这棵决策树对历史数据可能非常准确，一旦应用到新的数据时准确性却急剧下降，这种情况称为训练过度。为了使得到的决策树所蕴含的规则具有普遍意义，必须防止训练过度，同时减少训练时间。因此需要有一种方法能在适当的时候停止树的生长。常用的方法是设定决策树的最大高度（层数）来限制树的生长。还有一种方法是设定每个结点必须包含的最少记录数，当结点中记录的个数小于这个数值时就停止分割。

与设置停止增长条件相对应的是在树建立好之后对其进行修剪。先允许树尽量生长，然后再把树修剪到较小的尺寸，当然在修剪的同时要求尽量保持决策树的准确度不要下降太多。

对决策树常见的批评是其在为一个结点进行分割时使用“贪心”算法。此种算法在决定当前这个分割时根本不考虑此次选择会对将来的分割造成什么样的影响，换句话说，所有的分割都是顺序完成的，一个结点完成分割之后不可能再有机会回过头来考察此次分割的合理性，每次分割都是依赖于它前面的分割方法，也就是说决策树中所有的分割都受根结点的第一次分割的影响，只要第一次分割有一点点不同，由此得到的整个决策树就会完全不同。那么是否在选择一个结点的分割的同时向后考虑两层甚至更多的方法，会具有更好的结果呢？目前还不是很清楚，但至少这种方法使建立决策树的计算量成倍地增长，因此现在还没有哪个产品使用这种方法。而且，通常的分割算法在决定如何在一个结点进行分割时，都只考察一个预测变量，即结点用于分割的问题只与一个变量有关。这样生成的决策树在有些本应很明确的情况下可能变得复杂而且意义含糊，为此，目前新提出的一些算法采取开始在一个结点同时用多个变量来决定分割的方法。比如以前的决策树中可能只能出现类似"收入 < ¥35 000"的判断，现在则可以用"收入 <（0.35 × 抵押）"或"收入 > ¥35 000，抵押 <150 000"这样的问题。

决策树很擅长处理非数值型数据，这与神经网络只能处理数值型数据比起来，就免去了很多数据预处理工作。甚至有些决策树算法专为处理非数值型数据而设计，因此当采用此种方法建立决策树同时又要处理数值型数据时，反而要作把数值型数据映射到非数值型数据的预处理。

1.3.3.4　知识发现方法

知识发现方法有数据驱动、模型驱动、理论驱动及概念聚类等类型。这里仅以数据驱动方法为例作介绍。

1. 数据驱动知识发现方法

数据驱动知识发现方法是在知识发现系统 BACON 中采用的方法。BACON 用于发现经典物理定律。它的思想是检查训练例子的各个数据项是否为常量，如果某个数据项 A_1 为常量，便会发现"A_1 = 常量"的定律。一般情况下，需要在原始数据项的基础上构成新的数据项，对新的数据项进行检查，以便发现比较隐蔽的规律。

例如，要发现开普勒定律，即行星绕太阳转动的周期 p 与其相距太阳的距离 d 之间存在 d^3/p^2 = 常数。训练数据如表 1-2 的前 4 列所示。

表 1-2　开普勒定律的训练实例

实例	行星	p	d	d/p	d^2/p	d^3/p^2
I_1	水星	1	1	1.0	1.0	1
I_2	金星	8	4	0.5	2.0	1
I_3	地球	27	9	0.33	3.0	1

BACON 发现行星的运转周期 p 随着距太阳的距离 d 增加而增加，为求出它们之间的比例关系，它便分别构成 $d/p, d^2/p, d^3/p^2$ 等数据项，并进行检查，结果发现 $d^3/p^2 = 1$。

在这种知识发现方法中，关键是新数据项如何产生，BACON 系统提供了新数据项的产生方法。

2. 数据关系的抽取

从技术上讲，数据挖掘的方法是以关系数据库为对象，根据原始数据抽取新的数据关系。原始数据经过抽取算法的处理，产生候选关系。这些关系经过评估，有些可作为感兴趣的发现；然后将结果提供给用户。这些发现的模式也可存储到系统的知识库中，支持以后的发现。

典型的关系抽取方法有以下 4 种：

(1) 依赖关系分析。数据依赖关系代表一类重要的可发现的知识。一个依赖关系存在于两个元素之间，如果从一个元素 A 的值可以推出另一个元素 B 的值，则称 B 依赖 A。这里的元素可以是字段，也可以是字段间的关系。

(2) 分类。记录可被分成有意义的类，为用户直接提供感兴趣的某种知识，或者为其他关系抽取方法提供有用的信息。

(3)概念描述。用户常常需要抽象的有意义的描述。经过归纳的抽象描述能概括大量的关于类的信息。有两种典型的描述:特性和判别描述。特性描述是描述同类记录的共同特点,而判别描述是描述类之间的差异。

(4)偏差检测。通过发现异常,可以引起人们对特殊情况的加倍注意。异常包括不符合常规的异常例子,与父类或兄弟类不同的类,在不同时刻发生显著变化的元素,观察值与理论值之间有显著差异的事例等。

1.3.3.5　粗糙集方法

1. 信息的不确定性和含糊性

以数据库为基础进行知识发现,会遇到信息的不确定性和含糊性的困难。具体表现为如下。

(1)数据动态变化。这是大多数数据库的一个主要特征。

(2)噪声。数据的手工录入及主观选取等操作,可能使数据库中包含错误数据,这种错误数据便是数据的噪声。

(3)数据不完整。数据库中个别记录的属性域可能存在空值现象。

(4)冗余信息。数据库中某些记录有时在多处存储。冗余的信息容易造成错误的知识发现。

(5)数据稀疏。数据库的数据模型通常对应着很大的信息空间,由于进行知识发现时,要在这个信息空间中搜索,因此也被称为发现空间。相对发现空间,数据库中实际包含的数据往往显得非常稀疏。

2. 粗糙集的定义

粗糙集(rough set)理论是由 Pawlak 于 1982 年提出的,是处理上述信息的不确定性和含糊性的有力工具。下面结合关系数据库中的实例来介绍粗糙集的概念。

在关系数据库系统中,信息系统模型用二维表格表示,如表 1-3 所示。

表 1-3　关系数据库实例

记录(Record)	属性(Attribute)			
	a_1(姓名)	a_2(性别)	a_3(年龄)	a_4(出生地)
R_1	张三	男	20	北京
R_2	李四	女	21	上海
R_3	王五	男	20	北京
R_4	赵六	女	23	广州
R_5	刘七	男	19	重庆

对于这一信息系统,也可以用集合论的方法来表示,即用一个二元式 $\boldsymbol{S}=(\boldsymbol{U},\boldsymbol{A})$ 来表示。$\boldsymbol{U}$ 为记录的集合,$\boldsymbol{U}=\{R_1,R_2,\cdots,R_5\}$;$\boldsymbol{A}$ 为属性的集合,$\boldsymbol{A}=\{a_1,a_2,a_3,a_4\}$。

在这个信息系统中,只看某些属性,一些记录(个体)是无法区分的,即不同的个体在被考虑的属性集上有相同的值。例如,只考虑属性集 $\{a_2,a_3,a_4\}$,则 $\boldsymbol{U}$ 中的个体 R_1 和 R_3 是无法区分的。因此,$\boldsymbol{A}$ 中的任何一个属性子集都可对 $\boldsymbol{U}$ 进行分类。

【定义1.1】　在信息系统 S 中，对于一个属性子集 B，定义二元关系 ind(B) 为不分明关系（或称等价关系）。即如果元素 u 和 v 属于集合 U，并且如果只考虑属性集 B，u 和 v 无法区分，则 u 与 v 的这种关系可以表示为 $u$ind(B)v，称个体 u 与 v 在 B 中的属性上具有等价关系。

有了上述等价关系的概念后，就可以在信息系统上定义粗糙集了。

【定义1.2】　设有信息系统 $S=(U,A)$，X 是 U 的子集，B 是 A 的子集，ind(B) 是 $U\times U$ 上的等价关系，$B(u)$（其中 $u\in U$）是按等价关系 ind(B) 得到的包含 u 的等价类，称 $B(u)$ 为 B－基本集。用属性集 B 对 U 进行划分，即 U/B，获得的是一个等价类集。将子集 X 的下近似集 $B_-(X)$ 和上近似集 $B^-(X)$ 分别定义如下：

$$B_-(X)=\{u,u\in U \text{ 且 } B(u) \text{ 是 } X \text{ 的子集}\}$$

$$B^-(X)=\{u,u\in U \text{ 且 } B(u)\,\mathrm{I}\,X\neq\Phi\}$$

式中，Φ 表示空集。

由定义1.2可知，$B_-(X)$ 是所有元素都包含在 X 中的，U 上关于 B 的等价类的联合；而 $B^-(X)$ 是所有元素包含在 X 中的，U 上关于 B 的等价类的联合。显然 X 关于 B 的上近似集 $B^-(X)$ 中的元素数，大于或等于 X 关于 B 的下近似集 $B_-(X)$ 中的元素数。

以表1-3所示的信息系统为例，令 $B=\{a_2\}$，$X=\{R_2,R_3,R_4\}$，则

$$B(R_1)=B(R_3)=B(R_5)=\{R_1,R_3,R_5\}$$
$$B(R_2)=B(R_4)=\{R_2,R_4\}$$
$$U/P=\{\{R_1,R_3,R_5\},\{R_2,R_4\}\}$$
$$B_-(X)=B(R_2)\cup B(R_4)=\{R_2,R_4\}$$
$$B^-(X)=B(R_2)\cup B(R_3)\cup=B(R_4)=\{R_1,R_2,R_3,R_4,R_5\}$$

【定义1.3】　X 关于 B 的边界区域为

$$Bnd_B(X)=B^-(X)-B_-(X)$$

如果 $Bnd_B(X)=\Phi$，则称集合 X 为 B 上可定义集合；否则，称 X 为 B 上不可定义集合，或称粗糙集。

按照定义1.3，上例的 $Bnd_B(X)=\{R_1,R_3,R_5\}\neq\Phi$，因此 $X=\{R_2,R_3,R_4\}$ 为 $B=\{a_2\}$ 上的粗糙集。从本例的具体意义来讲，子集 X 对于 a_2（性别）这个属性来说是粗糙的（不可定义的），因为既不能说它是男性的集合或是女性的集合，也不能说它是男性和女性的集合（因为有两个男性的个体并没有被包含）。显然，如果 $X=\{R_2,R_4\}$，或是 $X=\{R_1,R_3,R_5\}$，或是 $X=\{R_1,R_2,R_3,R_4,R_5\}$，则 $Bnd_B(X)\neq\Phi$，即 X 对于 a_2 这个属性来说就不是粗糙的（是可定义的）。

3. 含糊性与不确定性的表示

粗糙集理论提供了处理含糊性和不确定性的工具。根据这一理论，可以考察某一概念（论域中的子集 X）在一个近似空间（属性子集 B）中的含糊性。

【定义1.4】　含糊性系数

$$a_B(X)=|B_-(X)|\div|B^-(X)|$$

即等于 $B_-(X)$ 中的元素数与 $B^-(X)$ 中的元素数之比。

显然，$a_B(X)$ 是一个 $[0,1]$ 区间的数值。当 $|B_-(X)|=|B^-(X)|$，即 $a_B(X)$ 为1时，概

念是清晰的;$a_B(X)$越小,概念越含糊。

如在表1-3的例子中,个体的任意一个子集,从关于性别这个属性来说,在概念上可能是含糊的,如集合$\boldsymbol{X}=\{R_2,R_3,R_4\}$。而这种论域子集关于属性子集在概念上的含糊性可以通过定义1.4来计算。

讨论一个粗糙集包含哪些元素的问题,会引出不确定性问题。因此如果元素隶属于粗糙集问题有了描述的方法,也就有了描述不确定性的方法。在粗糙集理论中,元素隶属于粗糙集的程度用隶属度函数来描述。如果元素在$\boldsymbol{B}_-(\boldsymbol{X})$中,其隶属度函数值为1;如果在边界区域,隶属度函数值为1/2;如果不在$\boldsymbol{B}^-(\boldsymbol{X})$中,隶属度函数值为0。

4. 应用

由于粗糙集理论能够描述数据库中的含糊性和不确定性问题,因此为数据挖掘和知识发现提供了有效的工具。这种理论在信息系统中属性依赖关系的发掘,冗余的消除及概念的获取中具有很大的应用价值。

1.3.3.6　模糊集方法

模糊集方法即利用模糊集合理论对实际问题进行模糊评判、模糊决策、模糊模式识别和模糊聚类分析。系统的复杂性越高,模糊性越强。一般模糊集合理论是用隶属度来刻画模糊事物的亦此亦彼性的。李德毅等人在传统模糊理论和概率统计的基础上,提出了定性定量不确定性转换模型——云模型,并形成了云理论。

1.3.3.7　遗传算法

基于进化理论,并采用遗传结合、遗传变异及自然选择等设计方法的优化技术。

1.3.3.8　近邻算法

将数据集合中每一个记录进行分类的方法。

1.3.3.9　规则推导

从统计意义上对数据中的“如果-那么”规则进行寻找和推导。

1.3.3.10　覆盖正例排斥反例方法

这种方法是利用覆盖所有正例、排斥所有反例的思想来寻找规则。首先在正例集合中任选一个种子,到反例集合中逐个比较,与字段取值构成的选择子相容则舍去,相反则保留。按此思想循环所有正例种子,将得到正例的规则(选择子的合取式)。比较典型的算法有Michalski的AQ11方法、洪家荣改进的AQ15方法及他的AE5方法。

1.3.3.11　统计分析方法

在数据库字段项之间存在两种关系:函数关系(能用函数公式表示的确定性关系)和相关关系(不能用函数公式表示,但仍是相关确定性关系),对它们的分析可采用统计学方法,即利用统计学原理对数据库中的信息进行分析。可进行常用统计(求大量数据中的最大值、最小值、总和、平均值等)、回归分析(用回归方程来表示变量间的数量关系)、相关分析(用相关系数来度量变量间的相关程度)、差异分析(从样本统计量的值得出差异来确定总体参数之间是否存在差异)等。

1.3.4　数据挖掘中的数据仓库

数据仓库与数据挖掘之间有非常密切的关系。将数据挖掘扩充到它的数据仓库系统环境中,可以增强用户的决策支持能力。用户从数据仓库中挖掘信息时有多种不同的方式,一种是较低层次上的由用户制导的被动方式;另一种是高层次上的主动式自动发现方法。前者被称为验证驱动数据挖掘,后者被称为发现驱动数据挖掘。验证型挖掘的策略是,用户首先提出自己的假设,然后利用各种工具通过递归的检索查询以验证或否定自己的假设。发现型的挖掘策略是,机器自动地从大量数据中发现未知的、有用的模式。

1.3.4.1　数据仓库的定义

目前,数据仓库一词尚没有一个统一的定义,著名的数据仓库专家 W. H. Inmon 在其著作《Building the Data Warehouse》一书中给予如下描述:数据仓库(Data Warehouse)是一个面向主题的(Subject Oriented)、集成的(Integrate)、相对稳定的(Non - Volatile)、反映历史变化(Time Variant)的数据集合,用于支持管理决策。对于数据仓库的概念可以从两个层次予以理解。首先,数据仓库用于支持决策,面向分析型数据处理,它不同于企业现有的操作型数据库;其次,数据仓库是对多个异构的数据源有效集成,集成后按照主题进行了重组,并包含历史数据,而且存放在数据仓库中的数据一般不再修改。

根据数据仓库概念的含义,数据仓库拥有以下 4 个特点:

(1)面向主题。操作型数据库的数据组织面向事务处理任务,各个业务系统之间各自分离,而数据仓库中的数据是按照一定的主题域进行组织。主题是一个抽象的概念,是指用户使用数据仓库进行决策时所关心的重要方面,一个主题通常与多个操作型信息系统相关。

(2)集成的。面向事务处理的操作型数据库通常与某些特定的应用相关,数据库之间相互独立,并且往往是异构的。而数据仓库中的数据是在对原有分散的数据库数据抽取、清理的基础上经过系统加工、汇总和整理得到的,必须消除源数据中的不一致性,以保证数据仓库内的信息是关于整个企业的一致的全局信息。

(3)相对稳定。操作型数据库中的数据通常实时更新,数据根据需要及时发生变化。数据仓库的数据主要供企业决策分析之用,所涉及的数据操作主要是数据查询,一旦某个数据进入数据仓库以后,一般情况下将被长期保留,也就是说,数据仓库中一般有大量的查询操作,但修改和删除操作很少,通常只需要定期的加载、刷新。

(4)反映历史变化。操作型数据库主要关心当前某一个时间段内的数据,而数据仓库中的数据通常包含历史信息,系统记录了企业从过去某一时点(如开始应用数据仓库的时间点)到目前的各个阶段的信息。通过这些信息,可以对企业的发展历程和未来趋势作出定量分析和预测。

企业数据仓库的建设,是以现有企业业务系统和大量业务数据的积累为基础。数据仓库不是静态的概念,只有把信息及时交给需要这些信息的使用者,供他们做出改善其业务经营的决策,信息才能发挥作用,信息才有意义。而把信息加以整理归纳和重组,并及时提供给相应的管理决策人员,是数据仓库的根本任务。因此,从产业界的角度看,数据仓库建设是一个工程,是一个过程。

整个数据仓库系统是一个包含四个层次的体系结构,具体如图 1-7 表示。

数据仓库系统体系结构可描述如下:

(1)数据源。数据源是数据仓库系统的基础,是整个系统的数据源泉。通常包括企业内部信息和外部信息。内部信息包括存放于 RDBMS 中的各种业务处理数据和各类文档数据;外部信息包括各类法律法规、市场信息和竞争对手的信息等。

(2)数据的存储与管理。数据的存储与管理是整个数据仓库系统的核心。数据仓库的

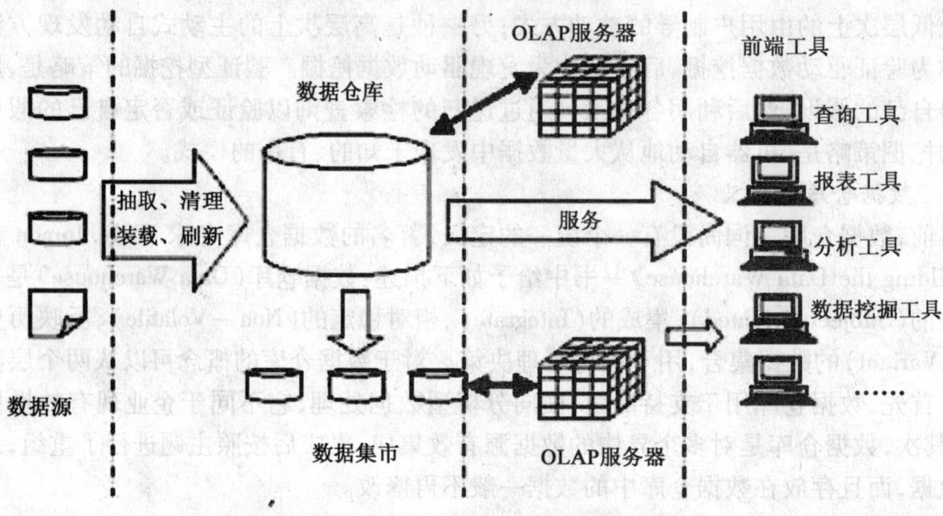

图1-7　数据仓库系统体系结构

真正关键是数据的存储和管理。数据仓库的组织管理方式决定了它有别于传统数据库，同时也决定了其对外部数据的表现形式。决定采用什么产品和技术来建立数据仓库的核心，需要从数据仓库的技术特点着手分析。针对现有各业务系统的数据，进行抽取、清理，并有效集成，按照主题进行组织。数据仓库按照数据的覆盖范围可以分为企业级数据仓库和部门级数据仓库（通常称为数据集市）。

（3）OLAP 服务器。OLAP 服务器对分析需要的数据进行有效集成，按多维模型予以组织，以便进行多角度、多层次的分析，并发现趋势。其具体实现可以分为 ROLAP、MOLAP 和 HOLAP。ROLAP 基本数据和聚合数据均存放在 RDBMS 之中；MOLAP 基本数据和聚合数据均存放于多维数据库中；HOLAP 基本数据存放于 RDBMS 之中；聚合数据存放于多维数据库中。

（4）前端工具。前端工具主要包括各种报表工具、查询工具、数据分析工具、数据挖掘工具及各种基于数据仓库或数据集市的应用开发工具。其中数据分析工具主要针对 OLAP 服务器，报表工具、数据挖掘工具主要针对数据仓库。

1.3.4.2　建立高效数据仓库的关键问题

数据仓库是一个涉及各种技术的设计与实现过程，而且它还将随时间的推移而发展变化。因此，数据仓库的设计必须要注重灵活性。

（1）逐步建立，及时应用。建立数据仓库最普遍的问题是设计规划周期过长，不能及时获得应用价值。因此应采取逐步建立，及时应用的策略。

（2）注重易用性和可管理性。数据仓库向用户馈送的数据要映射到数据仓库的数据模型中。运营数据与决策支持数据之间需要保持同步。如果考虑多维分析，数据需要被送到多维数据库，并要保持同步。在这一过程中，关键的问题是易用性和可管理性。随着数据仓库的规模和复杂性的增大，解决这个问题的难度会加大。

（3）发挥工具的作用。目前，有许多有力的工具帮助数据仓库的开发、事务性操作的简化及数据的利用。

- 数据仓库管理中间件。帮助数据库管理者管理和调整数据仓库的功能，使之具有最佳的性能和安全性，以及对用户屏蔽数据仓库的复杂性。

- 数据访问与报告工具。能使最终用户检索关系数据库的数据，并把数据编制成商业报告及图表的格式。
- Internet 工具。提供基于 Web 的公司数据访问，简化全企业的客户机的推广应用。
- 数据挖掘工具。自动设定模式及数据间的关系。
- 开发工具及实用程序。简化定制客户端的开发。实用程序简化数据及元数据的管理。

(4)高度的伸缩性。用户不断用新方法利用数据仓库的信息，正在增加更多的数据源，数据的存储时间不断加长，用户数不断增多。这些因素要求系统要具有高度的伸缩性。

(5)开放的运行平台。源数据的异构性、数据集成的复杂性及新数据仓库组件的不断引入，使得数据仓库要基于开放的运行平台进行设计。

(6)存储管理问题。在数据仓库设计策略中，一个至关重要而有时却被低估的因素是存储系统。存储系统担负着数据转移、放置、备份及恢复的任务，如果设计不当或考虑不周，就可能成为整个系统的制约因素。

1.4　数据挖掘系统工作原理

1.4.1　数据挖掘系统结构

数据挖掘是一个交叉学科领域，受多个学科影响，包括数据库系统、统计学、机器学习、可视化和信息科学等。数据挖掘与其他学科的关系如图 1-8 所示。

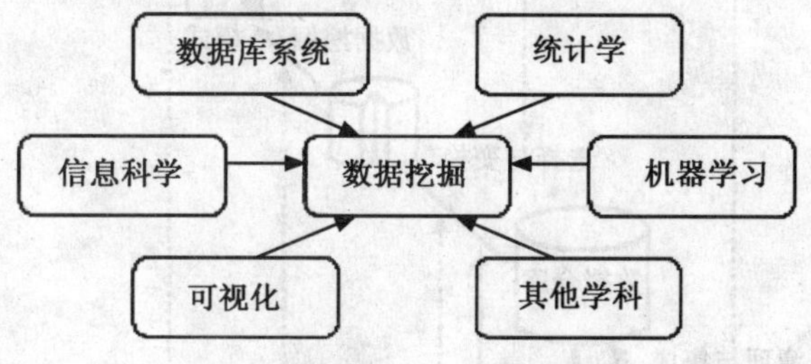

图 1-8　数据挖掘与其他学科的关系

简单地说，数据挖掘是指从大量数据中提取或挖掘知识。该术语实际上有点用词不当。注意，从矿石或砂子挖掘黄金称作黄金挖掘，而不是砂石挖掘。因此，数据挖掘应当更正确地命名为“从数据中挖掘知识”，遗憾的是这个词有点长。“知识挖掘”是一个较短的术语，但不能反映从大量数据中挖掘。毕竟，挖掘是一个很生动的术语，它抓住了从大量的、未加工的材料中发现少量宝贵金块这一过程的特点，如图 1-9 所示。这样，“数据挖掘”成了流行术语。还有一些术语具有和数据挖掘类似的含义，如从数据中挖掘知识、知识提取、数据/模式分析、数据考古和数据捕捞。许多人把数据挖掘视为另一个常用的术语——数据中的知识发现或 KDD 的同义词，而另一些人只是把数据挖掘视为知识发现过程的一个基本步骤。知识发现过程如图 1-10 所示，由以下步骤的迭代序列组成。

(1)数据清理(消除噪声和不一致数据)。

图 1-9 数据挖掘：在数据中搜索知识（有趣的模式）

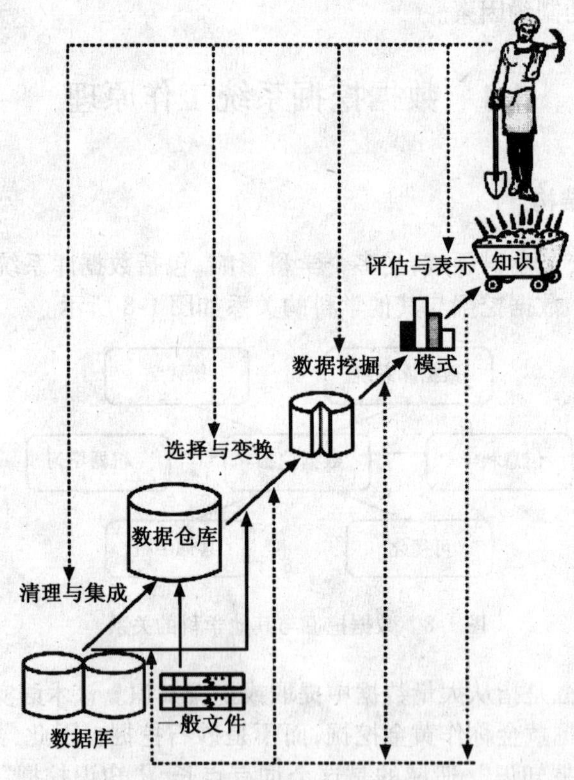

图 1-10 数据挖掘作为知识发现过程的一个步骤

（2）数据集成（多种数据源可以组合在一起）。
（3）数据选择（从数据库中提取与分析任务相关的数据）。
（4）数据变换（数据变换或统一成适合挖掘的形式，如通过汇总或聚集操作）。
（5）数据挖掘（基本步骤，使用智能方法提取数据模式）。
（6）模式评估（根据某种兴趣度度量，识别表示知识的真正有趣的模式）。

(7)知识表示(使用可视化和知识表示技术,向用户提供挖掘的知识)。

步骤(1)~(4)是数据预处理的不同形式,为挖掘准备数据。数据挖掘步骤可能与用户或知识库交互,将有趣的模式提供给用户,或作为新的知识存放在知识库中。注意,根据这种观点,数据挖掘只是整个过程中的一个步骤,但是最重要的步骤,因为它发现用来评估的隐藏的模式。

数据挖掘是知识发现过程的一个步骤,然而,在产业界、媒体和数据库研究界,术语“数据挖掘”比长术语“从数据中发现知识”更流行。因此,本书选用术语“数据挖掘”,采用数据挖掘功能的广义观点:数据挖掘是从存放在数据库、数据仓库或其他信息库中的大量数据中发现有趣知识的过程。基于这种观点,典型的数据挖掘系统具有以下主要成分,如图 1-11 所示。

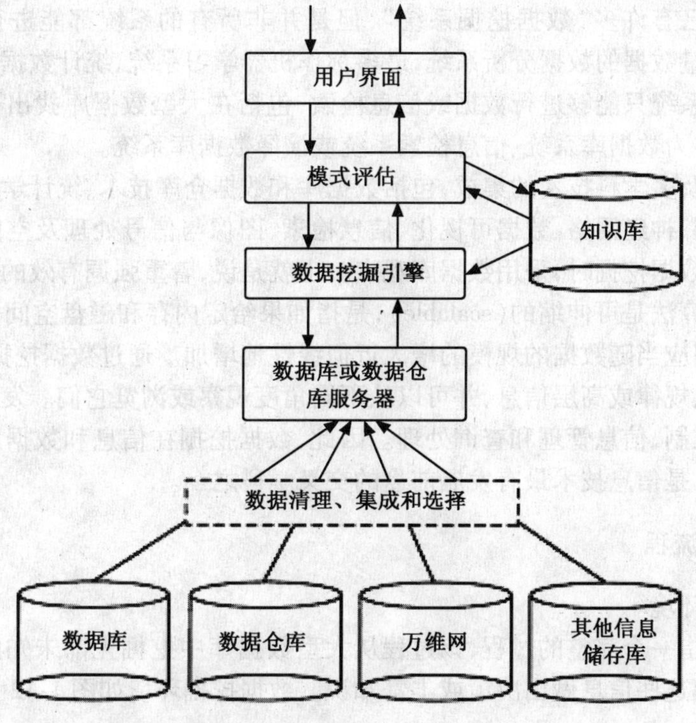

图 1-11　典型数据挖掘系统的结构

(1)数据库、数据仓库、万维网或其他信息库。这是一个或一组数据库、数据仓库、电子数据表或其他类型的信息库,可以对这些数据进行数据清理和集成。数据库或数据仓库服务器:根据用户的数据挖掘请求,数据库或数据仓库服务器负责提取相关数据。

(2)知识库。这是领域知识,用于指导搜索或评估结果模式的兴趣度。这种知识可能包括概念分层,用于将属性或属性值组织成不同的抽象层。用户信念知识也可以包含在内,可以使用这种知识,根据非期望性评估模式的兴趣度。领域知识的其他例子包括附加的兴趣度约束或阈值,以及元数据(如描述来自多个异构数据源的数据)。

(3)数据挖掘引擎。这是数据挖掘系统的基本部分,理想情况下由一组功能模块组成,用于执行特征化、关联和相关分析、分类、预测、聚类分析、离群点分析和演变分析等任务。

(4)模式评估模块。通常,该成分用兴趣度度量,并与数据挖掘模块交互,以便将搜索聚焦在有趣的模式上。它可能使用兴趣度阈值过滤已发现的模式。模式评估模块也可以与挖掘模块集成在一起,这依赖于所用的数据挖掘方法的实现。对于有效的数据挖掘,建议尽可能深入地将模式评估兴趣度推进到挖掘过程之中,以便将搜索限制在有趣的模式上。

(5)用户界面。该模块在用户和数据挖掘系统之间通信,允许用户与系统交互,说明数据挖掘查询或任务,提供信息以帮助搜索聚焦,根据数据挖掘的中间结果进行探索式数据挖掘。此外,还允许用户浏览数据库和数据仓库模式或数据结构,评估挖掘的模式,以不同的形式对模式可视化。

从数据仓库观点来看,数据挖掘可以被看作是联机分析处理(OLAP)的高级阶段。然而,通过结合更高级的数据分析技术,数据挖掘比数据仓库系统的汇总型分析处理的狭窄领域走得更远。

尽管市场上已有许多“数据挖掘系统”,但是并非所有的系统都能进行真正的数据挖掘。不能处理大量数据的数据分析系统,最多称作机器学习系统、统计数据分析工具或实验系统原型。一个系统只能够进行数据或信息检索,包括在大型数据库找出聚集值或回答演绎查询,则应归类为数据库系统、信息检索系统或演绎数据库系统。

数据挖掘涉及多学科技术的集成,包括数据库和数据仓库技术、统计学、机器学习、高性能计算、模式识别、神经网络、数据可视化、信息检索、图像与信号处理及空间或时间数据分析。在本书讨论数据挖掘时,采用数据库观点。也就是说,着重强调有效的和可伸缩的数据挖掘技术。一个算法是可伸缩的(scalable),是指如果给定内存和磁盘空间等可利用的系统资源,其运行时间应当随数据的规模的增大近似线性地增加。通过数据挖掘,可以从数据库提取有趣的知识、规律或高层信息,并可以从不同角度观察或浏览它们。发现的知识可以用于作决策、过程控制、信息管理和查询处理。因此,数据挖掘在信息和数据库系统方面是最重要的前沿之一,是信息技术最有发展前途的交叉学科之一。

1.4.2　数据挖掘流程

1. 数据挖掘环境

数据挖掘是指一个完整的过程,该过程从大型数据库中挖掘先前未知的、有效的、可实用的信息,并使用这些信息做出决策或丰富知识。数据挖掘环境如图 1-12 所示。

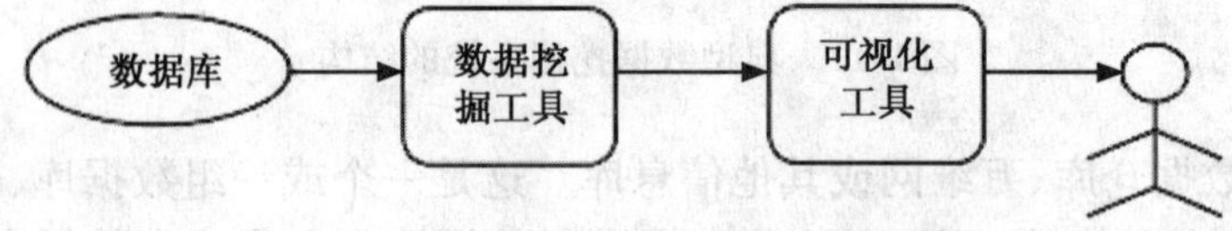

图 1-12　数据挖掘环境

2. 数据挖掘主要步骤

图 1-13 描述了数据挖掘的主要步骤,其主要步骤叙述如下:

1)确定业务对象

清晰地定义出业务问题,认清数据挖掘的目的是数据挖掘的重要一步。挖掘的最后结构是不可预测的,但要探索的问题应是有预见的,为数据挖掘而数据挖掘则带有盲目性,是不会成功的。

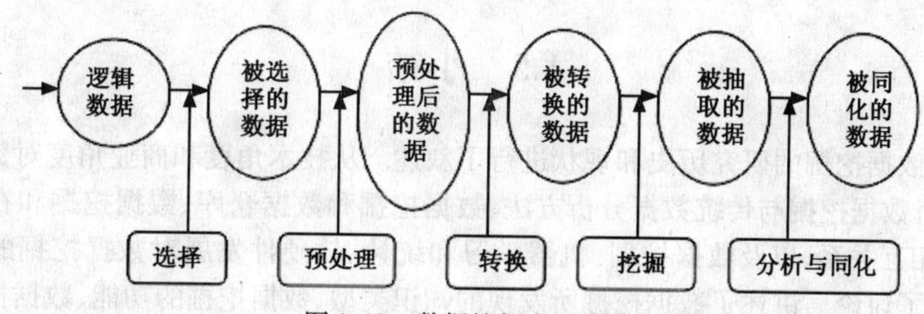

图1-13 数据挖掘主要步骤

2)数据准备

(1)数据选择。搜索所有与业务对象有关的内部和外部数据信息,并从中选择出适用于数据挖掘应用的数据。

(2)数据预处理。研究数据的质量,为进一步的分析作准备,并确定将要进行的挖掘操作的类型。

(3)数据转换。将数据转换成一个分析模型,这个分析模型是针对挖掘算法建立的。建立一个真正适合挖掘算法的分析模型是数据挖掘成功的关键。

(4)数据挖掘。对所得到的经过转换的数据进行挖掘。除了完善从选择合适的挖掘算法外,其余工作都能自动地完成。

(5)结果分析。解释并评估结果。其使用的分析方法一般应作数据挖掘操作而定,通常会用到可视化技术。

(6)知识的同化。将分析所得到的知识集成到业务信息系统的组织结构中去。

3.数据挖掘过程工作量

在数据挖掘中被研究的业务对象是整个过程的基础,它驱动了整个数据挖掘过程,也是检验最后结果和指引分析人员完成数据挖掘的依据和顾问。图1-13中各步骤是按一定顺序完成的,当然整个过程中还会存在步骤间的反馈。数据挖掘的过程并不是自动的,绝大多数的工作需要人工完成。图1-14给出了各步骤在整个过程中的工作量之比,可以看到,60%的时间用在数据准备上,这说明了数据挖掘对数据的严格要求,而后挖掘工作仅占总工作量的10%。

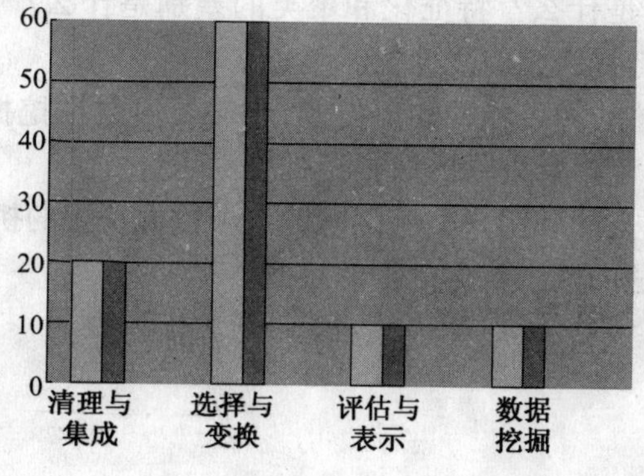

图1-14 数据挖掘过程工作量比例

1.5　小结

本章对数据挖掘的研究历史和现状进行了叙述。从技术角度和商业角度对数据挖掘进行了定义，对数据挖掘与传统数据分析方法、数据挖掘和数据仓库、数据挖掘和在线分析处理（OLAP）相互关系，以及数据挖掘、机器学习和统计、软硬件发展对数据挖掘的影响之间的关系进行了讨论。讲述了数据挖掘所发现的知识类型、数据挖掘的功能、数据挖掘常用技术、数据挖掘中的数据仓库等内容。阐述了数据挖掘系统的工作原理，其中包括数据挖掘系统结构和数据挖掘流程。

习题1

1. 什么是数据挖掘？在你的回答中，强调以下问题。

(1) 它是又一个骗局吗？

(2) 它是一种从数据库、统计学和机器学习发展的技术的简单转换吗？

(3) 解释数据库技术发展如何导致数据挖掘。

(4) 当把数据挖掘看作知识发现进程时，描述数据挖掘所涉及的步骤。

2. 举例说明数据挖掘对于一种商务的成功是至关重要的。这种商务需要什么数据挖掘功能？它们能够由数据查询处理或简单的统计分析来实现吗？

3. 试设计一所大学数据挖掘系统中的课程数据库。该数据库包括如下信息：每个学生的姓名、地址、状态（如本科生或研究生）、所修课程，以及他们累积的 GPA（学分平均），描述你要选取的结构并说明该结构中每个成分的作用。

4. 数据仓库和数据库有何不同？它们有哪些相似之处？

5. 简述高级数据库系统和应用：面向对象数据库、空间数据库、文本数据库、多媒体数据库和 WWW。

6. 定义数据挖掘功能：特征化、区分、关联、分类、预测、聚类和演变分析。使用你熟悉的现实生活中的数据库，给出每种数据挖掘功能的例子。

7. 区分和分类的差别是什么？特征化和聚类的差别是什么？分类和预测的差别是什么？对于每一对任务，它们有何相似之处？

8. 根据你的观察，描述一种可能的知识类型，它需要由数据挖掘方法发现，但未在本章中列出。它需要一种不同于本章列举的数据挖掘技术吗？

9. 描述关于数据挖掘方法和用户交互问题的三个数据挖掘的挑战。

10. 描述关于性能问题的两个数据挖掘的挑战。

第 2 章　从数理统计到数据挖掘

2.1　数理统计与数据挖掘的关系

数理统计和数据挖掘有着共同的目标,即发现数据中的结构。事实上,由于它们的目标相似,一些人(尤其是统计学家)认为数据挖掘是数理统计的分支,这是一个不完全符合实际的看法。因为数据挖掘还应用了其他领域的思想、工具和方法,尤其是计算机学科,如数据库技术和机器学习,而且它所关注的某些领域和统计学家所关注的领域有很大不同。

数理统计和数据挖掘研究目标的重迭自然导致了某些困域。数理统计有着正统的理论基础(尤其是经过 20 世纪的发展),而现在又出现了一个新的学科,有新的主人,声称要解决统计学家们以前认为是他们领域的问题,这必然会引起关注。更多的是因为这门新学科有着一个吸引人的名字,势必会引发大家的兴趣和好奇。把“数据挖掘”这个术语潜在的承诺和“数理统计”作比较的话,统计的最初含义是“陈述事实”,以及找出枯燥的大量数据背后的有意义的信息。

当然,数理统计的现代的含义与过去相比已经有很大不同,而且,这门新学科同商业有着特殊的关联(尽管它还有科学及其他方面的应用),因此需要逐个考察这两门学科的性质,区分它们的异同,并关注与数据挖掘相关联的一些难题。首先,应注意到“数据挖掘”对统计学家来说并不陌生。例如,Everitt 定义它为“仅仅是考察大量的数据驱动的模型,从中发现最适合的”。统计学家因而会忽略对数据进行特别的分析,他们知道太细致的研究却难以发现明显的结构。尽管如此,事实上大量的数据可能包含不可预测的但很有价值的结构。而这恰恰引起了“数据挖掘”的注意,也是当前数据挖掘的任务。

2.1.1　数理统计的性质

试图为数理统计下一个太宽泛的定义是没有意义的,会引来很多异议。因此更应关注数理统计不同于数据挖掘的特性。

特性之一即数理统计是一门比较保守的学科,目前有一种趋势是越来越追求精确。当然,这本身并不是坏事,只有越精确才能避免错误,发现真理,但是无论什么事物,如果过度的话则是有害的。这个保守的观点源于数理统计是数学的分支这样一个看法。这个观点值得商榷,尽管数理统计确实以数学为基础(正如物理和工程学科也以数学为基础,但没有被认为是数学的分支),但它同其他学科还有紧密的联系。

数学背景和追求精确加强了这样一个趋势,即在采用一个方法之前先要证明,而不是像计算机科学和机器学习那样注重经验。这就意味着有时候与统计学家关注同一问题的其他领域的研究者提出一个很明显有用的方法,但却因这种方法不能被证明(或目前还不能被证明)。往往不被学术界认可。数据挖掘作为一门综合性学科,已经从机器学习那里继承了注重实验的态度,但这并不意味着数据挖掘工作者不注重精确,而只是说明如果某种方法不能产生结果的话,这种方法就会被放弃。

特性之二是:统计文献显示了(或夸大了)统计的数学精确性,同时还显示了其对推理的侧重。尽管统计学的一些分支也侧重于描述,但是浏览一下统计论文的话就会发现这些文献的核心问题就是在观察了样本的情况下如何去推断总体。当然这也是数据挖掘所关注的。人们常常会提到数据挖掘的一个特定属性就是要处理一个大数据集。这就意味着,由于可行性的原因,常常得到的只是一个样本,但是需要描述从中采取样本的那个大数据集。然而,数据挖掘问题可以得到数据总体,如关于一个公司的所有职工数据、所有客户资料、去年的所有业务。在这种情形下,推断就没有价值了(如年度业务的平均值),因为观测到的值就是估计参数。这就意味着,建立的统计模型可能会利用一系列概率表述(例如,一些参数接近于0,则会从模型中剔除掉),但当总体数据可以获得的话,在数据挖掘中这些统计模型则变得毫无意义。在这里,可以很方便地应用评估函数 - 针对数据的足够的表述。事实是,常常所关注的是模型是否合适而不是它的可行性,在很多情形下,使得模型的发现很容易。例如,在寻找规则时常常会利用吻合度的单纯特性(例如,应用分支定理)。但当应用概率陈述时则不会得到这些特性。

数理统计和数据挖掘部分交迭的第三个特性是在现代数理统计中起核心作用的"模型"。或许"模型"这个术语更多的含义是变化。一方面,数理统计模型是基于分析变量间的联系,另一方面,这些模型关于数据的总体描述确实没有道理。关于信用卡业务的回归模型可能会把收入作为一个独立的变量,因为一般认为高收入会导致大的业务。这可能是一个理论模型(尽管基于一个不牢靠的理论)。与此相反,只需在一些可能具有解释意义的变量基础上进行逐步的搜索,从而获得一个有很大预测价值的模型,尽管对这个模型可能不能作出合理的解释。通过数据挖掘去发现一个模型的时候,常常关注的就是后者。

还有其他方法可以区分统计模型。这里需要关注的是,现代数理统计是以模型为主的。而计算和模型选择条件是次要的,只是如何建立一个好的模型。但在数据挖掘中,却不完全如此。在数据挖掘中,准则起了核心的作用。当然,在数理统计中也有一些以准则为中心的独立的特例,Gifi 的关于学校的非线性多变量分析就是其中之一。例如,Gifi 说:"在本书中我们持这样的观点,给定一些最常用的 MVA(多变量分析)问题,既可以从模型出发也可以技术出发。"然而,在很多情形下,模型的选择并不都是显而易见的,选择一个合适的模型是不可能的,最合适的计算方法也是不可行的。在这种情形下,人们从另外一个角度出发,应用设计的一系列技术来回答 MVA 问题,暂不考虑模型和最优判别的选择。

相对于数理统计而言,准则在数据挖掘中起着更为核心的作用并不奇怪,数据挖掘所继承的学科如计算机科学及相关学科也是如此。数据集的规模常常意味着传统的数理统计准则不适合数据挖掘问题,不得不重新设计。当数据点被逐一应用以更新估计量时,适应性和连续性的准则常常是必须的。尽管一些数理统计的准则已经得到发展,但更多的应用是机器学习。

在很多情况下,数据挖掘的本质是很偶然地发现非预期但很有价值的信息。这说明数据挖掘过程本质上是实验性的,这和确定性的分析是不同的。实际上,人们很难完全确定一个理论,只能提供确定和不确定的证据。确定性分析着眼于最适合的模型——建立一个推荐模型,这个模型也许不能很好地解释观测到的数据。大部分统计分析提出的是确定性的分析,然而,实验性的数据分析对于数理统计并不是新生事务,或许这是统计学家应该考虑作为统计学的另一个基石,而这已经是数据挖掘的基石。所有这些都是正确的,但事实上,数据挖掘所遇到的数据集按统计标准来看都是巨大的。在这种情况下,统计工具可能会失效——有百万个偶然因素就可能会使其失效。

如果数据挖掘的主要目的是发现,那它就不关心数理统计领域中在回答一个特定的问题之前,如何很好地搜集数据,例如实验设计和调查设计。数据挖掘在本质上假想数据已经被搜集好,关注的只是如何发现其中的秘密。

2.1.2　数据挖掘的性质

由于数理统计基础建立在计算机的发明和发展之前,所以常用的数理统计工具包含很多可以用手工实现的方法。因此,对于很多统计学家来说,1 000 个数据就已经是很大的了。但这个“大”对于英国大的信用卡公司每年 350 000 000 笔业务或 AT&T 每天 200 000 000 个长途呼叫来说相差太远了。很明显,面对这么多的数据,则需要设计不同于那些“原则上可以用手工实现”的方法。这意味着计算机(正是计算机使得处理大数据可能实现)对于数据的分析和处理是关键。分析者直接处理数据将变得不可行。相反,计算机在分析者和数据之间起到了必要的过滤的作用。这也是数据挖掘特别注重准则的另一原因。尽管把分析者和数据分离开来有利于实现关联分析,但数据中存在的非预期的模式可能会误导分析。

在现代统计中计算机是一个重要的工具,并不是因为数据的规模,对数据的精确分析方法(如 bootstrap 方法)随机测试、迭代估计方法,以及比较适合的复杂的模型正是有了计算机才成为可能。计算机已经使得传统统计模型的视野大大地扩展了,还促进了新工具的飞速发展。

下面来关注一下歪曲数据的非预期模式出现的可能性。这和数据质量相关。所有数据分析的结论依赖于数据质量。GIGO 的意思是垃圾进,垃圾出,它的引用到处可见。一个数据分析者无论多聪明,也不可能从垃圾中发现宝石。对于大的数据集,尤其是要发现精细的小型或偏离常规的模型的时候,这个问题尤其突出。当一个人在寻找百万分之一的模型的时候,第二个小数位的偏离就会起作用。一个经验丰富的人对于此类最常见的问题会比较警觉,但出错的可能性太多了。

此类问题可能在两个层次上产生。第一个是微观层次,即个人记录。例如,特殊的属性可能丢失或输错了。第二个是宏观层次,整个数据集被一些选择机制所歪曲。例如交通事故就为此提供了一个好的示例。越严重的、致命的事故,其记录越精确,但小的或没有伤害的事故的记录却没有那么精确。事实上,很高比例的数据根本没有记录,这就造成了一个被歪曲的映象——可能会导致错误的结论。

数理统计很少会关注实时分析,然而数据挖掘问题常常需要这些。例如,银行事务每天都会发生,没有人愿意等上三个月得到一个不一定令人满意的分析。类似的问题发生在总体随时间变化的情形。

至此,已经论述了数据分析的问题,说明了数据挖掘和数理统计的差异。但是,数据挖掘者也不可持完全非统计的观点。统计学家往往把数据看成一个按变量交叉分类的平面表格,存储于计算机等待分析。如果数据量较小,可以读到内存,但在许多数据挖掘问题中这是不可能的。更糟糕的是,大量的数据常常分布在不同的计算机上。或许极端的情况是,数据分布在全球互联网上。此类问题使得获得一个简单的样本是不大可能的。

当描述数据挖掘技术的时候,依据以建立模型还是模式发现为目的可以很方便地区分两类常见的工具。前面已经提到了模型概念在数理统计中的核心作用。在建立模型的时候,尽量要概括所有的数据,以及识别、描述分布的形状。这样的"全"模型包括聚类分析、回归预测模型、基于树的分类法则等。相反,在模式发现中,则是尽量识别小的(但不一定不重要)偏差,发现行为的异常模式,如 EEG 轨迹中的零星波形、信用卡使用中的异常消费模式,以及不同于其他特征的对象。很多时候,这第二种实验是数据挖掘的本质——试图发现渣滓中的金块。然而,第一类实验也是重要的。当关注的是全局模型的建立的话,样本是可取的(可以基于一个十万大小的样本发现重要的特性,这和基于一个千万大小的样本是等效的,尽管这部分取决于模型的特征)。然而,模式发现不同于此。仅选择一个样本可能会忽略所希望检测的情形。

尽管数理统计主要关注的是分析定量数据,数据挖掘的多来源意味着还需要处理其他形式的数据,特别是当逻辑数据越来越多时。类似的情况,有时候还会碰到高度有序的结构。分析的要素可能是图像、文本、语言信号,或者甚至完全是科学研究资料。

2.1.3　从数理统计到数据挖掘

认为数据挖掘有时候是一次性的实验,这是一个误解。尽管数据集是确定的,它更应该被看作是一个不断迭代的过程。从一个角度检查数据可以解释结果,以相关的观点检查可能会更接近规律,关键是在极少情形下会知道哪一类模式是有意义的。数据挖掘的本质是发现非预期的模式,同样非预期的模式要以非预期的方法来发现。

与把数据挖掘作为一个过程的观点相关联的是认识到结果的新颖性。许多数据挖掘的结果是人们所期望的。然而,可以解释这个事实并不能否定挖掘出它们的价值。没有这些实验,可能根本不会想到数据挖掘。实际上,只有那些可以依据过去经验形成的合理的解释的结构才会是有价值的。

显然在数据挖掘中存在着一个潜在的机会。在大数据集中发现模式的可能性当然存在,因为大数据集的数量与日俱增,然而,也不应就此掩盖危险。所有真正的数据集(即使那些是以完全自动方式搜集的数据)都有产生错误的可能。关于人的数据集(如事务和行为数据)尤其有这种可能。这很好地解释了绝大部分在数据中发现的"非预期的结构"本质上是无意义的,因为其偏离了理想的过程。当然,这样的结构也可能会是有意义的:如果数据有问题,可能会干扰搜集数据的目的,最好还是先了解它们。与此相关联的是如何确保(和至少为事实提供支持)任何所观察到的模式是"真实的",它们反应了一些潜在的结构和关联,而不仅仅是一个特殊的数据集,由于一个随机的样本碰巧发生。

数据挖掘利用了人工智能和统计分析的进步带来的许多好处。这两门学科都致力于模式发现和预测。

一些新兴的技术同样在知识发现领域取得了很好的效果,如神经网络和决策树,在足够多的数据和计算能力下,它们几乎不用人的参与就能自动完成许多有价值的功能。

数据挖掘把统计和人工智能的算法及技术封装起来,使人们不用了解这些技术的细节就能实现许多有价值的功能,从而使人们用更多的精力去专注于所要解决的问题。

数据挖掘与统计分析、人工智能这两者之间的主要区别在于算法对大数据量的适应性,面对记录数达十万条以上的数据集,数据挖掘的算法必须仍然具有很好的性能;周期性数据集更新数据挖掘需要考虑能对这些增量数据进行处理而不必从头计算一次;数据挖掘还需考虑如何处理数据集大于内存的问题及并行处理问题;此外,数据挖掘面向解决工程问题。

数据挖掘不能替代传统的统计分析技术。相反,它是统计分析方法学的延伸和扩展。大多数统计分析技术都基于完善的数学理论和高超的技巧,预测的准确度还是令人满意的,但对使用者有很高的要求。而随着计算机能力的不断增强,有可能利用计算机强大的计算能力只通过相对简单和固定的方法完成同样的功能。

对于统计与数据挖掘可以将其和数据文件与数据库加以比较,那么这两者的本质区别在哪里呢? 数据库系统的数据库管理系统(DBMS)是建立在文件系统基础上的,而数据挖掘算法有些本来就是统计的方法。人们研究数据挖掘会关心它和大数据量的结合(有效性),会关心它的数据挖掘原语(数据挖掘语言)、算法性能的优化、标准的接口等这些只有用软件实现时才考虑的事情。于是数据挖掘行业制定了一些标准,比如,基于 XML 的 PMML(预言模型标记语言);微软的 OLE DB For DM,SPSS 的CRISP - DM。当数据挖掘发展到这个程度时,就很难看到其和统计的关联了。从这个意义上来说,数据挖掘仍然是计算机行业的一个方向,而不是广义统计的一部分。同时,对于数据挖掘算法中来自机器学习和人工智能的一部分,其核心是规则,而规则内部的获得机制虽然是基于数理统计的,但是这种技术本身已经不属于统计了,比如通过数据挖掘可以得出:“年龄在 30 ~35 岁,工资在 5 000 ~8 000 元的客户会购买产品 A”。这是一个可以通过数据挖掘获得的规则,在得出这个规则之前,算法会对数据集进行分析,该数据集包括很多变量(数据库的字段),现假设有 10 个变量,“年龄”和“工资”是其中的两个,算法会根据历史数据自动抽取这两个变量,而得出这样的规则。而依据统计方法是不能得出这样的规则的,它只能得出量化的概率关系,而规则的推导却不是数理统计的范畴。

科学在进步,科学进步导致学科的细分。数据挖掘作为一门新型学科,是多学科交叉、渗透、结合的产物。数据挖掘就其算法本身而言,很大一部分可以从数理统计中获得理论解释。但是作为一个整体的研究方向,应该从计算机的层面进行全局的考虑,即从系统的角度进行分析。毕竟数据挖掘是面向应用的,一个再完美的算法,如果只能对几百条数据进行分析,那么它的用途将大打折扣。

2.2　数理统计与数据库技术的结合

数据挖掘技术从一开始就是面向应用的,它不仅是面向特定数据库的简单检索查询调用,而且要对这些数据进行微观及宏观的统计、分析、综合和推理,用以指导实际问题的求解,力图发现事物间的相互联系,甚至可利用已有的数据对未来的活动进行预测。例如,美国著名的 NBA 篮球教练,利用某公司提供的数据挖掘技术,临场决定替换队员,一度在数据库界被传为佳话。这预示着人们对数据的应用,已从低层次的末端查询操作提高到为各级经营决策者提供决策支持。这种需求的动力比数据库查询更为强大。

数据库技术在经历了 20 世纪 80 年代的辉煌之后,很多数据库学者已转向数据仓库和数据挖掘的研究,从对演绎数据库的研究转向归纳数据库的研究。数据挖掘往往依赖于经过良好组织和预处理的数据源,数据的好坏直接影响数据挖掘的效果,因此数据的前期准备是数据挖掘过程中一个非常重要的阶段;而数据仓库具有从各种数据源中抽取数据的能力,具有对数据进行清洗、聚集和转移等处理能力，这些恰好为数据挖掘提供了良好的进行前期数据准备的工作环境。因此，数据仓库和数据挖掘技术的结合就成为一种必然趋势。目前，许多数据挖掘工具都采用了数据仓库技术。

专家系统曾是人工智能研究工作者的骄傲。在研究一个专家系统时，知识工作者首先从领域专家那里获得知识，但知识获取是专家系统研究中公认的瓶颈问题；其次，在整理、表达从领域专家那里获得的知识时，知识表示又成为一大难题；此外，即使某个领域的知识通过一定方式获取并被表达了，但这样形成的专家系统对常识和百科知识却出奇的贫乏。以上三大难题大大限制了专家系统的应用，使专家系统目前还停留在"发动机故障诊断"一类的水平上。人工智能学者，尤其是从事机器学习的科学工作者开始正视现实生活中大量的、不完全的、有噪声的、模糊的和随机的大数据样本，也开始走上了数据挖掘的道路。

数理统计是数学中最重要、最活跃的学科之一，然而它和数据库技术结合得并不算快，但一旦有了从数据查询到知识发现，从数据演绎到数据挖掘的要求，数理统计就会获得新的生命力，在与数据挖掘的结合上便会呈现出"忽如一夜春风来，千树万树梨花开"的景象。

数理统计作为数据挖掘的主要支柱之一，有许多寻找变量之间规律性的方法，而回归分析方法是其中最有效的方法之一。本章拟对作为数据挖掘机制之一的回归分析方法进行讨论，并给出将其用来实现锻模设计准则制定的一个实例。

为了使 CAD 系统具有较大的实用性，必须改进传统的锻模设计准则，使其更好地适应锻造生产发展的要求。本章现给出一个利用从某厂收集到的生产现场数据经逐步回归分析方法而获得部分锻模设计准则的实例。

逐步回归分析的基本策略是：将因子一个个引入，引入因子的条件是该因子的偏回归方程经检验是显著的。同时每引入一个新因子后，要对老因子逐个进行检验，将偏回归平方和变为不显著的因子删除。在下面的几节中将首先介绍逐步回归分析的基本原理，然后介绍回归分析的软件设计，最后讨论如何利用回归分析确定锻模设计准则。

2.3　回归分析的基本概念

在现实世界中，某个变量与其他一个或多个变量之间常存在着一定的关系。一般说来，变量之间的关系可分为两类：一类是确定性的关系，也就是通常所说的函数关系；另一类是非确定性的关系，而变量之间的这种非确定性关系称为相关关系。

对于具有相关关系的变量，虽然不能找到它们之间的精确表达式，但是通过大量的观测数据，可以发现它们之间存在一定的统计规律性。设有两个变量 X 和 Y，其中 X 是可以精确测量或控制的非随机变量，而 Y 是随机变量，X 的变化将使 Y 发生相应的变化，但它们之间的变化关系是不确定的，若当 X 取得任一可能值 x 时，Y 相应地服从一定的概率分布，则称随机变量 Y 与变量 X 之间存在相关关系。

设进行 n 次独立的试验，测得试验数据如下表。

X	x_1	x_2	…	x_n
Y	y_1	y_2	…	y_n

其中x_1及y_1分别是变量X与随机变量Y在第i次试验中的观测值($i=1,2,\cdots,n$)。那么如何根据这组观测值用“最佳的”的形式来表达变量Y与X之间的相关关系呢？比较合理的想法是,取$X=x$时随机变量Y的数学期望$\mathrm{E}(Y)|_{X=x}$时的估计值,即

$$\hat{y} = \hat{Y}|_{X=x} = \mathrm{E}(Y)|_{X=x} \tag{2—1}$$

显然,当x变化时,$\mathrm{E}(Y)|_{X=x}$是x的函数,记作

$$\mu(x) = \mathrm{E}(Y)|_{X=x} \tag{2—2}$$

于是,可以用一个确定的函数关系式

$$\hat{y} = \mu(x) \tag{2—3}$$

大致地描述Y与X之间的相关关系,函数$\mu(x)$称为Y关于X的回归函数,方程(2—3)称为Y关于X的回归方程。回归方程反映了Y的数学期望$\mathrm{E}(Y)$随X的变化而变化的规律性。

然而,要找到合适的回归函数$\mu(x)$是很困难的。通常总是限制$\mu(x)$为某一类型的函数。函数$\mu(x)$的类型可以由与被研究问题的本质有关的物理假设来确定;或没有任何理由可以确定函数$\mu(x)$的类型,则只能根据在试验结果中得到的散点图来确定。在确定了函数$\mu(x)$的类型后,就可以设

$$\mu(x) = \mu(x;a_1,a_2,\cdots,a_k) \tag{2—4}$$

$a_1,a_2,\cdots,a_k$为未知参数。于是,上述问题就归结为:如何根据试验数据合理地选择参数$a_1,a_2,\cdots,a_k$的估计值$\hat{a}_1,\hat{a}_2,\cdots,\hat{a}_k$,使方程

$$\hat{y} = \mu(x;\hat{a}_1,\hat{a}_2,\cdots,\hat{a}_k) \tag{2—5}$$

在一定的意义下“最佳地”表现Y与X之间的相关关系。

解决上述问题的方法,可以利用所谓的最小二乘法,即要求选取$\mu(x;\hat{a}_1,\hat{a}_2,\cdots,\hat{a}_k)$中的参数,使得观测值$y_i$与相应的函数值$\mu(x;\hat{a}_1,\hat{a}_2,\cdots,\hat{a}_k)$($i=1,2,\cdots,n$)的偏差平方和为最小。

下面从概率论的观点来说明最小二乘法的理论依据。设当变量X取任意实数x时,随机变量Y服从正态分布$\mathrm{N}(\mu(x),\sigma^2)$,即$Y$的概率密度为

$$f(y) = \frac{1}{\sqrt{2\pi}\sigma}\mathrm{e}^{-\frac{1}{2\sigma^2}[y-\mu(x)]^2} \tag{2—6}$$

其中$\mu(x)=\mu(x;a_1,a_2,\cdots,a_k)$,而$\sigma^2$是不依赖于$x$的常数。因为在$n$次独立试验中得到观测值$(x_1,y_1),(x_2,y_2),\cdots,(x_n,y_n)$,所以利用最大似然估计法估计未知参数$a_1,a_2,\cdots,a_k$时,有似然函数

$$L(a_1,a_2,\cdots,a_k) = \prod_{i=1}^{n}f(y_i) = \left(\frac{1}{\sqrt{2\pi}\sigma}\right)^n \mathrm{e}^{-\frac{1}{2\sigma^2}\sum_{i=1}^{n}[y_i-\mu(x_i)]^2} \tag{2—7}$$

要使似然函数L取得最大值,则应使上式指数中的平方和

$$S = \sum_{i=1}^{n}[y_i-\mu(x;a_1,a_2,\cdots,a_k)]^2 \tag{2—8}$$

取最小值。这就是说,为了使观测值(x_i,y_i)($i=1,2,\cdots,n$)出现的可能性最大,应当选择参数$a_1,a_2,\cdots,a_k$使得观测值y_i与相应的函数值$\mu(x;\hat{a}_1,\hat{a}_2,\cdots,\hat{a}_k)$的平方和为最小。这就是最小二乘法的概率意义。

在等式(2—8)中,分别求S对$a_1,a_2,\cdots,a_k$的偏导数,并令它们等于零,就得到

$$\begin{cases}\sum_{i=1}^{n}\left[y_i-\mu(x_i;a_1,a_2,\cdots,a_k)\right]\frac{\partial}{\partial a_1}\mu(x_i;a_1,a_2,\cdots,a_k)=0\\ \sum_{i=1}^{n}\left[y_i-\mu(x_i;a_1,a_2,\cdots,a_k)\right]\frac{\partial}{\partial a_2}\mu(x_i;a_1,a_2,\cdots,a_k)=0\\ \cdots\cdots\\ \sum_{i=1}^{n}\left[y_i-\mu(x_i;a_1,a_2,\cdots,a_k)\right]\frac{\partial}{\partial a_k}\mu(x_i;a_1,a_2,\cdots,a_k)=0\end{cases} \tag{2—9}$$

解方程组(2—9),求出参数 $a_1,a_2,\cdots,a_k$ 的估计值,代入(2—5),即可得到回归方程。但是,一般来说,解方程组(2—9)是困难的,仅当函数 $\mu(x_i;a_1,a_2,\cdots,a_k)$ 是未知参数 $a_1,a_2,\cdots,a_k$ 的线性函数时(这时,上述方程组是关于 $a_1,a_2,\cdots,a_k$ 的线性方程组),才可以比较容易地求得这些参数的估计值。

2.4 线性回归方程

为了便于确定回归函数 $\mu(x)$ 中未知参数的值,首先讨论变量 Y 与 X 之间存在线性相关关系的情形。

设变量 Y 与 X 之间存在线性相关关系,则由试验数据得到的点 $(x_i,y_i)(i=1,2,\cdots,n)$ 将散布在某一直线周围。于是,可以用线性方程

$$\hat{y}=a+bx \tag{2—10}$$

大致地描述变量 Y 与 X 之间的关系。设随机变量

$$Y\sim \mathrm{N}(a+bx,\sigma^2) \tag{2—11}$$

按最小二乘法确定未知参数 a 及 b 时,有偏差平方和

$$S=\sum_{i=1}^{n}\left[y_i-a-bx\right]^2 \tag{2—12}$$

为了使 S 取得最小值,分别求 S 对 a 及 b 的偏导数,并令它们等于零,得方程组

$$\begin{cases}\sum_{i=1}^{n}(y_i-a-bx_i)=0\\ \sum_{i=1}^{n}(y_i-a-bx_i)x_i=0\end{cases} \tag{2—13}$$

整理得

$$\begin{cases}na+(\sum_{i=1}^{n}x_i)b=\sum_{i=1}^{n}y_i\\ (\sum_{i=1}^{n}x_i)a+(\sum_{i=1}^{n}x_i^2)b=\sum_{i=1}^{n}x_iy_i\end{cases} \tag{2—14}$$

解方程组(2—14)得

$$\begin{cases}\hat{a}=\bar{y}-\hat{b}\bar{x}\\ \hat{b}=\frac{l_{xy}}{l_{xx}}\end{cases} \tag{2—15}$$

上式中

$$\bar{x} = \frac{1}{n}\sum_{i=1}^{n} x_i \tag{2—16}$$

$$\bar{y} = \frac{1}{n}\sum_{i=1}^{n} y_i \tag{2—17}$$

$$l_{xx} = \sum_{i=1}^{n}(x_i - \bar{x})^2 = (n-1)S_x^2 \tag{2—18}$$

其中 S_x^2 观测值 $x_1,x_2,\cdots,x_n$ 的样本方差；

$$l_{xy} = \sum_{i=1}^{n}(x_i - \bar{x})(y_i - \bar{y}) = \sum_{i=1}^{n} x_i y_i - n\,\overline{xy} \tag{2—19}$$

为了以后进一步分析的需要，再引进

$$l_{yy} = \sum_{i=1}^{n}(y_i - \bar{y})^2 = (n-1)S_y^2 \tag{2—20}$$

其中 S_y^2 是观测值 $y_1,y_2,\cdots,y_n$ 的样本方差。

将由公式(2—15)计算得到的 $\hat{a}$ 及 $\hat{b}$ 的值代入(2—10)，就得到所求的线性方程

$$\hat{y} = \hat{a} + \hat{b}x \tag{2—21}$$

这个方程称为 Y 关于 X 的线性回归方程，$\hat{b}$ 称为回归系数，对应的直线称为回归直线。

2.5　线性相关的显著性检验

前面讨论了如何根据试验数据求得线性回归方程，然而实际上，对于变量 X 与 Y 的任何一组数据 $(x_i,y_i)(i=1,2,\cdots,n)$，只要 $x_1,x_2,\cdots,x_n$ 不全相等，则无论 Y 与 X 之间是否存在线性相关关系，都可以按上述计算方法写出一个线性方程。显然，这样写出的线性方程当且仅当变量 Y 与 X 之间存在线性相关关系时才是有意义的；若 Y 与 X 之间根本不存在线性相关关系，则这样写出的线性方程就毫无意义了。为了使求得的线性回归方程真正有意义，就必须先判断 Y 与 X 之间是否存在线性相关关系，这个问题可以利用线性相关的显著性检验来解决。

关于线性相关的显著性检验，可以用几种不同的检验方法，本节仅讨论线性回归的方差分析法。

2.5.1　线性回归的方差分析

因为当且仅当回归系数 $b \neq 0$ 时，变量 Y 与 X 之间才存在线性相关关系，所以，为了检验 Y 与 X 之间的线性相关的显著性，应当检验原假设

$$H_0 : b = 0 \tag{2—22}$$

是否成立。

为了检验上述原假设，需要选取适当的统计量，考察样本 $y_1,y_2,\cdots,y_n$ 的偏差平方和

$$S_T = \sum_{i=1}^{n}(y_i - \bar{y})^2 \tag{2—23}$$

它反映了观测值 $y_1,y_2,\cdots,y_n$ 总的分散程度。把 S_T 分解，得到

$$S_T = \sum_{i=1}^{n} [(\hat{y}_i - \bar{y}) + (y_i - \hat{y}_i)]^2$$

$$= \sum_{i=1}^{n} (\hat{y}_i - \bar{y})^2 + \sum_{i=1}^{n} (y_i - \hat{y}_i)^2 + 2\sum_{i=1}^{n} (\hat{y}_i - \bar{y})(y_i - \hat{y}_i) \tag{2—24}$$

其中 $\hat{y}_i = \hat{a} + bx_i$ 不难证明上式最后一项等于零,由此得

$$S_T = \sum_{i=1}^{n} (\hat{y}_i - \bar{y})^2 + \sum_{i=1}^{n} (y_i - \hat{y}_i)^2 = S_R + S_e \tag{2—25}$$

上式中,

$$S_R = \sum_{i=1}^{n} (\hat{y} - \bar{y})^2 \tag{2—26}$$

称为回归平方和,注意到

$$\frac{1}{n}\sum_{i=1}^{n} \hat{y}_i = \frac{1}{n}\sum_{i=1}^{n} (\hat{a} + \hat{b}x_i) = \hat{a} + \hat{b}\bar{x} = \bar{y} \tag{2—27}$$

可见 S_R 是回归值 $\hat{y}_1,\hat{y}_2,\cdots,\hat{y}_n$ 的偏差平方和,它反映回归值的分散程度,这种分散是由于 Y 与 X 之间的线性相关关系引起的。

$$S_e = \sum_{i=1}^{n} (y_i - \hat{y}_i)^2 \tag{2—28}$$

称为剩余平方和,它就是等式(2—23)给出的偏差平方和 S 的最小值,反映了观测值 $\hat{y}_1$,$\hat{y}_2,\cdots,\hat{y}_n$ 偏离回归直线的程度,这种偏离是由于观测误差等随机因素引起的。

可以证明,若原假设 H_0 是正确的,则

$$\frac{S_T}{\sigma^2} \sim \chi^2(n-1) \tag{2—29}$$

$$\frac{S_R}{\sigma^2} \sim \chi^2(1) \tag{2—30}$$

$$\frac{S_e}{\sigma^2} \sim \sigma^2(n-2) \tag{2—31}$$

并且 S_R 与 S_e 是相互独立的。

于是,统计量

$$F = \frac{S_R}{S_e/(n-2)} \sim \mathrm{F}(1, n-2) \tag{2—32}$$

若变量 Y 与 X 之间的线性相关关系显著,则回归平方和 S_R 的值较大,因而统计量 F 的也较大;相反,若 Y 与 X 之间的线性相关不显著,则 F 的值较小。由此可见,可以根据 F 值的大小来检验上述原假设 H_0。对于给定的显著性水平 α,根据相关表格可查得临界值 $F_\sigma(1,n-2)$。若 $F > \mathrm{F}_\sigma(1,n-2)$,则拒绝原假设 H_0,即认为 Y 与 X 之间的线性相关关系显著;若 $F \leqslant \mathrm{F}_\sigma(1,n-2)$,则接受原假设 H_0,即认为 Y 与 X 之间的线性相关关系不显著,或者不存在线性相关关系。

计算 S_T,S_R 及 S_e 时,可以利用下面的公式:

$$S_T = \sum_{i=1}^{n} (y_i - \bar{y})^2 = l_{yy} \tag{2—33}$$

$$
\begin{aligned}
S_R &= \sum_{i=1}^{n}(\hat{y}_i - \bar{y})^2 \\
&= \sum_{i=1}^{n}(\hat{a} - \hat{b}x_i - \hat{a} - \hat{b}\bar{x})^2 \\
&= \hat{b}^2\sum_{i=1}^{n}(x_i - \bar{x})^2 = \frac{l_{xy}^2}{l_{xx}}
\end{aligned} \tag{2—34}
$$

$$
S_e = S_T - S_R = l_{yy} - \frac{l_{xy}^2}{l_{xx}} \tag{2—35}
$$

最后得线性回归得方差分析表如下：

方差来源	平方和	自由度	F 值	临界值
回归	S_R	1	$F = \frac{S_R}{S_e/(n-2)}$	$F_{0.05}(1, n-2)$
剩余	S_e	$n-2$		$F_{0.01}(1, n-2)$

2.5.2　相关系数的显著性检验

现在讨论线性相关的显著性检验中最简便，也是最常用的一种方法，即相关系数的显著性检验法。

由上述讨论可知，变量 X 与 Y 的相关系数 $R(X,Y)$ 是表示 X 与 Y 之间线性相关关系的一个数字特征。因此，要检验随机变量 Y 与变量 X 之间的线性相关关系是否显著，很自然的想法就是应当考察相关系数 $R(X,Y)$ 的大小。若相关系数 $R(X,Y)$ 的绝对值很小，则表明 Y 与 X 之间的线性相关关系不显著，或者根本不存在线性相关关系；仅当相关系数 $R(X,Y)$ 的绝对值较大（接近于 1）时，才表明 Y 与 X 之间线性相关关系显著，这时求 Y 关于 X 的线性回归方程才有意义。

在相关系数 $R(X,Y)$ 是未知的情况下，可以根据计算 X 与 Y 的样本相关系数 r 作为相关系数 $R(X,Y)$ 的估计值。用样本均值与样本二阶中心矩分别作为数学期望与方差的估计值，则 X 与 Y 的样本相关系数的定义如下：

$$
\begin{aligned}
r = \hat{R}(X,Y) &= \frac{\frac{1}{n}\sum_{i=1}^{n}x_i y_i - \overline{xy}}{\sqrt{\frac{1}{n}\sum_{i=1}^{n}(x_i - \bar{x})^2}\sqrt{\frac{1}{n}\sum_{i=1}^{n}(y_i - \bar{y})^2}} \\
&= \frac{\sum_{i=1}^{n}(x_i - \bar{x})(y_i - \bar{y})}{\sqrt{\sum_{i=1}^{n}(x_i - \bar{x})^2\sum_{i=1}^{n}(y_i - \bar{y})^2}} = \frac{l_{xy}}{\sqrt{l_{xx}l_{yy}}}
\end{aligned} \tag{2—36}
$$

因为样本相关系数 r 是相关系数 $R(X,Y)$ 的估计值，所以当 r 的绝对值越接近 1 时，Y 与 X 之间的线性相关关系越显著。当 $r>0$ 时，称 Y 与 X 为正相关；当 $r<0$ 时，称 Y 与 X 为负相关。当 r 的绝对值接近 0 时，则可以认为 Y 与 X 之间不存在线性相关关系。这时有两种可能的情形：或者 Y 与 X 不相关，或者 Y 与 X 之间存在非线性关系。

然而，样本相关系数 r 的绝对值究竟应当到多大时，才能认为 Y 与 X 之间的线性相关关

系显著呢？这个问题可以根据上述线性回归方差分析的结果得到解决，设

$$F=\frac{(n-2)S_R}{S_e}=\frac{(n-2)\frac{l_{xy}^2}{l_{xx}}}{l_{yy}-\frac{l_{xy}^2}{l_{xx}}}$$

$$=\frac{(n-2)\frac{l_{xy}^2}{l_{xx}l_{yy}}}{1-\frac{l_{xy}^2}{l_{xx}l_{yy}}}=\frac{(n-2)r^2}{1-r^2} \tag{2—37}$$

由此得

$$|r|=\sqrt{\frac{F}{F+n-2}} \tag{2—38}$$

对于给定的显著性水平 α，不难由 F 的临界值 F_σ 计算得到相关系数 r 的临界值 r_σ。因为这里 F 分布的第一自由度恒为 1，F 的临界值 F_σ 即由第二自由度 $n-2$ 来确定，所以相关系数 r 的临界值 r_σ 依赖于自由度 $n-2$，记作$(n-2)$。由试验数据计算出样本相关系数 r 的值，于是：

(1)当$|r|\leqslant r_{0.05}(n-2)$时，则认为 Y 与 X 之间的线性相关关系不显著，或者不存在线性相关关系；

(2)当 $r_{0.05}(n-2)<|r|\leqslant r_{0.01}(n-2)$时，则认为 Y 与 X 之间的线性相关关系显著；

(3)当$|r|>r_{0.01}(n-2)$时，则认为 Y 与 X 之间的线性相关关系特别显著。

综上所述，讨论随机变量 Y 与变量 X 之间的线性回归问题，一般应按以下步骤进行。

(1)先根据试验数据计算 $\bar{x}$、$\bar{y}$、l_{xx}、l_{yy} 及 l_{xy}，再计算样本相关系数 r 的值；然后，查相关系数显著性检验表，得到相关系数临界值 r_σ，从而推断变量 Y 与 X 之间的线性相关关系是否显著。

(2)若 Y 与 X 之间的线性相关关系显著，则计算 $\hat{a}$ 及 $\hat{b}$ 的值，可得 Y 关于 X 的线性回归方程，它大致描述了 Y 与 X 之间的变化规律。

2.6 非线性回归分析

在实际问题中，变量之间的相关关系可能不是线性的，因而不能用线性回归方程来描述它们之间的相关关系。这时，选择适当的回归曲线方程可能更符合实际情况。本节用下述两种方法来讨论非线性回归问题。

2.6.1 化非线性回归为线性回归

根据专业知识或散点图，选择适当的曲线回归方程

$$\hat{y}=\mu(x;a,b) \tag{2—39}$$

其中 a 及 b 为未知参数。为了求参数 a 及 b 的估计值，往往可以通过变量置换，把非线性回归化为线性回归，然后用上述线性回归方法来确定这些参数的估计值。

为了便于读者选择适当的曲线类型，表 2-1 列举了某些常用的曲线方程，并给出了相应

的化为线性方程的变量置换公式。

表 2-1　常用的曲线方程及线性方程的变量置换公式

曲线方程	变换公式	变换后的线性方程
$\frac{1}{y}=a+\frac{a}{x}$	$u=\frac{1}{x},v=\frac{1}{y}$	$v=a+bu$
$y=ax^b$	$u=\ln x,v=\ln y$	$v=a_1+bu(a_1=\ln a)$
$y=a+b\ln x$	$u=x,v=\ln y$	$v=a_1+bu$
$y=ae^{bx}$	$u=x,v=\ln y$	$v=a_1+bu(a_1=\ln a)$
$y=ae^{\frac{b}{x}}$	$u=\frac{1}{x},v=\ln y$	$v=a_1+bu(a_1=\ln a)$

2.6.2　多项式回归

设回归方程为

$$\hat{y}=a_0+a_1x+a_2x^2+\cdots+a_mx^m \tag{2—40}$$

这里假设多项式的次数 m 小于试验次数 n，因而可以利用最小二乘法确定系数 $a_1,a_2,\cdots,a_m$ 的值。最常用的是二次或三次多项式。

2.7　多元线性回归分析

随机变量 Y 与一个变量 X 的回归分析，通常称为一元回归分析。在实际问题中，某个随机变量可能与多个变量有相关关系。研究随机变量 Y 与 $m(m\geqslant 2)$ 个变量 $X_1,X_2,\cdots,X_m$ 之间的相关关系，需要利用多元回归分析，这里仅简要地介绍多元线性回归。

2.7.1　多元线性回归方程

设进行 n 次独立试验，得到试验数据如下：

X_1	x_{11}	x_{12}	…	x_{1n}
X_2	x_{21}	x_{22}	…	x_{2n}
…	…	…	…	…
X_m	x_{m1}	x_{m2}	…	x_{mn}
Y	y_1	y_2	…	y_n

其中 $x_{1k},x_{2k},\cdots,x_{mk}$，及 $y_k(k=1,2,\cdots,n)$，分别表示变量 $X_1,X_2,\cdots,X_m$ 及 Y 在第 k 组实例值。

若随机变量 Y 与变量 $X_1,X_2,\cdots,X_m$ 之间存在线性相关关系，则可用多元线性方程

$$\hat{y}=a+b_1x_1+b_2x_2+\cdots+b_mx_m \tag{2—41}$$

来描述。设对于变量 $X_1,X_2,\cdots,X_m$ 的任意一组实数值 $x_1,x_2,\cdots,x_m$，随机变量

$$Y\sim \mathrm{N}(a+\sum_{i=1}^{n}b_ix_i,\sigma^2) \tag{2—42}$$

与一元回归分析类似，利用最小二乘法确定其中未知参数 $a,b_1,b_2,\cdots,b_m$ 的估计值。为了使偏差平方和

$$S=\sum_{k=1}^{n}(y_k-a-b_1x_{1k}-b_2x_{2k}-\cdots-b_mx_{mk})^2 \tag{2—43}$$

取得最小值，分别求 S 对 $a,b_1,b_2,\cdots,b_m$ 的偏导数，并让它们等于零，整理得方程组

$$\begin{cases}na+(\sum_{k=1}^{n}x_{1k})b_1+\cdots+(\sum_{k=1}^{n}x_{mk})b_m=\sum_{k=1}^{n}y_k\\(\sum_{k=1}^{n}x_{1k})a+(\sum_{k=1}^{n}x_{1k}^2)b_1+\cdots+(\sum_{k=1}^{n}x_{1k}x_{mk})b_m=\sum_{k=1}^{n}x_{1k}y_k\\\cdots\cdots\\(\sum_{k=1}^{n}x_{mk})a+(\sum_{k=1}^{n}x_{mk}x_{1k})b_1+\cdots+(\sum_{k=1}^{n}x_{mk}^2)b_m=\sum_{k=1}^{n}x_{mk}y_k\end{cases} \tag{2—44}$$

设

$$\bar{x}_i=\frac{1}{n}\sum_{k=1}^{n}x_{ik} \tag{2—45}$$

其中 $i=1,2,\cdots,m$；

$$\bar{y}=\frac{1}{n}\sum_{k=1}^{n}y_k \tag{2—46}$$

$$l_{ij}=l_{ji}=\sum_{k=1}^{n}(x_{ik}-\bar{x}_i)(x_{jk}-\bar{x}_j)=\sum_{k=1}^{n}x_{ik}x_{jk}-n\bar{x}_i\bar{x}_j \tag{2—47}$$

其中 $i=1,2,\cdots,m;j=1,2,\cdots,m$；特别是当 $i=j$ 时，有

$$l_{ii}=\sum_{k=1}^{n}(x_{ik}-\bar{x}_i)^2=(n-1)S_i^2 \tag{2—48}$$

其中 S_i^2 表示 X_i 观测值 $x_{i1},x_{i2},\cdots,x_{in}$ 的样本方差；

$$l_{iy}=\sum_{k=1}^{n}(x_{ik}-\bar{x}_i)(y_k-\bar{y})=\sum_{k=1}^{n}x_{ik}y_k-n\bar{x}_i\bar{y} \tag{2—49}$$

其中 $i=1,2,\cdots,m$。利用消元法不难将方程组(2—44)化为下面的方程组

$$\begin{cases}a+\bar{x}_1b_1+\bar{x}_2b_2+\cdots+\bar{x}_mb_m=\bar{y}\\l_{11}b_1+l_{12}b_2+\cdots+l_{1m}b_m=l_{1y}\\l_{21}b_1+l_{22}b_2+\cdots+l_{2m}b_m=l_{2y}\\\cdots\cdots\\l_{m1}b_1+l_{m2}b_2+\cdots+l_{mm}b_m=l_{my}\end{cases} \tag{2—50}$$

于是，可以先从方程组(2—50)的后 m 个方程解得 $\hat{b}_1,\hat{b}_2,\cdots,\hat{b}_m$，再代入第一个方程，即得

$$\hat{a}=\bar{y}-b_1\bar{x}_1-b_2\bar{x}_2-\cdots-b_m\bar{x}_m \tag{2—51}$$

最后，把解得的 $\hat{a},\hat{b}_1,\hat{b}_2,\cdots,\hat{b}_m$ 代入方程(2—41)，就得到多元线性回归方程

$$\bar{y}=\hat{a}+b_1\bar{x}_1+b_2\bar{x}_2+\cdots+b_m\bar{x}_m \tag{2—52}$$

2.7.2　多元线性回归的方差分析

与一元线性回归分析一样，在求多元线性回归方程之前，首先应当进行 Y 与 $X_1,X_2,\cdots,$

X_m 之间线性相关的显著性检验。为此，可以利用多元线性回归的方差分析，检验原假设

$$H_0: b_1 = b_2 = \cdots = b_m = 0 \tag{2—53}$$

是否成立。

考察样本 $y_1, y_2, \cdots, y_n$ 的偏差平方和

$$S_T = \sum_{k=1}^{n} (y_k - \bar{y})^2 \tag{2—54}$$

分解得

$$S_T = \sum_{k=1}^{n} (\hat{y}_k - \bar{y})^2 + \sum_{k=1}^{n} (y_k - \hat{y}_k)^2 = S_R + S_e \tag{2—55}$$

上式中

$$S_R = \sum_{k=1}^{n} (\hat{y}_k - \bar{y})^2 \tag{2—56}$$

称为回归平方和，它反映了由于 Y 与 $X_1, X_2, \cdots, X_m$ 之间存在线性相关关系而引起的回归值 $\hat{y}_1, \hat{y}_2, \cdots, \hat{y}_m$ 的分散程度；

$$S_e = \sum_{k=1}^{n} (y_k - \hat{y}_k)^2 \tag{2—57}$$

称为剩余平方和，它就是由等式(2—43)给出的偏差平方和 S 的最小值，反映了由于随机误差引起的观测值 y_k 与相应的回归值 $\hat{y}_k (k = 1, 2, \cdots, n)$ 的偏离程度。

可以证明，若原假设 H_0 是正确的，则

$$\frac{S_T}{\sigma^2} \sim \chi^2(n-1) \tag{2—58}$$

$$\frac{S_R}{\sigma^2} \sim \chi^2(m) \tag{2—59}$$

$$\frac{S_e}{\sigma^2} \sim \chi^2(n-m-1) \tag{2—60}$$

并且 S_R 与 S_e 是相互独立的。于是，统计量

$$F = \frac{S_R/m}{S_e/(n-m-1)} \sim \mathrm{F}(m, n-m-1) \tag{2—61}$$

计算 S_T, S_R 及 S_e 时，可以利用下列公式：

$$S_T = l_{yy} = (n-1) S_y^2 \tag{2—62}$$

其中 S_y^2 是观测值 $y_1, y_2, \cdots, y_n$ 的样本方差；由公式(2—46)及(2—50)可知

$$\begin{aligned} S_R &= \sum_{k=1}^{n} [\hat{b}_1 (x_{1k} - \bar{x}_1) + \hat{b}_2 (x_{2k} - \bar{x}_2) + \cdots + \hat{b}_m (x_{mk} - \bar{x}_m)]^2 \\ &= \sum_{k=1}^{n} \sum_{i=1}^{m} \sum_{j=1}^{m} \hat{b}_i \hat{b}_j (x_{ik} - \bar{x}_i)(x_{jk} - \bar{x}_j) \\ &= \sum_{i=1}^{m} \sum_{j=1}^{m} \hat{b}_i \hat{b}_j l_{ij} = \sum_{i=1}^{m} \hat{b}_i l_{iy} \end{aligned} \tag{2—63}$$

$$S_e = S_T - S_R = l_{yy} - \sum_{i=1}^{m} \hat{b}_i l_{iy} \tag{2—64}$$

最后写出多元线性回归的方差分析表如下：

方差来源	平方和	自由度	F 值	临界值
回归	S_R	m	$F=\dfrac{S_R/m}{S_e/(n-m-1)}$	$F_{0.05}(m,n-m-1)$
剩余	S_e	$n-m-1$		$F_{0.01}(m,n-m-1)$

Y 与 $X_1,X_2,\cdots,X_m$ 之间的线性相关关系显著性判断规则如下：

(1)若 $F\leqslant F_{0.05}(m,n-m-1)$，则接受原假设 H_0，即认为 Y 与 $X_1,X_2,\cdots,X_m$ 之间的线性相关关系不显著。

(2)若 $F_{0.05}(m,n-m-1)<F\leqslant F_{0.01}(m,n-m-1)$，则拒绝原假设 H_0，即认为 Y 与 X_1，$X_2,\cdots,X_m$ 之间的线性相关关系显著。

(3)若 $F>F_{0.01}(m,n-m-1)$，则可以认为 Y 与 $X_1,X_2,\cdots,X_m$ 之间的线性相关关系特别显著。

2.8　一般情况下的回归分析

2.8.1　一般情况下的回归方程

在一般的最小二乘法问题中，用高斯的术语“计算变量”$\hat{y}$ 为：

$$\hat{y}=\theta_1\varphi_1(x)+\theta_2\varphi_2(x)+\cdots+\theta_n\varphi_n(x)\tag{2—65}$$

式中 $\varphi_1,\varphi_2,\cdots,\varphi_n$ 是已知函数，$\theta_1,\theta_2,\cdots,\theta_n$ 是未知函数。观测对 $(x_i,y_i)(i=1,2,\cdots,N)$ 由试验获得。问题就是要用一种方式确定参数，使得用试验数据与式(2—65)计算出来的变量 $\hat{y}_i$ 尽可能与量测变量 y_i 值相符。假设所有的测量值有相同的精度，最小二乘原则指出了一种选择参数的方法，它使判据函数

$$I(\theta)=\frac{1}{2}\sum_{i=1}^{N}\in_i^2\tag{2—66}$$

达到最小。式中

$$\in_i=y_i-\hat{y}_i=y_i-\theta_1\varphi_1(x_i)-\theta_2\varphi_2(x_i)-\cdots-\theta_n\varphi_n(x_i)\tag{2—67}$$

为书写简洁，引入下列向量

$$\varphi=[\varphi_1,\varphi_2,\cdots,\varphi_n]\tag{2—68}$$

$$y=[y_1,y_2,\cdots,y_n]\tag{2—69}$$

$$\theta=[\theta_1,\theta_2,\cdots,\theta_n]^T\tag{2—70}$$

$$\in=[\in_1,\in_2,\cdots,\in_n]^T\tag{2—71}$$

$$\boldsymbol{\Phi}=\begin{pmatrix}\varphi(x_1)\\ \mathrm{M}\\ \varphi(x_n)\end{pmatrix}\tag{2—72}$$

这样最小二乘问题能用一个简洁的形式来表达，判据(2—66)可写成

$$I(\theta)=\frac{1}{2}\in^T\in=\frac{1}{2}\|\in\|^2\tag{2—73}$$

式中

$$\begin{cases} \in = y - \hat{y} \\ \hat{y} = \Phi\theta \end{cases} \tag{2—74}$$

这样确定参数 θ,使得 $\| \in \|^2$ 最小。下述定理给出了最小二乘问题的解。

最小二乘估计原理:当参数$\hat{\theta}$满足

$$\Phi^T\Phi\hat{\theta} = \Phi^T y \tag{2—75}$$

时,函数(2—73)达到最小值。若矩阵 $\Phi^T\Phi$ 是非奇异的,则最小值由

$$\hat{\theta} = (\Phi^T\Phi)^{-1}\Phi y = \tilde{\Phi} y \tag{2—76}$$

唯一给出。

这里称方程(2—75)为标准方程。如果矩阵 $\Phi^T\Phi$ 是非奇异的,则称 $\tilde{\Phi} = (\Phi^T\Phi)^{-1}\Phi^T$ 为 Φ 的伪逆。

2.8.2　一般情况下的参数估计

最小二乘法可以用于动态系统的参数估计。设系统输入序列 $u(1), u(2), \cdots, u(N)$ 已施加于系统并测得相应的输出序列 $y(1), y(2), \cdots, y(N)$,未知参数为

$$\theta = [a_1, a_2, \cdots, a_n; b_1, b_2, \cdots, b_n]^T \tag{2—77}$$

又

$$\begin{cases} \varphi(k+1) \\ \quad = [-y(k), y(k-1), \cdots, -y(k-n+1); u(k), u(k-1), \cdots, u(k-n+1)] \\ \Phi = \begin{pmatrix} \varphi(n+1) \\ \varphi(n+2) \\ \mathrm{M} \\ \varphi(N) \end{pmatrix} \\ \mathrm{y} = \begin{pmatrix} y(n+1) \\ y(n+2) \\ \mathrm{M} \\ y(N) \end{pmatrix} \end{cases} \tag{2—78}$$

若矩阵 $\Phi^T\Phi$ 是非奇异的,则最小二乘估计由式(2—76)给出。粗略地讲,只要输入信号是足够丰富的,矩阵 $\Phi^T\Phi$ 就是非奇异的。

2.9　逐步回归分析的软件设计

逐步回归分析软件应具有以下功能:

(1)从一组数据出发,确定变量间的定量关系式。

(2)对关系式的可信度进行统计检验。

(3)从影响着某一变量的许多变量中判断哪些变量的影响是显著的,哪些是不显著的。

根据对逐步回归分析软件功能的分析,得出其数据流图如图 2-1 所示。

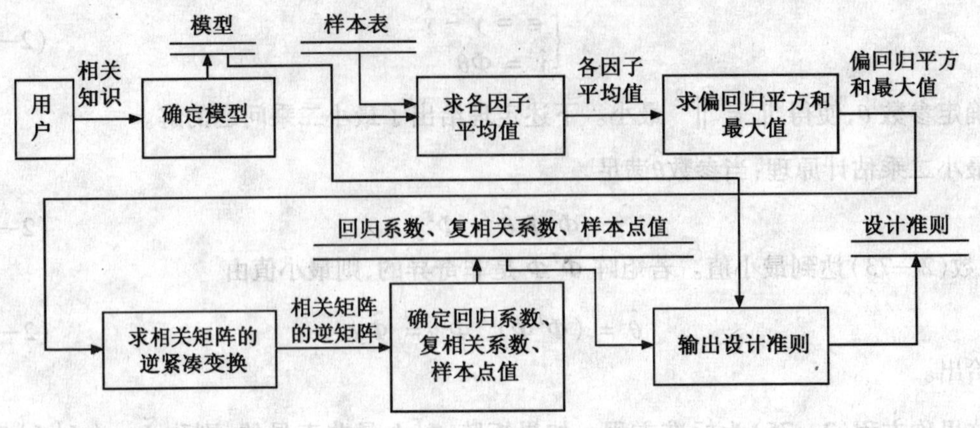

图 2-1　逐步回归分析软件数据流图

2.10　锻模设计准则的制定

2.10.1　研究的内容

本节拟就下列两方面的内容进行研究：

(1) 飞边尺寸设计准则的制定；

(2) 飞边金属消耗设计准则的制定。

在制定这两个准则时，将遵循的原则是：得到高质量的锻件；使原材料消耗最少；使锻模寿命最长。

2.10.2　资料收集与数据处理

为制定锻模设计准则和进行工艺分析，从某厂收集了 34 个样本，共计一百多张轴对称锻件图（包括毛胚图、冷锻件图、预锻件图和终锻件图）。这些图纸包含了该厂正在生产或以前生产的大部分轴对称锻件。实践证明这些锻件所采用的工艺在现有生产条件下，既能保证锻件质量又能保证原材料消耗较少，且锻件寿命较长。此外还收集了大量原始数据：飞边桥部尺寸、飞边金属消耗、毛胚镦粗饼高度和下料尺寸等。

在此基础上，对这些资料进行了适当的整理。首先，将 96 张锻件图以数字编码方式输入计算机，存储信息达三万多个单位，再用二维图形输入系统对每张图纸进行处理，将每张图纸的初始描述变换为转化描述。然后，利用工艺计算模块，获得各自的下列特征参数：形状复杂系数、轴截面周长、轴截面面积、体积和重量。

这样，就为下一步采用逐步回归分析软件进行锻模设计准则的制定准备了充分的原始数据。经整理后的某厂生产现场数据见表 2-2。

表 2-2　某厂生产的轴对称锻件特征参数一览表

图号	终锻					预锻					镦粗		材料
	截面积 A_Z	体积 V_Z	重量 G_Z	周长 L_Z	形状复杂	截面积 A_Y	体积 V_Y	重量 G_Y	周长 L_Y	形状复杂	镦粗尺寸(mm)		利用率
	(mm^2)	(mm^3)	(kg)	(mm)	系数 S_Z	(mm^2)	(mm^3)	(kg)	(mm)	系数 S_Y	H_0	D_0	%
10.2-03020	3802.78	498018.0	3.91	477.73	1.675	4107.07	546829.2	4.29	476.28	1.63	24.0	180.74	76.9
130-2402070	4875.14	1304306.0	10.24	614.85	2.935						35.0	233.72	77.0
130-2403052	3079.59	186546.5	1.46	247.72	0.864						35.0	87.21	87.7
1601E-136	2342.01	128224.9	1.01	235.26	0.901	2517.34	1479065.5	1.16	230.47	0.91	32.0	77.54	81.0
130-2403055	1502.89	71944.9	0.56	148.22	0.674	1588.06	78419.4	0.62	148.64	0.71			56.6
1700C-051	2902.03	354213.9	2.78	426.27	3.595	3354.33	388291.8	3.05	403.23	2.69	29.0	62.93	75.2
1700C-053	3344.99	460477.8	3.61	477.40	3.363						30.0	146.83	84.9
1700C-056	3412.44	521865.9	4.09	529.92	3.905	3552.66	350633.8	4.32	525.52	3.81	27.0	163.30	85.9
1700C-1128	4493.28	772554.6	6.06	580.73	3.254	5054.06	873667.2	6.86	589.17	3.10	36.5	175.16	81.9
1700C-124	2152.79	32558.9	2.56	375.25	2.586						21.0	158.58	70.6
1700C-127	3537.83	577384.3	4.53	530.88	3.829	3867.80	613486.7	4.82	556.64	3.78	30.0	164.88	80.7
1700C-131	3153.30	438604.7	3.44	442.82	3.697						35.0	137.48	78.7
1700C-137	1928.61	250262.0	1.96	331.22	2.453						24.0	128.45	74.4
23C-03016	2638.55	400933.8	3.15	432.43	3.410	3383.58	565556.2	4.44	483.85	3.04	24.0	71.44	79.1
2301E-026	5342.86	944706.1	7.42	562.82	3.642	6060.84	1141865.0	8.96	552.81	3.13			82.5
23C-03091	7560.96	511403.7	4.88	533.10	1.252	8287.24	668024.9	5.24	499.12	1.12	40.0	143.50	87.9
23E-03091	7572.21	625299.6	4.91	524.32	1.305	7909.94	635718.9	4.99	501.92	1.13	60.0	118.67	90.5
2402C-026	6718.59	227326.0	17.84	741.69	3.120	7017.79	2437597.0	19.13	728.58	3.07	37.0	298.44	76.9
2401C-041	4115.12	7500167.2	5.89	582.78	4.270	4010.12	805524.7	6.32	593.25	5.08			77.5
2401E-025	4358.79	854425.6	6.71	509.99	1.830	4159.40	914161.1	7.18	495.76	1.91	29.0	211.77	72.5
2402C-3358	3257.77	307725.7	2.42	355.83	2.060	3415.17	319211.5	2.51	358.02	2.05	45.0	102.55	76.8
2402C-3458	1888.36	97983.9	0.77	176.92	0.740								80.0
24020-0268	10867.77	411754.0	32.32	919.43	2.590	1026.61	3967161.0	3.11	896.11	3.56	45.0	343.95	76.6
24020-335	3830.07	439226.2	3.45	399.31	2.160						51.0	109.59	85.9
24020-345	2421.88	144718.4	1.14	190.31	0.680	2413.54	143594.7	1.12	191.08	0.62			77.7
24020C-026	9653.62	3977764.0	31.23	970.38	3.520	9831.17	4323432.0	33.94	952.25	3.77	41.5	368.80	79.4
	9956.88	3749.5	29.31	872.51	2.720	9244.39	3801091.0	29.84	357.45	3.10	42.0	356.02	79.5
2402E-335	3789.77	419717.6	3.30	403.54	2.420	4403.73	477854.1	3.75	389.49	1.97	48.0	112.96	85.1
	10598.00	400608.0	31.44	890.63	2.740	10182.07	4204812.0	33.01	866.62	3.04	45.0	349.36	79.7
2502G-435	4427.56	339571.1	2.67	299.79	0.850						40.0	115.41	78.0
2502G-437	2854.92	328409.2	2.58	360.00	2.140						40.0	111.78	75.7
3507G-028	4788.64	409505.2	3.24	436.00	1.490	5478.74	556755.9	4.37	422.40	1.45	96.0	78.59	84.0
29H-14038	2451.17	374358.7	2.94	406.73	3.020	2499.16	408885.1	3.21	394.61	3.10	30.0	140.00	68.2

2.10.3　飞边尺寸设计准则的制定

1. 数学模型建立的依据

飞边中起主要作用是桥部尺寸。飞边造成的阻力和桥部参数有关:桥部宽度尺寸与高度尺寸之比(B/H)愈大,变形抗力愈大,愈有利于锻件成型。理论上应使飞边的阻力既能促使锻件成型饱满,又能使消耗的变形功最小。因为过大的阻力,将使大量的变形功消耗在第二阶段的变形上。这样不但浪费了能量还会使设备超载或模具损坏。通过理论分析可知,变形力 P_B 和 B/H 成正比关系。其表达式为:

$$P_B = S \times (1.5 + 1.5 \times (B/H)) \tag{2—79}$$

因此,要控制飞边尺寸,不但要使 B、H 适宜,而且要使它们的比值恰当。

2. 数学模型的建立和回归分析样本表

根据前苏联学者捷捷林关于影响飞边尺寸的因素的研究成果和对某厂生产现场数据的分析,飞边尺寸设计准则可用下列公式描述。

$$\begin{cases} H_Y = \beta_0 + \beta_1 \times Q_Y^{0.2} + \beta_2 \times (D_Y/D_0) \times S_Y + \varepsilon_\sigma \\ H_Z = \beta_0 + \beta_1 \times Q_Z^{0.2} + \beta_2 \times (D_Z/D_Y) \times S + \varepsilon_\sigma \\ B_Y/H_Y = \beta_0 + \beta_1 \times Q_Y^{-0.2} + \beta_2 \times (D_Y/H_Y) \\ \qquad + \beta_3 \times S_Y + \beta_4 \times (D_0/H_Y) \times S_Y + \varepsilon_\sigma \\ B_Z/H_Z = \beta_0 + \beta_1 \times Q_Z^{-0.2} + \beta_2 \times (D_Z/H_Z) \\ \qquad + \beta_3 \times S + \beta_4 \times (D_Y/H_Z) \times S + \varepsilon_\sigma \end{cases} \tag{2—80}$$

式中:H_Y、H_Z——预锻模、终锻模飞边桥部高度尺寸;

B_Y、B_Z——预锻模、终锻模飞边桥部宽度尺寸;

D_0、D_Y、D_Z——毛坯、预锻件、终锻件最大直径;

Q_Y、Q_Z——预锻件、终锻件重量;

S_Y、S——预锻、终锻工步形状复杂系数。

本研究遵循使剩余自由度大于 10 的原则,确定制定锻模设计准则所需样本容量的大小。这样就能充分保证剩余方差不致过大,使回归方程更好地反映准则中各因子之间的规律性。对应式(2—80)各子式的样本表分别如表 2-3 至表 2-6 所示。

表 2-3　H_Y 回归分析样本表

$Q_Y^{0.2}$	$(D_Y/D_0) \times S_Y$	H_Y
1.33828	1.73525	4.00000
1.24970	5.61601	4.00000
1.34031	4.18778	4.00000
1.46975	3.54693	6.00000
1.36941	4.03570	4.60000
1.80454	3.26125	5.00000
1.48313	2.00221	6.00000
1.20168	2.36751	4.00000

续表

$Q_Y^{0.2}$	$(D_Y/D_0)\times S_Y$	H_Y
1.98916	4.02368	5.00000
2.02367	4.02368	5.00000
1.97222	3.25816	6.00000
1.30267	2.29241	4.00000
2.01244	3.26193	6.00000
1.26268	3.50018	4.00000

表 2-4　H_Z 回归分析样本表

$Q_Z^{0.2}$	$(D_Z/D_Y)\times S$	H_Z
1.31348	1.01972	3.00000
1.22695	1.33905	3.00000
1.32582	1.02739	3.00000
1.43403	1.05089	5.00000
1.35290	1.01499	3.40000
1.25773	1.12634	3.00000
1.49291	1.16708	5.00000
1.77952	1.01903	5.00000
1.42563	0.84259	5.00000
1.46322	0.94134	5.00000
1.19291	1.01868	3.00000
2.00398	0.72924	5.00000
1.993050	0.90301	5.00000
1.24060	0.97794	3.00000

表 2-5　B_Y/H_Y 回归分析样本表

$Q_Y^{0.2}$	D_0/H_Y	S_Y	$S_Y\times(D_0/H_Y)$	B_Y/H_Y
0.74723	45.18500	1.62942	73.62534	2.93900
0.80019	33.14000	2.69043	89.16085	3.00000
0.77336	43.18529	3.36251	145.21100	4.26471
0.74620	40.82500	3.81026	155.55390	3.69000
0.68039	29.19333	3.09603	90.38344	2.66667
0.82910	52.86000	2.58569	136.67930	4.00000
0.73024	35.84384	3.78288	135.59160	3.47826
0.78093	45.82667	3.69672	169.40830	5.00000
0.87367	42.81667	2.45270	105.01660	4.00000

续表

$Q_Y^{0.2}$	D_0/H_Y	S_Y	$S_Y\times(D_0/H_Y)$	B_Y/H_Y
0.55416	42.83429	3.07312	131.02040	3.57143
0.55416	59.68800	3.07312	183.42850	5.04000
0.67425	35.29500	1.94001	68.47625	2.50000
0.83217	25.63750	2.04784	52.50150	3.00000
0.50272	68.79000	3.56292	245.09330	5.16000
0.78071	36.53000	2.15632	78.77048	4.00000
0.49415	61.46667	3.76883	231.65740	3.46667
0.50704	59.33667	3.10310	184.12760	3.33333
0.76766	28.24000	1.96622	55.52606	3.75000
0.49691	58.22667	3.04142	177.09180	3.78333
0.82745	37.26000	2.73597	101.94210	5.00000
0.74455	19.64750	1.44570	28.40439	2.50000
0.79196	35.00000	3.10378	108.63240	3.00000

表 2-6 B_Z/H_Z 回归分析样本表

$Q_Z^{-0.2}$	D_Y/H_Z	S	$S\times(D_Y/H_Z)$	B_Z/H_Z
0.76134	64.20333	1.01682	65.28323	3.80000
0.81503	43.78667	1.33610	58.50337	4.00000
0.75425	59.82667	0.88982	53.23496	4.85000
0.69733	40.13400	1.05089	42.17642	2.40000
0.73915	51.73824	1.01211	52.36479	4.41177
0.56195	45.88205	1.01410	45.88205	4.28571
0.56195	45.88205	1.01410	46.52880	4.98000
0.68343	37.73600	0.93808	35.39939	3.00000
0.93829	39.50000	1.00762	39.80099	4.00000
0.49901	77.68600	0.76095	59.77782	5.04002
0.50246	78.68900	0.93459	73.54102	4.12000
0.50844	74.76200	0.87573	65.47133	4.00000
0.78783	43.90000	1.23047	54.01763	5.00000
0.50174	74.93800	0.89984	67.43221	4.40000
0.79172	52.25000	1.02929	53.78040	3.33333
0.86606	52.62667	0.97442	51.28048	4.00000

3. 结论

利用开发的逐步回归分析软件，对预、终锻模飞边桥部高度尺寸，分别逐步引入因子 $Q_Y^{0.2}$、$(D_Y/D_0)\times S_Y$ 及 $Q_Z^{0.2}$、$(D_Z/D_Y)\times S$ 并进行假设检验。对预、终锻模飞边桥部宽度尺寸，分别逐步引入因子 $Q_Y^{-0.2}$、D_0/H_Y、S_Y、$S_Y\times(D_0/H_Y)$ 及 $Q_Z^{-0.2}$、D_Y/H_Z、S、$S\times(D_Y/H_Z)$ 并进行假设检验，得预锻模和终锻模飞边桥部高度与宽度尺寸的设计准则为

$$\begin{cases} H_Y = 1.5782 + 2.1314 \times Q_Y^{0.2} \\ H_Z = 0.1954 + 2.5682 \times Q_Z^{0.2} \\ B_Y/H_Y = -0.4305 + 4.2590 \times Q_Y^{-0.2} + 0.0189 \times (D_0/H_Y) \times S_Y \\ B_Z/H_Z = 3.1457 + 0.0173 \times (D_Y/H_Z) \end{cases} \tag{2—81}$$

从上述得到的飞边尺寸设计准则，可得如下结论。

预锻模飞边尺寸除与锻件重量及最大直径有关外，还与形状复杂系数有关；终锻模飞边尺寸与锻件重量及锻件最大直径有关，但与形状复杂系数无关。

采用逐步回归分析法，可以随着锻模材料质量的提高和加工水平的改进及锻件原材料类别和质地的差异，而选择不同的影响锻模飞边尺寸的因子，从而使相应的 CAD 系统具有自组织能力；通过递推使用最新现场数据，可以完善和更新锻模飞边尺寸设计准则，使相应的 CAD 系统具有自适应能力。

2.10.4　飞边金属消耗设计准则的制定

1. 数学模型建立的依据

飞边金属消耗的大小主要取决于工艺方案、各工步型腔及飞边的形状和尺寸，以及成型件的材料。要降低飞边金属消耗，就要对上述参数进行合理设计，而上述参数既受其他因素影响，它们彼此之间也相互影响。因此，影响飞边金属消耗的因素是复杂的。这就要求在建立模型时，既要分清主次，又要考虑因素之间的交互效应。

2. 数学模型的建立和回归分析样本表

根据前苏联学者捷捷林关于影响飞边金属消耗的因素的研究成果和对从某厂收集到的生产现场数据的分析，飞边金属消耗设计准则可用下列公式描述。

$$\begin{cases} Q_{FY}/Q_Y \times 100\% = \beta_0 + \beta_1 \times Q_Y^{-0.2} + \beta_2 \times S_Y + \beta_3 \times (D_0/D_Y)^2 \\ \qquad + \beta_4 \times (B_Y/H_Y) + \beta_5 \times (D_0/D_Y)^2 \times S_Y + \varepsilon_\sigma \\ Q_{FZ}/Q_Z \times 100\% = \beta_0 + \beta_1 \times Q_Z^{-0.2} + \beta_2 \times S + \beta_3 \times (D_Y/D_Z)^2 \\ \qquad + \beta_4 \times (B_Z/H_Z) + \beta_5 \times (D_Y/D_Z)^2 \times S + \varepsilon_\sigma \end{cases} \tag{2—82}$$

式中：Q_{FY}、Q_{FZ}——预锻工步、终锻工步飞边金属消耗；

Q_Y、Q_Z——预锻件、终锻件重量；

D_0、D_Y、D_Z——毛坯、预锻件、终锻件最大直径；

S_Y、S——预锻、终锻工步形状复杂系数。

对应式(2—82)各子式的样本表分别如表 2-7 和表 2-8 所示。

表 2-7 Q_{FY}/Q_Y 回归分析样本表

$Q_Y^{-0.2}$	S_Y	$(D_0/D_Y)^2$	B_Y/H_Y	$S_Y\times(D_0/D_Y)^2$	Q_{FY}/Q_Y
0.75390	1.62942	0.88054	2.93900	1.43477	0.17662
0.80757	2.69403	1.01835	3.00000	2.73980	0.13091
0.78038	3.36251	0.85031	4.26471	2.85919	0.15356
0.75282	3.81026	0.82783	3.69000	3.15425	0.07282
0.68668	3.09603	0.76191	2.66667	2.35890	0.05363
0.83656	2.58569	1.04336	4.00000	2.69780	0.33338
0.73699	3.78288	0.87863	3.47826	3.32375	0.09277
0.78798	3.69672	0.91530	5.00000	3.38362	0.23835
0.88162	2.45270	0.91057	4.00000	2.23336	0.29969
0.55923	3.07312	0.88795	3.57143	2.72878	0.11078
0.55923	3.07312	0.88795	5.04000	2.72878	0.11078
0.68056	1.94001	0.93883	2.50000	1.82133	0.16999
0.83983	2.04784	0.74892	3.00000	1.53367	0.21826
0.50727	3.56292	0.78409	5.16000	2.79365	0.10188
0.78792	2.15632	0.61188	4.00000	1.31941	0.14620
0.49584	3.76883	0.87867	3.46667	3.31156	0.04246
0.51174	3.10310	0.90708	3.66667	2.81476	0.15128
0.77426	1.96622	0.73566	3.75000	1.44647	0.05020
0.50132	3.04142	0.86937	3.78333	2.64412	0.07174
0.83442	2.72597	0.81235	5.00000	2.22257	0.24586
0.79921	3.10378	0.78632	3.00000	2.44056	0.15168

表 2-8 Q_{FZ}/Q_Z 回归分析样本表

$Q_Z^{-0.2}$	S	$(D_0/D_Z)^2$	B_Z/H_Z	$S\times(D_Y/D_Z)^2$	Q_{FZ}/Q_Z
0.76829	1.01682	0.99431	3.78000	1.01103	0.09915
0.93519	0.86370	0.79549	4.26670	0.68706	0.09338
1.00778	0.99236	0.95413	4.00000	0.94684	0.15615
0.83055	1.33610	0.99560	4.00000	1.33022	0.15063
0.78038	3.36251	0.85031	4.26471	2.85918	0.15356
0.76103	1.02476	0.99489	4.85000	1.01952	0.05574
0.70939	1.05089	0.99504	2.40000	1.04050	0.13203

续表

$Q_Z^{-0.2}$	S	$(D_0/D_Z)^2$	B_Z/H_Z	$S\times(D_Y/D_Z)^2$	Q_{FZ}/Q_Z
0.83656	2.58569	1.04336	4.00000	2.69781	0.33338
0.74656	1.01211	0.99717	4.41177	1.00638	0.06665
0.78798	3.69672	0.91530	5.00000	3.38361	0.23835
0.88162	2.45270	0.91057	4.00000	2.23336	0.29969
0.80240	1.12266	0.93348	4.00000	1.11534	0.44672
0.73391	1.11996	0.98108	4.00000	1.09877	0.06686
0.73437	1.15610	0.97386	3.33333	1.12588	0.01804
0.56704	1.01410	0.99035	4.28574	1.00431	0.07179
0.56704	1.01410	0.99035	5.04000	1.00431	0.07179
0.68056	0.93808	0.99308	3.00000	0.93159	0.06506
0.83983	1.00762	0.99496	4.00000	1.00254	0.03636
0.78792	2.15632	0.61188	4.00000	1.31941	0.14620
0.50199	0.93459	0.99822	4.14000	0.93293	0.03823
0.51317	0.87573	0.99292	4.00000	0.86593	0.01401
0.79454	1.23046	0.99546	5.00000	1.22487	0.13804
0.50635	0.89984	0.99299	4.40000	0.89353	0.05117
0.82948	0.84553	0.91275	4.13333	0.77176	0.28926
0.83442	2.73597	0.81235	5.00000	2.22257	0.24586
0.79916	1.02929	1.00268	3.33333	1.03205	0.36874
0.81354	0.97442	0.99282	4.00000	0.96742	0.09295
1.13134	0.95306	0.97037	3.33333	0.92482	0.08757
0.70783	0.83930	0.99224	3.00000	0.83279	0.07370
0.67096	1.16473	0.99598	3.00000	1.16005	0.16811

3. 结论

利用开发的逐步回归分析软件，对预锻工步逐步引入因子 $Q_Y^{-0.2}$、S_Y、$(D_0/D_Y)^2$、B_Y/H_Y、$S_Y\times(D_0/D_Y)^2$ 并进行假设检验；对终锻工步逐步引入因子 $Q_Z^{-0.2}$、S、$(D_0/D_Z)^2$、B_Z/H_Z、$S\times(D_Y/D_Z)^2$ 并进行假设检验，得预锻工步和终锻工步飞边金属消耗的设计准则为

$$\begin{cases} Q_{FY}/Q_Y\times 100\% = -0.5498 + 0.3344Q_Y^{-0.2} + 0.4930(D_0/D_Y)^2 + 0.0433(B_Y/H_Y) \\ Q_{FZ}/Q_Z\times 100\% = -0.2371 + 0.4373Q_Z^{-0.2} + 0.0459(D_Y/D_Z)^2\times S \end{cases} \tag{2—83}$$

从上述得到的飞边金属消耗设计准则，可得如下结论。

预锻工步飞边金属消耗与锻件重量、锻件最大直径和飞边金属消耗有关，与形状复杂系数无关；终锻工步飞边金属消耗与锻件重量、锻件最大直径、形状复杂系数有关，却与飞边金属消耗无关。

采用逐步回归分析法，可以随着锻模材料质量的提高和加工水平的改进，以及锻件原材

料类别和质地的差异，而选择不同的影响锻模飞边金属消耗的因子，从而使得相应的 CAD 系统具有自组织能力；通过递推使用最新现场数据，可以完善和更新锻模飞边金属消耗设计准则，使得相应 CAD 系统具有自适应能力。

2.11　小结

本章阐述了数据挖掘与数理统计的关系，对数理统计和数据库技术的结合进行了讨论，由此说明了数理统计在数据挖掘中的基础地位。重点讨论了数理统计中的核心分析方法——回归分析法，就回归分析的基本概念、线性回归方程、线性相关的显著性检验、非线性回归分析、多元线性回归分析、一般情况下的线性回归分析进行了论述。结合数据挖掘的特点，给出了采用逐步回归分析法建立锻模设计准则的实例。就逐步回归分析的软件设计、锻模飞边尺寸设计准则的制定、锻模飞边金属消耗设计准则的制定等问题进行了描述。最后，得出了利用逐步回归分析软件建立的两类设计准则，并对结果进行了分析，获得了相关结论。

习题 2

1. 在某种产品的表面腐蚀刻线，腐蚀深度 U 与腐蚀时间 T 有关，测得试验数据如下。

t_i/s	$u_i/\mu m$	t_i/s	$u_i/\mu m$	t_i/s	$u_i/\mu m$
5	5	30	16	70	25
10	8	40	17	90	29
15	10	50	19	120	46
20	13	60	23		

(1) 检验腐蚀深度 U 与腐蚀时间 T 之间线性相关关系是否显著，如果显著，求 U 关于 T 的线性回归方程。

(2) 求当腐蚀时间 $t_0=100s$ 时腐蚀深度 u_0 的置信水平为 95% 的预测区间。

2. 冶金厂生产某种零件，对一批成品的质量 $X(kg)$ 与压溃强度 $Y(N/cm^2)$ 进行实际测试，得到数据如下。

x/kg	y_i/Ncm^{-2}	x/kg	y_i/Ncm^{-2}	x/kg	y_i/Ncm^{-2}
142	420	160	710	172	935
145	510	162	730	175	980
149	535	164	750	177	1030
153	605	168	825	180	1090
158	675	170	845		

(1)检验压溃强度 Y 与质量 X 之间线性相关关系是否显著，如果显著，求 Y 关于 X 的线性回归方程。

(2)求当质量为 150 kg 时压溃强度的置信水平为 95% 的预测区间。

3. 一册书的成本费 Y 与印刷册数 X 有关，统计结果如下。

x 千册	y_i/元	x 千册	y_i/元	x 千册	y_i/元
1	10.15	10	2.11	100	1.21
2	5.52	20	1.62	200	1.15
3	4.08	30	1.41		
5	2.85	50	1.30		

检验成本费 Y 与印刷册数的倒数 $1/X$ 之间线性相关关系是否显著，如果显著，求 Y 关于 X 的回归方程。

4. 对变量 X 与 Y，测得试验数据如下。

x_i	y_i	x_i	y_i	x_i	y_i
2	6.42	7	10.00	12	10.60
3	8.20	8	9.93	13	10.80
4	9.58	9	9.99	14	10.60
5	9.50	10	10.49	15	10.90
6	9.70	11	10.59	16	10.76

画出散点图，为了求得变量 Y 关于 X 的回归方程，考虑选配下列曲线方程。

(1) $y = \dfrac{x}{ax + b}$

(2) $y = ae^{\frac{b}{x}}$

(3) $y = a + b\ln x$

按所得的各个回归方程，分别计算先剩余平方和 $S_e = \sum_{i=1}^{15} (y_i - \hat{y}_i)^2$，比较它们的大小，从而选定“最佳” 回归曲线方程(S_e 最小者为“最佳”)。

5. 某零件上有一段曲线，为了在程序控制机床上加工这一零件，需要求这段曲线的解析表达式，在曲线横坐标 x_i 处测得纵坐标 y_i 共 11 对，数据如下。

x_i	y_i	x_i	y_i	x_i	y_i
0	0.6	8	11.8	16	39.6
2	2.0	10	17.1	18	49.7
4	4.4	12	23.3	20	61.7
6	7.5	14	31.2		

(1)利用多项式回归分析求这段曲线的纵坐标 Y 关于横坐标 X 的回归方程 $\hat{y} = a_0 + a_1 x + a_2 x^2$。

(2) 设 $X_1 = X, X_2 = X^2$,利用多元线性回归分析求 Y 关于 X_1, X_2 的二元线性回归方程 $\hat{y} = a + b_1 x_1 + b_2 x_2$,从而得到这段曲线的回归方程。

6. 对变量 X_1, X_2 与 Y 测得试验数据如下。

x_{1k}	x_{2k}	y_k	x_{1k}	x_{2k}	y_k
4.2	32.0	63.0	6.8	37.5	55.5
4.9	42.5	36.0	7.2	31.0	70.5
5.5	36.0	47.0	7.2	39.0	60.0
5.6	40.0	41.0	7.8	33.5	75.5
6.0	27.5	39.5	8.2	28.5	75.0
6.1	33.0	57.5	8.3	34.5	72.0
6.2	29.5	57.5	8.3	35.0	73.5
6.2	39.0	56.5	8.4	26.5	77.0
6.7	38.0	54.0	8.8	38.0	78.0

检验变量 Y 与 X_1, X_2 之间线性相关关系是否显著,如果显著,求 Y 关于 X_1, X_2 的二元线性回归方程。

第 3 章 语义网络挖掘及其应用

3.1 语义网络概念

3.1.1 概述

首先要明确，本小节所讨论的人工智能是传统的符号智能，人工智能是研究用机器模拟人脑所能从事的感觉、认知、记忆、学习、联想、计算、推理、判断、决策、抽象、概括等思维活动，来解决只有人类专家才能处理的复杂问题的理论。

人工智能将问题求解作为人类思维活动的最主要的内容加以研究和模拟。人工智能中的问题求解是建立在知识基础上的，因此，从这个角度来看，人工智能是一门研究知识的表示、利用和获取的知识工程学。由于知识的表示是基于符号逻辑的，因此人工智能后来被称为符号智能。

人工智能采用推理的方法进行问题求解，具体来说，是在问题的解空间中进行最优解的搜索。因此，除知识表示外，人工智能的另一重要研究内容是搜索算法。

3.1.2 知识的表示

人工智能中常用的知识表示方法有状态空间法、问题归约法、谓词逻辑法、产生式法、语义网络法、框架法、脚本法等。知识表示方法的优劣，对问题求解结果及计算量的影响极大，而表示方法优劣的评价往往以求解（搜索）空间的大小为标准。

1. 状态空间法

问题求解的一个基本方法就是在一个可能的解空间内寻找最优或满意解。这种基于解空间的知识表示方法就是状态空间法。这种方法以状态和算符来表示知识，进行问题求解。

1）定义

首先对状态和状态空间下定义。

（1）状态

状态（state）是为描述不同事物间的差别所需的最少变量的一个有序集合，其向量形式如下

$$\boldsymbol{Q} = (q_1, q_2, \cdots, q_n)^T$$

$\boldsymbol{Q}$ 的各个元素 q_i 被称为状态变量。给定每个元素 q_i 的值就得到一个具体的状态。

使问题从一种状态转变到另一种状态的操作由操作符给出。操作符有走步、过程、规则、数学算子、运算符号或逻辑符号等多种类型。

（2）状态空间

问题的状态空间（state space）是一个表示该问题全部可能状态及其关系的图。状态空间由问题初始状态集合 $\boldsymbol{S}$、操作符集合 $\boldsymbol{F}$ 和目标状态集合 $\boldsymbol{G}$ 来说明。

2）例子

这里用15数码游戏来说明状态空间法。15数码游戏是将1～15的15个数字放在4×4的方格棋盘中，移动空格旁边的数字，最终将15个数字按要求在棋盘上排列。图3-1是这个游戏的多种初始状态中的一种，以及最终的目标状态。对应这个游戏，操作符集合包括上移空格、下移空格、左移空格和右移空格4个元素。

初始状态

11	3	9	1
12	4	15	2
5	10		6
8	14	13	7

目标状态

1	2	3	4
5	6	7	8
9	10	11	12
13	14	15	

图3-1　15数码游戏

有了前面所述的 $\boldsymbol{S}$、$\boldsymbol{F}$ 和 $\boldsymbol{G}$ 三个集合，就可以进行求解了。最简单的方法就是从操作符集合中任选一个操作符，对初始状态进行操作，使初始状态发生变化，检查是否达到了目标状态，如果未达到，继续选操作符进行操作，直至达到目标状态为止。这种方法就是试探搜索的方法。显然，对应状态空间表示法，寻找高效的搜索方法是一个重要的问题。另一方面，问题的表示对求解计算量有很大的影响。人们希望有较小的状态空间表示，而许多问题由于选择了适当的表示方法，就会大大缩小状态空间。

2. 问题归约法

问题归约法是另一种问题描述与求解方法。这种方法从目标出发逆向推理，建立子问题及子问题的子问题，直至最后将初始问题归约为一个朴素问题的集合。

问题归约表示由三部分组成：一个初始问题描述，一套把问题变换为子问题的操作符，一套朴素问题描述。问题归约的最终目的是产生具有明显解答方法的朴素问题。这些朴素问题可能是能够由状态空间搜索中走动一步来解决的问题，或者可能是具有已知解答的问题。

3. 谓词逻辑法

1）原子公式

谓词逻辑法是以一阶谓词演算为基础的知识表示方法。谓词逻辑的基本组成部分是谓词符号、变量符号、函数符号和常量符号，并用圆括号、方括号、花括号和逗号隔开。例如，可以用READ(LI,book1)表示“李读book1这本书”。这种表示被称为原子表示，其中LI和book1是常量符号，READ是谓词符号。一般用 $P(x_1,x_2,\cdots,x_n)$ 表示一个 n 元谓词，其中 $x_1,x_2,\cdots,x_n$ 为客体变量或变元。通常把 $P(x_1,x_2,\cdots,x_n)$ 叫做谓词演算的原子公式。

2）连词与量词

可以用连词将原子公式组成分子公式，连词包括∧（与）、∨（或）、→（蕴含）等。如“我喜欢足球和篮球”可写成LIKE(I,SOCCER)∧LIKE(I,BASEKETBALL)；“如果你有足球，我们就踢足球”可写成 HAVE(YOU,SOCCER)→PLAY(WE,SOCCER)。

符号~(非)用来否定一个公式的真值。如“我不喜欢足球”可写成 ~LIKE(I,SOCCER)。

还可以用量词对谓词公式中值为真的变量范围进行限定。量词有∀(任意)、∃(存在)。如“所有的人都有头脑”可写成(∀x)[MAN(x)→HAVE(x,BRAIN)],“有人踢足球”可写成(∃x)[MAN(x)→PLAY(x,SOCCER)]。在一阶谓词演算中,量词不能对谓词进行限定。

用连词和量词形成的分子谓词公式可以表达足够复杂的语句。用谓词公式表示知识,就可以通过谓词逻辑演算的各种等价关系获得归结规则,并通过归结推理的方法进行问题求解。

4. 产生式法

1) 语言变量及其相互关系

产生式也是一种知识表达方法,并且容易描述事实、规则及它们的不确定性度量。事实可被看成是断言一个语言变量的值或多个语言变量间的关系的陈述句,语言变量的值或语言变量的关系可以是一个词,而不一定是数字。如“海水是咸的”,其中“海水”是语言变量,它的值是“咸的”;“人民热爱子弟兵”,“人民”和“子弟兵”是语言变量,而“热爱”是它们的关系值。

2) 事实与规则的描述

一般使用三元组(对象　属性　值)或(关系　对象1　对象2)来表示事实。其中对象就是语言变量。如“书的价格是10元”可写成(book price 10),“小王和小李是朋友”可写成(friend Wang Li)。

规则表示事物间的因果关系,用“IF *condition* THEN *action*”的单一形式来描述。其中 *condition* 部分称作条件式的前件,*action* 部分称作后件。前件常是一些事实的合取,而后件常是某一事实。

3) 产生式系统

多数较为简单的专家系统都是以产生式表示知识的,相应的系统被称为产生式系统。产生式系统推理方式有正向推理、反向推理和双向推理3种。正向推理是从已知事实出发,通过规则求得结论,被称为自底向上方式;反向推理是从目标出发,反向使用规则,求得已知事实,被称为自顶向下方式;双向推理自顶向下和自底向上同时推理,直至某个中间界面上两方向结果相符而成功结束。

5. 语义网络法

谓词逻辑和产生式表示方法常用于表示有关论域中各个不同状态间的关系,但用其表示事物同其各个部分之间的分类知识就不方便了。而槽和填槽表示方法便于表示这种分类知识,这种表示方法包括语义网络、框架、概念从属和脚本,语义网络是其中最简单的方法。语义网络是由一些以有向图表示的三元组(结点1,弧,结点2)连接而成。

结点表示概念、事物、事件、情况等;弧是有方向、有标注的。方向体现主次,结点1为主,结点2为次。弧上的标注表示结点1的属性或结点1与结点2之间的关系。

事实与规则的语义网络表示是相同的,区别仅是弧上的标注不同。语义网络表示法是依据匹配来进行推理的,根据提出的问题可构成局部网络,其中有的结点或弧的标注是空的，表示有待求解。依据这个局部网络到知识库中寻找匹配的网络，以便求得问题的解答。

以上讨论了知识的表示方法，这些表示方法提供了描述问题的手段。对于问题求解来说，问题描述的目的是为了进行问题求解的搜索过程。下面就来讨论搜索原理。

3.1.3　搜索原理

1. 盲目搜索

盲目搜索是在没有任何引导信息的条件下所采用的搜索策略，通常采用图搜索方法。图中的每个结点对应一个状态，每条连线对应一个操作符。起始结点和目标结点分别代表初始状态和目标状态，要获得从初始状态到目标状态的变换过程，就等价于在图中寻找一条从起始结点到目标结点的路径。所谓盲目搜索就是以起始结点为出发点，向相邻结点前进，每次前进，都按确定的顺序选择相邻结点。如果到了不能前进的结点，就退回一步试探其他的相邻结点，直至到达目标结点。盲目搜索还分广度优先搜索和深度优先搜索。广度优先搜索是以接近起始结点的程度依次扩展结点的。这种搜索是逐层进行的，对下一层任意结点搜索之前，必须先搜索完本层的所有结点。在深度优先搜索中，首先搜索深度最大的结点，深度相等的结点可以任意排列，而结点的深度是指从初始结点到达该结点前进的步数。

2. 启发式搜索

盲目搜索时需要试探的结点数目往往是很多的，因为试探是盲目地按固定顺序进行的，没有利用已解决问题的任何特性。然而具体问题领域的信息常常可以用来简化搜索，将这种信息称为启发信息，并将利用启发信息的搜索方法称为启发式搜索方法。启发信息可分为 3 种，第一种用于帮助确定下一个试探的结点；第二种用于帮助确定应考虑哪些后继结点，或不考虑哪些后继结点；第三种帮助确定哪些结点应该从搜索树中剪除。其中，第一种启发信息可以直接用来计算下一个“最好”的试探结点，使得搜索能按最好优先的顺序进行。

用来计算结点试探性的好坏程度的方法是估价函数。对各个结点进行估价以后，便可以获得最好优先的搜索顺序。可见，启发式搜索的关键是估价函数的选择，而这个问题必须通过结合具体问题求解任务来考虑。

3. 归结推理方法

在谓词逻辑中，可以利用等价关系、置换操作及合一的概念进行归结推理，这就是基于谓词逻辑知识表示的问题求解方法，也被称为归结推理方法。

1）等价关系

等价关系是指谓词公式之间的等价关系，如：P(: P) 等价于 P；$P \vee Q$ 等价于 : $P \to Q$；: ($P \vee Q$)等价于: $P \wedge Q$；: ($P \wedge Q$)等价于: ($P \vee$: Q)等。

2）置换与合一

置换可作用于某个谓词公式上，也可作用于某一项上。令置换 $\theta = (t_1/v_1, t_2/v_2, \cdots, t_n/v_n)$，$E$ 是一个谓词公式。将 θ 作用于 E 就是将 E 中出现的变量 v_i 均以 $t_i (i = 1, 2, \cdots, n)$ 替换。结果以 $E\theta$ 表示，并称为 E 的一个例。

设有谓词公式集 $\{E_1, E_2, \cdots, E_k\}$，有置换 θ 使得 $E_1\theta = E_2\theta = \cdots = E_k\theta$，则称 $E_1, E_2, \cdots, E_k$ 为合一的，且称 θ 为合一置换。如果 $E_1, E_2, \cdots, E_k$ 有合一置换 σ，且对任一合一置换 θ 都有置换 λ 存在，使得 $\theta = \sigma \cdot \lambda$，则称 σ 是 $E_1, E_2, \cdots, E_k$ 的最一般合一置换。

3）归结式

在谓词逻辑下求两个子句的归结式的方法，是在考虑变量的置换与合一及谓词公式等价关系的条件下消除互补对。下面举出几个从子句变换到归结式的例子。

（1）假言推理。若有子句 P 和：$∶P \vee Q$，则有归结式 Q。

（2）合并。若有子句 $P \vee Q$ 和：$∶P \vee Q$，则有归结式 Q。

（3）重言式。若有子句 $P \vee Q$ 和：$∶P \vee ∶Q$，则有归结式 $Q \vee ∶Q$。

（4）空句（矛盾）。若有子句：$∶P$ 和 P，则有归结式 NIL（空句）。

（5）链式（三段论）。若有子句 $P \to Q$ 和 $Q \to R$，则有归结式 $P \to R$。

从以上例子可见，通过归结可以合并几个演算为一个简单的推理规则。

4. 不确定性推理方法

1）知识的不确定性

知识是推理和问题求解的基础，而知识既包括规律性的一般原理，也包括大量的经验知识，这些知识不可避免地带有模糊性、随机性、不可靠性等不确定因素。因此人工智能不仅要能够依据确定性知识进行推理，还要能够依据不确定性知识进行推理。

2）基于概率增量的可信度

进行不确定性推理，需要对规则和证据的不确定性进行度量，为此，人们采用可信度 CF 的方法。在对规则 $A \to B$（即 IF A THEN B）的不确定性进行度量时，$CF(B,A)$ 被定义为概率增量 $P(B|A)-P(B)$ 相对于概率 $P(B)$ 或 $P(∶B)$ 的比值；在对证据 A 的不确定性进行度量时，$CF(A)$ 被定义在 $[-1,1]$ 区间，并且 A 肯定为真时，$CF(A)=1$；A 肯定为假时，$CF(A)=-1$；对 A 一无所知时，$CF(A)=0$。

3）结论的可信度

不确定性推理计算，实际上是在已知规则和证据的可信度的情况下，求结论的可信度。为此，需要引入一些规定。例如

（1）对应 $A \to B$，规定 $CF(B)=CF(B,A)\cdot\max\{0,CF(B)\}$；

（2）规定 $CF(∶A)=-CF(A)$；

$$CF(A_1 \wedge A_2)=\min\{CF(A_1),CF(A_2)\};$$

$$CF(A_1 \vee A_2)=\max\{CF(A_1),CF(A_2)\}。$$

4）可信度的其他描述方法

如果用主观 Bayes 概率描述规则及证据的不确定性，可以进行主观 Bayes 方法的不确定性推理。不确定性还可以用非数值的语义描述方法。由于不确定性有时难以用数值描述，因此语义描述方法便有其独到的价值。此外还有基于模糊集合论的可能性理论方法、信念网络方法、关联式方法等多种不确定性推理方法。

5. 非单调推理方法

1）常识推理的特征

要使机器有智能必须处理常识和常识推理。常识是指人们在现实世界中的日常知识，常识可能有众多例外，不一定有理论依据，常常缺乏充分的验证。常识推理的基本特征是在知识不完全情况下进行的。不完全知识下的推理要求作出假设，对未掌握的知识作一种猜测，随知识的增加可能会发现需要修改所作的假设和相应的结论，这就是非单调性。非单调性描述了常识推理的一般特征。

2）非单调推理

非单调推理是指，当一个正确的公式加到理论 T 中，反而会使 T 中原先所包含的某些结论失效。非单调逻辑的基本出发点如下：

（1）古典完备性。对一个理论来说，任一公式 P 或是可证明的，或是 $\sim P$ 是可证明的；

（2）最小化原则。所引入的假设被限制在一个最小范围。基于这种出发点，对一个理论 T，增加假设命题 P，如果 $\sim P$ 不能从该理论中推演出来，则将 P 加到 T 中，然后在标准逻辑意义下进行推理，一旦得知 P 并不成立时，将 P 连同根据 P 所导出的所有结论都从 T 中删除。

这样，非单调推理过程就是一个不断提出假设，进行标准逻辑下的推理，寻找不一致，进行回溯消除，然后再提出新的假设的过程。

3.1.4 语义网络及其特性

产生式表示法主要善于描述事物间的因果关系，框架表示法主要善于描述事物的内部结构及事物间的类属关系。但是，客观世界中的事物是错综复杂的，相互间除了具有这些关系外，还存在着其他各种含义的联系。为了描述更复杂的概念、事物及其语义联系，引入了语义网络表示知识的方法。语义网络是奎廉（J. R. Quillian）于 1968 年最先提出的。1972 年，西蒙将语义网络用于自然语言理解。语义网络表示法是一种表达能力强而且灵活的知识表示方法。

什么是语义网络呢?

语义网络是通过概念及其语义关系来表示知识的一种网络图。一个语义网络是一个带标识的有向图，其中，有向图的结点表示各种事物、概念、属性、动作、状态等；有向弧表示它所连接的结点间的某种语义联系。每个结点可以带有若干属性，可以用框架或元组来表示一个结点的若干属性。一个结点还可以是一个语义子网络，从而形成一个多层次嵌套结构的语义网络。

一个最简单的语义网络是如下的一个三元组：

（结点 1，弧，结点 2）

它可以用一个有向图表示，如图 3-2 所示，称为一个基本网元。其中，A、B 分别表示两个结点，R_{AB} 表示 A 与 B 之间的某种语义联系。有向弧 R_{AB} 的方向是有意义的，由结点间的语义关系确定，如在表示类属关系时，有向弧箭头所指的结点表示上层概念，箭尾结点表示下层概念或者一个属于该类的具体事物。如图 3-3 所示的语义网络就是一个基本网元，其中，"猎狗"与"狗"之间的语义联系"是一种"，具体地指出了"猎狗"与"狗"的语义关系，即"猎狗"是"狗"的一种，两者之间存在类属关系。

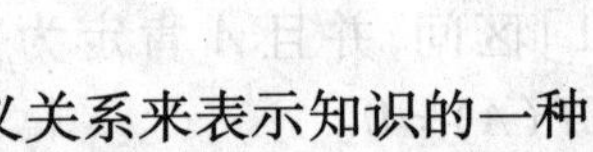

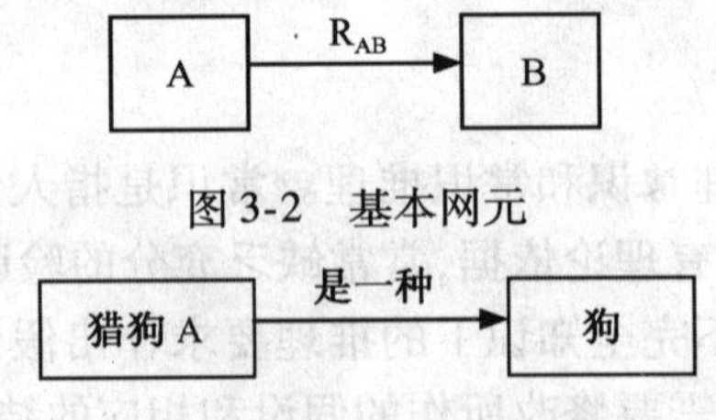

图 3-2 基本网元

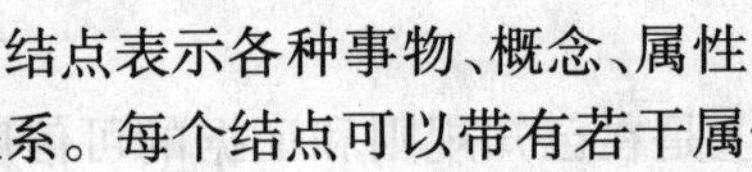

图 3-3 猎狗与狗的语义网络

当把多个基本网元用相应语义联系关联在一起时，就得到一个语义网络。

下面给出语义网络的 BNF 描述。

<语义网络> :: =（<基本网元> |Merge <基本网元>,L）

基本网元 :: = <结点><语义联系><结点>

结点 :: =（<属性—值>,L）

<属性—值> :: = <属性名> : <属性值>

<语义联系> :: = <系统预定义的语义联系> | <用户自定义的语义联系>

其中，Merge（L）是一个合并过程，它把括号中的所有基本网元关联在一起，即把相同的结点合并为一个结点，从而构成一个语义网络。例如，如图 3-4 所示的三个基本网元，经合并后构成一个语义网络。

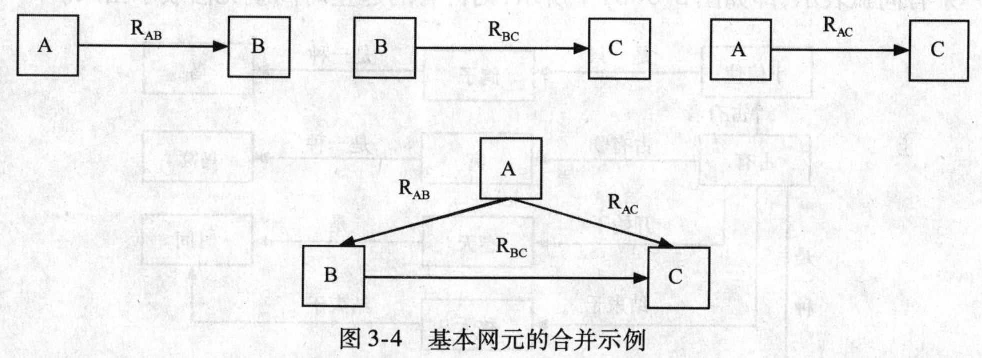

图 3-4　基本网元的合并示例

任何一种知识表示模式都应具有两种功能，一是能表达事实性的知识；二是能表达有关事实之间的联系，从而使得能够从给定的已知事实中找到另一些有关的事实。语义网络可以表示事实性的知识，也可以表示有关事实性知识之间的复杂联系。

1. 用语义网络表示事实

“猎狗是一种狗”这一简单事实的语义网络如图 3-3 所示。如果还需要进一步指出“狗是一种动物”，并且分别指出“猎狗”、“狗”和“动物”的一些属性，则只需在图 3-3 中增加一个“动物”结点和一条有向弧，并对每个结点附上相应的属性，如图 3-5 所示。图 3-5 中用短线与相应结点相连的部分是该结点所描述的对象的属性。

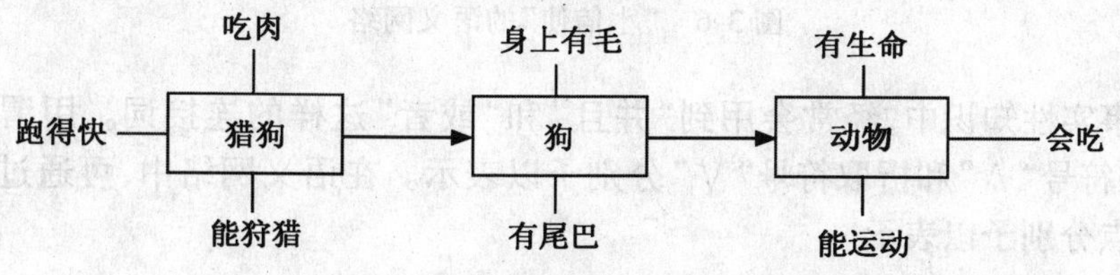

图 3-5　狗的语义网络

与框架表示法一样，语义网络也具有属性的继承性，即下层概念可以继承上层概念的属性，这样就可在下层概念中只表示出它独有的属性。在图 3-5 中，虽然没有指出猎狗有尾巴、有毛、有生命、能运动、会吃的特征，但由于在它的上层概念“狗”及“动物”的描述中已指出了这些属性，因此由继承性可知“猎狗”也具有这些属性。另外，在语义网络中，下层概念还可对其上层概念的属性做进一步的细化、补充、变异,使之能更准确地反映下层概念的特征。例如,在图 3-5 中,“吃肉”与“跑得快”就分别是对“会吃”与“能运动”的细化,而“能狩猎”则是一个新的补充。

在语义网络中,一个结点可以有一组向外的有向弧,用于指出这个结点与多个结点的语义联系,这在表示稍微复杂一点的事实性知识中是常用的,例如:

“小信使”这只鸽子从春天到秋天占有一个窝。

用语义网络表示如图 3-6(a)所示。在图 3-6(a)中设立了一个“占有”结点,之所以要设立这个结点,是由于在已知事实中不仅要指出“‘小信使’这只鸽子占用一个窝”,而且还要指出占有的时间是开始于春天和结束于秋天。只有通过设立“占有”结点及相应的 4 条有向弧才能把占有者、占有物和占有的起止时间关联起来。如果把“占有”作为一个语义关系用一条有向弧表示,即如图 3-6(b)中所示,则占有的起止时间就无法表示出来。

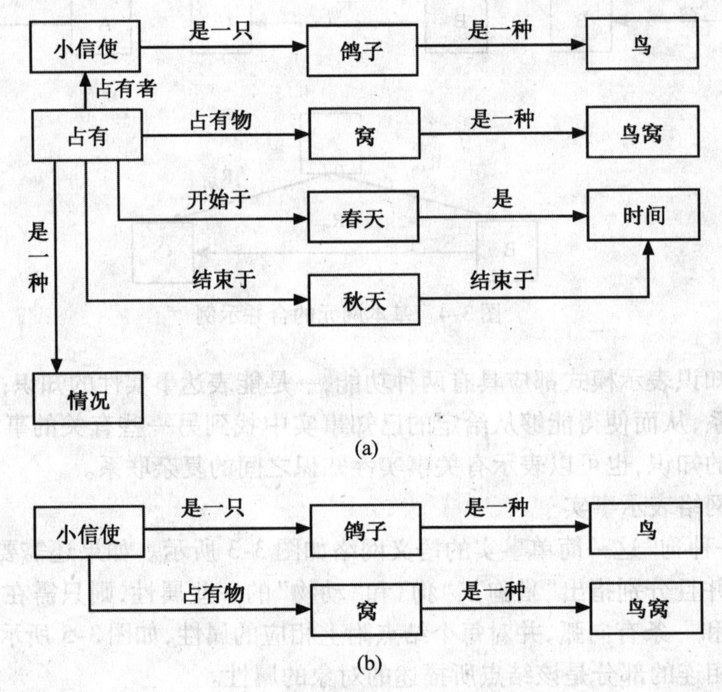

图 3-6　“小信使”的语义网络

在一些事实性知识中,经常会用到“并且”和“或者”这样的连接词。用谓词公式表示时,可用合取符号“∧”和析取符号“∨”分别予以表示。在语义网络中,可通过增设合取结点和析取结点分别予以表示。

2. 用语义网络表示事物间的关系

语义网络可以方便地描述事物之间的多种语义关系,下面给出常用的几种关系。

1）分类关系

分类关系是指事物之间的类属关系。前面已给出类属关系的例子。

2）聚集关系

如果下层概念是其上层概念的一个方面或者一个部分,则称它们的关系是聚集关系。

如图3-7所示的语义网络就是一种聚集关系。

3）推论关系

如果一个概念可由另一个概念推出，则称它们之间存在推论关系。如图3-8所示的语义网络就是一个简单的推论关系。

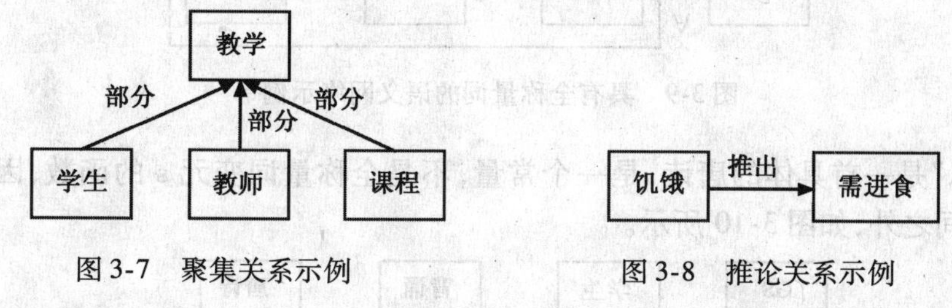

图3-7　聚集关系示例　　图3-8　推论关系示例

4）时间、位置关系

描述一个事物时，常常需要指出它发生的时间、位置等，也可用相应的语义网络表示。

5）多元关系

在语义网络中，一条有向弧从一个结点指向另一个结点，表示这两个结点的一种语义关系，称之为一个二元关系表示。但在许多情况下，需要用一种关系把几个结点联系起来。例如在前面的例子中，需要把占有者“小信使”、占有物“窝”和占有起止时间“春天”与“秋天”之间的“占有”关系表示出来，这就是一个多元关系的表示。显然，多元关系无法用一个有向弧来表示，而是用一个结点和多条有向弧来表示，如图3-6(a)所示。

3. 变元与量词在语义网络中的表示

用语义网络表示比较复杂的知识时，往往涉及对量词及量化变元的表示。对于存在量词可以直接用“是一个”、“是一种”等语义联系来表示，但对全称量词则需要采用网络分区技术来处理。网络分区技术是亨德里克(G. G. Hendrix)在1975年提出的，其基本思想是：把一个表示复杂知识的命题划分为若干子命题，每一个子命题用一个较简单的语义网络表示，称为一个子空间，多个子空间构成一个大空间。每个子空间可以看作是大空间中的一个结点，称为超结点，子空间之间用有向弧连接。空间可以逐层嵌套。

例如，对如下事实

每个学生都背诵了一首唐诗

可用如图3-9所示的语义网络表示。其中，s是全称量词变元，表示任一个学生；r是存在量词变元，表示某一次背诵；p也是存在量词变元，表示某一首唐诗。s、r、p及其语义联系构成一个子网，即一个子空间。子空间内的语义联系表示事件r的主体对象是s，客体对象是p，然后分别通过“是一个”语义联系，分别指明s是学生，r是背诵，p是唐诗。用结点g表示这个子空间，用有向弧F指明结点g表示的是一个什么样的子空间。有向弧∀指出子空间g中的全称量词变元是s。若在子空间中有多个全称量词变元，则超结点g就有多条∀有向弧指向子空间中的多个变元结点。结点GS表示整个空间。

需要注意的是，一个子空间中的所有非全称量词变元结点都应是全称量词变元的函数，否则，就放在子空间的外面。

例如，对如下事实

每个学生都背诵了“静夜思”这首唐诗

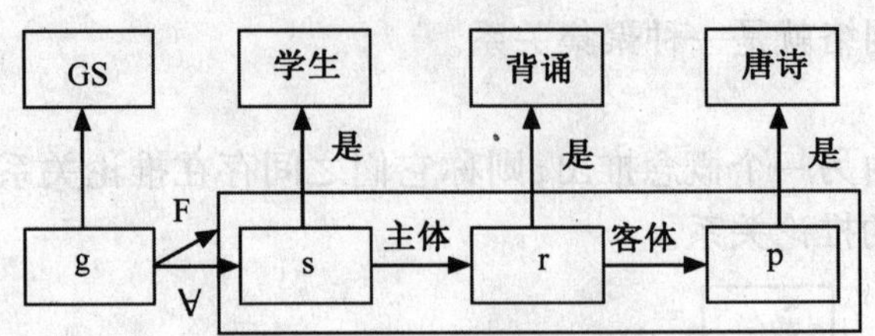

图 3-9　具有全称量词的语义网络示例一

由于“静夜思”是一首具体的唐诗，是一个常量，不是全称量词变元 s 的函数，因此，应该把它放在子空间之外，如图 3-10 所示。

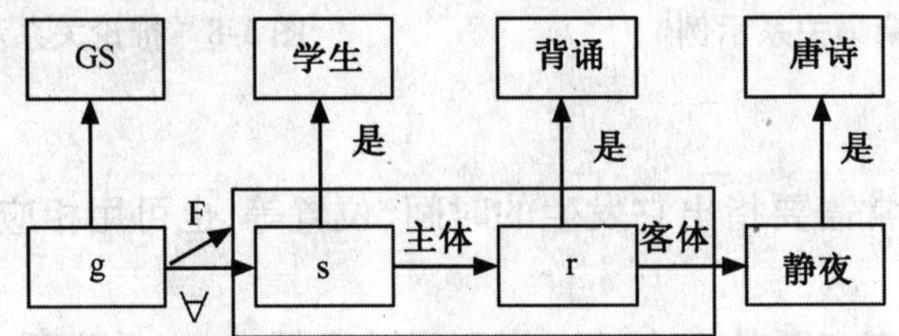

图 3-10　具有全称量词的语义网络示例二

4. 常用的语义联系

语义联系反映了结点之间的语义关系，鉴于事物之间语义关系的复杂性，所以可以定义多种多样的语义联系。

在框架表示法中，给出了一些系统预定义槽名用以指明用框架表示的事物之间的联系，这些系统预定义槽名，如 ISA、Subclass、Part - of、Infer 等，同样可作为语义网络知识表示中的系统预定义的语义联系。下面给出另外一些常用的系统预定义语义联系。

1）A - Member - of 联系

它表示个体与集体（类或集合）之间的关系。由它联系的个体对集体有属性继承性和属性更改权。例如，“李明是学会会员”的语义网络可表示为如图 3-11 所示的语义网络。个体“李明”对集体“学会”的属性有继承性，也可对继承的某些属性有一定的更改，或称为属性继承变异。

图 3-11　A - Member - of 联系示例

2）Composed - of 联系

它表示“构成”联系，是一种一对多的联系。由它联系的结点间不具有属性继承性。一般需要引入一个“与”结点。如图 3-12 所示的语义网络表示了“整数由正整数，负整数与零组成”。

3）Have 联系

它表示事物对属性的“拥有”关系或事物之间的“占有”关系。例如，“李明有计算机”可表示为如图 3-13 所示的语义网络。

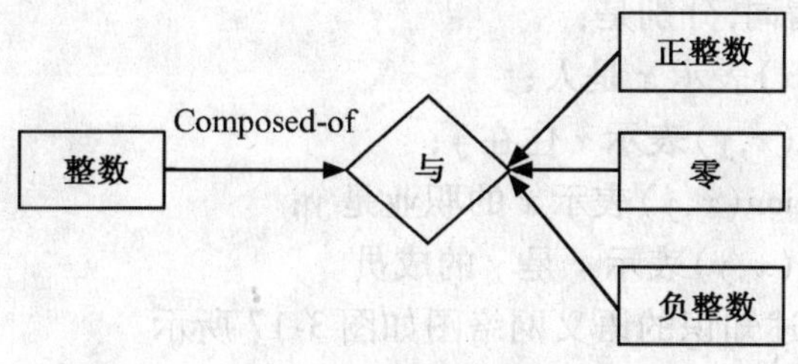

图3-12　Composed－of 联系示例

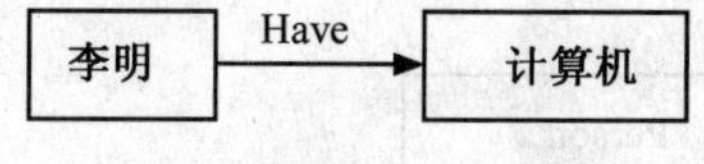

图3-13　Havel 联系示例

4）Before、After、At 联系

它们用来表示事件发生的时间关系。Before 表示一个事件发生在另一个事件之前，After 表示一个事件发生在另一个事件之后，At 表示事件发生的时间。例如，"9 月份开学"可表示为如图 3-14 所示的语义网络。

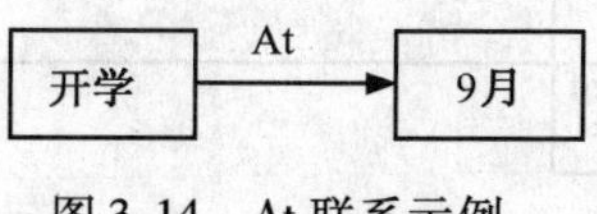

图3-14　At 联系示例

5）Located－on（－at，－under，－inside，－outside 等）联系

这些语义联系用来表示事物之间的位置关系。例如，"计算机放在桌子上"可表示为如图 3-15 所示的语义网络。

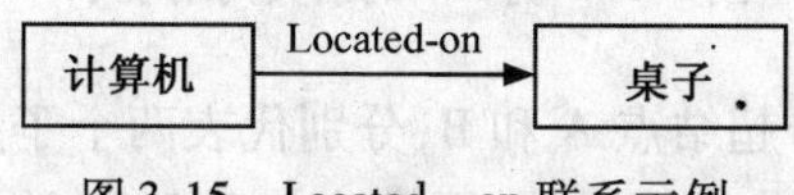

图3-15　Located－on 联系示例

6）Similar－to、Near－to 联系

它们分别用于表示事物之间的相似和接近的关系。例如，"方凳相似于方桌"可表示为如图 3-16 所示的语义网络。

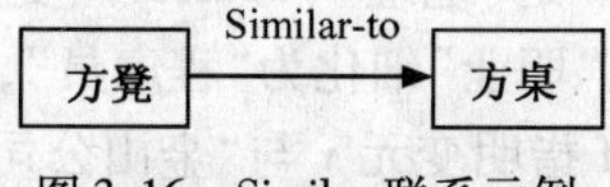

图3-16　Similar 联系示例

【例 3.1】　由给出的系统预定义联系画出下述知识的语义网络。

每位住在金山公寓 3 号楼的人都是金山公司的程序员

解：首先把要表示的知识用谓词公式表示出来，然后再用语义网络表示。

上述知识用谓词公式可表示为

$$(\forall x)((\text{Person}(x) \wedge \text{Address}(x, \text{金山公寓 3 号楼}) \rightarrow (\text{Occupation}(x, \text{程序员}) \wedge \text{Member}(x, \text{金山公司}))$$

其中,引入了4个谓词,分别是:

Person(x)表示 x 是人;

Address(x,y)表示 x 住在 y;

Occupation(x,y)表示 x 的职业是 y;

Member(x,y)表示 x 是 y 的成员。

用语义网络表示上述知识的语义网络图如图3-17所示。

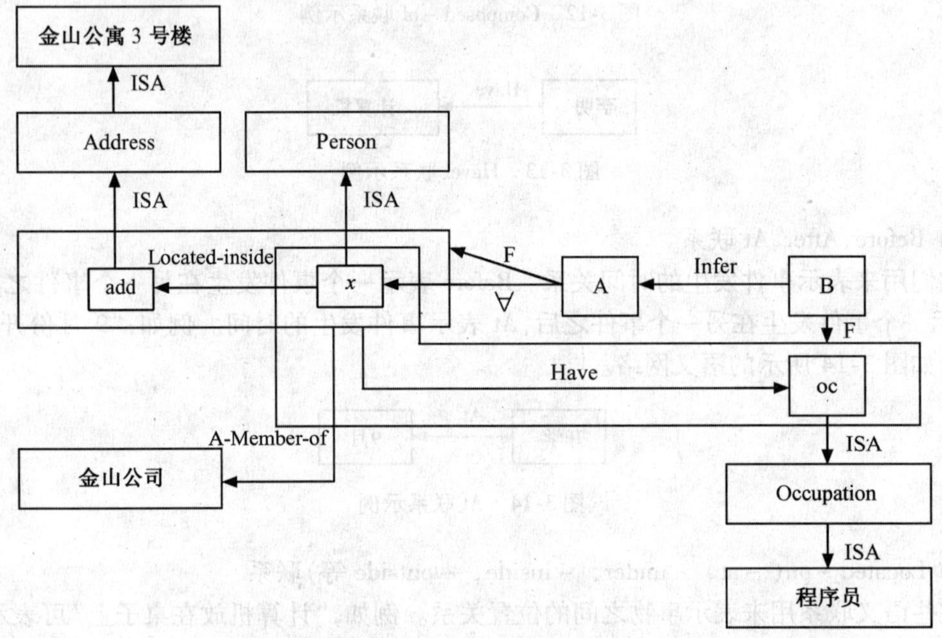

图3-17　例3.1的语义网络表示

在图3-17中,引入了两个超结点A和B,分别代表两个子空间。超结点A对应谓词公式的前件,超结点B对应谓词公式的后件,用推论关系Infer连接A到B。由于全称量词变元 x 的辖域是整个谓词公式,因此,在A的子空间和B的子空间中共用 x 结点,并用一个∀有向弧指向 x 结点。在A的子空间中,引入了变元add结点,用语义联系Located－inside说明 x 住在add中。在B的子空间中,引入了变元oc结点,用语义联系Have说明 x 拥用oc。分别用语义联系ISA说明变元add是"地址"(address)、变元 x 是"人"(Person)、变元oc是"职业"(Occupation),并进一步把"职业"细化为"程序员",把"地址"细化为"金山公寓3号楼"。用语义联系A－Member－of指明变元 x 与"金山公司"的所属关系。

比较谓词公式与语义网络,由于谓词既用于表示事物,也用于表示事物之间的联系,因此,在一阶谓词逻辑表示法中,事物和事物之间的联系都用谓词的形式来表示。在语义网络表示法中事物用结点表示,事物之间的联系用有向弧表示,因此,在上述谓词公式的4个谓词中,有的谓词用结点表示,有的谓词则用有向弧表示。

3.1.5　语义网络的推理及其特点

用语义网络表示知识的问题求解系统称为语义网络系统。该系统主要由两部分组成:

一是由语义网络表示的知识库；二是利用语义网络求解问题的程序，称为语义网络推理机。

1. 语义网络系统的推理

大多数语义网络系统采用的推理机制都是以网络结构的匹配为基础的。先根据待求解的问题构造一个问题网络片断，然后在语义网络知识库中搜寻能与该网络片断匹配的网络。在搜寻过程中，经常需要使用结点间的继承关系进行必要的继承推理，也常常需要利用结点间的推论关系来确定不同结构网络片断之间的语义等价关系，称之为网络演绎。因此，语义网络的推理主要包括网络匹配、继承推理和网络演绎三个方面。

语义网络系统求解问题的基本过程如下：

- 把待求解的问题构造为一个问题网络片断，其中有些结点或有向弧的标识是空的，反映待求解的问题。
- 在语义网络知识库中搜寻可与问题网络片断匹配的网络片断。在搜寻过程中，可根据需要进行继承推理和网络演绎。
- 当问题网络片断与知识库中的某语义网络片断匹配时，则由此可匹配的语义网络片断得到问题的解。

1）网络匹配

通过一个例子来说明网络匹配。

【例 3.2】 设有如下事实：

赵云是一个学生；

赵云在东方大学主修计算机课程；

赵云入校的时间是 1990 年。

用语义网络表示上述事实，并求解问题：赵云主修什么课程。

解：根据给出的事实构造一个语义网络如图 3-18 所示。其中，结点“教育 1”由有向弧 Recipient 连接结点“赵云”，表示赵云所受到的一种教育。实际上，赵云还可能接受其他的教育。

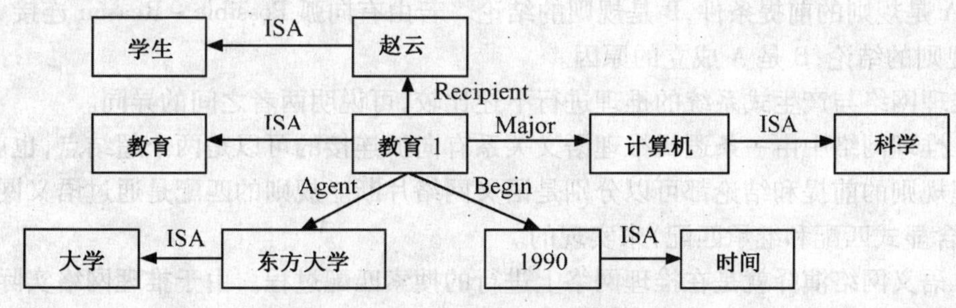

图 3-18　赵云受教育情况的语义网络

根据求解的问题构造问题网络片断如图 3-19 所示。其中，变元结点“x”由 ISA 有向弧说明是一种教育，由 Major 有向弧连接的结点为空，反映了要求解的问题：主修什么课程。

如图 3-19 所示的问题网络片断与如图 3-18 所示的语义网络匹配，对问题片断进行代换{教育 1/x}，即用常量“教育 1”代换问题网络片断中的变元 x 后，可得出与问题网络片断匹配的语义网络知识库中的网络片断，由 Major 弧指向的结点可得知赵云主修课程是计算机。如果要求解的问题是：赵云在哪个学校主修计算机。那么只需在问题网络片断中增加

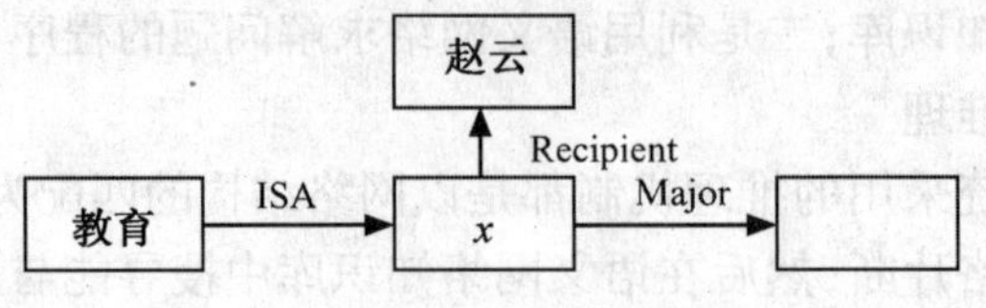

图 3-19　待求解问题的语义网络片断

相应的空结点和有向弧,通过网络匹配就可得出问题的解。

由此例可见,语义网络中的匹配是建立在精确结构基础上的匹配,包含结点和有向弧的匹配。对网络中的变元结点可以通过代换给变元赋值,使之与可匹配网络的相应结点一致。如果同一个事物表示成两个结构不同的语义网络,那么它们将无法匹配。这种情况常常会发生,就像表示同一概念的谓词公式会写出多种形式一样。继承推理和网络演绎能帮助解决同一含义而不同结构的语义网络匹配问题。

2）继承推理

继承推理是指推理机利用 ISA 和 AKO 等具有继承性的语义联系,对网络片断中并不显式存在的结构进行匹配,即网络片断的继承匹配。如果在下层结点的网络片断中没有找到问题网络片断需要匹配的有向弧和结点,也就是说不能显式匹配。那么,可沿该下层结点的 ISA 有向弧找到其上层结点。只要在上层结点的属性描述中有可匹配的有向弧和结点,问题网络片断就完成了继承匹配。

语义网络的继承推理类似框架系统的推理过程,继承推理可以沿分类语义网络一直向上寻找,最终或者得到成功的匹配,或者因直到分类语义网络的根结点都不能找到相应的匹配而失败。

3）语义网络演绎

带有逻辑推理语义关系的语义网络称为推理网络。在推理网络中由一条逻辑推理语义关系有向弧连接两个结点表示一条推理规则。若有两个结点 A 和 B,由有向弧 Infer 连接 A 至 B,则 A 是规则的前提条件,B 是规则的结论。若由有向弧 Possible - Reason 连接 A 至 B,则 A 是规则的结论,B 是 A 成立的原因。

把推理网络与产生式系统的推理进行下述比较,可说明两者之间的异同。

(1) 推理网络中由一条逻辑推理语义关系有向弧连接的可以是两个超结点,也就是说,一条推理规则的前提和结论都可以分别是语义网络片断。规则的匹配是通过语义网络片断的匹配(含显式匹配和继承匹配)来实现的。

(2) 语义网络演绎就是在推理网络上进行的搜索匹配过程。由于推理网络实际上转化为由基本语义网络表示的规则系统,因此,类似于产生式系统的推理过程,语义网络演绎按推理方向划分,有正向推理、逆向推理和双向推理等推理方式。正向推理是根据给出的已知事实网络片断,从推理网络的最底层开始寻找可匹配的网络片断。若找到可匹配的网络片断,则把该网络片断的 Infer 弧指向的结论网络片断作为当前事实网络片断进行下一次寻找匹配。所以,正向推理是沿着推理网络的 Infer 有向弧所指方向向上搜索匹配。逆向推理是根据给出的假设网络片断,从推理网络的最高层开始寻找可匹配的网络片断。若找到可匹配的网络片断,则把该网络片断的 Possible - Reason 弧指向的原因网络片断与支持初始假设的事实网络片断进行匹配。若可匹配,说明事实网络片断描述的事实支持初始假设成立;否则,把原因网络片断作为当前假设网络片断进行下一次寻找匹配。所以,逆向推理是沿着推理网络的 Possible – Reason 有向弧所指方向(或 Infer 的逆方向)向下搜索匹配。

(3) 无论在正向推理还是逆向推理过程中,如果在被匹配的语义网络片断中有两条或两条以上的 Infer 弧或 Possible – Reason 弧,则表明存在多于一条的规则可用,那么就需要进行冲突的消解。

(4) 语义网络演绎按照在推理网络中搜索可匹配的网络片断的搜索策略划分,还有盲目搜索策略和启发式搜索策略等。当语义网络知识库中的信息量很大时,盲目搜索可匹配的网络片断是很费时的。为了加速搜索过程,推理机中可以嵌入一些含启发式知识的选择器函数,由它提供对结点和有向弧的优先匹配次序。

2. 语义网络表示法的特点

语义网络表示法主要有以下特点:

1) 结构性

语义网络表示法和框架表示法都是结构化的知识表示方法。语义网络表示法把事物的属性和事物之间的联系用语义网络的结构形式显式地表示出来,下层概念的结点可以继承、补充、变异上层概念结点的属性,从而实现信息共享和减少信息冗余。但语义网络表示法与框架表示法又各有特点,框架表示法适合于表示结构固定的概念、事件和行为;语义网络表示法具有更大的灵活性,用其他表示方法表示的知识几乎都可以用语义网络表示出来。

2) 自然性

语义网络实际上是一个带有标识的有向图,可直观地把事物的属性及事物间的语义联系表示出来,便于理解。自然语言描述的知识比较容易用语义网络来表示。

语义网络表示法的主要局限性有以下几点:

(1) 非严格性

与谓词逻辑相比,语义网络没有公认的形式化表示体系。一个给定的语义网络所表达的含义完全依赖于系统预定义和自定义的语义关系。另外,目前采用的表示量词的网络表示方法在逻辑上是不充分的,不能保证不存在二义性。通过推理网络实现的推理的正确性决定于推理机程序对语义网络的理解与解释。

(2) 复杂性

语义网络表示法具有表示知识的灵活性,但是,也由于它表示知识的非严格性,从而增加了语义网络的复杂程度和对语义网络进行处理的复杂性。由于结点之间的联系可以是线状的、树状的,也可以是网状的,甚至是递归的,这就给知识的存储、修改和检索带来不少困难。因此,语义网络系统的管理和维护及推理就相对复杂一些,要求对语义网络提供强有力的知识组织原则。

3.2　语义网络挖掘原理

3.2.1　概述

1. 学习与机器学习

学习能力是人类智能的重要内容,人工智能的目标之一应该是理解学习的本质和建立学习系统。因此人工智能理论中的一个重要组成部分是机器学习理论。

机器学习的目的就是将数据库和信息系统中的信息自动提炼和转换成知识,并自动加入到知识库中,即机器学习的目的是自动获取知识。

机器学习的一般过程是建立理论、形成假设和进行归纳推理。学习过程总是与环境和知识库有关,环境和知识库是某种形式的信息的集合,分别代表外界信息源和系统具有(获得)的知识。通过学习环节处理环境提供的信息,以丰富和改善知识库中的知识。

2. 环境与知识库中的信息

环境中包含系统的工作对象,也可以包括外界条件。环境提供给系统的信息的水平和质量对学习过程有很大影响。

1) 信息的水平和质量

信息的水平是指信息的一般性程度,也就是通用性。高水平信息比较抽象,能适用于更广泛的问题;低水平的信息比较具体,只适用于个别的问题。环境提供的信息水平与在应用中所需要的信息水平之间往往存在差距,学习环节的任务就是解决水平的差距问题,如果环境提供较抽象的高水平信息,就要补充细节知识;如果环境提供较具体的低水平信息,就要进行规则的归纳,获取抽象知识。

信息的质量是指信息的正确性、组织性等。信息的质量对学习难度有明显的影响,如在进行规则的归纳时,例子越正确、提供的顺序越合理,越易于获得正确的结果。

2) 知识库的形式与内容

影响机器学习系统设计的另一个因素是知识库的形式和内容。知识库的形式就是知识的表示形式,即采用谓词演算,还是采用产生式,或是采用语义网络等。选择知识的表示方法要考虑可表达性、推理难度、可修改性和可扩充性等因素。在知识库的内容中,初始知识是很重要的。因为机器学习系统总是要利用初始知识去理解环境提供的信息,形成假设,产生新知识。机器学习系统的实质就是对原有知识库扩充和完善。

3) 学习策略

为了便于信息在知识库中存放和在实际中应用,机器学习系统总是将环境提供的信息变换成新的形式。这种变换的性质决定了系统所采用的学习策略。基本的学习策略是记忆学习、传授学习、演绎学习、归纳学习、类比学习等。

(1) 在记忆学习中,基本没有变换,环境提供的信息或多或少被学习系统记忆和使用。这时环境提供的信息与应用中所使用的信息有相同的水平、相同的形式。

(2) 在传授学习中,学习环节进行的变换只是对环境提供的信息进行选择和改造,即主要进行语法层的变换。这时环境提供的信息过于抽象,水平高于应用中所需的信息水平。学习环节把较高水平的知识变换为较低水平的知识,这种变换称为实用化。

(3) 在演绎学习中,系统由给定的知识进行演绎推理,并存储有用的结论。演绎学习包括知识改造、知识编译和其他保真变换。

(4) 在归纳学习中,变换过程是对输入信息的一般化和选择最合理的预期结果,即进行归纳推理。归纳推理又分为实例学习和观察学习两类。实例学习的任务是确定概念的一般描述,这个描述应解释所有给定的正例,并排除所有给定的反例。观察学习要产生解释所有或大多数观察的规律和规则。

(5) 类比学习是演绎学习与归纳学习的组合,它匹配不同论域的描述,确定公共的子结构,以此作为类比映射的基础。

在上述各类学习策略中,归纳学习和类比学习是目前的研究热点。下面分别介绍归纳学习(只介绍其中的实例学习)和类比学习。

3.2.2　归纳学习中的实例学习

1. 实例学习与归纳

实例学习又叫概念获取,它的任务是确定概念的一般描述,这个描述应能解释所有给出的正例并排除所有给出的反例。这些正例和反例由环境提供,并由教师划分为正例和反例,因此实例学习是有教师学习。

实例学习属于归纳学习。归纳原理的基本思想是在大量观察的基础上通过假设形成一个科学理论。所有观察都是单称命题,而一个理论往往是领域内的全称命题。从单称命题过渡到全称命题从逻辑上来说没有必然的蕴含关系,对于不能观察的事实往往默认它们成立。把归纳推理得到的归纳断言作为知识库中的知识使用,而且作为默认知识使用,当出现与之矛盾的新命题时,可以推翻原有的由归纳推理得出的默认知识,以保持系统知识的一致性。

2. 实例空间与规则空间

在实例学习中,环境提供给学习环节的正例和反例是低水平的信息,学习环节归纳出的规则是高水平的信息。全部示教例子的集合被称为"实例空间",全部规则的集合被称为"规则空间"。实例学习系统应在规则空间中搜索要求的规则,还应从实例空间中选出一些示教例子,以便解决规则空间中某些规则的二义性,最终找到要求的规则。

3. 系统工作过程

系统在工作时,首先由教师提供实例空间中的一些初始示教例子,由系统对例子进行解释。由于示教例子的形式往往不同于规则的形式,所以要进行例子的解释。然后利用解释后的示教例子去搜索规则空间,但往往不能一次就从规则空间中找到要求的规则,因此需要寻找和使用一些新的示教例子。对这些示教例子重复上述循环,直到得出要求的规则。

高质量的示教例子应是无二义性的,它能对搜索规则空间提供可靠的指导。而低质量的示教例子会引起相互矛盾的解释,因此只能对规则空间的搜索提供试探性指导。

搜索实例空间的目的一般是选择适当的例子,以便证实或否决规则空间中的某个假设规则集合 H。在学习系统运行中,系统认为集合 H 中的规则都可能是要求的规则,但有待进一步证实或否决。

解释示教例子的目的是从例子中提取出用于搜索规则空间的信息,也就是把示教例子变换成易于进行符号归纳的形式。

4. 归纳推理

归纳推理是由特殊到一般的推理。规则空间表示方法应便于通过简单的操作实现归纳。对规则空间有三方面的要求:①规则表示方法应适用归纳推理;②规则的表示与例子的表示应一致;③规则空间应包括要求的规则。

5. 规则空间的搜索

搜索规则空间的方法分为数据驱动和模型驱动两类。数据驱动方法的优点是可以逐步接受示教例子,逐步学习。而模型驱动方法难以进行逐步学习,它通过检查全部例子来测试和放弃假设。在使用新例子时，它必须回溯或重新搜索规则空间。模型驱动方法的优点是抗干扰性好，由于使用整个例子集合，系统可以对假设进行统计测量，在测试假设时，不会因个别错误的例子而放弃正确的假设。相反，数据驱动方法用当前的例子去修改假设集合，因此一个错误例子就会造成假设集合的混乱。

3.2.3 类比学习

1. 类比学习的概念

类比是人类重要的认知方法，也是经验决策过程中常用的推理方式。它是一种允许知识在具有相似性质的领域进行转换的学习策略。一般对未知的或者所知甚少的领域中的问题，经常借用已知的熟悉领域中的知识加以解决。

类比和基于范例的学习是同一思维方法的两个方面，两者都要依靠记忆的情景知识来指导复杂的问题求解。但前者强调对过去情况的修正、改写和验证过程，而后者注重范例记忆的组织、层次索引和检索。

所谓类比学习是把两个或两类事物进行比较，找出它们在某一抽象层次上的相似关系，并以这种关系为依据，把某一事物的有关知识加以适当的整理，对应到另一事物，从而获得求解另一事物的知识。类比学习的核心技术是相似性的定义和度量。

2. 类比推理

类比推理是根据已知域的情况，用类比来回答关于另一未知域的问题，是一个解决问题的过程，也就是在类似的前提成立时，类似的结论是否成立的推理过程。类比推理的基础是事物、状态或关系之间的相似性。

类比学习和推理对任何类比学习系统而言，都是不可分割的过程。类比推理在规划和问题求解方面，是对过去经验探测的一个强有力的工具。而类比学习则着眼于探测和扩展类比推理模型，以产生对相关问题有用的实例解法，从而经过推导和改进满足更一般的规划。

3. 类比学习的步骤

类比学习是获取新概念或新技巧的方法，它把与要获取的新概念、新技巧、类似的已知知识转换为适于新情况的形式。类比学习的第一步是从记忆中找到类似的概念或技巧，第二步是把它们转换为新形式以便适用于新的应用场合。

一个类比学习过程可以描述为以下 4 个主要步骤：

(1) 联想搜索匹配。对于一个给定的新问题，根据问题的描述，即已知条件，提取问题的特征，并用特征在多问题空间中搜索，找出与老问题相似的有关知识，并对新老问题进行部分匹配。

(2) 检验相似程度。判断老问题的已知条件同新问题的相似程度，以检验类比的可行性。如果它们达到一定程度或者有关的阈值，说明类比匹配是成功的。

(3) 修正变换求解。除了将老问题的知识直接应用于新问题求解的特殊情况外，一般说来，对检验过的老问题的概念或求解知识要进行修正，得出关于新问题的概念或求解知识。

(4) 更新知识库。将新问题及其解并入知识库，将新老问题之间的共同特征组成一般化的情节知识，从而将它们的差异作为检索问题的索引。

4. 问题求解方法

学习过程也可以被看作是问题求解过程，下面介绍采用学习搜索空间模型的问题求解方法。

(1) 传统的中间结果状态空间包括下列内容。

- 可能的问题状态的集合。
- 一个初始状态。
- 一个目标状态。
- 操作的集合。
- 计算两种状态间差异的差别函数。
- 由差别函数查找操作的方法。
- 控制解有效性的路径约束条件的集合。

(2) 在这个空间中的问题求解是下列的标准中间状态分析。

- 计算当前状态与目标状态的差异。
- 选择可以减小这种差异的操作。
- 如果前提满足就使用这个操作，否则保存当前状态，并用中间状态分析解决子问题，以便实现未满足的前提。
- 在解决子问题后，再取出保存的状态，继续处理原问题。

5. 提示与变换

用问题求解方法进行类比学习时，使用推广的中间状态分析。这个过程被划分为提示和变换两步。

(1) 提示。提示是寻找与当前问题类似的原有问题及其解路径。用于比较初始状态和目标状态的差别函数可以是标准中间状态分析中的差别函数，但最好是使用相似矩阵差别函数。用于比较路径约束的差别函数是问题状态差别函数的推广，它必须考虑操作序列的差别。

(2) 变换。变换是原有解序列逐步变换成满足新问题的解序列。搜索一条解路径的过程是在状态空间的问题求解，这个搜索空间被称为原始问题空间。变换过程是在变换问题空间求解。变换问题空间的一个状态是原始问题空间的解，其目标状态是由变换得到的满足新问题的解。变换空间的操作是基本的解变换。

3.3　基于 AutoCAD 的注塑模架设计专家系统

3.3.1　注塑模架设计专家系统总体方案设计

1. 当前设计系统面临的问题

当前，随着塑料业生产的发展，塑料工业产品的品种和数量不断增加，换型加快，对产品质量、样式和外观也不断提出新要求，使得注塑模具需求量增加，并要求在提高模具设计和制造质量的同时，力求尽量缩短模具的设计和制造周期，同时由于注塑模具绝大多数是小批生产，这决定了模具设计个性化强，规则性差。通常为了适应变化多样的注塑产品，模具的结构也灵活多变，导致模具生产周期延长。为了解决这种生产与需求之间的矛盾，国内众多的塑料注塑模架制造企业已经利用各种 CAD 软件来建立几何造型，实现利用计算机自动绘图代替人工绘图，以及自动检索代替手册查阅，但并没有使注塑模具设计整个过程发生本质变化，通过对一些注塑模具制造企业的调查，归纳了现在注塑模具设计制造的一般流程，如图 3-20 所示。

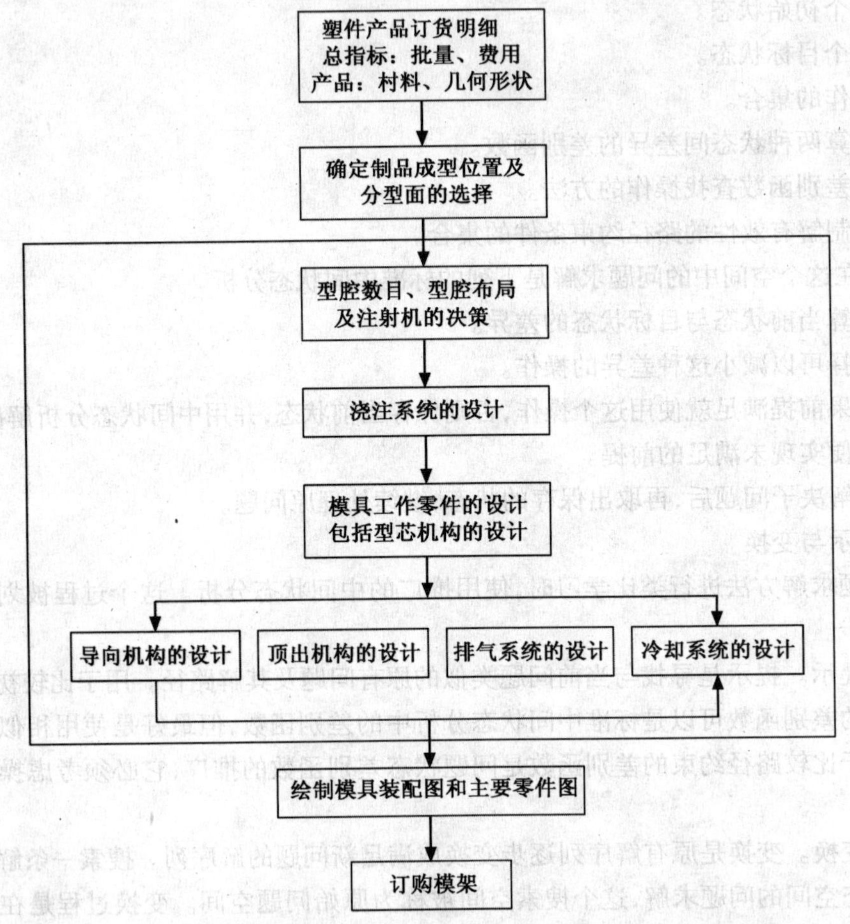

图 3-20　注塑模具设计制造流程

在如图 3-20 所示的流程中，可以发现当前注塑模具的设计思想大多采用从下向上的设计方法。模具设计人员首先根据塑件产品信息及设备参数，如产品形状特征、注射机型号等构思模具结构方案，然后详细设计模架结构中的各个零部件部分，如模板、推杆和垫块等，最后进行模架整体结构的装配。由于在设计流程中，模架系统的各个部分设计信息流是单向串行流动（如图 3-20 所示），因此只有在模架组装时才发现推出机构与导向机构、排气机构与冷却机构之间的干涉，经常需要反复设计。在模具结构零件设计完成后，再订购模架，最后进行模具加工，因此注塑模具从设计到加工完成所需时间较长，效率较低。

2. 本文提出的解决办法

影响塑料成型加工过程的因素很多,很难用精确的理论模型进行描述,属于弱理论、强经验领域。在注塑模架结构设计过程中,许多方案和参数确定的合理性取决于设计人员的经验和知识,因此人为因素对模具设计质量的稳定性影响较大。如何将分散于每个设计人员的设计经验进行组织归纳,并上升为知识,提供给整个企业的设计人员,实现设计知识资源共享,对于提高整个企业的设计能力,应变当前多变的注塑模具市场具有重要的经济价值。注塑模具的结构随零件的结构形状而定,一般比较复杂,设计中需考虑的因素也比较广泛,很难实现整个注塑模具的智能设计。在不同注塑模具的结构中,作为整个模具结构的主体基础部分——模架,在结构设计上具有一定的相似性和规范性,本系统的模架总体结构方案设计模块,就是实现利用人工智能技术中的专家系统技术来帮助技术人员在模具结构设计之前,综合考虑当前已经标准化、系列化的标准模架和企业以前所积累的已经设计成功的非标准模架事例,利用已有资源和已知塑件设计信息直接设计出模架总体结构方案,以供设计人员作进一步进行详细的结构设计,从而体现注塑模具"自顶向下"的设计方法,其在整个注塑模具设计流程中的位置如图 3-21 所示。

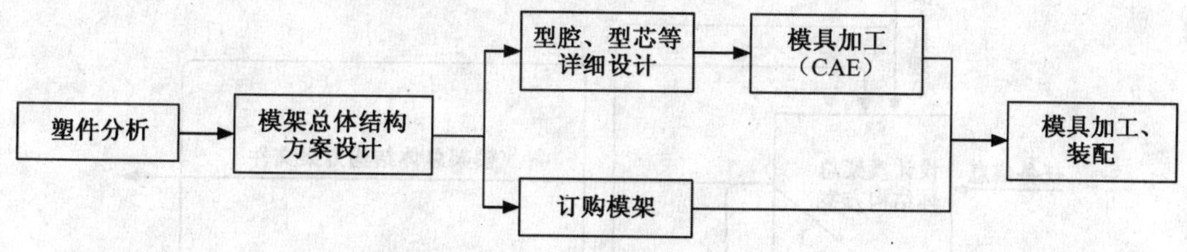

图 3-21　模架总体结构设计方案

综上所述,课题开发的智能注塑模架 CAD 系统即注塑模架设计专家系统力求达到:在注塑模具设计阶段同时考虑装配结构问题,运用智能推理,依据系统中建立的模架知识库,在模架的各个组成部分详细设计之前,确定模架的总体结构。在此基础上采用自顶向下的设计方法,即从模架装配结构开始,在装配结构上直接进行模具结构设计和零件详细设计,再从装配结构中拆出所需零件。这样设计工作是从装配模型开始,使得在模具详细设计的同时,就可以提出模架和有关标准件采购计划,并进行模具的粗加工。从一定意义上来说,实现了模具并行工程的思想,缩短了模具设计、制造周期。

3. 系统的功能模块

依据上述注塑模架设计专家系统的设计目标和要求,设计了本系统的功能模块,它包括模架总体结构方案推理模块、模架模型输出模块和系统工程数据库共三个模块。总体框架如图 3-22 所示。

本系统的功能模型如图 3-23 所示。

本系统的软件架构是以数据库技术为基础,知识推理为核心,充分利用现 AutoCAD 对零件实体信息的提取、编辑和处理功能,运用组件技术实现各个功能模块。整个软件系统总体框架如图 3-24 所示。在图示的软件系统中,用户可以首先在前置处理中利用系统提供的功能模块和系统图形 CAD 中的一些功能,实现对零件的分型面、浇注系统的设计和注射机的类型等模架总体结构设计所需参数进行基于规则基推理(Rule - Based Reasoning)校核,然后利用模架总体结构设计专家系统根据基于事例推理(Case - Based Reasoning)的推理方

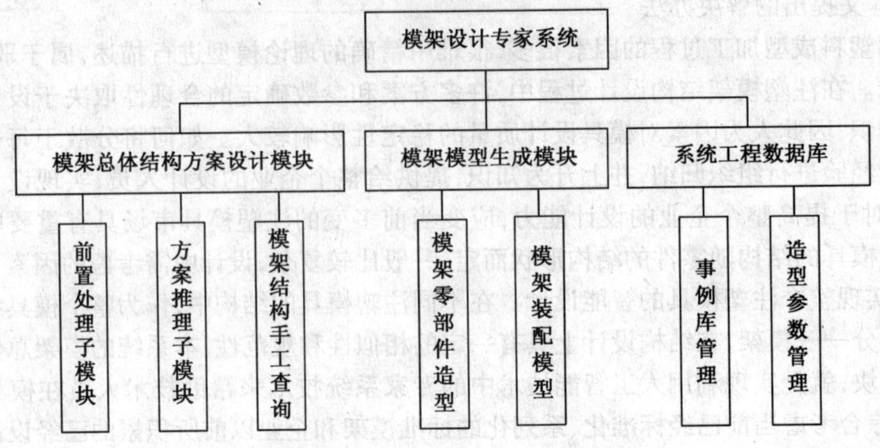

图 3-22　系统的总体结构框图

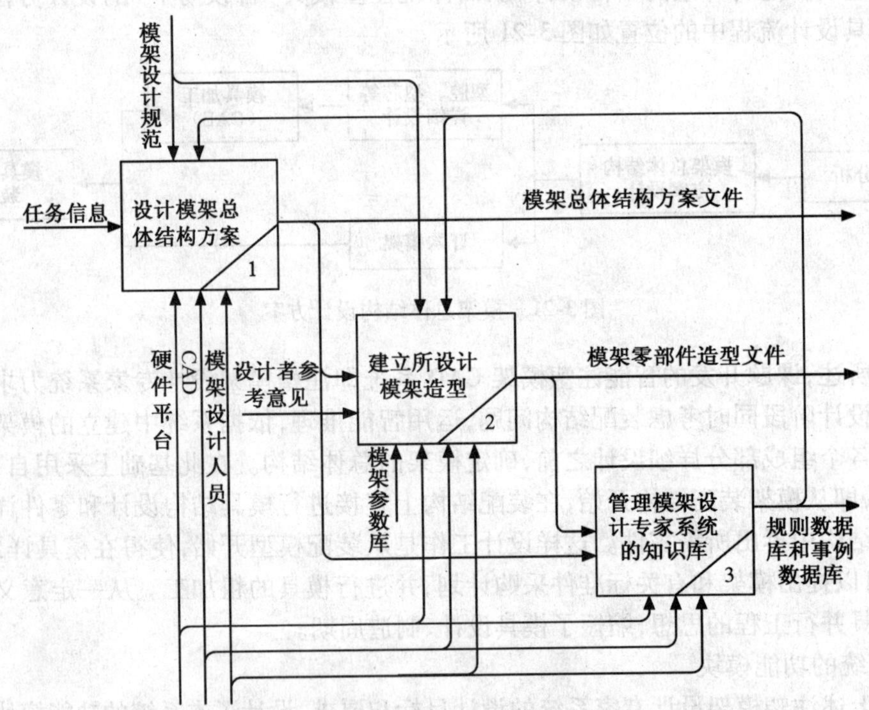

图 3-23　模架设计专家系统的功能模型

法确定与所设计零件最合适的模架总体结构。如果系统的设计结果成功，则可进一步利用系统模架结构造型模块实现模架总体结构装配造型及零件的造型。考虑到对于系统中与设计的塑件对象相关的模架事例较少时，有可能需要设计人员直接从本系统的模架参数库选取模架，因此系统还给用户提供了用于直接查找模架结构参数的模块。另外，用户可以将以前设计成功的注塑模具的模架抽象出来加入系统的事例模架库以扩充系统的设计能力，也可以利用知识库管理功能对已有的事例库和规则库根据需要进行修改，来更新数据库。整个系统模型采用多层结构，将用户界面（客户层）、业务逻辑层和数据库（数据服务层）的实现分开。

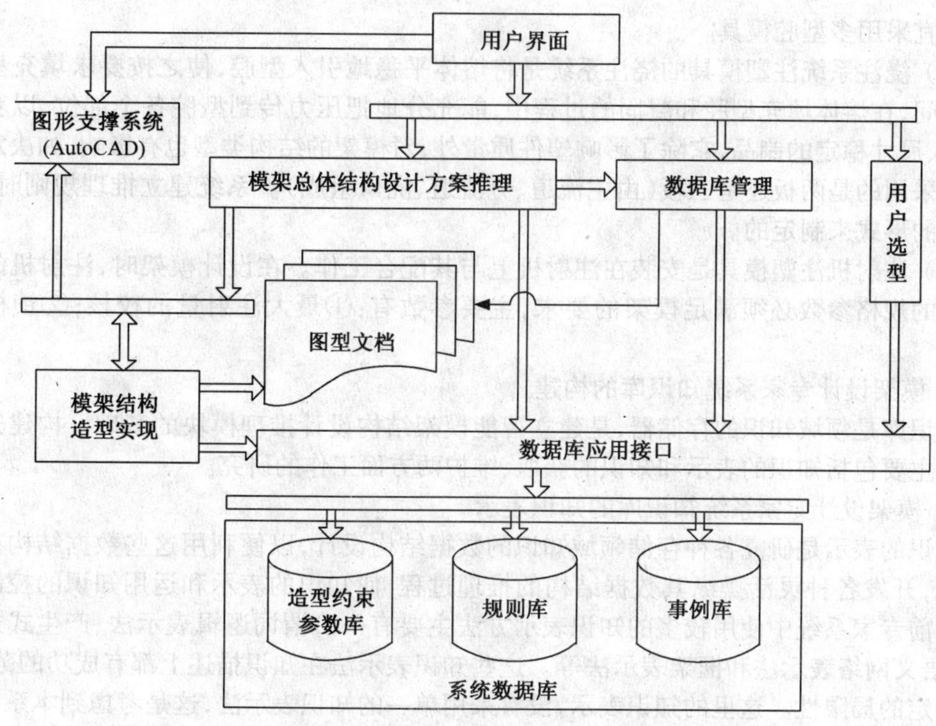

图 3-24　系统软件总体设计

4. 系统的开发环境

系统是内嵌在 AutoCAD 中的一个程序，使用的开发工具是 Microsoft 的 Visual C++。这得益于 AutoCAD 系统的开放性，可以使 Visual C++ 开发的程序直接嵌入到 AutoCAD 内部，加载成功后的程序直接出现在 AutoCAD 系统的主菜单上，就像其自带的功能一样，提高了设计效率。

3.3.2　模架设计专家系统的组成

在注塑模具的结构中，作为整个模具结构的主体基础部分——模架，在结构设计上具有一定的相似性和规范性。本系统的模架总体结构方案设计模块，就是利用人工智能中的专家系统技术来实现模具结构辅助设计，根据塑件形状尺寸、材料等已知信息推理得到模架总体结构方案，以供设计人员作进一步的详细结构设计，实现注塑模具“自顶向下”设计方法的应用。

1. 前置处理模块

在系统进行模架总体结构设计中，有关注塑模具的浇注系统、型腔布置、注塑机等相关信息是作为模架结构事例推理所需的初始信息，这部分设计信息确定的是否合理，将直接影响系统推理的事例模架是否合适。在本系统的开发过程中，对于这部分由用户输入的信息，系统提供了基于规则推理的校核功能，整个过程采用可视化的图形界面进行处理。

在本系统的前置处理模块中，采用规则校核的内容包括型腔布置、浇注系统、注塑机三部分相关参数。在系统开发中，将这三部分对模架总体结构有影响的设计内容提取出来，建立规则知识库，确定设计模架时用户给出的相关信息是否合理，主要内容如下。

(1) 模具型腔数 n 直接影响模架的尺寸，系统中与其有关的规则主要根据塑制品的产量、精度、模具制造成本及注射机的最大注射量等因素确定。小批量生产采用单型腔模具；

大批量宜采用多型腔模具。

(2) 浇注系统注塑模具的浇注系统是将熔体平稳地引入型腔，使之按要求填充型腔的所有空间，在熔体填充型腔和凝固的过程中，能充分地把压力传到型腔各个部位，以获得组织致密、尺寸稳定的制品，它除了影响塑件质量外，对模架的结构类型也有影响，如决定模架的结构采用的是两板还是三板(由主流道、分流道、浇口组成)。系统建立推理规则时，主要是浇口的形式来制定的。

(3) 注射机注塑模具是安装在注射机上与其配合工作。在设计模架时，注射机的型号所对应的规格参数必须满足模架的要求，主要参数有：①最大注射量的校核；②锁模力的校核。

2. 模架设计专家系统知识库的构建

知识库是领域知识的存储器，是建立智能模架结构设计推理模块的基础。构建知识库的工作主要包括知识的表示和知识的获取、维护两方面工作的研究。

1) 模架设计专家系统知识库的知识表示

知识的表示是研究各种存储领域知识的数据结构设计，以便利用这些数据结构存储领域知识，开发各种灵活操纵其数据结构的推理过程，使知识的表示和运用知识的控制相融合。目前专家系统中使用较多的知识表示方法主要有一阶谓词逻辑表示法、产生式规则表示法、语义网络表示法和框架表示法等。这些知识表示法在知识描述上都有成功的范例，但也有一定的局限性。这里的知识表示，没有采用单一的知识表示法，这是考虑到本系统在模架辅助设计中对于前置模块采用规则推理，而在模架结构事例推理采用基于事例的推理方法，因此将模架设计推理过程中的各种知识根据推理机的类型进行分类处理，主要分为产生式规则和事例推理两种知识表示方法。

(1) 模架设计专家系统产生式规则的知识表示

产生式规则知识表示方法最先是由数学家波斯特提出来的，由于这种方法能表示因果关系，比较接近人类思维方式，所以是现在应用最广泛的知识表示方法之一，其形式描述及语义可用巴科斯范式 BNF(Backus Normal Form)表示。

<产生式规则> :: = <前提> | <结论>
<前提> :: <简单条件> | <复合条件>
<结论> :: = <事实> | <操作>
<复合条件> :: = <简单条件> AND <简单条件> [(AND <简单条件>)…]
| <简单条件> OR <简单条件> [(OR <简单条件>)…]
<操作> :: <操作名> [(<变元>,…)]

系统采用产生式规则来表示浇注形式、注射机决策校核等有关的模具设计知识，而这些知识可分为如下几种形式：

- 启发性知识，是模具设计人员在长期设计实践中积累的经验知识，其中有条件判断性知识。如“小批量塑件则型腔数可用单个”等。
- 规范性知识，主要是一些计算公式等，如注射机最大注射量的校核公式为

$$KV_0 \geqslant V = \sum_{i=1}^{n} V_i + V_{\text{浇}}$$

- 事实性知识，是描述事物、事件的状态等说明性知识，如针点浇口采用三板模架结构。

以上这些知识形式均有各自的特点。在本系统中，规范性知识的表示主要实现公式的

计算;而对于本系统中的事实性知识和启发性知识规则,考虑在生产中,这些规则的条件涉及范围广,在模具设计系统中使用人员往往需要根据设计要求来选择判断条件,这与一些判断条件相对固定的规则推理系统,如齿轮专家系统、故障诊断系统不一样,这样就给知识表示带来困难。本系统对于该类型的规则实现的方法是:把规则知识库看成由结论组成的表,这些结论带有相应的规则和属性(即判断条件),在最简单的情况下(也是应用较多的情况下)用于某一结论的规则只表明该结论"有"或"没有"这一属性,因此用一张表示结论有没有某些属性的属性表来定义一个结论,在推理时也是将这些属性通过可视化界面,以咨询设计人员来完成推理。如本软件判断浇口形式(以直接浇口和针点浇口为例)是否合理,可以建立如表3-1所示的知识搜集表。在此基础上,知识可被简化为一条规则"有"。当要建立"没有"关系时可以用属性的否定形式,这样,这条规则就变成了"有",归纳后的知识库如表3-2所示。

表3-1 浇口类型的知识搜集表

结论	规则	属性
直浇口	有	模具结构简单
	有	一腔一模
	有	制品二次加工
	有	压力损失小
	无	制品外观质量好
点浇口	有	自动切断
	有	应用三板模具
	有	多型腔
	无	压力损失小

表3-2 归纳后的知识库

结论	属性
直浇口	模具结构简单
	一腔一模
	制品二次加工
	压力损失小
	制品外观质量不好
点浇口	自动切断
	应用三板模具
	多型腔
	压力损失大

在程序设计中,对于规则的实现,如果用IF-THEN语句来表示时,对于事实性知识等表示比较有效,而对规范性知识表示比较复杂,为了方便知识的存储和推理机的实现,系统中采用面向对象方法来实现以上各类知识规则的数据结构,主要使用了面向对象思想中的抽象类表示规则,利用类的封装性和多态性实现不同规则类型知识的表示。例如,对于表3-3中的系统知识可采用下述方法确定其类组成。

表 3-3　系统知识组成结构表

型腔	小批量生产宜采用单型腔模具 大批量生产宜采用多型腔模具 ……
浇注系统	主流道 分流道 浇口 　浇口形式 　　点浇口 　　直浇口
注射机	最大注射量：$KV_0 \geqslant V = \sum_{i=1}^{n} V_i + V_{浇}$ 锁模力： 一模一腔：$F = P_{spru} * A$ 一模多腔：$F = (P_{gate1} * A_3) + (P_{gate2} * A_3) + (P_{gate3} * A_3) + \cdots + (P_{gaten} * A_3)$

首先建立规则基本类，再派生出事实性知识和启发性知识规则类、规范性知识规则类，其类的组成如下：

```
//定义规则类
class Crule_class:cobject
{protected: rule_class ();
          ~rule_class ();
Public: CString rule_description;
        char rule_node[80];
        char father_node[80];
        char son_node[80];
        virtual bool rule_reason();//方法
};
//事实性知识和启发性知识规则类
Class Crule_objecteive: public rule_class
{ public:
  char rule_result[80];
  bool rule_reason()
      ......
};
//规范性知识规则类:注射机校核类
class Crule_formula: public rule_class
{ public: injection_num();
          lock_force();
          machine_para();
  bool rule_reason ();            //实现该类型知识的推理
      ......
};
```

可用图 3-25 表示规则基本类、事实性知识和启发性知识规则类、规范性知识规则类之间的继承关系。

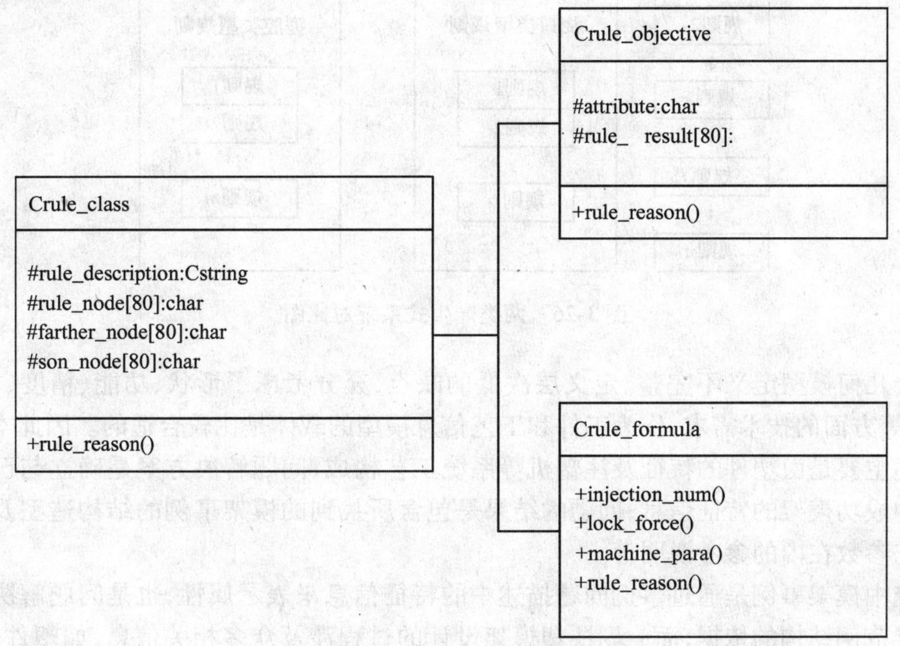

图 3-25　规则类的继承关系简图

规则库中存放的规则均为产生式规则,即规则由条件(Condition)和结论(Conclusion)组成,其基本形式为:IF(Condition)THEN(Conclusion)。产生式规则是一个"如果条件成立则进行操作"形式的语句。一个规则的条件部分通常是关于动态数据库中某些事实的断言,而其结论部分一般是能引起动态数据库中数据值改变的断言或操作。当动态数据库中的事实满足某一规则的条件部分时,该规则的结论部分可以改变动态数据库中的事实,从而导出新的规则的条件部分。采用 IF - THEN 产生式规则表示知识能清晰地表示知识的因果关系,准确灵活,符合人的逻辑思维方法,既直观、自然,又便于推理。它的这种统一格式便于实现产生式的正确性和一致性检查,以及产生式的自动修改和扩充,同时便于推理机的设计。

由于模架设计中相关的规则数量较多,为防止知识的组合爆炸,减小搜索空间,提高推理效率和系统运行的可靠性,可使产生式规则结构化(Structured Production Rule),称为结构化产生式系统。按照面向对象设计思想,根据不同的二次回路对规则进行分类,形成多个规则组,每个规则组对应一个规则表。主要包括型腔类、浇注系统类、注射机类等。结构化和非结构化产生式系统的对比图如图 3-26 所示。

(2) 以塑件特征为核心的模架事例知识表达

系统的模架设计推理过程是采用基于事例和规则综合推理方法,因此知识库中除规则知识以外,需要存储大量事例知识,事例知识是对已存在事物的完整描述,系统的事例主要是指针对具体的塑件制品,将已经设计成功的模架按一定的方法转换为模架事例,并进行存储,供 CBR 推理机使用。对于系统的模架事例参照文献,建立其语义模型如下

<CASE> :: = {<PD>;<SOL>;<OC>}

其中,CASE 为模架事例;PD 为问题描述;SOL 为问题解决方案;OC 为可能由问题解决法所产生的结果。在系统中这些描述均建立在特征模型基础之上,这是考虑到特征模型克

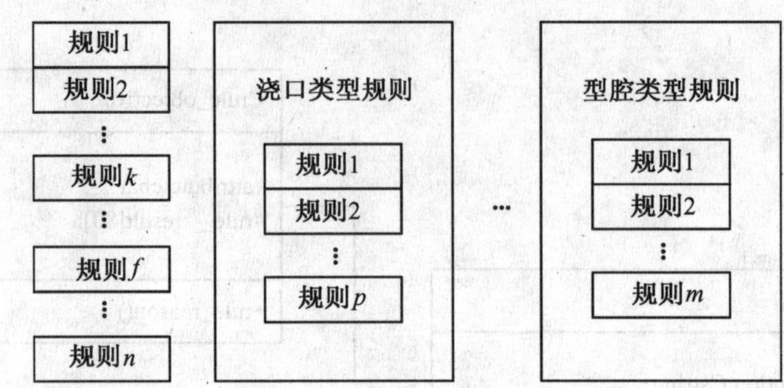

图 3-26　两类产生式系统对比图

服了传统几何模型定义不完整、定义层次低的缺点，充分考虑了形状、功能、精度、材料、管理、技术等方面的技术需求，作为工件和工艺信息模型的载体是比较合适的。因此本系统中问题描述主要是由塑件的特征及注塑机等系统工艺构成；问题解决方案是确立与已知信息最相似的成功模架的特征信息；问题的结果是包含所找到的模架事例的结构造型及其注塑成型工艺参数在内的参考说明等。

系统中模架事例是通过事例问题描述中的特征信息来表示属性，也是问题解决方案中确立模架范例结构的依据，而一副注塑模架设计的过程涉及众多相关信息，如塑件信息、工艺条件信息等，如果将这些设计和结构信息全部包含在该模架事例的问题描述上，对于建立检索和找出相似事例是比较困难的。实际上，模架实例需要描述的是能反映设计中的关键信息特征和模架结构特征。由于注塑模具是实现塑件的成型功能，因此整个模架设计乃至注塑模具整体设计都应以塑件的成型功能特征为核心，而塑件的特征与模架结构特征又有着内在联系，所以以塑件特征作为模架结构翻案事例的主特征，符合注塑模具设计的一般规律。另外在设计中，浇注系统、注射机等工艺特征对注塑模架结构方案有较大影响，所以将这些特征作为辅助描述特征提取，建立了以塑件特征为主描述特征，以模具结构为辅助描述特征的模架事例知识表达。

在本系统的模架事例知识表示中，塑件特征是作为模架事例的知识主描述特征，而对于塑件产品模型的特征有形状特征、精度特征、材料特征、功能特征等。

2）模架设计专家系统知识库的组织

知识库的建立除了与知识的表示数据结构有关，还与知识的组织管理存储有关。由于系统知识库中的两大类知识的数据比较多，尤其是模架事例知识会在用户使用过程中不断增加，因此知识的存储没有采用常用的方法，即将知识内容以文件方式存储，而是将模架事例知识存放在数据库中；在规则知识中，有关计算公式修改较少，直接将该部分内容实现在类的操作中，而将需修改的启发性和事实性知识建立规则表，这样可以利用数据库对数据检索、修改和增加等功能，提高推理机使用知识的效率，降低知识库维护的难度。

系统工程数据库中的知识规则表的结构如表 3-4 所示，其中每个域内容都对应规则类的知识单元属性。

对于模架事例知识表示来说，由于是从相应的事例塑件、注塑工艺等信息对象综合而来，而对于其在系统工程数据库中的实现方法，则是将模架事例知识的信息抽象为事例塑件、注塑设备、注塑工艺和模架结构四个实体。首先建立各个实体的 E－R 模型，再综合总体的 E－R 模型,并根据这些 E－R 模型建立关系表,对于具体的模架事例知识记录是从这些关系表查询得到。

表 3-4　规则数据表的结构

序号	字段名称	数据类型	序号	字段名称	数据类型
1	规则结论	字符型	7	属性 6	字符型
2	属性 1	字符型	8	属性 7	字符型
3	属性 2	字符型	9	属性 8	字符型
4	属性 3	字符型	10	结点名	字符型
5	属性 4	字符型	11	父结点	字符型
6	属性 5	字符型	13	子结点	字符型

3）模架设计专家系统知识库维护管理

系统开发的知识库是将当前搜集到的模架事例和浇注系统设计等相关知识,安装到系统规定的知识数据结构中进行整理而建立起来的,但它只能反应当前的设计水平。随着注塑模具的发展,系统有的知识需淘汰和修改,同时会有许多新的知识产生,特别是每一次系统设计的模架均可以作为新的模架事例而存入系统的事例表。因此必须实现知识库的更新和维护,这也是衡量系统智能水平高低的标志。在系统中,知识类型组成由规则知识和事例知识两大类组成,因此在知识维护上,这两类知识维护的方法也是分开实现的。

对于规则知识的维护主要通过对规则树的操作来实现。系统的规则库维护模块将规则表中的规则根据规则链的关系建立规则树,使用者可以在系统规则管理界面上浏览规则树,如图 3-27 所示,并安排新规则的位置或决定所要修改规则的位置。在规则树上确定位置后,修改规则和添加新规则的各个组成部分,规则树的操作完成后需要重新更新存储在系统数据库中的规则知识表。

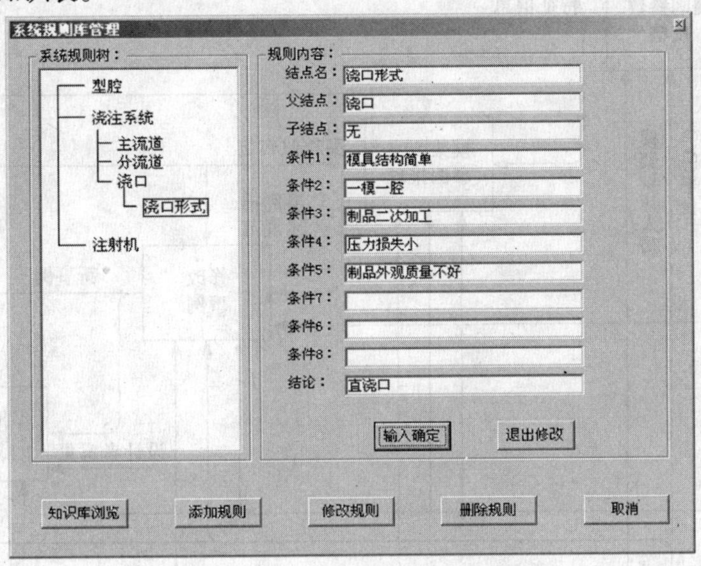

图 3-27　“系统规则库管理”对话框

对于模架事例知识的维护可分为两个方面。一方面由系统提供可视化管理界面,帮助使用者输入模架事例知识的各个特征属性信息,或者对于系统中已有的事例进行修改,

图 3-28所示即为进入模架事例管理模块的初始界面；另一方面对于每次系统推理得到的相似模架，再经过设计者进一步的修改后也是一个新的模架事例，所以系统提供向导可以将此模架放入事例库，因此使系统实现了一定的自学习功能。

模架事例库维护

模架事例表索引：轴对称类

模架事例序号：2

修改模架事例记录

增加模架事例记录

取消

轴对称类模架事例表：

序号	塑件名称	长	宽	高	塑
1	杯子	60	60	180	P
2	法兰盘	98	98	55.5	P
3	香水瓶	35	35	100	P
4	接线盒	55	55	45	P
5	手表后盖	25	25	2	P

图 3-28　“模架事例库维护”对话框

3．模架设计专家系统方案推理机制

系统模架方案推理是实现模架结构方案模块的核心。首先由模具设计人员输入设计信息，再由规则基推理对其中部分信息进行规则推理，校核其合理性，如注射机选择，在对模架设计信息初步处理后，利用 CBR 推理技术进行模架事例匹配，最后找出最相似模架。其功能模型如图 3-29 所示。

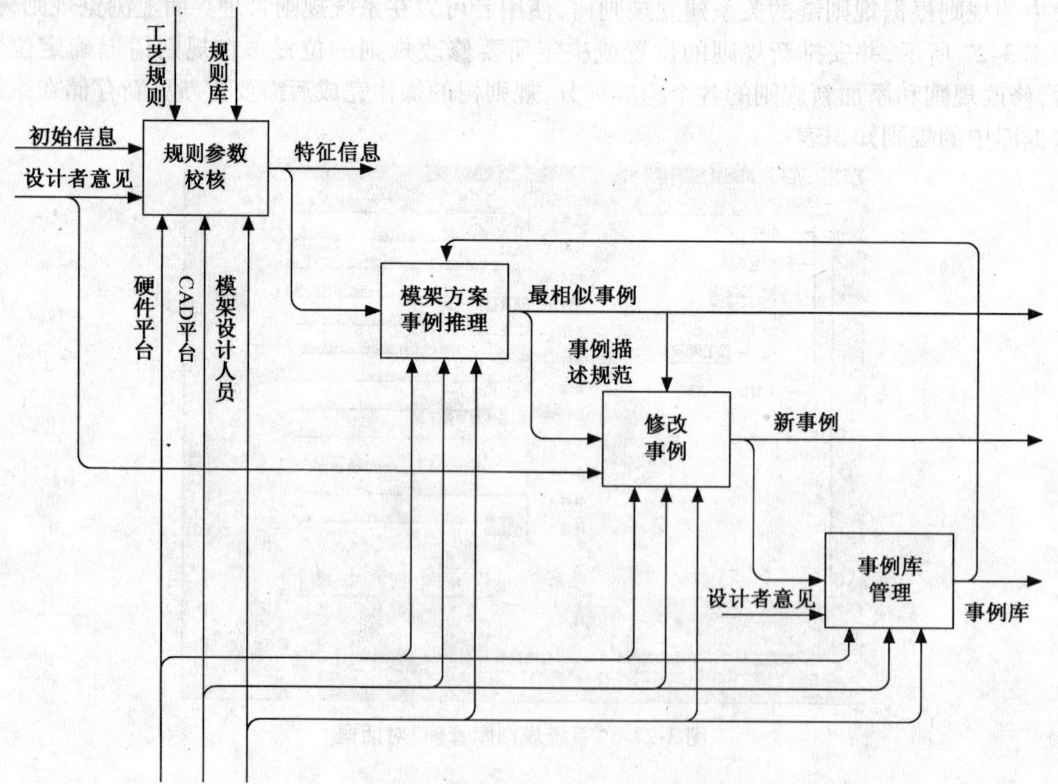

图 3-29　注塑模架方案推理功能模型

该推理模块的系统实现流程图如图 3-30 所示。

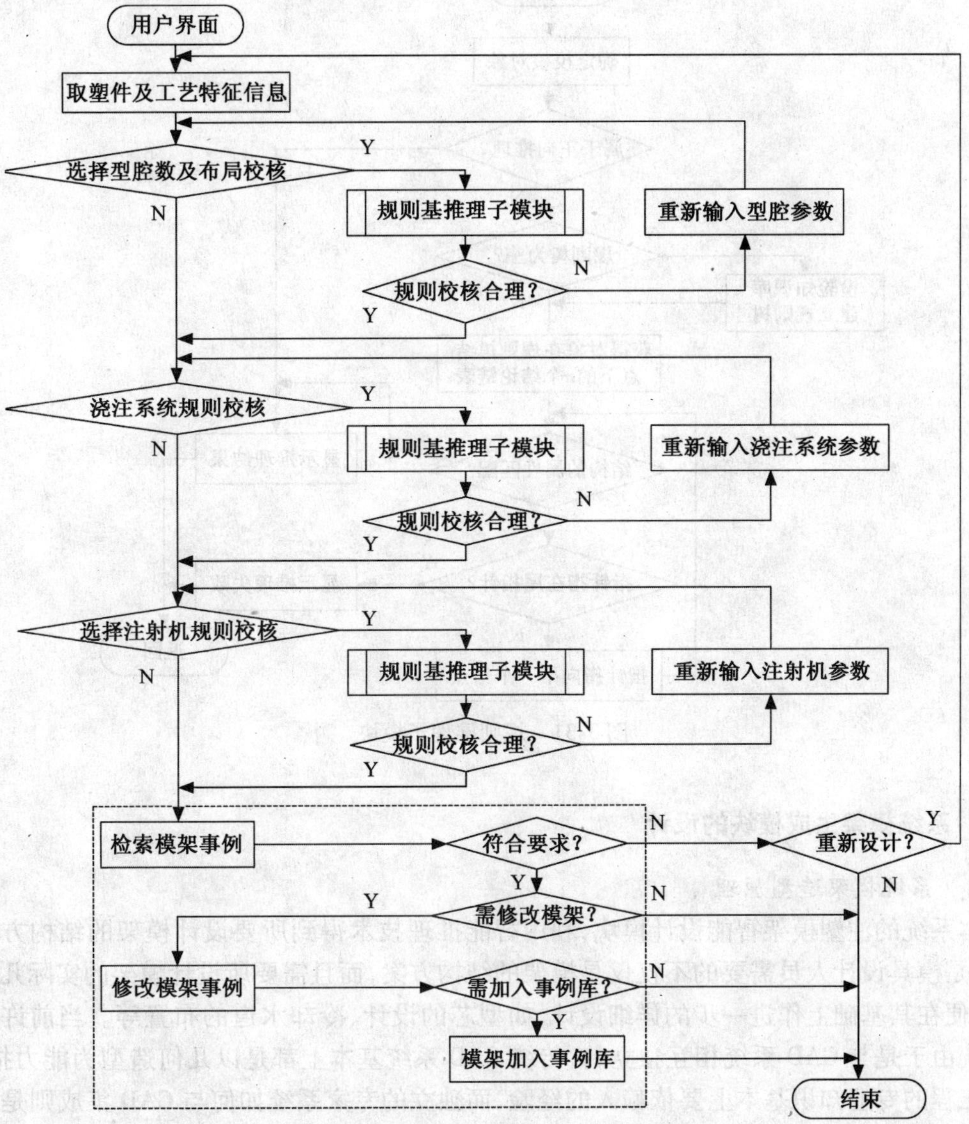

图 3-30　模架总体方案设计模块流程图

4. 模架特征信息规则推理实现

在图 3-30 所示的模架方案设计流程图中，有关模架方案的描述信息特征首先由用户输入，然后由规则推理进行校核，在规则推理实现上采用将信息分成三个部分，分别进行校核的方法，这样可实现由模架设计者根据自己需要决定哪些信息采用系统校核，哪些可以不校核，使得系统的设计更加符合模具设计人员的设计习惯。在推理机的实现上，对于注射机参数等涉及公式计算校核采用正向推理的方法，而对于型腔和浇注系统的规则推理采用反向推理的方法，从假设推理结论开始，对结论的属性进行验证。校核推理流程图如图 3-31 所示。

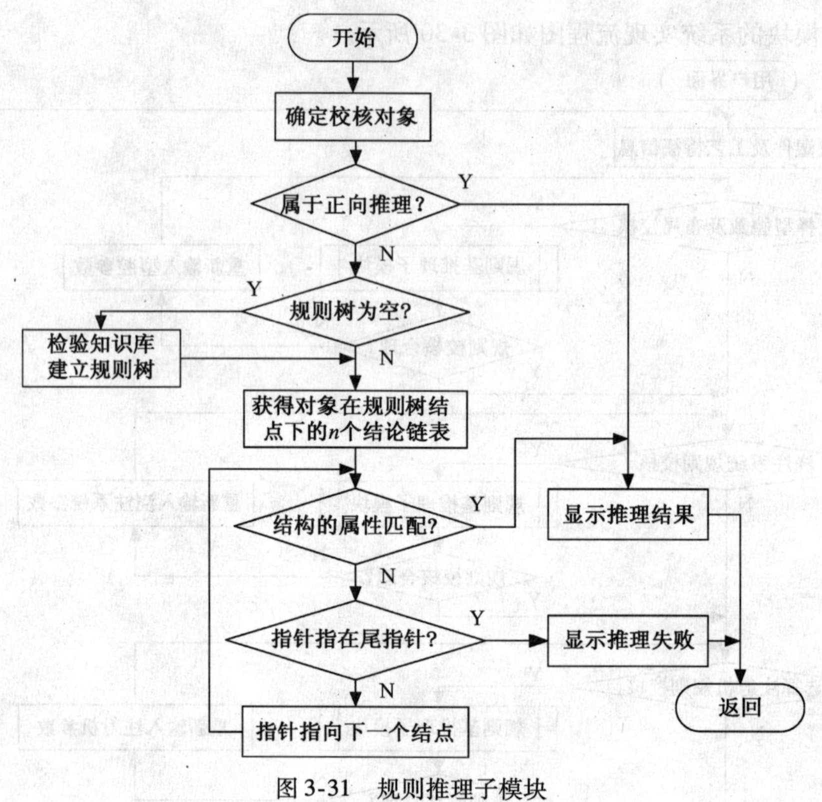

图 3-31　规则推理子模块

3.3.3　系统模架生成模块的设计

3.3.3.1　系统模架造型原理

本系统的注塑模架智能设计模块，利用智能推理技术得到所要设计模架的结构方案信息，但是模具设计人员需要的不仅仅是模架的结构方案，而且需要所设计模架的实际几何造型，以便在其基础上作进一步的详细设计，如型芯的设计、冷却水道的布置等。当前许多专家系统由于是与 CAD 系统相互独立的，传统 CAD 系统基本上都是以几何造型为能力指标，面向工程的专业知识基本上要依赖人的经验，而独立的专家系统如何与 CAD 集成则是个缺陷。本系统是将专家系统集成于现有的 CAD 系统，因此可以充分利用专家系统得到的结果来实现模架几何造型。由于系统采用 CBR 推理技术，在系统的模架事例库中的模架范例也会在使用中不断积累。因为不可能将每一个事例模架对应的几何结构造型文件都保存于系统以供调用，所以必须采用更为有效的方法来实现各个事例模架的造型。而在注塑模具设计中，针对每个不同的塑件，其相应结构模具也不一样，但是就模架结构来说，具有一定的相似性。当前企业设计注塑模具时，大部分采用国家标准 GB/T12556.1－90 和 GB/T12555.1－90 所规定的标准模架或者对其部分零件修改后形成企业标准模架[28]。由此，系统建立了以标准模架参数化特征造型为核心，兼顾非标准派生模架的特征造型，实现了在系统内部完成从事例模架结构信息到模架造型的全过程。

3.3.3.2　注塑模架零件和装配件参数化设计特点

系统虽然采用 CBR 技术，由加工塑件等信息来决定事例注塑模架，但没有把每一个事例注塑模架的造型实例直接存储在系统中,这是因为:①由于本系统的注塑模架事例库是一个不断积累的过程,如果每一次都将注塑模架的造型实例加入系统,会使系统越来越臃肿,使用效率逐步降低;②虽然每一个事例注塑模具结构是不一样的,但是事例注塑模具的模架结构具有一定的相似性,特别是随着注塑模具工业的发展,在当前注塑模具的设计中,使用由专业厂家根据国家标准 GB/T12556.1 -90 和 GB/T12555.1 -90 生产的标准注塑模架,或是对其进行修改派生的模架已经成为模架设计的趋势。这样通过参数化建立标准注塑模架零件和装配模型库,对于使用标准注塑模架的模架事例存储工作来说,就转变为只需要在数据库建立事例模架和系统标准库对应模架关系即可。因此本系统的注塑模架的建模主要是围绕参数化注塑模架零件模型和装配模型库进行。

考虑到用户在使用标准注塑模架时,经常根据需要对所购买的标准注塑模架进行二次加工,或参照标准注塑模架结构,对其尺寸进行改变后从厂家订做,所以开发标准注塑模架零件和装配模型库应具有较好的可扩充性。

在 AutoCAD 上,采用参数驱动法建立参数化注塑模架零件模型和装配模型库可以通过下述途径实现。

零件模板和装配模板 + 参数驱动程序模块 + 数据库,这也是本系统对用户自定义标准的零件和模架装配造型采用的方法,以注塑模架零件中的带头导柱为例,首先建立导柱零件的几何特征造型作为导柱零件模板,然后在系统数据库中建立不同直径规格导柱的标准数据表,最后用 VC ++ 获得模板的尺寸,并按参数表的内容改变程序模块,就能实现导柱的参数化设计。

3.3.3.3 模架库设计原理

1. 系统模架及其零件编码

由于系统中既要处理标准模架的造型,又要处理用户对标准模架尺寸进行修改的派生模架造型,甚至还要处理部分完全根据塑件产品的需要而设计的专用模架造型,仅国家标准 GB/T12556.1 -90 所规定的中小型注塑模架结构形式就有:基本型 A1、A2、A3 和 A4 共 4 个品种,派生型 P1 ~ P9 共 9 个品种,而且以动模座板有肩、无肩划分,又增加 13 个品种,共 26 个品种。因此需要对系统所处理的模架对象进行编码来分类管理,这样也便于建立管理这些数据的数据库,还能实现系统中各个模块对模架的统一表示,便于模架信息在系统中的各个模块之间传递。

上述系统模架组成三大类:国家标准模架类型、企业参照国家标准模架结构修改尺寸的派生型和特殊类型模架,其具体组织层次关系如图 3-32 所示。

参照图 3-32 所示的模架分类层次和标准模架的国标记号,对系统的模架类型采用如图 3-33 所示的模架编码。

模架编码分 3 段 7 个变量,用数字或字符表示。第一段表示模架类型的结构,第二段表示模架的主要规格尺寸,第三段表示模架的安装方式等特性,而且整个系统的工程数据库也是依据系统模架编码来构建的。其中,第 1 个变量使系统扩展了对特殊类型的模架表示能力,其取值范围包括 S、D、T,其中:S 表示该模架为国家标准模架,包括GB/T12556.1 -90和 CB/T12555.1 -90 两类,其第 2 个变量到第 7 个变量的组合涵盖了所有国标记号;D 表示该模架为用户对国家标准模架结构修改后得到的自定义标准模架类型,其第 2 个变量到第 7 个变量的组合可参照 S 系列的标准模架;T 表示该模架为用户完全根据塑件对象设计的特

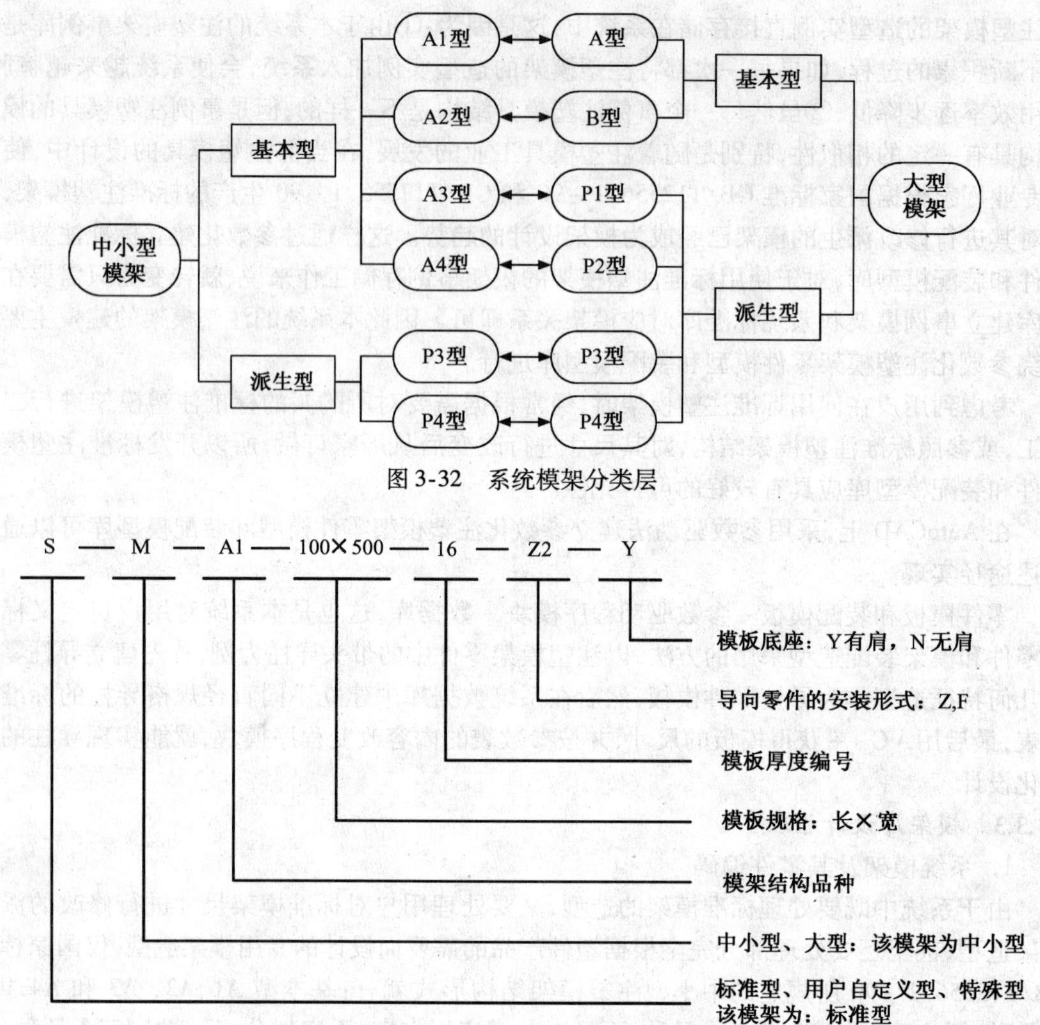

图 3-32 系统模架分类层

图 3-33 系统模架编码组成图

殊模架，其第 2 个变量、第 3 个变量的组合表示该特殊模架在系统特殊模架数据表中的编号，其余的变量可参照 S 和 D 类型的模架。以上的编码系统提供了对大量模架尺寸参数的管理方法，而系统智能推理模块的知识表示也是利用此编码系统，因为系统的事例模架知识表示需要能表达事例塑件对应的模架，而如果在知识中直接存储模架的造型数据或模架的造型文件，都会造成知识库的数据膨胀和使用效率低下。本系统采用统一的模架编码以后，使得事例模架知识表示只需存储事例模架的编码值即可，解决了对模架的知识表示的问题。

2. 系统模架及其零件造型实现模块

1）模架零件造型子模块

系统的模架零件造型主要是针对模架标准零件及其派生零件来实现的，它是实现标准模架、派生模架参数化设计的基础。其结构比较固定、尺寸变化范围以 GB4169 - 84 为依据，主要是指推杆、直导套、带头导套、带头导柱、应用导柱等。系统模架零件参数化造型设计过程实现如下：

（1）建立模架零件的参数化模型。在系统中，利用 AutoCAD 建立该零件的造型，作为该零件的几何模板，并在模板上定义约束尺寸作为参数化变量，供参数化变量表驱动程序调用。

（2）建立模架零件的参数化驱动表。对于国家标准模架零件来说，由于其零件的结构造型及各种规格的相应参数值是固定的，它的参数化驱动表是以 AutoLISP 程序内嵌在标准零件模板中。

（3）实现参数化变量表驱动零件几何模板得到设计零件。对于零件的参数表和零件的几何模板来说，还需建立参数表和几何模板之间的驱动机制，才能实现由参数表的内容更新几何模板得到所需要零件的几何模型。

图 3-34 是国家标准塑料注塑模具大型模架零件带头导柱的示意图，表 3-5 是它的数据表，以此建立该零件的数据库。

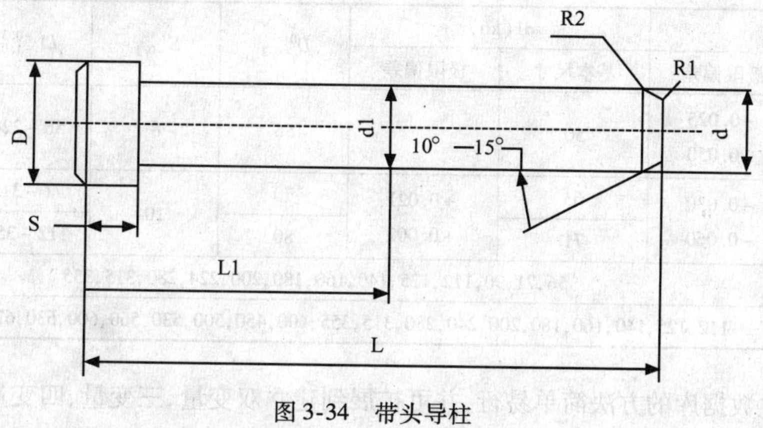

图 3-34　带头导柱

从表 3-5 可以看出，这是一个典型的单变量数据库，表中的所有尺寸值只由导柱的 D 这个基本尺寸决定，利用 AutoLISP 语言可建立该数据库。

```
(defun data21a()
   (setq data21'((D21gc1 D21gc2 D121 D121GC1 D121GC2 DD21 S21)
   ((50(-0.025 -0.050 50 +0.018 +0.002 56 8))
    (63(-0.030 -0.060 63 +0.021 +0.002 70 10))
    (71(-0.030 -0.060 71 +0.021 +0.002 80 10))
    (80(-0.036 -0.071 80 +0.025 +0.003 90 10))
   )))
)
```

对于这个单变量数据库，可以利用下面这个单变量提取函数 fget1 来搜索。

```
;****单变量提取函数****(fa-变量 lname 数据库名)
(defun fget1(fa lname/lh lst j nn)
  (setq lh(car(eval(read lname)))              ;分离参数表表头
     lst(cadr(eval(read lname)))               ;分离数值表
        j-1)
  (setq lst(cadr(assoc fa lst)))               ;检索
  (repeat(length lh)
```

```
    (setq j(1+j)nn(nth j lh))
    (set nn(nth j lst))                    ;将检索值赋给参数表中相应参数
    lst)                                   ;返回值
)
```

检索一个 D=50 的数据,可以这样来调用这个函数:(data21a)(fgetl 50“data21”),返回一个表:(−0.025 −0.050 50 +0.018 +0.002 56 8),执行结果参数表中各参数即被赋值为:D21gc1 = −0.025, D21gc2 = −0.050, D121 = 50, D121GC1 = +0.018, D121GC2 = +0.002, DD21 =56, S21 =8,实现了单变量数据检索的目的。

表 3-5　带头导柱尺寸系列及偏差(GB/T12555.8 - 90)

单位:mm

D(f7)		d1(k6)		$D^{0}_{-0.2}$	$S^{0}_{-0.1}$	$L1^{-0.3}_{-1.0}$	$L1^{0}_{-1.5}$
基本尺寸	极限偏差	基本尺寸	极限偏差				
50	−0.025 −0.050	50		56	8	56 – 224	112 – 450
36	−0.030	63	+0.021	70	10	71 – 315	140 – 670
71	−0.060	71	+0.002	80		112 – 355	224 – 750
1.1	56,71,90,112,125,140,160,180,200,224,280,315,355						
L	112,125,140,160,180,200,240,280,315,355,400,450,500,530,560,600,630,670,710,750						

以上建立数据库的方法简单易行,并可扩展到建立双变量、三变量、四变量的数据库,只需将检索函数稍加修改即可。

这里模架零件的参数化设计用的是 LISP 语言。之所以用 LISP 语言是因为 VC++的编程难度明显高于 VLISP,并且 LISP 语言在实现模架零件的参数化绘图方面有其自身的优越性。

2)模架装配造型实现子模块

对于系统中推理得出的模架,其装备造型是根据图 3-35 所示的分类情况实现的,其设计思想如下。

(1)特殊类型的模架。由于它的尺寸组合较少,不需要实现参数化造型,因此这部分类型的模架,可直接将其装配造型实例和零件造型实例存储在系统的模架库中,在实例知识存储时,便存储了模架的文件路径。使用时,直接从该类模架的索引表中取得造型文件,调入系统即可。

(2)标准模架装配造型的实现。该类型模架中的零件造型采用了基于特征的参数化技术,因此模架装配造型的实现可采用如下的方法:

标准模架装备造型 = 标准模架装备模板 + 装配参数变量表

标准模架装配模板体现了装配中各个零件之间的装配位置和装配约束关系,它是以大型和中小型标准模架中最复杂的类型作为原型建立模板造型,其结构分为动模部分、定模部分和推出部分。而装配参数变量表记录了每种规格的标准模架库中零件的规格(如导套的直径规格,螺钉的直径规格等)或零件的具体尺寸参数(如模板的厚度等)。

(3)用户自定义标准模架装配造型的实现。用户自定义模架也是采用装配模板和零件参数表的方法实现，其装配模板是由系统向导与用户通过 GUI 方式存入系统的模架模板库，并通过这种交互方式建立参数化零件的规格参数表。使用时，通过载入模板，并根据零件的规格参数表，遍历装配模板中的各个零件并对其进行参数化设计，最后得到选定用户自定义标标准模架的装配造型。

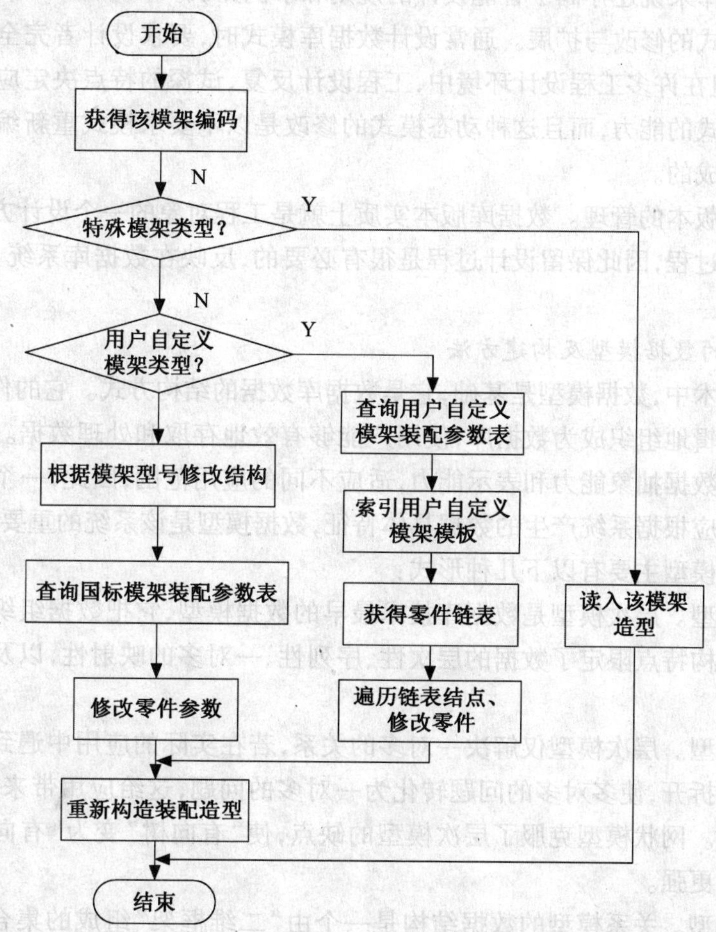

图 3-35　模架装配

3.3.4　系统数据库模块的设计

系统需要运行、产生、存储和管理大量的信息资源，包括数值、文字和图形等。如何有效地存储和管理各类数据，使系统各个模块既能共享公共数据资源，又可保持数据的独立性和完整性，其中避免不必要的数据冗余是系统的构造关键。

随着数据库应用领域的不同，数据库管理系统的具体功能还具有一定的特殊性：对于工程数据库管理系统来说，特别是计算机辅助设计系统中的工程管理数据库，还要求其具有以下特点。

(1) 支持复杂数据类型、复杂数据结构，对于 CAD 系统中的数据主要分为图形数据和非图形数据。这些数据既有工程绘图所需要的二维数据，又有产品零件造型所需要的三维设计数据。其数据结构要求灵活可变，以实现同一实体在不同应用阶段不同表示方法之间的转换。非图形数据由产品的设计与控制设计而来，主要是操作管理数据等。从 CAD 数据的特点可以看出它与商业数据有很大的不同，主要表现为数据种类繁多、数据量大、结构关系复杂；其数据结构要求能适时存取和修改，可以由参数的子程序产生所需产品的数据，而对于本系统数据库来说还存储了智能设计的规则和事例知识。

（2）动态模式的修改与扩展。通常设计数据库模式时，要求设计者完全熟悉被建立模型的应用项目，但在许多工程设计环境中，工程设计反复、试探的特点决定应提高修改和扩充数据库概念模式的能力，而且这种动态模式的修改是以不要求模式重新编译和数据重新装入为前提来完成的。

（3）数据库版本的管理。数据库版本实质上就是工程对象的一个设计方案。工程设计是一个试探性的过程，因此保留设计过程是很有必要的，反映在数据库系统上，就是要具有多版本管理能力。

3.3.4.1　数据库的数据模型及构建方法

在数据库技术中，数据模型是基础，它是数据库数据的结构方式。它的作用是在计算机环境中把数据逻辑地组织成为数据库，使用户能够有效地存取和处理数据。不同类型的数据模型有不同的数据抽象能力和表示能力，适应不同的应用范围，因此，一个数据库采用什么样的数据模型应根据系统产生的数据具体特征，数据模型是该系统的重要特征。

传统的数据模型主要有以下几种形式：

（1）层次模型。层次模型是数据库技术最早的数据模型，它把数据组织成有向有序的树结构。这种结构特点限定了数据的层次性、序列性、一对多的映射性，以及自顶向下的检索路径。

（2）网状模型。层次模型仅解决一对多的关系，若在实际的应用中遇到多对多的问题就只有将多对多拆开，使多对多的问题转化为一对多的问题，这给应用带来许多的麻烦，有时甚至无法进行。网状模型克服了层次模型的缺点，使“有向树”变为“有向图”，这样使它表示关系的能力更强。

（3）关系模型。关系模型的数据结构是一个由“二维框架”组成的集合。每一个二维表又可称为关系，因此可以说关系模型是“关系框架”组成的集合。它概念简明、系统模式清晰、用户接口良好，有一致性的描述、严格的数学基础、功能较强的关系数据语言等特点，使得它虽然发展较晚，但发展最快。关系数据库系统的理论和应用成为过去多年来数据库研究和开发的主要研究热点。

层次模型、网状模型和关系模型都是结构层次数据模型，主要强调数据组织的结构，这在本系统环境下就暴露出一些不足。从原理上分析，层次模型显然不够用，例如，同层部件的相互调用及低层部件调用高层部件都无法实现：网状模型可以较好地描述图形数据结构，而且有比较有效的处理能力，但网状模型的数据处理是过程型的，数据的存取需要程序员导航，因而增加了使用的复杂性；关系模型简单、统一，具有较高的数据独立性，存取路径对用户是透明的，但它没有明显地描述出实体之间的相互关系。

以上这些数据模型在当前的商用数据库的发展中发挥了重要作用，而工程数据库要求支持复杂数据类型和复杂数据结构，当前在传统的数据模型的基础上建立了以下几种方式的工程数据库的数据模型：

（1）非1NF数据模型。在元组域中存放有关对象的全部数据，并允许关系元组包含抽象数据类型值作为属性值，即能表达“表中表”，有关抽象数据类型的操作可由程序语言中的过程来实现。

（2）语义数据模型。它能在较高的层次上直接表达数据模型的语义，增强系统模式的可理解性。在这种数据模型中，不仅有实体本身的描述信息，还包括了有关其操作的谓词信息、语义信息和完整性约束信息。由于不涉及数据组织的具体结构，简化了数据描述与操作（可在语义层次控制约束及检索的导航），因此大大减少了在低层次操作的计算复杂度。这些特点对于工程数据库系统尤为重要，因为工程数据库所包含的数据种类和数量繁多，必须在高层次对数据对象的性质和关系做出清晰和简明的描述，以作为数据模拟、检索和更新的指南。

（3）在传统数据模型上扩充的数据模型。在传统的关系模型上扩充，使元组的某一项包含一个特殊类型的数据，如把指针变量引入关系的属性中，从而结合关系模型和网状模型的优点，既易于表示现实世界，不需要过多的人工干预，又方便使用，对数据处理有较高的效率。同样将关系数据模型与层次数据模型混合起来的数据模型，其特点是：使用层次模型的层次结构的结点是关系，这种关系是使用关系模型中的多元实例，把大关系划分为若干小关系，系统将采用这一方式建立数据模型。

在工程数据库的设计中，其设计方法特别是CAD工程数据库的设计方法归纳起来主要有以下三种：

（1）利用已有的成熟商用数据库系统，使之符合工程上的需要。因为非图形信息很容易用商用数据库处理，所以该方法的关键在于如何处理图形信息。对于本系统来说，由于系统是在三维CAD平台开发而成，因此系统对图形信息处理是利用CAD平台中的功能间接实现的，无须直接对图形内容进行处理，系统的图形信息是以CAD平台的图形文件形式存在，数据库只需对这些图形文件进行管理。系统是利用商用数据库管理系统与图形文件相结合的方法，来构建数据库管理系统的，这种结构容易实现，对两种数据的管理都比较灵活方便，缺点是容易造成数据的不一致性，增加了数据检索的复杂性。通过这样构建的管理系统可方便地实现各个数据表的查询、移动、删除、编辑、添加等操作。本系统选用的数据库系统是Microsoft公司的Access数据库管理系统[38]。

（2）扩展已有的商用数据库系统。以已有商用数据库系统为核心，按照工程库的要求，将其扩展、完善成一个工程数据库系统。这种方法虽可利用现有系统中一些比较成熟的技术，避免了许多重复设计开发工作，但在开发过程中会不同程度地受到原有系统的限制和约束，而且分析、消化原有系统的工作量都增加了CAD系统的开发难度。

（3）针对具体工程对数据库的特性要求，开发一种统一的方式用以存取、修改图形数据和非图形数据的工程数据库。这虽是一条比较彻底、比较全面的解决CAD/CAM系统中数据管理问题的途径，但设计和实现这样的工程数据库是一项非常复杂和庞大的工作，目前这个领域尚处于探索阶段。

3.3.4.2　系统数据库的设计

系统数据库需要处理的信息主要包括模架及零部件的模板文件管理、规则知识、模架事例知识、国家标准及企业标准模架装配参数设计表和零件参数设计表。设计数据库的主要功能如下：

（1）建立各种参数设计表。

（2）将各种图形模板文件的索引存入数据库。

（3）建立各种知识表，提供知识表的查询程序。

（4）在提供对企业标准模架装配参数设计和零件参数设计的建表界面，构建系统数据库时，对事例模架知识的实现，采用将事例模架知识抽象为事例塑件、注塑设备、注塑工艺和模架结构 4 个实体，而将模架和零件组成模架库的实体，因此首先要建立各个实体的局部 E－R模型，再综合整个系统的 E－R 模型，如图 3-36 所示。

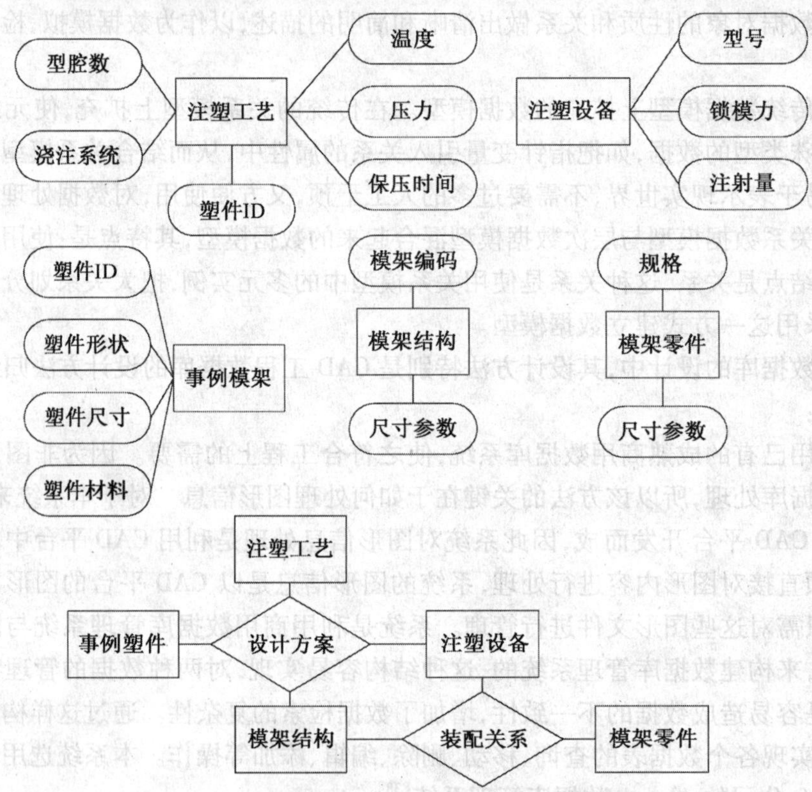

图 3-36　系统数据库的 E－R 图

根据图 3-36 把 E－R 关系图转换到关系模式，实现对系统数据库的逻辑设计。系统在所选的 Access 数据库系统中构建了以下几种结构的数据表。

1．规则表

规则表保存了系统进行规则基推理所需的规则知识，该数据表的结构可参见 3-1。

2．模架事例表

模架事例知识由以上 E－R 模型建立关系表，如表 3-6 至表 3-9 所示。具体的模架事例知识记录是由表 3-6 至表 3-9 关系表联合查询得到。

表3-6　事例模架知识的实体关系表的结构

序号	字段名称	数据类型
1	事例塑件ID	长整型
2	注射机型号	字符型
3	模架编码	字符型

表3-7　注塑机参数表

序号	字段名称	数据类型
1	注射机型号	字符型
2	最大注射量	双精度型
3	锁模力	双精度型

表3-8　事例注塑工艺的参数表

序号	字段名称	数据类型
1	事例塑件	长整型
2	型腔数	整型
3	浇口要求	字符型
4	保温时间	双精度型
5	工作压力	双精度型
6	工作温度	双精度型

表3-9　事例塑件参数表

序号	字段名称	数据类型
1	事例塑件	长整型
2	塑件名称	字符型
3	塑件材料	字符型
4	塑件形状类型	字符型
5	塑件基本形状内特征	字符型
6	塑件基本形状外特征	字符型
7	塑件辅助形状特征	字符型
8	塑件长度尺寸	双精度型
9	塑件宽度尺寸	双精度型
10	塑件高度尺寸	双精度型
11	塑件造型文件路径	字符型

3. 国家标准模架装配参数设计表

这个设计表存储了标准模架装配参数设计的各种约束条件，由于国家标准模架是以模板尺寸来表达模架的，也就是说系统根据一个模板尺寸序列的宽×长，能从系统的数据库返回一组完整的模架结构参数，而实际上在一个模板尺寸序列对应的模架结构参数中，有的数值并不唯一，如 100×100 规格的定、动模板和垫块的厚度就有 1～32 个数据可选，如将这些模架结构参数数据用一张二维关系表来表示，造成表内大量重复数据，不符合数据库的构建规范。所以系统将标准模架装配参数划分为 5 个数据表联合表示，使得各个表的冗余数据大为减少。系统通过模板尺寸作为关键词，利用数据库标准查询语言（SQL），实现模架结构数据查询。

（1）模架基本参数表。对于同一模板宽度系列的国标模架，其螺钉、导柱等零件的约束参数是一致的，因此以模板宽度为关键词来建立模架基本参数表，如表 3-10 所示。

表 3-10　国家标准模架参数设计

序号	字段名称	数据类型	序号	字段名称	数据类型
1	模板宽度	双精度型	10	推板宽度	双精度型
2	模板座板螺钉直径	双精度型	11	推杆直径	双精度型
3	模板座板螺钉宽度间距	双精度型	12	推杆宽度间距	双精度型
4	导柱直径	双精度型	13	推杆螺钉直径	双精度型
5	导柱宽度间距	双精度型	14	推杆螺钉宽度间距	双精度型
6	导柱直径	双精度型	15	模板座板厚度	双精度型
7	推板固定板厚度	双精度型	16	动模支撑板厚度	双精度型
8	推板固定板宽度	双精度型	17	定模支撑板厚度	双精度型
9	推板厚度	双精度型	18	垫块宽度	双精度型

（2）模架长度参数表。对于指定宽度系列的模架可以有多种的模板长度尺寸组合，因此以模架模板长度关键词来建立模架长度方向参数表，如表 3-11 所示。

表 3-11　模架长度方向参数表

序号	字段名称	数据类型
1	模架长度	双精度型
2	座板螺钉长度间距	双精度型
3	导柱长度	双精度型
4	推杆长度间距	双精度型
5	推板螺钉长度间距	双精度型

（3）模架厚度参数表。对于给出模板长×宽标准序列的模架有多个模板厚度尺寸标准数值，要确定唯一尺寸的模架，还应从表 3-12 中确定模板的厚度尺寸。

表 3-12　模板厚度参数表

序号	字段名称	数据类型
1	厚度编号	长整型
2	动模板厚度	双精度型
3	定模板厚度	双精度型
4	垫块厚度	双精度型

（4）国家标准模架零件参数设计表。由于标准零件的驱动参数表是与零件造型模板封装于一体的，所以数据库中只需实现将零件造型模板驱动参数记录（即配置）与零件规格的索引关系表匹配即可。其数据结构如表 3-13 所示。

表 3-13　国家标准模架零件参数设计表

序号	字段名称	数据类型
1	零件规格	字符型
2	造型系列配置名	字符型

（5）用户自定义模架零件参数设计表。该表不是在系统开发中创建的，而是由用户使用本模架设计系统根据自己的要求来创建的，它通过系统提供的自定义标准模架零件参数设计向导，指引用户参照零件造型来构建数据结构，其界面如图 3-37 所示。

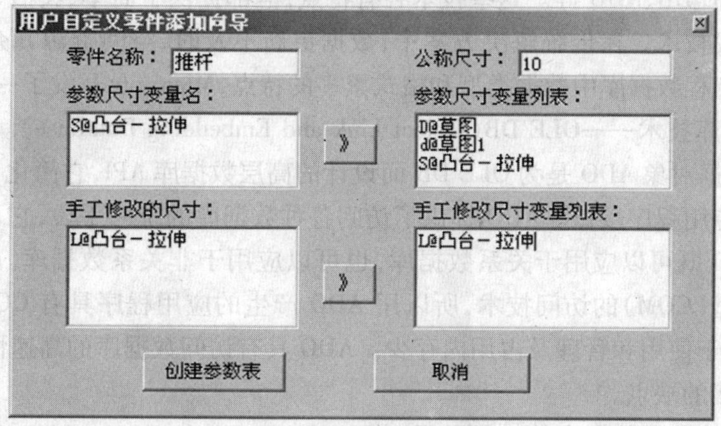

图 3-37　用户自定义模架零件参数设计表向导

（6）用户自定义模架装配参数设计表。它也是由用户使用系统根据自己要求来创建的，要求用户根据系统提出的编码规则，在系统的用户自定义模架参数设计向导中，从自定义模架装配模板上选择各个国标零件或自定义零件名字作为字段名。表中一条记录对应该类型模架的一个规格，并且记录中的内容就是各个零件的尺寸规格，这样装配模板便保存了所有零件的结构及相互配合关系，而自定义模架装配参数设计表则保存了各个参数零件的规格，实现了对用户表中模架的参数描述。其界面如图 3-38 所示。

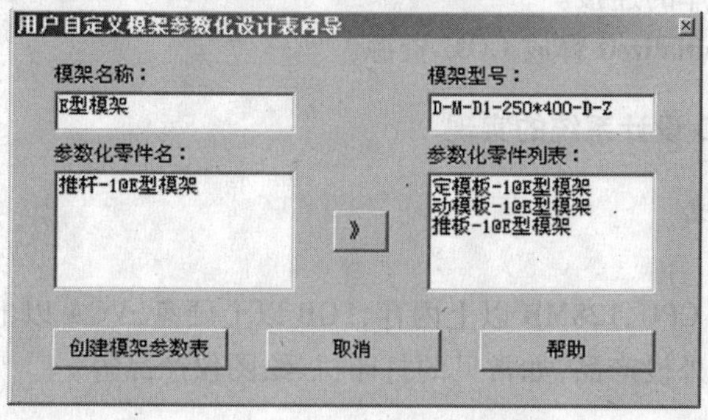

图 3-38　“用户自定义模架参数化设计表向导”对话框

(7) 模架模板文件索引表。对于特殊类型模架,系统的处理方式是通过其唯一的编码和造型文件相对应来存储的,而标准模架也是通过对模架模板造型文件的修改来实现,因此建立以模架编码为主键的模架模板文件索引表是非常必要的,其结构如表 3-14 所示。

表 3-14 架模板文件索引表

序号	字段名称	数据类型
1	模架编号	字符型
2	造型模板路径	字符型

3.3.4.3 基于 ADO 的数据库访问技术

数据库访问技术是数据库应用中的重要环节。VC ++ 支持多种数据库访问的接口,如 ODBC、DAO、OLE DB、ADO 等。这些技术各有特点,但都提供了简单、灵活、访问速度快、可扩展性好的开发技术。在传统解决方案中,数据更新不及时、空间资源冗余、访问效率低。针对本文系统工程数据库中数据类型和格式繁多的特点,Microsoft 开发了一种高性能的,基于 COM 的数据库技术——OLE DB(Object Link and Embedding DataBase)。

ActiveX 数据对象 ADO 是为 OLE DB 而设计的高层数据库 API,它简化了 OLE DB,是一个便于使用的应用程序接口。ADO 提供了访问各种数据库的统一手段,它可以处理任何类型的数据。ADO 既可以应用于关系数据库,也可以应用于非关系数据库。由于 ADO 是基于组件对象模型(COM)的访问技术,所以用 ADO 产生的应用程序具有 COM 组件的优点:运行效率高,便于使用和管理及占用内存少。ADO 具有访问数据库的高速性,克服了 ODBC 数据访问速度慢的缺点。

下面是 ADO 访问数据库的一般过程。

(1) 初始化 COM 环境。

(2) 用#import 指令引入动态链接库,并从其中取出对象和信息。

(3) 使用智能指针 ConnectionPtr 创建数据库的连接。

(4) 利用建立好的连接,通过 Connection、Command 对象执行 SQL 命令,或利用 Recordset 对象取得结果记录集进行查询、处理。

(5) 使用 Connection 对象的事务处理函数进行事务处理。

(6) 关闭和数据库的连接。

(7) 调用 CoUninitialize0 释放 COM 资源。

3.3.5 注塑模架 CAD 设计系统的实现

3.3.5.1 系统运行环境

1. 硬件配置

(1) 奔腾Ⅱ以上 CPU,128MB 以上内存,1GB 以上硬盘,VGA 以上彩色显示器。

(2) 广泛支持各外设产品,如常见的打印机、绘图仪产品等。

2. 软件配置

(1) Microsoft Windows 98\Me\2000\XP 中文版操作平台。

（2）Microsoft Access 2000 数据库。

（3）AutoCAD 2002 版本软件。

（4）Microsoft Office 组件。

3.3.5.2　系统总体设计

系统以 Windows 作为开发平台，以 Visual C ++ 6.0、Access 2000 数据库及 AutoCAD 2002 作为开发工具，在可视化人机交互界面下操作运行。系统在智能模型构建的基础上，将专家系统应用到注塑模架设计系统中，由知识库、推理模块、模架模型生成模块和系统工程数据库几大部分组成。全系统以数据库为核心，实现设计、图形、分析计算及数据处理的一体化。

1．系统功能选择项

在 AutoCAD 系统中将本系统加载后，选择“模架设计”主菜单项，该菜单有 3 个功能子菜单分别为：“注塑模架设计”、“数据库管理”和“配置”，如图 3-39 所示。

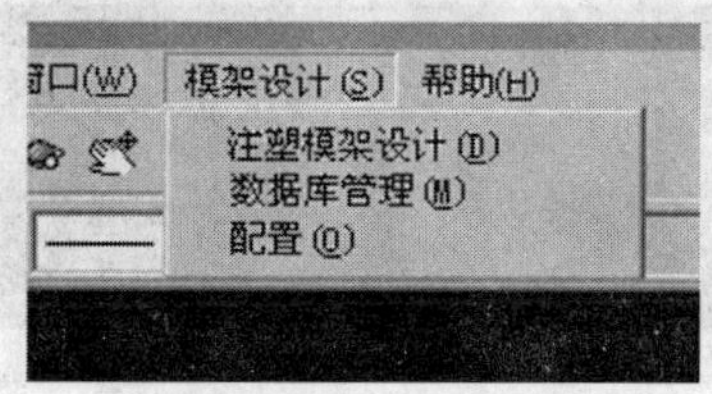

图 3-39　系统功能菜单

2．系统配置

在进行注塑模架设计之前可以对系统进行配置，当“配置”菜单选中时，调用系统配置对话框，如图 3-40 所示。

它主要完成以下几种功能：

（1）在设计模架时，系统需将模架及零件的造型模板复制到用户指定的位置，再在复制后的模板造型上进行参数化更新。该位置可在设计前在配置对话框中配置。

（2）输入用户希望的模架事例推理阈值。

（3）修改系统提供的模架事例各个特征的权重。

3．注塑模架设计

用户从“注塑模架设计”功能菜单进入系统注塑模架设计模块，在该模块的模架设计参数信息输入界面中，用户可以输入所要设计模架对象的塑件信息、工艺信息和对模架其他的要求，用户可以对工艺条件等影响模架总体结构设计的信息利用系统的规则进行推理校核，如不符合要求则提示用户重新修改参数。对模架设计信息进行校核后，系统进入下一步，即模架推理阶段，并将事例库中与设计模架相似度满足要求的事例模架列出。如果用户对事例模架结构不满意，可以从推理结果中修改事例模架，直到满意为止，并可将修改后的模架作为一个新的事例保存到事例库中，在得到满意设计的同时实现了知识库的自学习功能。最后，根据设计出的模架，系统自动绘制出模架装配图。

本文例举开发的系统主要是针对轴对称塑件的，下面以传感器法兰盘注塑模架设计为例给出系统使用流程。

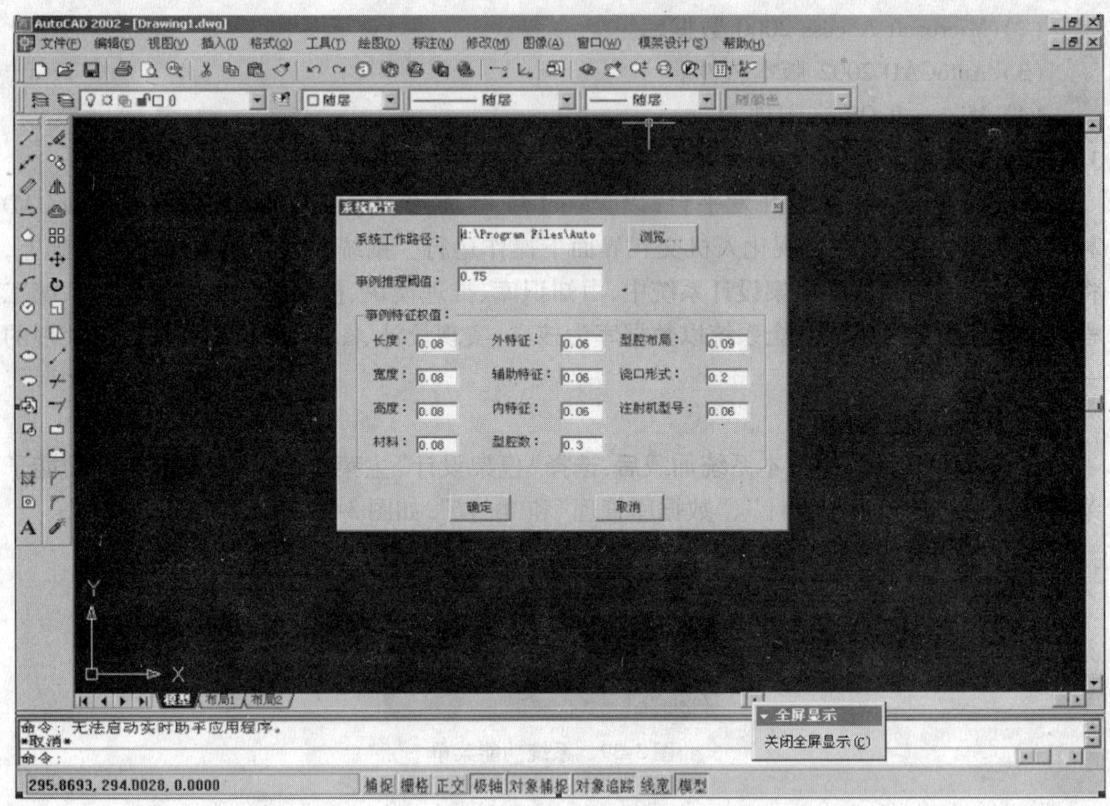

图 3-40　系统配置界面

图 3-41 是法兰盘的零件图。

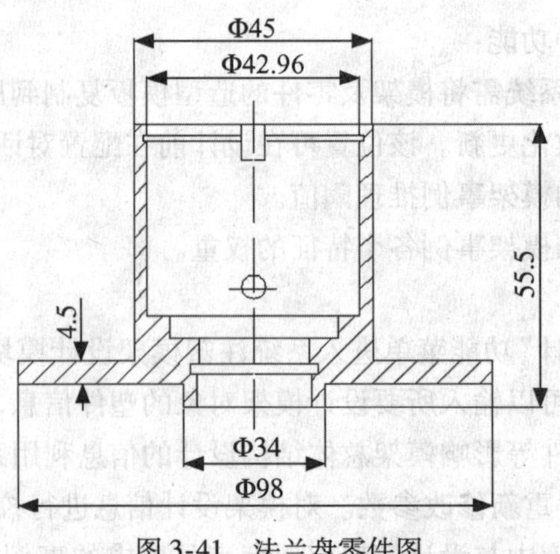

图 3-41　法兰盘零件图

图 3-42 所示为进入模架设计向导界面输入法兰盘的塑件信息、轮廓尺寸、工艺信息、浇注设计、注射机选择等，并根据需要进行塑件信息校核，然后进行模架事例匹配，找出最相似模架，最后输出模架装配图如图 3-43 所示。

注塑模架设计向导

塑件信息：

塑件形状：
基本形状：板座盘类
内特征：旋转曲面
外特征：旋转曲面
辅助形状特征：凸起

轮廓尺寸：
长：98
宽：98
高：55.5

其他：
塑件材料：聚丙烯（PP）
塑件命名：法兰盘1

工艺信息：

型腔设计：
型腔数量：2
型腔排列：平衡式
校核

浇注设计：
主流道直径：3
分流道截面形式：圆形
浇口形式：点浇口
校核

注塑机：
注射机型号：XS-ZY-1000
最大注射量：120
锁模力：40
校核

模架要求：
模架材料：45#
推出方式：推杆推出

下一步　取消

图 3-42　模架设计向导界面

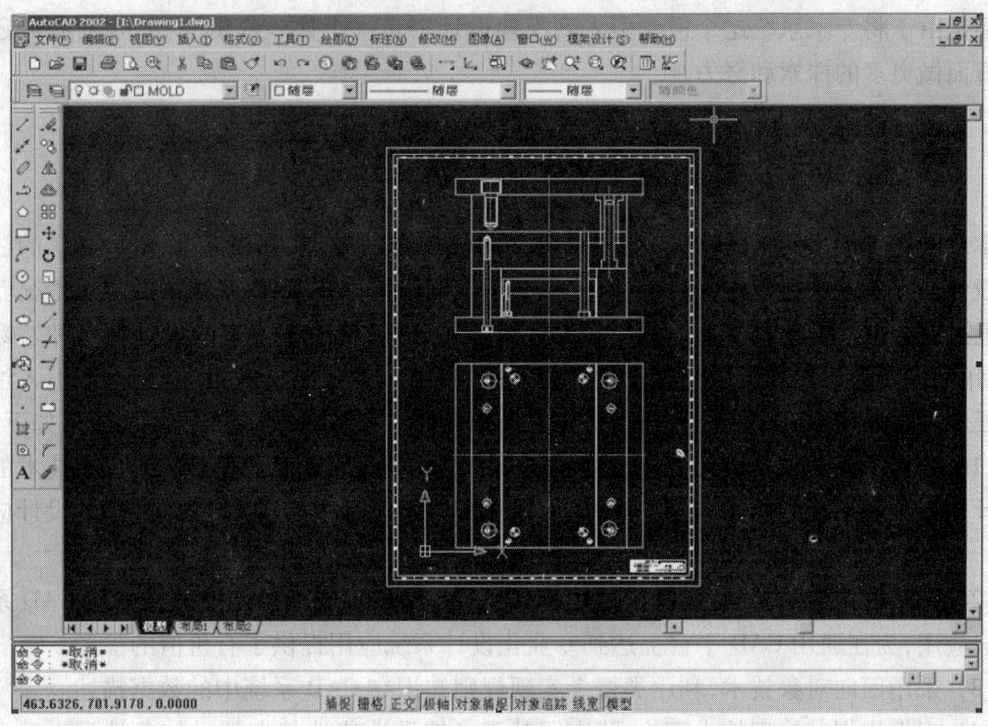

图 3-43　输出模架装配图

3.3.5.3　系统总体评价

在传统的注塑模架设计过程中，许多方案和参数完全取决于设计人员的经验和知识，因此人为因素对模架设计质量的稳定性影响很大，并且设计周期长、效率低。而本系统将专家系统引入到模架设计中，将分散于每个设计人员头脑中的设计经验进行组织归纳，并上升为知识，提供给每一个使用该系统的设计人员，提高设计效率，归纳起来本系统的特点如下：

（1）标准化。目前大多数的 CAD 系统缺乏对国家标准模架的支持，使得 CAD 系统的专业化应用存在不便。本系统的研发完全参照国家标准，并且用户在使用过程中还可以添加用户自定义标准模架，在国内有较大的应用价值。

（2）智能化。将各个模架设计专家的经验归纳起来添加到知识库，使设计人员不必完全具备如此丰富的设计经验即可设计出高质量的模架，而这种模架在以前只有拥有丰富的模架设计经验的设计人员才能设计出来，并且通过应用本系统提高自己的设计能力，丰富自己的专业知识。在本系统的应用中，不必有过多的人工参与，智能化程度比较高，使设计周期缩短。

（3）可视化。系统拥有友好的人机界面，设计人员既可以在设计过程中随时通过系统提供的可视化界面调整设计结果，又可以对知识库中已有的事例进行修改，整个过程易于操作。

（4）可扩充性。系统的知识库可以通过获取知识不断更新改进，事例库可以通过模架设计事例增多不断完善，使得系统性能不断提升，具有广泛的实用性。

由于理论、技术和时间的限制，本系统还有部分功能没用完全实现，只着重于方法的探讨。但是由于将专家系统这个概念引入到模架设计中是一个比较新的思路，今后我们还要在这方面做更多的探索和努力。

3.4　小结

本章阐述了语义网络的概念，论述了语义网络挖掘的原理，并对基于 AutoCAD 的注塑模架设计专家系统进行了详细讨论，以此说明语义网络挖掘在 CAD 系统中的应用情况。

通过对当前注塑模具制造业的模架设计流程的分析，就注塑模架的设计特点和实际情况，采用面向对象思想和模块化程序设计的方法，利用人工智能技术，将专家系统引入注塑模架设计。在通用 CAD 平台上，开发了注塑模架设计专家系统，研究工作主要成果如下：

（1）分析了注塑模具设计制造流程和模架的结构特征，设计了基于人工智能技术的模架设计知识推理系统的总体结构方案，从而在注塑模架设计中实现"自顶向下"的设计应用思想。

（2）在系统构架的基础上，基于通用 CAD 平台，初步实现了智能推理技术与 CAD 系统的集成应用，为在通用 CAD 平台上达到专业化设计系统应用提供了有价值的参考。

（3）采用面向对象技术，利用类概念实现规则知识在 CAD 系统中的数据描述。

（4）根据规则基推理技术理论，研究了基于已知设计塑件基本信息的条件下进行设计校核的实现方法，建立了事例模架的知识表示模型，实现基于 CBR 推理的事例检索及事例模架知识的数据库应用。

(5) 研究了注塑模架统一编码的方法,使得利用本系统的编码既能表示国家标准模架,又能表示用户自定义标准模架和非标准模架。

智能CAD技术是CAD的发展方向,目前尚处于探索阶段,所涉及的知识较多,课题的研究是对模具CAD专业化应用的一种尝试,目的是提高使用者在模具设计中的效率,从而使得缺乏经验的设计者与有经验的设计者同样可以完成复杂注塑模架的设计。随着CAD、CAE、CAM与制造业信息化的快速发展,系统今后的发展和需要完善的方面主要反映在如下几个方面:

(1) 进一步扩充系统规则推理的知识范围。

(2) 丰富系统事例库的事例,提高系统的设计能力。

(3) 在本系统的基础上,将智能化模架设计拓展到注塑模具智能CAD系统。

(4) 发展与CAE系统的集成,利用CAE的分析结果提高系统前置处理的准确性和设计结果的可行性。

习题3

1. Apriori 算法使用子集支持度性质的先验知识。

(1) 证明频繁项集的所有非空子集必须也是频繁的。

(2) 证明项集 s 的任意非空子集 s' 的支持度至少和 s 的支持度一样大。

(3) 给定频繁项集 l 和 l 的子集 s,证明规则 $s' \Rightarrow (l-s')$ 的置信度不可能大于规则 $s \Rightarrow (l-s)$ 的置信度。其中 s' 是 s 的子集。

(4) Apriori 的一种变形将事务数据库D中的事务划分成 n 个不重叠的部分。证明在D中是频繁的任何项集至少在D的一个部分中是频繁的。

2. 提出一个比由频繁项集产生关联规则的方法更有效的方法。解释它为什么更有效。(提示:考虑将习题1中(2)和(3)的性质结合到你的设计中。)

3. 数据库有4个事务。设 min_sup = 60%,min_conf = 80%。

TID	date	tems_bought
T100	10/15/99	{K, A, D, B}
T200	10/15/99	{D, A, C, E, B}
T300	10/19/99	{C, A, B, E}
T400	10/22/99	{B,A,D}

(1) 分别使用Apriori和FP-增长算法找出频繁项集。比较责任中挖掘过程的有效性。

(2) 列出所有的强关联规则(带支持度 s 和置信度 c),它们与下面的元规则匹配。其中,X 是代表顾客的变量,item 是表示项的变量(例如"A","B"等)。

$$\forall x \in \text{transaction}, buys(X, item_1) \wedge buys(X, item_2) \Rightarrow buys(X, item_3) \quad [s, c]$$

4. 数据库有4个事务。设 min_sup = 60%,min_conf = 80%。

cust_ID	TID	items_bough(以 brand – item_category 形式)
01	T100	{King's – Carb, Sunset – Milk, Dairyland – Cheese, best – Bread}
02	T200	{Best – Cheese, Dairy – Milk, Goldenfarm – Apple, Tasty – pie, Wonder – Bread}
01	T300	{Westcoast – Apple, Dairyland – Milk, Wonder – Bread, Tasty – Pie}
03	T400	{Wonder – Bread, Sunset – Milk, Dairyland – Cheese}

(1) 在 item_category 粒度(例如,item 可以是"Milk"),对于下面规则模板

$$\forall x \in \text{transaction}, \text{buys}(X, \text{item}_1) \wedge \text{buys}(X, \text{item}_2) \Rightarrow \text{buys}(X, \text{item}_3) \quad [s, c]$$

对于最大的 k,列出频繁 k – 项集和包含最大的 k 的频繁 k – 项集的所有强关联规则。

(2) 在 brand – item_category 粒度(例如,item 可以是"Sunset – Milk"),对于下面的规则模板

$$\forall x \in \text{customer}, \text{buys}(X, \text{item}_1) \wedge \text{buys}(X, \text{item}_2) \Rightarrow \text{buys}(X, \text{item}_3) \quad [s, c]$$

对于最大的 k,列出频繁 k – 项集。注意:不打印任何规则。

5. 假定一个大型存储具有分布在 4 个站点的事务数据库。每个成员数据库中事务具有相同的格式 T_j: $\{i_1, i_2, \cdots, i_m\}$,其中,$T_j$ 是事务标识符,而 $i_k(k=1,2,\cdots,m)$ 是事务中购买的商品标识符。提出一个有效的算法,挖掘全局关联规则(不考虑多层关联规则)。可以给出你的算法要点。你的算法不必将所有的数据移到一个站点,并且不造成过度的网络通信开销。

6. 假定大型事务数据库 DB 的频繁项集已经存储。讨论下列问题:如果新的事务集 ΔDB 增量地加进,在相同的最小支持度阈值下,如何有效地挖掘(全局)关联规则?

7. 假定描述 Big – University 大学学生的数据关系已被概化为下表的概化关系 R。

major	status	age	nationality	gpa	count
French	M. A	over_30	Canada	2.8…3.2	3
cs	junior	16…20	Europe	3.2…3.6	29
physics	M. S	26…30	Latin_America	3.2…3.6	18
engineering	Ph. D	26…30	Asia	3.6…4.0	78
philosophy	Ph. D	26…30	Europe	3.2…3.6	5
French	senior	16…20	Canada	3.2…3.6	40
chemistry	junior	21…25	USA	3.6…4.0	2.5
cs	senior	21…25	Canada	3.2…3.6	70
philosophy	M. S	over_30	Canada	3.6…4.0	15
French	junior	16…20	USA	2.8…3.2	8
philosophy	junior	26…30	Canada	2.8…3.2	9
philosophy	M. S	26…30	Asia	3.2…3.6	9
French	junior	16…20	Canada	3.2…3.6	52
math	senior	16…20	USA	3.6…4.0	32
cs	junior	16…20	Canada	3.2…3.6	76
philosophy	Ph. D	26…30	Canada	3.6…4.0	14

续表

major	status	age	nationality	gpa	count
philosophy	senior	26…30	Canada	2.8…3.2	19
French	Ph. D	over_30	Canada	2.8…3.2	1
engineering	junior	21…25	Europe	3.2…3.6	71
math	Ph. D	26…30	Latin_America	3.2…3.6	7
chemistry	junior	16…20	USA	3.6…4.0	46
engineering	junior	21…25	Canada	3.2…3.6	96
French	M. S	over_30	Latin_America	3.2…3.6	4
philosophy	junior	21…25	USA	2.8…3.2	8
math	junior	16…20	Canada	3.6…4.0	59

设概念分层如下。

Status：　{freshman, sophomore, junior, senior} ∈ undergraduate.
　　{M. Sc., , M. A., Ph. D.} ∈ graduate.
major：　{physics, chemistry, math} ∈ science.
　　{CS, engineering} ∈ appl_sciences.
　　{French, Philosophy} ∈ arts.
age　{16 20, 21 25} ∈ young
　　{26 30, over_30} ∈ old.
nationality：　{Asia, Europe, U. S. A., Latin_America} ∈ foreign.
　　{Canada, U. S. A.} ∈ North_America.

设最小支持度阈值为2%，最小置信度阈值为50%（每一层）。

（1）画出 status, major, age, nationality 的概念分层。

（2）对所有层使用一致的支持度，对于下面的规则模板找出 R 中的多层强关联规则。

$$\forall S \in R \quad P(S,x) \wedge Q(S,y) \Rightarrow gpa(S,z)[s,c]$$

其中，$P, Q \in$ {status, major, age, nationality}。

（3）使用层交叉单项过滤，找出 R 中的多层强关联规则。其中，递减的支持度10%用于如下规则模板的最低抽象层。

$$\forall S \in R \quad P(S,x) \wedge Q(S,y) \Rightarrow gpa(S,z)[s,c]$$

不要挖掘交叉层规则。

第 4 章　智能体挖掘及其应用

4.1　智能体概念

4.1.1　概述

自 20 世纪 70 年代以来，随着计算机网络及并行程序设计技术的发展，分布式人工智能的研究逐渐成为热点。分布式人工智能技术的应用越来越成为信息系统、决策系统和知识系统成功的关键。

分布式人工智能系统具有下列特点：

(1) 系统中的数据、知识及控制不但在逻辑上，而且在物理上是分布的。

(2) 各个求解机构通过网络互连。

(3) 系统中各机构以协同工作的方式解决单个机构难以解决的问题。

上述特点使分布式人工智能系统具有明显的优点。分布处理提高了问题求解能力和系统的可靠性；并行工作提高了问题求解效率；多专家协同扩大了系统应用范围；任务分解降低了软件的复杂性。

近十年来，多智能体(multiple agents)系统的研究成为分布式人工智能研究的热点。多智能体系统主要研究自主的智能体之间智能行为的协调，为了一个共同的全局目标(也可能是关于各自的不同目标)共享知识，对问题协作求解。基于智能体的概念，人们提出了一种新的人工智能定义：人工智能是计算机科学的一个分支，它的目标是构造能表现出一定智能行为的智能体。所以，智能体的研究应该说是人工智能的核心问题。

4.1.2　分布式问题求解

在分布式问题求解系统中，数据、知识、控制均分布在系统的各结点上，既无全局控制，也无全局数据和知识存储。由于系统中没有一个结点拥有足够的数据和知识来求解整个问题，因此结点之间需要交换部分数据、知识、问题求解状态等信息，以便协同工作。

1. 系统的协作方式

分布式问题求解系统有两种协作方式：任务分担和结果共享。在任务分担系统中，结点之间通过分担执行任务而相互协作。系统中的控制以目标为指导，各结点的处理目标是求解整个问题的一部分。在结果共享系统中，各结点通过共享部分结果相互协作，系统中的控制以数据为指导，各结点在任何时刻进行的求解取决于当时它所拥有的或从其他结点得到的数据和知识。

任务分担方式适合于求解具有层次结构的任务，如数字逻辑电路设计、医疗诊断等。结果共享方式适合于求解与总任务有关的子任务,各子任务的结果相互影响,并且部分结果需要综合才能得出最终解的问题,如分布式运输调度系统、分布式车辆监控实验系统等。

2. 组织结构

分布式问题求解系统的组织结构,是指结点之间信息与控制关系及问题求解能力在结点中的分布模式。组织结构可分为层次、平行、混合三大类型。

(1) 层次类型。在层次类型的系统中,任务是分层的,即每个任务由若干下层子任务组成。但同层子任务之间在逻辑上或物理上是分布的。

(2) 平行类型。在平行类型的系统中,任务是平行的,即每个任务由性质类似,具有平行关系的若干子任务组成。但各个子任务在时间或空间上往往是分布的。

(3) 混合类型。在混合类型的系统中,任务是分层次的,而每层中的任务是并行的。同时,各个子任务是分布的。

3. 问题求解过程

问题求解过程可分为4步:任务分解、任务分配、子任务求解及结果综合。各个步骤的工作分别由任务分解器、任务分配器、求解器和协作求解系统完成。任务分解器按一定的算法将接受的任务分解为若干相对独立又相互联系的子任务,并将它们交给任务分配器。任务分配器按一定的分配算法将接受的各个子任务分配到合适的结点。各求解器接到子任务后,借助通信系统进行协作求解,并将局部解提交给协作求解系统,由协作求解系统将局部解综合成最终解。

任务分解和任务分配涉及优化问题,一种典型的方法是合同网络的方法,即任务分配结点以合同招标的形式,选择任务执行结点的方法。

4.1.3　面向对象表示法

目前,面向对象技术的研究已经深入到计算机软件、硬件的多个领域,如面向对象程序设计方法学、面向对象数据库、面向对象操作系统、面向对象软件开发环境、面向对象硬件支持等。在面向对象语言的研制开发方面,自1980年施乐(Xerox)公司推出面向对象语言SMALLTALK-80之后,各种不同风格、不同用途的面向对象语言相继问世,如AT&T公司贝尔实验室在1985年研制开发的C++,荷兰阿姆斯特丹大学开发的POOL,篱乐公司开发的LOOPS(Common LOOPS)等。近几年来,人们开始探讨把面向对象的思想、方法用于智能系统的设计与构造,并在知识表示、知识库的组成与管理、专家系统的设计等方面取得了一定的进展。

1. 面向对象的知识表示

客观世界的问题都是由客观世界的事物及事物之间的相互关系构成的。从面向对象的角度来看,人们在认识问题和分析问题时,可以把问题分解为一些对象(object)及对象之间的组合和联系。事实上,任何系统都可以被看成为达到某种目的相互作用的一组实体或对象组成。

1) 对象、消息、方法和封装性

从广义上讲,所谓对象是指客观世界中的任何事物,即任何事物都可以在一定前提下成为被认识的对象,它既可以是一个具体的简单事物,也可以是由多个简单事物组合而成的复杂事物。从问题求解的角度来看,对象是与问题领域有关的客观事物。由于客观事物都具有其自然属性及行为,因此,当把与问题有关的属性及行为抽取出来加以研究时,相应的客观事物就在这些属性与行为的背景下成为被关心的对象。

在面向对象的知识系统中,一个对象具有的知识组成了该对象的殂态属性。一个对象所具有的知识处理方法和各种操作描述了该对象的智能行为。按照面向对象方法学的观点,一个对象的形式定义可以用如下四元组表示:

<对象> :: =(ID, DS,MS,MI)

也就是说,一个完整的对象由该对象的标识符 ID、数据结构 DS、方法集合 MS 和消息接口 MI 组成。

对象的标识符 ID(Identifier)又称对象名,用以标识一个特定的对象。

对象的数据结构 DS(Data Structure)描述了对象当前的内部状态或具有的静态属性,常用一组<属名: 属性值>表示。

对象的方法集合 MS(Method Set)用以说明对象具有的内部处理方法或操作。操作分为两类:一类用于对内部数据进行操作,从而改变对象的当前状态;另一类用于产生对外的输出。对一个对象来说,其他对象的操作不能直接操纵该对象私有的数据,只有对象私有的操作可以操纵它,即对象的状态只能由其私有的操作来改变。一个对象的 MS 反映了对象自身的智能行为。

对象的消息接口 MI(Message Interface)是对象接收外部信息和驱动内部有关操作的唯一对外接口。这里的外部信息称为消息。消息接口以消息模式集的形式给出,每一消息模式有一个消息名,通常还包含必要的参数表。当接收者从它的消息接口受理发送者的某一消息时,首先要判断该消息属于哪一个消息模式,并找出与该消息模式相联系的内部操作,然后执行这个内部操作,进行相应的消息处理或产生向外的输出信息。

在面向对象的系统中,问题求解或程序的执行是依靠对象间传递消息完成的。最初的消息通常来自用户的输入。某一对象在处理相应的消息时,可以通过传递消息去请求其他对象完成某些处理工作或回答某些信息,其他对象在执行所要求的处理时同样可以通过传递消息与别的对象联系,如此继续下去,直至得到问题的解。

可见,在面向对象的系统中,消息流统一了数据流和控制流,它是实现对象之间联系的唯一途径。消息中只包含发送者给出的信息,这些信息往往表示对接受者的某种要求,但仅仅告诉接收者需要做什么,并不指示接收者如何去做。消息完全由接收者解释,接收者可以独立决定以何种方法或何种操作去完成相应的工作。同样的消息可以传递给不同的对象,不同的对象可以对同样的消息做出不同的反应。同一对象也可以接收多个对象传来的不同消息,对传来的消息可以返回相应的回答信息,也可以不予回答。

消息模式不仅定义了该对象所能受理的消息,也规定了该对象的处理能力,因为每个对象的一种消息模式都与该对象内部的相应方法和操作相联系,方法和操作是对象固有处理能力的具体实现,通常用一个可执行的程序代码段来表示。

如前所述,一个对象的状态只能由它的私有操作来改变,其他对象的操作不能直接改变它的状态。当一个对象需要改变另一个对象的状态时，它只能向该对象发送消息，该对象接收消息后就根据消息的模式找出相联系的操作，并执行操作来改变自己的状态。这里，发送消息与通常所说的过程调用有不同的含义。首先，发送消息只是触发接收消息的对象，同样的消息被对象处理的结果不仅与对象的处理能力有关，而且与对象的当前状态有关。也就是说，同样的输入参数可因对象的状态不同而有不同的结果。对于过程调用，只要输入相同的参数必然得到相同的处理结果。其次，在过程调用中，过程是一个独立的实体，显式地为它的使用者所见；而在面向对象中，操作是隶属于对象的，它不是独立存在的实体，只是对象的处理功能的体现。

把一切局部于对象的信息及操作都局限于对象之内，在外面是不可见的，对象之间除了相互传递消息之外，不再有其他联系，这就是对象的封装性。

封装是一种信息隐藏技术，是面向对象的主要特征，面向对象的许多优点都是依靠封装而获得的。对象的封装性使得对象的用户不必了解对象行为是如何实现的，只需要了解对象的外部特征，即对象的所有消息模式及相应的每个消息模式的处理能力，就可以用消息来访问对象，从而可以把精力用于系统一级的设计与构成上。

一个复杂对象由若干简单对象组成，简单对象提供的某些消息可能仅供复杂对象内部使用，复杂对象的这种不向外界公开的消息称为该复杂对象的私有消息；另一方面，复杂对象向外界公开提供的消息称为该复杂对象的公有消息。在面向对象的语言中，对象的外部接口是以对象协议或规格说明的形式提供的。协议是一个对象对外服务的说明，它告知该对象可以为外界做什么。外界对象能够且只能够向该对象发送协议中所包含的消息，也就是说，请求对象进行操作处理的唯一途径是通过该对象协议中所包含的消息进行的。从私有消息和公有消息的角度来看，协议是一个对象所能接受的公有消息模式的集合。可以说，一个对象就是在它地协议下封装起来的。

2）类、类层次和继承性

类（Class）在概念上是一种抽象机制，它是对一组相似对象的抽象。具体地说，在一组相似的对象中，会有一些相同的特征（包含部分相同的数据和操作），为了避免相同数据和操作的重复描述及存储，就把共同的部分抽取出来构成一个类。类也是一个对象，只是它的数据和操作是属于该类的各具体对象共同的那部分，或者说类描述了该类对象的共性。经过类的抽象，一个对象除对象名外，形式上只剩下体现该对象个性的内部状态，此时的对象称为所属类的一个实例（Instance）。

一个对象的完整概念是由它所属的类及该类的一个实例组成。对象的创造便是通过类的实例化完成的。在 C + + 语言中，使用关键字 struct、union 或 class 可以将成员函数（方法）和成员变量（实例变量）组合起来定义一个类。用 struct 定义的类，其成员一般都是公有的；用 union 定义的类，其成员都是公有的，且都是不可改变的；用 class 定义的类，默认说明时都是私有的，若其中需要指明某些消息是公有的，则必须在消息前加上标记 public。在C + + 语言中，对象的创造有两种方式：一种是静态对象说明，形如类名的实例名，其中的实例名可以取变量、数组或指针变量；另一种是动态对象的创建，通过调用类中的一种称为构造函数的特殊成员函数，由其所属的类动态生成。从存储的角度来看，对象的创建实际上是为该对象分配了一片私有的存储单元。

一个类的上层可以有超类(Superclass),下层可以有子类(Subclass),从而形成一种层次结构,称为类层次。超类和子类同样是类,它们可以建立各自的实例。例如,有理数类的上层有实数类,下层有整数类,实数类就是有理数类的超类,整数类就是有理数类的子类,而所有的实数、所有的有理数和所有的整数分别是各对应类的实例。

类层次的一个重要特性是继承性,即一个类可以继承其超类的全部描述,且这种继承具有传递性。从而,一个类可以继承层次结构中在其之上的所有类的全部描述。因此,属于某个类的对象除了直接具有该类所描述的特性外,还通过继承具有该类上层所有类描述的全部特性。例如,整数除了具有整数类所特有的运算法则外,有理数类和实数类的运算法则同样适用于所有整数。

在类的层次结构中,一个类可以有多个子类,也可以有多个超类。若一个类可以直接继承多个类描述的特性,则称这种继承方式为多重继承;若一个类至多只能直接继承一个类描述的特性,则称这种继承方式为简单继承。

面向对象系统中的继承机制实现了超类、类、子类及对象中的方法、数据的自动共享和表示的一致性,也减少了表示的冗余。若类 B 继承类 A,则类 B 实际上由来自 A 的继承部分及 B 自身增加的部分组成。在面向对象的语言中,继承映射把 A 的成员映射成 B 的继承成员,再加上程序设计者专门为 B 而编写的代码,从而构成类 B。

下面给出用面向对象方法表示知识的一种描述形式。

```
Class    <类名>[: <超类名>]
               [<类变量表>]
         Structure
               <对象的静态结构描述>
         Method
               <对于对象的操作定义>
         Restraint
               [<限制条件>]
```

其中,Class 是类描述的开始标志,<类名>是该类的名字,它是系统中该类的唯一标识,<超类名>是可选的,当该类有父类时,用它指出父类的名字。<类变量表>是一组变量名构成的序列,该类中所有对象都共享这些变量,对该类对象来说,这些变量是它们的全局变量,当把这些变量实例化为一组具体的值时,就得到了该类中的一个具体对象,即一个实例。Structure 后面的<对象的静态结构描述>用于描述该类对象的数据结构。Method 后面的<对于对象的操作定义>用于定义该类对象可施行的各种操作,它既可以是一组规则,也可以是为实现相应操作所需执行的一段程序,在 C++ 中为成员函数调用。Restraint 后面的<限制条件>指出该类对象所应满足的限制条件,可用包含类变量的谓词或其他形式的表达式。若没有限制条件,则表示没有限制。

2. 面向对象表示法的特点

首先把面向对象表示的基本特点进行小结,然后把面向对象表示法与语义网络表示法和框架表示法进行比较。

1）面向对象表示的基本特征

（1）封装性

对象就是被封装的数据和操作。一个对象拥有的方法被触发实施时，通常需要引用自己的内部状态对有关数据进行操作，必要时可以修改自己的内部状态，还往往发送一批消息给其他对象，触发其他对象。每个对象的内部状态不允许其他对象直接引用和修改。对象的内部状态和方法对外界是隐蔽的。一个对象的外部特性只由对象的所有消息模式及相应的每个消息模式的处理功能来定义。面向对象表示的封装性使得用户只需知道对象的外部特性而无须了解其内部细节就可以使用它。

（2）模块性

显式地把对象的外部定义和对象的内部实现分开是面向对象表示的一大特色，这种对象的封装性就是模块性。公开模块的外部定义和隐蔽模块的内部实现，使面向对象的软件系统便于维护和修改。另外，一个对象是一个可独立存在的实体，其内部状态不直接受到外界的影响，只是通过受理其他对象传来的消息而被触发，这也是软件的模块性所追求的目标。

（3）继承性

面向对象表示的继承性使子类可继承其父类的数据和操作，从而可以把每个子类拥有的数据和操作分为两部分，一部分是从父类继承过来的共享数据和操作，另一部分是子类自己私有的数据和操作。继承性不仅使面向对象表示具有清晰的层次结构，而且对实现数据共享、数据一致性和减少冗余都十分有利。

（4）易维护性

对象实现了封装和继承，使程序设计中的错误具有局部性，如果发生传播错误，便检测和修改程序。

在面向对象的程序设计中，程序设计就是定义对象并建立对象间的通信关系，类是系统的基本构件。如果开发设计的面向对象系统的功能需求发生变化，通常较少波及对象类的设计与实现，更多的是影响到它们的组装形式，因此，实现的系统基本构件无须修改或少量修改后仍可使用，从而可采用快速原型法构造系统，以及对系统进行优化和增量开发。

2）面向对象表示与语义网络及框架表示的比较

语义网络表示法、框架表示法和面向对象表示法都是结构化的知识表示方法。

语义网络的主要优点是表示的灵活性，语义网络中的结点和有向弧可以按规定不加限制地定义。这种灵活性在面向对象的表示中不仅仍然存在，而且对象和对象之间的关系还可以动态建立。语义网络中的结点对应于面向对象表示中的对象；语义网络中由有向弧定义的语义关系对应于面向对象表示中的消息传递。语义网络中具有继承性的语义关系对应于面向对象表示中的对象与类之间的继承关系。基本上，面向对象的表示可以被看成是一种动态的语义网络。

语义网络的主要缺点是系统的开发和维护比较困难。随着表示对象的结点数量增加，语义网络的管理变得十分复杂，很难说明某个对象或属性值的修改对整个系统会产生什么影响。面向对象表示的封装性恰好有力地克服了语义网络的这一弱点,它把对象的状态及对状态的修改封装在该对象中。

框架表示的结构与面向对象表示的结构相似,知识都可以使用类的概念按一定的层次结构来组织。但是,框架知识表示的模块性不能清楚地定义。削弱框架系统结构化的两大因素:一是框架之间的关系既可能是具有继承关系的子类连接或成员连接,也可能是反映全体和部分关系的组成连接,而且不是唯一关系;二是规则可以通过一个框架连接到另一个框架。在面向对象的知识表示中,两个类之间的连接关系只有具有继承关系的子类连接。规则用作一个类的内部方法,不可能出现跨越两个对象的规则,类的唯一对外接口是消息模式,类之外的代码只有通过传递有关消息才能与该类的方法打交道。因此,面向对象表示的模块性很好,特别适合于大型知识系统的开发。

综上所述,面向对象程序设计方法以信息隐蔽和抽象数据类型概念为基础,既提供了从一般到特殊的演绎手段(如继承等),又提供了从特殊到一般的归纳形式(如类等),已成为基于知识的人工智能软件的主要开发方法。

目前,面向对象技术不仅在软件设计和知识表示中得到了广泛的应用,而且已拓展到数据库系统和多媒体应用系统等新的应用领域。与此同时,出现了一个比"对象"更富动态性、更具有人工智能含义的概念,即智能体(Agent)概念。智能体可被认为是一种可以包含主观信念且可以主动响应外界事件的对象。可以认为,面向智能体技术是面向对象技术在人工智能应用领域中的发展,是人工智能吸纳面向对象技术的结晶。

一阶谓词逻辑表示法、产生式表示法、语义网络表示法、框架表示法与面向对象表示法都是知识的符号表示法。另外还有一类知识表示法称为连接机制表示法,人工神经网络表示法就是一种连接机制表示法。选择哪一种知识表示法表示领域知识,应根据领域知识的特点来选择。例如对于具有因果关系的知识,尽管用框架或语义网络也可以表示,但不如用产生式表示更直观、自然,而且运行效率也不一样。

知识表示可分为外部表示与内部表示两种形式。外部表示形式是指本章所讨论的各种知识表示模式,如产生式规则、框语义网络等。内部表示形式是指某种知识表示模式在编程语言或开发工具中的表示形式,显然,内部表示形式与编程语言或开发工具有关。例如,产生式规则在LISP语言、C语言及开发工具CLIPS中的内部表示形式是不同的。

4.1.4　智能体及其特性

多智能体系统是分布式人工智能系统的非常重要的类型。所谓多智能体系统是指从逻辑上或物理上分离的多个智能体通过协调其智能行为,联合诸方力量进行问题求解的系统。多智能体系统可看作是一种自底向上设计的系统,因为在这种系统中,分散自主的智能体首先被设计,然后研究怎样完成协作。因此讨论分布式人工智能,必然要讨论智能体。

1. 智能体概述

智能体的英文词为Agent,最常用的意思是"代理人"。在分布式人工智能系统中,Agent要接受上级或其他智能体的委托完成指定的任务,从这个意义来说,也是在发挥代理人的作用。但是,由于在分布式人工智能中强调的是Agent主动地、自主地、智能地工作,因此将其翻译成智能体更为妥当一些。

2. 智能体的模型与特性

Agent的抽象模型是：具有传感器和效应器的处于某一环境之中的实体，它通过传感器感知环境，运用所掌握的知识在特定的目标下进行问题求解，然后通过效应器对环境施加作用。这类实体具有下述特性：

（1）自治性。Agent可以控制其自身的行为，它的行为是主动的、自发的；它有自己的目标或意图，根据目标、环境等要求和制约，做出行动计划。

（2）自适应性。Agent根据环境的变化自动修改自己的目标、计划、策略、行为方式和行动计划。

（3）交互性。Agent与环境之间能够进行交互，即可以感知其所处的环境，并能够通过行为改变环境。

（4）协作性。Agent通常处在有多个Agent的环境中，Agent之间经常需要进行协作，相互配合，相互接受委托，联合解决复杂问题。

（5）交流性。Agent之间可以通信的方式进行信息交流。任务的承接，与其他Agent的协商、协作都需要进行信息交流。

4.1.5　一种复合式智能体结构

中国科学院计算所史忠植等人提出了一种如图4-1所示的复合式智能体结构。

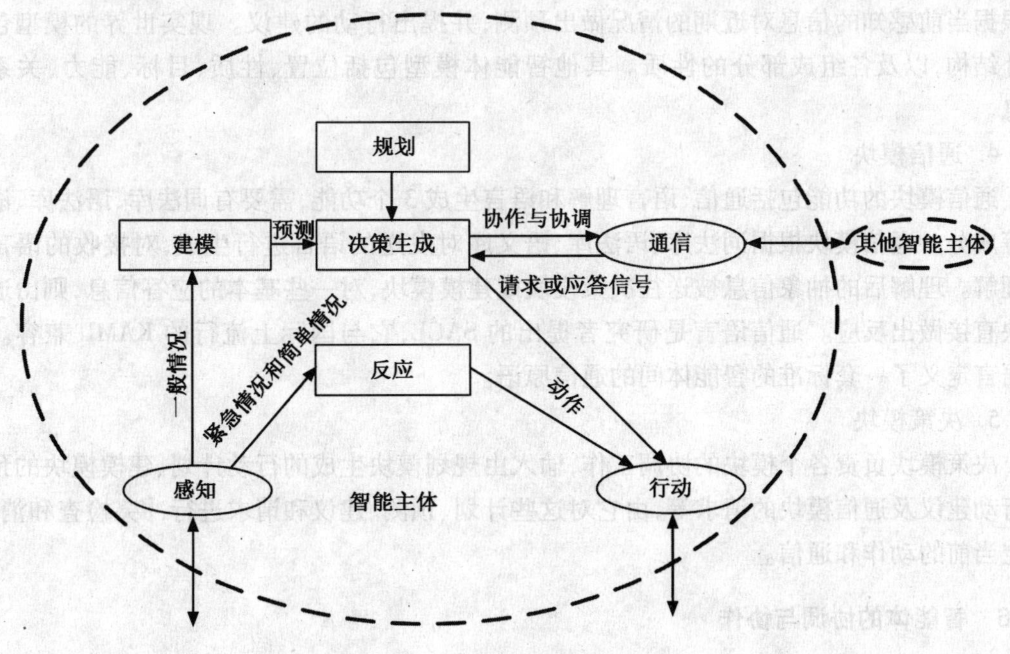

图4-1　复合式智能体结构

该智能体包括感知、动作、反应、规划、建模、通信、决策等模块。智能体通过感知模块获取现实世界的信息,并对其进行一定的抽象,根据其类型,将其送到不同的处理模块。如果是简单的或紧急情况下的信息,则被送到反应模块。反应模块立即对其作出决定,产生动作命令,并将动作命令送到动作模块。动作模块产生相应的动作,对现实世界做出反应。

下面具体介绍反应、规划、建模、通信和决策模块。

1. 反应模块

反应模块的作用是对紧急或简单的情况做出迅速的反应,因此在反应模块中基本不进行推理,而是直接将感知的信息映射为行动。反应模块产生的动作具有最高的优先级,动作模块将立即执行。

2. 规划模块

规划模块负责建立中短期的行动计划。智能体的规划是一个局部规划,即每个智能体根据目标、自身的状态及以往的经验规划自身的行动;同时,智能体并不需要对其目标作出完整的规划,而只需规划近期的动作序列。动作序列被送交给决策模块。

目标以集合的方式表示,目标的排列顺序决定其优先级。所谓经验是指被存放在经验库中一些范例,每个范例由前提条件、规划和结果评价组成。规划模块先在经验库中寻找与当前情况最为相近的范例,然后参考其规划和结果作出新的规划。如果没有相近的范例,便尝试新的规划,并记录结果。

3. 建模模块

建模模块有两个功能:一是维护和更新智能体建立的现实世界及其他智能体的模型;二是根据当前感知的信息对近期的情况做出预测,并提出行动的建议。现实世界的模型包括拓扑结构,以及各组成部分的性质。其他智能体模型包括位置、性质、目标、能力、关系等信息。

4. 通信模块

通信模块的功能包括通信、语言理解和语言生成 3 个功能,需要有词法库、语法库、语义库等成分。通信模块根据词法库、语法库、语义库对发送的语言进行生成,对接收的语言进行理解。理解后的抽象信息被送往决策模块或建模模块,对一些基本的应答信息,则由通信模块直接做出反应。通信语言是研究者提出的 SACL,它与国际上流行的 KAML 兼容。通信语言定义了一套标准的智能体间的通信原语。

5. 决策模块

决策模块负责各个模块的协调工作,输入由规划模块生成的行动计划、建模模块的预测和行动建议及通信模块的请求等,由它对这些计划、预测、建议和请求进行冲突检查和消解,决定当前的动作和通信。

4.1.6　智能体的协调与协作

使多个智能体的知识、意图、规划、行动相互协调,并实现相互协作是多智能体系统的主要任务。

在一个环境中往往存在着多个智能体,并且各自都在执行某个动作。但由于大家要完成的任务及要利用的资源相互有关,因此必须进行协调才能避免矛盾和冲突。协调一般是改变智能体的意图。在单个智能体无法独立完成任务时,需要联合其他智能体的力量进行协作。

智能体之间的交互有正、负两种关系。正关系表示智能体的规划有重叠部分,或者某个智能体具有其他智能体不具备的能力,大家可以通过协作获得帮助;负关系导致冲突,需要通过协调来化解冲突。

解决智能体的协调与协作问题可以从计算生态学、对策论及协商等不同的观点出发。

1. 计算生态学的方法

分布式计算系统具有类似社会的、生物界的组织形式和特征。这类系统与目前的计算机系统有很大差别,它们对于复杂的任务进行异步的计算,它们的结点可以在内部结构陌生的其他机器上产生进程。这些结点能根据不完备的知识与经常迟到的信息作出局部决策。整个系统不存在中心控制,而是通过各结点的交互、协作解决问题。所有这些特点构成了一个并发的组合体,它们的交互、策略及对资源的竞争与生态学中的问题十分类似。计算生态学的观点就是采用社会的、生物的模型和机制来解决分布式计算系统中的上述问题,如生物生态模型、物种进化模型、经济模型及基元组合与变异机制、食物链机制等。

2. 对策论的方法

对策论的方法以效用集为基础。如果对于一个目标,能使某一智能体的效用最大,却不能使另一个智能体的效用最大,则需要协调。在实际系统中,协调总是必须的,而协作则不一定总能实现。任何协作本身也是协调。

3. 协商的办法

协商是实现协调和协作的基本方法。如何协商,即根据什么样的原则和针对什么目标进行协商,直接影响协调和协作的结果。因此协商需要有效的理论指导。关于协商理论已经出现了 Zlotkin 的面向领域的协商理论,Kraus 的"最佳平衡"协商理论,Ephrati 的集中式协商理论等。

4.2　智能体挖掘原理

4.2.1　概述

强化学习是一种无模型并可在线进行学习的方法,特别是对于动态环境变化和智能体之间的不完全信息等特征,非常适合于多智能体系统。Littman 改进了单个智能体的强化学习方法使之更适合于多智能体的情况。他提出针对零和随机对策的最小最大 Q – learning 方法,但仅仅局限于零和对策或重复对策两种情况。本节研究了在一般和随机对策(又称马尔可夫对策)框架下的强化学习,主要是非合作系统的多智能体学习。对于合作系统的学习,由于多智能体间可以相互通信和相互作出承诺,故与非合作系统的多智能体学习大不相同。

4.2.2　对多智能体系统建模

一个多智能体系统的模型和单智能体系统的模型最大区别就是智能体直接认识到其他智能体的存在并对其行为进行建模。我们主要研究的是非合作多智能体系统,智能体之间不存在联合行动的协议,其中满足 Markov 状态转移的非合作对策就称为随机对策。

1. Nash 平衡点

Nash 平衡点表示对策中局中人对其他局中人合理性行为动作的正确估计,从而达到一种稳定状态,合理性动作意味着每一个智能体的策略都是对其他智能体既定策略的最优响应。这个概念是 Nash 在 1951 年提出的,已经广泛应用作为解决一般和非合作对策的主要方法。

2. 多智能体 Q－learning

在多智能体环境中,一个智能体有两种方法对其他智能体建模:一种是忽略它们的个性,将其作为环境的一部分加以考虑;另一种就是将其清晰地看作是理性决策个体。两种方法在建模的难易程度、计算复杂性和预测能力上有所区别。我们的研究主要是针对不完全信息情况下使用 Q－learning 求解最优行动。作为一种计算方法 Q－learning 求解 Nash 平衡点不需要知道转移概率的知识;另一方面在不完全信息情况下,学习期间的 Q 值可提供最优值的最佳逼近。应用 Q－learning 主要有两个关键问题:确定学习函数和如何更新 Q 函数。我们在随机对策中定义学习函数,在学习函数中体现联合行动意图,并定义 Nash 平衡点求解作为学习目标。采用 Nash 平衡点作为求解目标的合理性基于两点:①假设所有的智能体都是理性的,都对其他智能体采取优化响应;②Nash 平衡点表示在它们具有的信息基础上智能体相互合理作用的一种长期稳定状态。

1）多智能体 Q 函数

对于一个 n 个局中人的随机对策,定义智能体 k 的 Nash 平衡点 Q 值为

$$Q_*^k(s,a^1,\cdots,a^n) = r^k(s,a^1,\cdots,a^n) + \beta\sum_{s'\in s} p(s^1 \mid s,a^1,\cdots,a^n)v^k(s',\pi_*^1,\cdots,\pi_*^n)$$

Nash 平衡点 Q 值定义为在稳定状态时所有智能体执行联合行动,并遵照 Nash 平衡点策略所得到的报酬。

2）一种多智能体 Q－learning 算法

多智能体 Q－learning 算法和一般 Q－learning 算法的区别主要在于:①学习的 Q 函数是所有智能体的联合行动的函数,而在一般 Q－learning 算法中则仅仅是一个智能体行动的函数;②多智能体 Q－learning 算法中的 Q 函数的更新是假设在智能体的优化决策都是 Nash 平衡点行动基础上的,而在一般 Q－learning 算法中是在对其自身 Q 值最大的基础上通过优化选取来更新的。

一个 Q 值表可以分解成一系列子表,即 $Q^k = (Q^k(s^1),\cdots,Q^k(s^m))$ 是智能体 k 的 Q 值表,$Q^k(s^i)$ 是在状态 s^j 时的 Q 值表,表示 $Q^k(s^j,\alpha^1,\cdots,\alpha^n)$。$Q^k(s^j)$ 的全部项数是 $\prod_{i=1}^{n} \mid A^i \mid$。智能体 k 根据下面的法则更新 Q 值:

$$Q_{i+1}^k(s,a^1,\cdots,a^n) = (1-\alpha_i)Q_i^k(s,a^1,\cdots,a^n) + \alpha_i[r_i^k + \beta\pi^1(s_{i+1})\cdots\pi^n(s_{i+1})Q_i^k(s_{i+1})]$$

其中$(\pi^1(s_{i+1}),\cdots,\pi^n(s_{i+1}))$是对正规形对策$(Q_t^1(s_{i+1}),\cdots,Q_t^n(s_{i+1}))$和 $\alpha_i = 0$ 时$(s,a^1,\cdots,a^n) \neq (s_i,\alpha_i^1,\cdots,\alpha_i^n)$的混合策略 Nash 平衡点。以下有两点说明。

(1) $\pi^1(s_{i+1})\cdots\pi^n(s_{i+1})Q_i^k(s_{i+1})$ 是级数,表示智能体 k 在状态 s_{i+1} 处的期望 Q 值。

(2) 上式并不更新 Q 值表中所有项目,只是更新与当前状态及智能体所选行动对应的

项目。

在对策开始时,智能体不具备除其他智能体行为空间外的任何信息,随着对策进行,智能体k观测其他智能体的即时报酬和以前的行动,将此信息用来更新智能体k对其他智能体Q值表的推断,用智能体k更新其关于智能体j的Q值表的信念,根据如下法则进行:

当$j \neq k$时,有

$$Q_{i+1}^{j}(s,a^{1},\cdots,a^{n}) = (1-\alpha_{i})Q_{i}^{j}(s,a^{1},\cdots,a^{n}) + \alpha_{i}[r_{i}^{j} + \beta\pi^{1}(s_{i+1})\cdots\pi^{n}(s_{i+1})Q_{i}^{j}(s_{i+1})]$$

下面给出学习算法的基本步骤。

(1) 初始化。$t=0$,对所有的$s \in S, \alpha^{k} \in A^{k}, k=1,\cdots,n$,使$Q_{i}^{k}(s,a^{1},\cdots,a^{n})=0$,初始化状态$s_0$。给一初值。

(2)LOOP。选取行动a_{t}^{i},观测$r_{t}^{1},\cdots,r_{t}^{n};a_{t}^{1},\cdots,a_{t}^{n}$和$s_{i+1}$,更新$Q^{k}, k=1,\cdots,n$,$Q_{i+1}^{k}(s,a^{1},\cdots,a^{n}) = (1-\alpha_{i})Q_{i}^{k}(s,a^{1},\cdots,a^{n}) + \alpha_{i}[r_{i}^{k} + \beta\pi^{1}(s_{i+1})\cdots\pi^{n}(s_{i+1})Q_{i}^{k}(s_{i+1})]$,其中$(\pi^{1}(s_{i+1}),\cdots,\pi^{n}(s_{i+1}))$是对正规形对策$(Q_{t}^{1}(s_{i+1}),\cdots,Q_{t}^{n}(s_{i+1}))$的混合策略Nash平衡点,$t:=t+1$。

4.2.3 学习算法的收敛性证明

本小节只对二人随机对策的Q-learning算法给出收敛性证明。同理,该结论推广到n人随机对策也是成立的。首先给出Q-learning的一般假设。

假设4.1 每一个状态和行动都被算法无穷遍历到。

假设4.2 学习速率满足下列条件。

(1) $0 \leqslant \alpha_{t} \leqslant 1, \sum_{i=0}^{\infty}\alpha_{t}^{2} = \infty$ and $\sum_{i=0}^{\infty}\alpha_{t}^{2} < \infty$。

(2) $\alpha_{i}(s,a^{1},a^{2}) = 0$, if $(s,a^{1},a^{2}) \neq (s,a_{t}^{1},a_{t}^{2})$。

算法收敛性证明中需要用到的以下引理是由Littman证明得到。

引理4.1 在假设1和假设2的情况下,$Q_{t+1} = (1-\alpha_{i})Q_{i} + \alpha_{t}\omega_{t}$收敛于$E(\omega_{t} \mid h_{t},\alpha_{t})$,其中$h_t$是历史记录。

引理4.2 在假设1和假设2的情况下,$U_{t+1}(x) = (1-\alpha_{t})U_{t}(x) + \alpha_{t}[P_{t}v^{*}](x)$收敛于$v^{*}$,并且$P_t$对所有的$V$满足$\|P_{t}V - P_{t}v^{*}\| \leqslant \gamma\|V - v^{*}\| + \lambda_{t}$,其中$0<\gamma<1$和$\lambda_{t} \geqslant 0$收敛于0,则$V_{t+1}(x) = (1-\alpha_{t})V_{t}(x) + \alpha_{t}[P_{t}V_{t}](x)$收敛于$v^{*}$。

定理4.1 下面的两种表达是等价的(由Filar和Vrieze证明得到)。

(1) 对每一个$s \in S$,对$(\pi^{1}(s),\pi^{2}(s))$组成了静态双矩阵对策$(Q^{1}(s),Q^{2}(s))$的一个平衡点,平衡点支付为$(v^{1}(s,\pi^{1},\pi^{2}),v^{2}(s,\pi^{1},\pi^{2}))$,对$k=1,2$有

$$Q^{k}(s,a^{1},a^{2}) = r^{k}(s,a^{1},a^{2}) + \beta\sum_{s^{t} \in s}p(s^{t} \mid s,a^{1},a^{2})v^{k}(s^{t},\pi^{1},\pi^{2})$$

(2) (π^{1},π^{2})是在折扣随机对策$\varGamma$中的平衡点,平衡点支付为

$$(v^{1}(\pi^{1},\pi^{2}),v^{2}(\pi^{1},\pi^{2}))$$

其中$v^{k}(\pi^{1},\pi^{2}) = (v^{k}(s^{1},\pi^{1},\pi^{2}),\cdots,v^{k}(s^{m},\pi^{1},\pi^{2})), k=1,2$。

我们证明了多智能体Q-learning算法收敛于Nash平衡点Q值的以下引理和定理,限

于篇幅的原因，这里只给出了它们的描述。

引理 4.3　使 $P_tQ=(P_t^1Q^1,P_t^2Q^2)$ 满足 $P_t^1Q^1(s,a^1,a^2)=r_t^1+\beta\pi^1(s_t)Q^1(s_t)\pi^2(s_t)$ 和 $P_t^2Q^2(s,a^1,a^2)=r_t^2+\beta\pi^1(s_t)Q^2(s_t)\pi^2(s_t)$，其中 $(\pi^1(s_t),\pi^2(s_t))$ 是对于双矩阵策略 $(Q^1(s_t),Q^2(s_t))$ 的混全策略 Nash 平衡点，对于所有 Q：$\|P_tQ-P_tQ_*\|\leqslant\beta\|Q-Q_*\|$。

定理 4.2　在随机对策 Γ 中，在假设 1 和假设 2 的情况下，序列对 $\{Q_t^1,Q_t^2\}$ 由式

$$Q_{i+1}^k(s,a^1,\cdots,a^n)=(1-\alpha_i)Q_i^k(s,a^1,\cdots,a^n)+\alpha_i[r_i^k+\beta\pi^1(s')Q_t^k(s')\pi^2(s')]$$

更新，其中 $k=1,2$，$(\pi^1(s'),\pi^2(s'))$ 是对双矩阵对策 $(Q_t^1(s'),Q_t^2(s'))$ 的混合策略 Nash 平衡点，序列 $\{Q_t^1,Q_t^2\}$ 收敛于 Nash 平衡点 Q 值 $\{Q_*^1,Q_*^2\}$，证明略。

4.2.4　结论

本节提出了在一般和随机对策理论框架下的多智能体学习方法，以 Nash 平衡点作为学习目标，给出了智能体可以从任意初始 Q 值学习到 Nash 平衡点 Q 值表的多智能体 Q－learning算法，并证明了在一个或多个相同 Nash 点情况下算法的收敛性，为研究和应用多智能体系统提供了理论基础和方法。

4.3　基于智能对象和模糊推理的注塑模普通浇注系统

4.3.1　普通浇注系统模糊规则的提取

1．浇口选型规则的提取

浇口形状的确定不能依靠固定的公式确定，一般都是由模具专家根据模具的形状、浇注材料等因素，依靠生产经验来判定。因此，把这些专家的经验总结出来，依靠一套推理方式来准确判定浇口选型，对于模具生产具有一定的意义。下面是浇口选型的一些规则，其具体内容如表 4-1 至表 4-11 所示。

表 4-1　直浇口选用规则

规则编号	条件(IF)	浇口形式(THEN)
01	制品尺寸大、模具结构简单	直浇口
02	一模一腔	直浇口
03	制品需二次加工	直浇口
04	压力损失小	直浇口
05	制品外观要求质量一般	直浇口
06	浇注材料黏性高、热敏性高	直浇口
07	制品为深腔壳、箱	直浇口

表 4-2　点浇口选用规则

规则编号	条件(IF)	浇口形式(THEN)
01	制品尺寸小、多型腔	点浇口
02	压力损失大	点浇口
03	浇口自动切断	点浇口
04	三板模具	点浇口

表 4-3　潜伏式浇口选用规则

规则编号	条件(IF)	浇口形式(THEN)
01	多型腔模、塑件外观质量要求高	潜伏式浇口

表 4-4　爪形浇口选用规则

规则编号	条件(IF)	浇口形式(THEN)
01	塑件内腔较小的管状塑件	爪形浇口
02	同轴度要求高	爪形浇口

表 4-5　侧浇口选用规则

规则编号	条件(IF)	浇口形式(THEN)
01	多型腔模、同轴度要求高	侧浇口

表 4-6　扇形浇口选用规则

规则编号	条件(IF)	浇口形式(THEN)
01	多型腔模、进料边宽度较大的薄片状塑件	扇形浇口

表 4-7　盘形浇口选用规则

规则编号	条件(IF)	浇口形式(THEN)
01	型芯安装在一侧的轴对称塑件	盘形浇口

表 4-8　环形浇口选用规则

规则编号	条件(IF)	浇口形式(THEN)
01	型芯安装在两侧的管状对称塑件	环形浇口

表 4-9　轮辐式浇口选用规则

规则编号	条件(IF)	浇口形式(THEN)
01	圆筒形塑件	轮辐式浇口

表 4-10　薄片式浇口选用规则

规则编号	条件(IF)	浇口形式(THEN)
01	大面积、扁平塑件	薄片式浇口

表 4-11　护耳式浇口选用规则

规则编号	条件(IF)	浇口形式(THEN)
01	热稳定性差、浇注材料黏度高	护耳式浇口

上述各表表述了各种浇口形式选用的规则,但因规则的前提具有不确定性,因此该规则也不是一个确定性的规则,并且规则是根据专家经验总结而得来的,规则的本身就具有不确定性,因此,浇口的选型必须要经过对规则的处理才能最终确定。

2. 冷料穴选用规则的提取

冷料穴的选用一般也根据专家经验来决定,用规则来表示如表 4-12 至表 4-14 所示。

表 4-12　Z 形冷料穴的选用规则

规则编号	条件(IF)	浇口形式(THEN)
01	脱模时需作侧向运动	Z 形冷料穴

表 4-13　倒锥形与环形槽形冷料穴的选用规则

规则编号	条件(IF)	浇口形式(THEN)
01	弹韧性塑料	倒锥形与环形槽形冷料穴

表 4-14　底部带拉料杆的冷料穴的选用规则

规则编号	条件(IF)	浇口形式(THEN)
01	采用推件推出塑件	底部带拉料杆的冷料穴
02	采用推板推出塑件	底部带拉料杆的冷料穴

冷料穴选用的规则处理和浇口选型规则一样。

4.3.2　注塑模普通浇注系统的设计及实现

4.3.2.1　知识表示与推理方法

1. 知识的智能对象表示

知识表示是将有关知识按一定数据结构在计算机中存储,以便使用和修改。在专家系统中知识表示恰当与否,不仅影响知识的有效存储,也直接影响知识获取能力和知识运用效率[25][26]。由于专家系统中的知识与模具设计有关,已有的一些单一表示方法都不能很好地表示这些知识[27][28][29]。而在面向对象的知识系统中,常把描述待求解问题的属性概念(知识)和动作行为(知识处理方法)模型化为对象,使其成为知识库中的一个独立知识单元。各对象可通过消息相互联系,形成一条自然的推理链,共同协作完成对一个问题的求解任务。

(1) 智能对象定义

其实在现实世界中，知识并非完全独立存在，它总是被某个实体获取、掌握和运用，我们称这样的实体为智能实体。在面向对象系统中，实体用对象描述，智能实体则用智能对象描述。智能对象的基础是面向对象技术，其定义如下。

定义 4.1　智能对象是系统中包含知识及其处理方法的对象，即

$$智能对象 = 对象 + 知识 + 处理方法$$

其中，知识及其处理方法称为知识单元，即被动对象。智能对象具有智能动作行为的能力，它能了解周围环境的变化，并可根据环境的变化自主、智能地采取行动，完成相应任务。反过来，对象的动作又能改变周围的环境。智能对象的数据模型是一种语义关联模型，其基本元素是类和对象，每个类或对象的内容包括其属性及对属性进行操作的方法。

定义 4.2　智能类定义为有共同模式的智能对象的集合。智能类的定义可用如下方式来描述。

```
Intelligent Class <智能类名>: <inherit> <超智能类名>
{
 <数据结构>
 <知识单元>
 <通信机制>
}
```

其中，inherit 是继承方法，可为 public、protect 或 private；数据结构，用于描述智能对象当前的内部状态或所具有的静态属性；知识单元是新引入的，内部封装了知识和处理方法，用于描述智能对象所包含的领域知识及知识处理方法或消息操作过程，体现了对象自身的智能行为，在一个实体类中加入不同的知识单元就可形成不同的智能类；通信机制是智能对象的消息接口，用于智能对象内部及智能对象之间的消息传递，描述了智能对象的动态属性，它统一了知识流和控制流，是系统中智能对象间产生联系的纽带。

(2) 基于智能对象的塑件形状知识表示

基于智能对象的思想，知识表示可分为三步来进行。

第一步：确定该应用领域的对象种群，并按继承与被继承关系把它们用层次关系组织起来，构成系统的静态结构树，如图 4-2 所示。

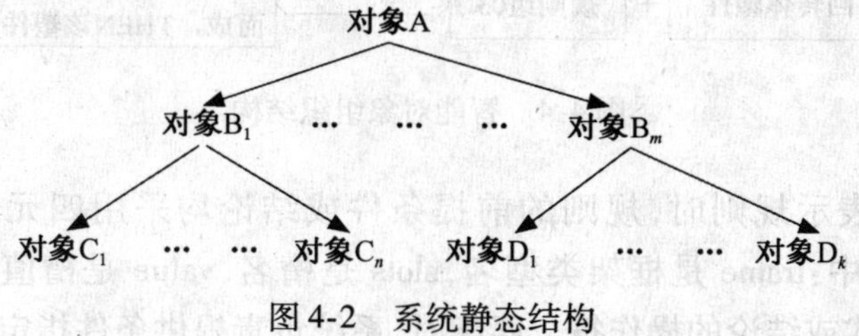

图 4-2　系统静态结构

第二步：把从根对象到叶子对象的每条路径按 IF – THEN 规则进行转换，得到相应的规

则集。

第三步:把一个对象看成一个子任务,将完成这一子任务所需要的规则划分成一个规则组。这样整个知识库就构成了以智能对象 = <对象> + <规则组>为单元的网络层次结构关系,如图 4-3 所示。

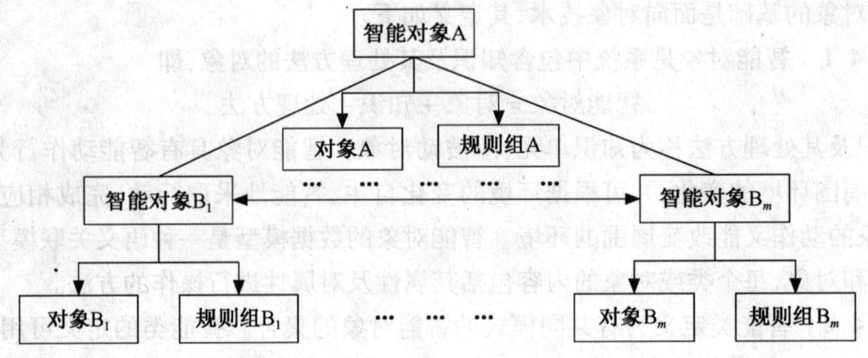

图 4-3　系统动态结构

在上述层次结构中,智能对象除了可以响应系统发送给它的消息外,还会根据其他智能对象的状态变化来自动执行相应动作。

此外,自身的动作执行也会通过继承等机制 B_1 中的规则能激活对象 B_1 时,应当继续考虑它的子对象 C_1 等能否被激活,而对于其兄弟对象 B_2 等则不一定去考察;反之,如对象不能被激活,则其子对象也肯定不能被激活,此时只需考虑其兄弟对象。应用基于智能对象的方法来构造动态知识系统,可使得知识表示的逻辑性更强,更能全局地描述事物间的联系,也使得推理过程更加清晰明了。

基于上述思想,可以将推断普通浇注系统设计的知识表示如图 4-4 所示的智能对象动态结构。很显然,从逻辑上讲各智能对象之间呈父子继承或兄弟并列这样的层次关系。

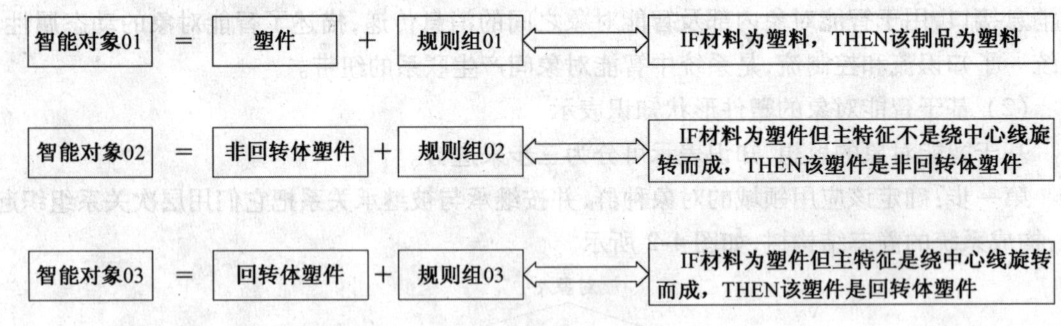

图 4-4　智能对象组织结构

本专家系统在表示规则时,规则的前提条件或结论均采用四元组(predicate, frame, slots, value)表示,其中:frame 是框架类型名,slots 是槽名,value 是槽值,predicate 表示该条件与证据的匹配方式或结论的操作符。匹配时,系统负责提供条件指定的框架槽值,作为匹配的证据;规则负责进行条件与证据的匹配,判断规则是否可以激活。知识库中描述事实的知识体定义为框架系统,在规则匹配过程中,规则的前提将与这些框架系统进行匹配,如果匹配成功,其结论也被转化为框架表示。

作为例子,下面给出知识库中关于普通浇注系统设计的一些知识。

(1)“模具的结构比较简单,则浇口形式可采用直浇口”。

(2)“模具设计结构为一模一腔,则浇口形式可采用直浇口”。

……

在专家系统中,这些知识用规则表示如下。

规则 1:IF (是,结构简单)

THEN (可用,直浇口) WITH $C(H/e)=0.68$。

规则 2:IF (是,结构为一模一腔)

THEN (可用,直浇口) WITH $C(H/e)=0.82$

其中,$C(H/e)$为规则结论的可信度。

根据专家系统系统的求解目标,用一个四元组(a,b,c,d)来表示注塑模具的设计方案的求解状态。其中,状态分量 a、b、c、d 分别对应本专家系统的各个子问题。其初始状态取为(0,0,0,0),即用状态分量取值 0 表示相应子问题尚未求得解。

2. 知识推理

知识的推理策略有多种,如正向推理、逆向推理及混合推理,每种方法都有其优缺点,但因正向推理的推理过程较为简单、效率较高,结合注塑模专家系统的实际特点,本专家系统采用了基于智能对象的正向推理策略,推理的工作流程如下。

(1) 从对象表中取出一个对象。

(2) 在规则表中找到该对象对应的规则组(规则组中有一条或多条规则)。

(3) 从规则组中取出一条规则。

(4) 若该规则前提条件成立,转到(5);否则,转(6)。

(5) 若该规则激活的对象为叶子对象,则确定塑件形状特征的推理过程结束,并为进一步的模糊推理作好了准备。否则,转到(1)。

(6) 如果该规则是规则组中最后一条规则,则说明该对象不能激活,为错误状态,并转到(1);否则,转(3)。

每条规则的前提条件由两部分组成:对象属性部分和事实属性部分。对于对象属性部分,只存在两个状态:正确和错误。如果对象属性处于正确状态,则继续考察其事实属性部分,以确定该规则是否成立;否则,无须再考察其事实属性部分,该规则肯定不成立。对于事实属性部分,则存在三种状态:正确、错误和不确定,且它包括一个或一个以上的前提事实。当一个前提事实正确时,就继续考察该规则的其他前提事实,看是否成立,以确定该规则是否成立;如果错误,则立即可断定该规则错误;如果不能确定该事实属性正确与否,则交给用户判断。

4.3.2.2 专家系统的结构及工作原理

系统由知识库、综合数据库、推理机制、解释模块、知识库和数据库维护模块和设计文档库等部分构成,如图 4-5 所示。图中,知识库包括问题信息表、产生式规则表、模糊函数表、公式函数参数表、框架结构定义表和解释语句表。综合数据库包括塑料性能参数表、注射机规范表和标准模架参数表。

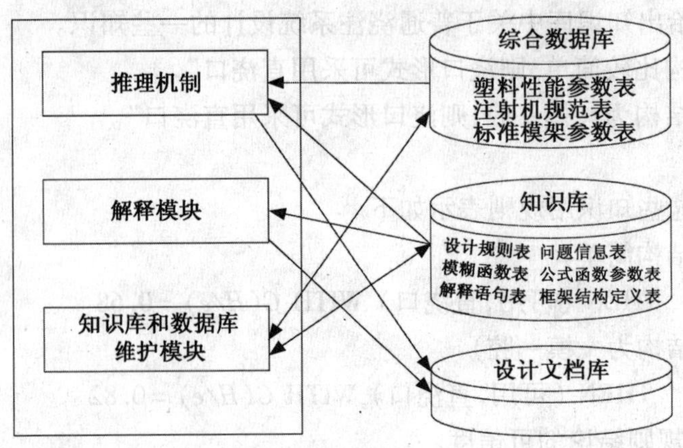

图 4-5　专家系统组成框架图

推理子系统是专家系统的核心,它通过规则匹配,应用知识库中的知识对模具各组成部分进行推理,将推理结果显示出来,让用户确认或修改,同时送到设计文档之中。解释模块负责解释推理得出的结论。当用户就某个推理结论向系统提出解释要求时,解释模块根据推理情况进行解释。知识库维护模块负责知识库的维护工作,是系统从模具专家那儿获取知识的接口。设计文档保存用户输入的初始数据、系统推理得出的结论和对推理结论的解释等信息,构成模具总体结构的设计档案。系统也可从一个用户指定的设计文档载入初始数据,重新进行推理决策过程。

4.3.2.3　知识库系统的构建

1. 知识库系统结构

图 4-6 为所构建的注射模设计知识库功能结构图。本系统由知识推理和知识管理两个模块组成。系统的主要功能如下:

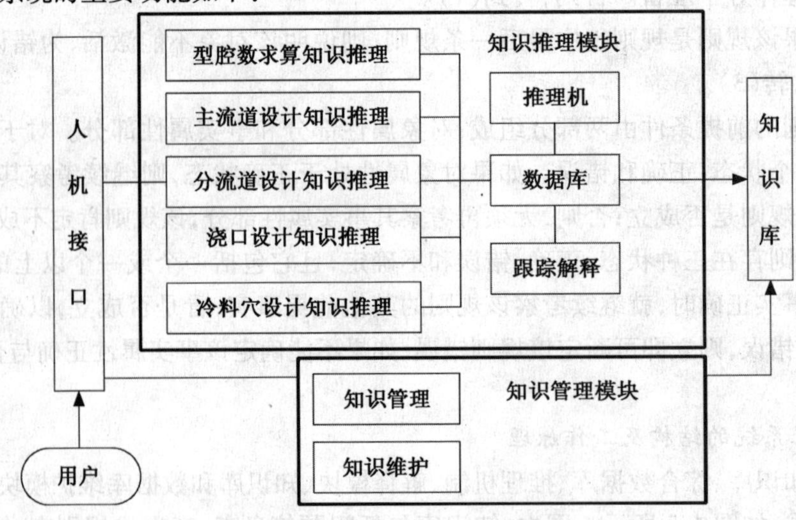

图 4-6　知识库系统结构图

（1）知识的查询。从知识库中可以检索相关的知识供设计人员参考。

（2）注塑模设计的知识推理。系统通过对输入的制品信息和注射工艺环境参数的分析,推理判断出几套可能的模具总体结构方案,并提供了推理过程的解释供设计人员决策。

（3）各部分的知识推理。利用相关系统模块中的知识进行推理,推理的结果存入系统数据库中,可供其他系统模块知识进行联合推理。

（4）知识的获取。知识获取是设计人员把自己的经验知识存入知识库中的过程。

（5）知识的维护。对库中的知识进行一致性与冗余性的检查。

2. 基于智能对象知识库构建

结合整个系统对知识库的功能要求,将知识库划分为知识层、方式层和结构设计层。如图 4-7 所示。各层之间均采用面向对象的方法,根据设计对象的类别和结构,分解为具有层次继承关系的父子对象。同父的对象间是兄弟关系。知识库采用此种结构,使得知识的模块化更强、冗余度更小,从而改善了知识库的可读性和可维护性。

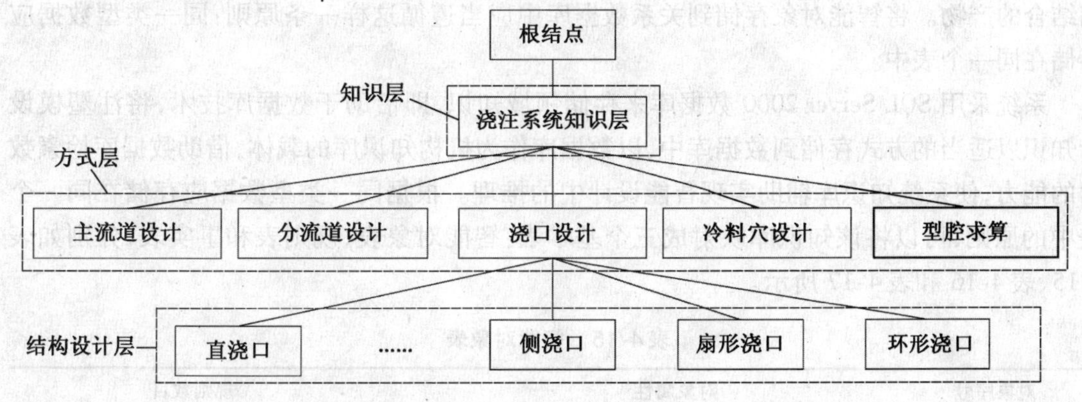

图 4-7　系统对象化分解示意图

在基于智能对象的知识库中,将问题求解中涉及的概念、实体等作为对象,并以框架形式表示,即每个框架都是一个对象。智能对象的所有属性、对属性的所有操作方法及使用的所有规则,都封装在对象框架中。智能对象的表达由 5 类槽组成,每类槽则由多个侧面来描述其特性,其逻辑结构如图 4-8 所示。关系槽表示对象与其他对象之间的静态或动态关系;属性槽表示对象和静态数据或数据结构;方法槽用来存放对象中的方法,方法名用于区分不同的方法;规则槽用来存放产生式规则集,一个对象中可以具有不同的规则槽,用来存放完成不同任务的产生式规则集。事实槽用来存放智能对象的事实属性,存在的事实在推理时被激活。其中,规则槽、事实槽和方法槽构成了智能对象的知识单元。系统的整个求解过程就是消息在各智能对象间传递的过程。由于对象的封装性,各类求解操作不会相互干扰。

3. 基于智能对象的知识存储

在传统的知识处理系统中,知识通常采用链表形式来存储和管理,对知识库的操作比较麻烦。与链表相比,用 DBMS(数据库管理系统)管理知识库,可使知识库设计简单得多,而且对知识库进行扩充、删除等操作也方便可靠。将数据库技术引入到专家系统中,应该说是

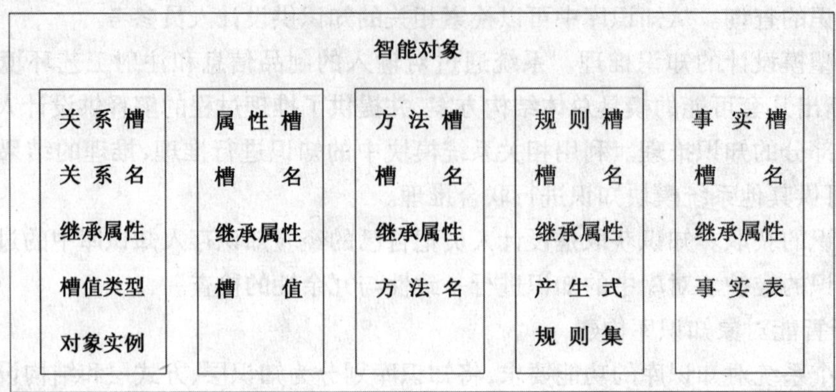

图 4-8　智能对象逻辑结构图

知识存储与管理技术方面的一大进步，知识库也因此被看成是数据库技术与人工智能技术相结合的产物。将智能对象存储到关系数据库中应当遵循这样一条原则：同一类型数据应存储在同一个表中。

系统采用 SQL Server 2000 数据库来存储领域知识，即借助于数据库技术，将注塑模设计知识以适当的方式存储到数据库中，以数据库作为机构知识库的载体，借助数据库检索数据的能力，使系统知识库辅助实现智能设计中的推理。根据同一类型数据应存储在同一个表中的原则，可以将该知识库映射成三个基本表：智能对象表、规则表和事实表，分别如表 4-15、表 4-16 和表 4-17 所示。

表 4-15　智能对象表

对象序号	对象属性	规则数目
对象 01	非回旋体塑件	1
对象 02	回旋体塑件	1
对象 03	空心圆柱体塑件	1
对象 04	实心圆柱体塑件	1
对象 05	杆状塑件	1
对象 06	盘状塑件	1
对象 07	杯状塑件	1
……	……	……

表 4-16　规则表

对象序号	规则编号	前提数目
对象 01	规则 01	1
对象 02	规则 02	1
对象 03	规则 03	2
对象 04	规则 04	2

续表

对象序号	规则编号	前提数目
对象05	规则05	2
对象06	规则06	3
对象07	规则07	3
……	……	……

表4-17　事实表

事实编号	事实属性
事实01	塑件主特征绕中心线旋转而成
事实02	有成型孔
事实03	成型孔为通孔
事实04	长径比大于0.5
事实05	内壁有凹凸
事实06	外壁有凹凸
事实07	实心圆柱体无任何凹凸
……	……

表4-16中对象对应的规则如下：

(1) 规则01：IF 塑件主特征不是绕中心线旋转而成
THEN 该塑件是非回旋体塑件。

(2) 规则02：IF 塑件主特征是绕中心线旋转而成
THEN 该塑件是回旋体塑件。

(3) 规则03：IF 回旋体塑件的纵切面为矩形 and 内部空心
THEN 该塑件是空心圆柱体塑件。

(4) 规则04：IF 回旋体塑件的纵切面为矩形 and 内部实心
THEN 该塑件是实心圆柱体塑件。

(5) 规则05：IF 制品是圆柱体塑件 and 内部实心 and 塑件高度 h 与直径 d 比 $t>5$
THEN 该塑件是杆状塑件。

(6) 规则06：IF 制品是回旋体塑件 and 薄壳 and 塑件高度 h 与直径 d 比 $t<0.3$
THEN 该塑件是盘状塑件。

(7) 规则07：IF 制品是圆柱体塑件 and 薄壳 and 塑件高度 h 与直径 d 比 $t\in[0.8,1.3]$
THEN 该塑件是杯状塑件。

智能对象表中的一条记录代表一个智能对象实例，一个字段则是智能对象实例的属性，如对象序号、对象名称等。通过对象序号可在规则表中找到该智能对象所对应的规则组。至于每条规则的前提事实则可通过其规则序号在事实表中找到，查询过程如图4-9所示。

在图4-9建立的三个表中，智能对象表与规则表通过对象序号这个外键可以很容易联

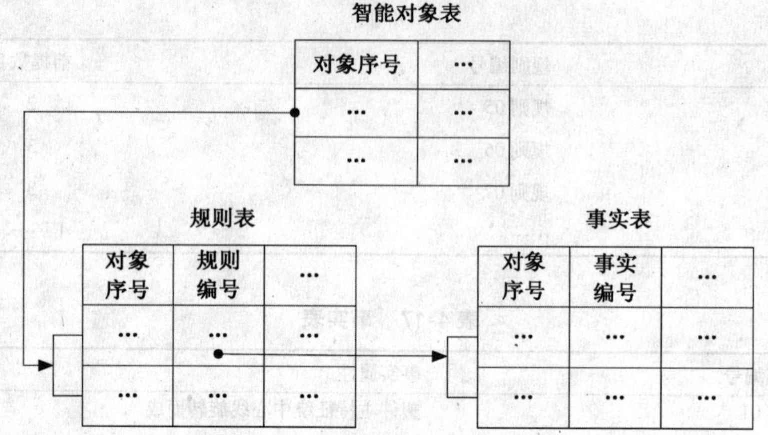

图 4-9　查询过程图

系起来，但规则表还需要通过其前提条件部分来建立与事实表的对应关系。规则的前提条件分为两部分：一部分是对象属性部分，另一部分则是事实属性部分。

如这条规则：IF 该制品是塑件且其主特征绕中心线旋转而成 THEN 该塑件是回转体塑件。该规则的条件就由两部分组成：对象属性"塑件"和事实属性"主特征绕中心线旋转而成"。有些规则的对象属性部分为空，而只有事实属性部分。很容易看出，对象属性部分恰恰反映了对象与对象之间的继承关系。还以上面这条规则为例，当制品为塑件时，才有必要接着考虑事实属性部分是否也成立；否则，如果该制品连塑件都不是，那它肯定不是回转体塑件。在本文中，对象属性部分和事实属性部分分别由前提条件 I 表和前提条件 II 表来表示，如表 4-18 和表 4-19 所示。

表 4-18　前提条件 I 表

规则序号	前提序号
规则 01	前提 01（主特征不是绕中心线旋转而成）
规则 02	前提 02（主特征是绕中心线旋转而成）
规则 03	前提 03（回旋体塑件的纵切面为矩形）
规则 04	前提 03（回旋体塑件的纵切面为矩形）
规则 05	前提 04（圆柱体塑件）
规则 06	前提 05（回旋体塑件）
规则 07	前提 04（圆柱体塑件）
……	……

表 4-19　前提条件 II 表

规则编号	前提编号
规则 03	前提 06（内部空心）
规则 04	前提 07（内部实心）

续表

规则编号	前提编号
规则 05	前提 08（塑件高度 h 与直径 d 比 $t>5$）
规则 06	前提 10（薄壳）
规则 06	前提 07（塑件高度 h 与直径 d 比 $t<0.3$）
规则 07	前提 10（薄壳）
规则 07	前提 09（塑件高度 h 与直径 d 比 $t\in[0.8,1.3]$）
……	……

这里需要说明的是，在前提条件 n 表中，字段“前提编号”中有的数值为负，这表明当该事实不成立时，其对应的规则反而成立。以“规则 02：IF 该制品其主特征不是绕中心线旋转而成 THEN 该塑件是非回转体塑件”为例，当其事实属性部分“主特征不是绕中心线旋转而成”成立时，结论才有可能成立，否则结论肯定不成立。

在进行结构设计时，需用到大量的经验公式。在系统知识库中，经验公式以文本形式保存在数据库中，其库表结构如表 4-20 所示。

表 4-20　公式表

公式编号	问题编号	公式表达式
1	根据经济要求确定型腔数	3.1
2	根据锁模力确定型腔数	3.2
3	根据制品精度确定型腔数	3.3
4	根据最大注塑质量确定型腔数	3.4
5	最终型腔数目的确定公式	3.5
6	塑料熔体剪切速率经验公式	3.6
……	……	……

4. 基于智能对象的知识推理

传统专家系统的推理机制是单一的，其被动对象规则只能根据系统发送给它的消息来实现推理。这使得系统在搜索、推理过程中容易出现死角，使推理效率低下，甚至发生知识的组合爆炸。而基于智能对象的知识推理则有多条途径，除了能直接利用各智能对象内部封装的规则组进行推理外，还可利用智能对象间的继承机制来实现。这使得系统在推理时，能自动对推理空间进行划分和裁剪，从而提高了推理效率。由前述可知，系统的整个知识库是由智能对象类组成的一个树状结构。推理的过程实质上就是一个从根结点到叶子结点的搜索过程。在图 4-7 所示的对象树状层次结构中，制品为根结点，最底层对象为叶子结点，如“直浇口”、“点浇口”等。应当说明的是，本文推理是从对象“塑件”开始的，即人为地将“塑件”看作根结点。其推理步骤参见第 4.3.2.1 节。

在推理过程中，还需动态创建三个表：正确对象表、正确事实表及错误事实表，用来分别存放处于正确状态的对象、处于正确状态的事实及处于错误状态的事实。在刚开始推理时，对象和事实状态都是不确定的。当某一条规则的前提事实不确定时,就会出现对话框,由用户来判断该前提事实是否正确。若正确,则将其添加到正确事实表;反之,则添加到错误事实表中。当推断下一条规则的事实属性部分时,先要确定它们是否已存在于正确事实表或错误事实表。如果已存在,则说明这些事实属性已经确定为正确或错误状态,计算机能自动判断该规则不成立或继续考察其他事实属性以判定该规则最终是否成立;否则,需要用户自己来判断其属性。

整个推理流程如图 4-10 所示。

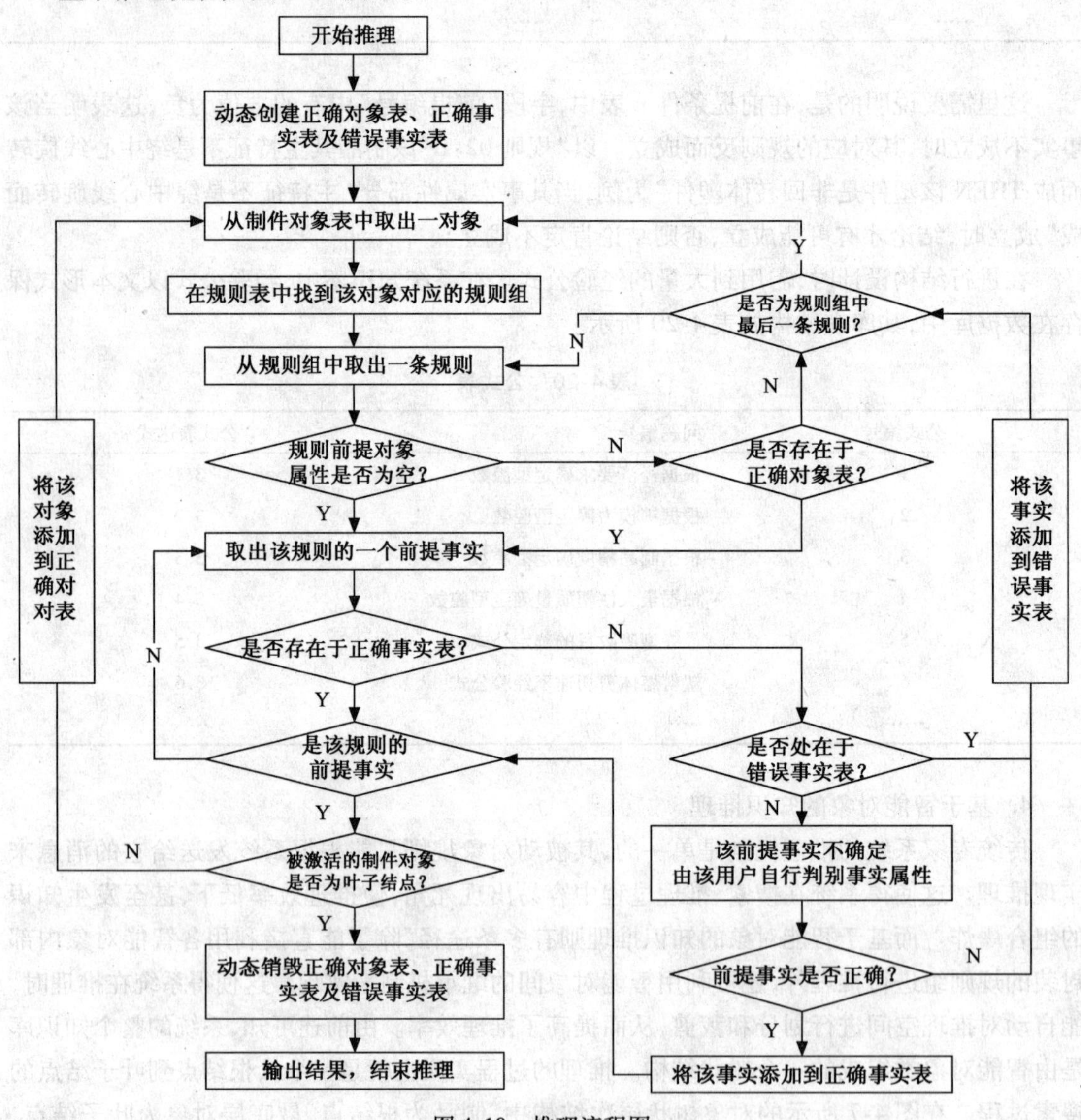

图 4-10　推理流程图

4.3.2.4　软件实现

1．用户界面的设计

AutoCAD 最大的特点是采用了开放式体系结构,允许用户或第三方厂家开发自己的命令、标准库文件或应用程序等,以增强软件的功能,提高用户的绘图效率。用户定制 AutoCAD时,个性化菜单系统是使用最为广泛的一种定制方式。在 AutoCAD 中包括了相当丰富的各类菜单,这些菜单的功能是由菜单文件来定义的。用户可通过修改已有的菜单文件或重建新的菜单文件来建立自己的菜单文件。借助于编辑菜单文件中的文本或菜单组,用户可定义菜单项的外在表现形式及其所处位置,并指定该菜单项被选中时所执行的具体操作。

菜单文件实际上是指一组协同定义和控制菜单区域的显示及操作的文件。AutoCAD 2002 标准菜单文件有 6 种,即 ACAD. MNS、ACAD. MNU、ACAD. MNR、ACAD. MNL、ACAD. MNT 和 ACAD. MNC。其中 ACAD. MNU 是菜单模板文件。

本文中为了建立引导菜单,创建了一个菜单组文件 *. mnu,该菜单组中包含 5 个成员,分别用于创建 5 个下拉菜单。将该文件通过 MENULOAD 命令装入 AutoCAD 2002 平台上,就生成了系统的界面。图 4-11 就是系统在注塑模设计的过程中所生成的一个用户界面。

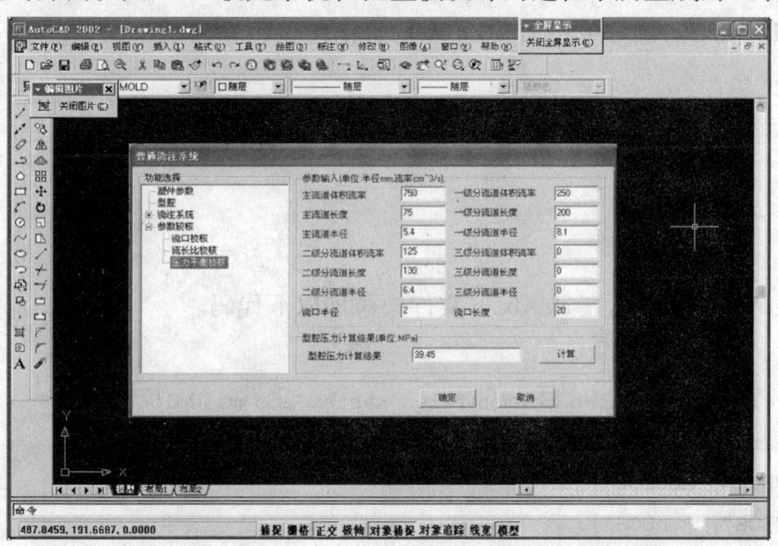

图 4-11　用户界面示意图

2．基于 ADO 的数据库访问技术

ActiveX 数据对象 ADO 是为 OLE DB 而设计的高层数据库 API,它简化了 OLE DB,是一个便于使用的应用程序接口。ADO 最主要的优点是易于使用、速度快、内存支出少。具体地说,用 ADO 访问数据源的优越性可以概括如下。

(1) 易于使用。由于 ADO 是高层数据库访问技术,所以相对于 ODBC 来说,具有面向对象的特点。同时,在 ADO 的对象结构中,对象与对象之间的层次结构不是非常明显,我们可以不必关心对象的构造顺序和构造层次,这会给编写数据库程序带来很多便利。

(2) 可以访问多种数据源。ADO 几乎可以访问所有关系数据源和非关系数据源,这使得应用程序具有良好的通用性和灵活性。

(3) 访问数据源效率高。ADO 是以 OLE DB 技术为基础的,它继承了 OLE DB 访问数据源的高效性。

(4) 方便的 Web 应用。ADO 可以 ActiveX 控件的形式出现,大大方便了 Web 应用程序的编制。

(5) 编程接口丰富。ADO 是一个 COM DLL ,在调用 ADO 之前,必须首先初始化 OLE/COM 库。因此使用 ObjectARX 2000 向导生成的 ARX 应用程序也必须进行初始化。

由于系统要用到 SQL Server 2000 来存储一些设计信息,所以如何让 ObjectARX 应用程序获得数据库的支持是很重要的。本文采用先进的 ADO 数据库访问技术,实现 ObjectARX 程序与数据库的连接[42]。

ADO 的编程模型一般要包含这样一个动作序列:建立一个到数据源的连接→指定对数据源的查询并执行查询→将查询到的数据放到一个 C + + 类中,以便程序访问→读取或者编辑数据源。

在 ObjectARX 中使用 ADO 数据库的步骤如下:

(1) 初始化 COM 库,引入 ADO 类型库。

首先,在 DllMain( ) 函数中添加 COM 库初始化代码。

```
extern"C"
BOOL WINAPI DllMain(HINSTANCE hInstance,DWORD dwReason,)
{
  AfxOleInit();
... ...
```

然后引入 ADO 类型库,在 stdAfx. h 文件中添加以下代码。

```
#include < comdef.h >
#import"c:\Program files\common files\system\ado\msado15.dll"
rename_namespace("ARXADO"); \
rename("EOF","AdoEOF");\
rename("EOS","AdoEOS");
```

#import 语句的作用就是引入 ADO 类型库。编译时,VC 将生成 msado15. tlh、ado15. tli 两个 C + + 头文件来定义 ADO 类型库。该语句后面使用 rename_namespace( ) 给 ADO 类型库函数指定新的命名空间。ARX 程序中的 ACAD 图形也是数据库,其访问方式虽然与 ADO 有很大的不同,但它们使用了大量相同的关键字定义,所以有必要为 ADO 类型库指定新的命名空间,以避开 ADO 与 ARX 库的命名冲突。

(2) 用 Connection 对象连接数据库。

首先,声明一个指向 Connection 类对象的指针为 ARX 应用程序的全局变量。

```
_ConnectionPtr pConn;
```

ADO 数据库编程并不需要 MFC,由于这里 ARX 程序使用了 MFC,故从 Cdialog 基类派生一个对话框,在对话框中完成对 ADO 数据库的操作,并在自定义对话框类中添加 public 成员变量。

```
_ConnectionPtr pConn;
```

该指针所指的对象类型是 ADO 类型库接口中的_Connection 对象,对象名的后缀 Ptr 表示该对象为智能型指针对象。在 CModuleDialog::OnInitialize()函数中添加代码建立 ADO 连接,CModuleDialog 是从 CDialog 中派生的自定义对话框类。

```
hr = pConn -> Open(_bstr_t(strConn),"","",adModeUnknown);
```

Open()函数的接口定义在_Connection 对象的基类 Connection15 中,该函数的第一个参数为 BSTR 类型的连接字符串。而_bstr_t 是 VC6 的 COM 支持类,在 comdef.h 中定义,_bstr_t实例作为参数传递给要求给出 BSTR 的 ADO 函数。Open()函数接口的第二、第三个参数的意义分别为连接数据库的用户 ID 和密码字符串。最后一个选项参数在 ADO 接口中的 ConnectModeEnum 枚举类中定义。

(3) 利用建立好的连接,通过 Connection、Command 对象执行 SQL 命令,利用 Recordset 对象取得结果记录集进行查询和处理。

为了取得结果记录集,定义一个指向 Recordset 对象的指针。

```
_RecordsetPtr pRcdset;
```

并为其创建 Recordset 对象的实例。

```
pRcdset.CreateInstance("ADODB.Recordset");
```

SQL 命令的执行可以采用多种形式,主要有以下几种。

- 利用 Connection 对象的 Execute()成员函数执行 SQL 命令。

与 Open()成员函数一样,Execute()也是从 Connection15 基类继承的,其接口定义可以在 OLE - COM Object Viewer 中看到。由于最后一个参数是返回值(即具有 retval 属性),真正的函数原型变为

```
_RecordsetPtr Connection15::Execute (_bstr_t CommandText,
                                      VARIANT * RecordsAffected,long Options)
```

其中,CommandText 是命令字串,通常是 SQL 命令。参数 RecordsAffected 是操作完成后所影响的行数。参数 Options 表示 CommandText 中内容的类型,(见 CommandTypeEnum 枚举类型接口定义)。Execute 执行完后返回一个指向记录集的指针。

- 利用 Command 对象来执行 SQL 命令。

在以下代码中用 Command 对象来执行 SELECT 查询语句。

```
_CommandPtr pCmd;
pCmd.CreateInstance("ADODB.Command");
_variant_t vNULL;
vNULL.vt = VT_ERROR;
```

```
vNULL.scode=DISP_E_PARAMNOTFOUND;//定义为无参数
pCmd->ActiveConnection=pConn;
pCmd->CommandText="SELECT * FROM 零件";//命令字符串
pRcdset=pCmd->Execute(&vNULL,&vNULL,adCmdText);
        //执行命令,取得记录集
```

以上代码最后一行调用的是_Command 的接口函数 Execute,该函数是_Command 类从 Command15 基类中继承而来的,它返回一个记录集指针对象。

- 直接用 Recordset 对象进行查询取得记录集。

根据通过执行 SQL 命令建立好的零件表,它包含 4 个字段:ID、零件名称、数量、制造日期。之后,即可对记录集进行操作,这些操作包括如下几个方面:

① 打开记录集

```
_variant_t vName,vDate,vID,vNumber;
_RecordsetPtr pRcdset;
pRcdset.CreateInstance("ADODB.Recordset");
pRcdset->Open("SELECT * FROM 零件", _variant_t((IDispatch*)pConn,true),
                adOpenStatic,adLockOptimistic,adCmdText);
```

② 查询记录

```
vID=pRcdset->GetCollect(_variant_t((long)0));      //取得第一列的值
vName=pRcdset->GetCollect("零件名称");              //取得零件名称字段的值
vNumber=pRcdset->GetCollect("数量");
vDate=pRcdset->GetCollect("制造日期");
//在 ACAD 命令行输出记录集中的记录
if(vID.vt! =VT_NULL&&vName.vt! =VT_NULL
     &&vNumber.vt! =VT_NULL&&vDate.vt! =VT_NULL)
{
acutPrintf("id:% d,零件名称:% s,数量:% d,制造日期:      % s\r\n",VID.lval,
(LPCTSTR)(_bstr_t)vName,vNumber.lVal,(LPCTSTR)(_bstr_t)vDate);
}
```

③ 删除、修改记录

```
pRcdset->MoveFirst();                 //移到第一条记录
pRcdset->Delete(adAffectCurrent);//删除当前记录
for(inti=0;i<3;i++)
{
pRcdset->AddNew();                    //添加新记录
pRcdset->PutCollect("ID",_variant_t((long)(i+10)));
pRcdset->PutCollect("零件名称",_variant_t("M20 螺栓"));
pRcdset->PutCollect("数量",_variant_t((long)75));
```

```
pRcdset->PutCollect("制造日期",_variant_t("2003-9-25"));
}
pRcdset->Move(1,_variant_t((long)adBookmarkFirst));
pRcdset->PutCollect(_variant_t("数量"),_variant_t((long)45));
                                        //修改其数量
pRcdset->Update();                      //保存到库中
```

(4) 记录集的遍历和更新。

根据通过执行 SQL 命令建立好的零件表,它包含4个字段:ID、零件名称、数量、制造日期。以下步骤为:打开记录集,遍历所有记录,删除第一条记录,添加三条记录,移动光标到第二条记录,更改其数量,保存到数据库。

(5) 使用完毕后关闭连接释放对象,关闭记录集与连接记录集或连接。

3. 三维造型中的可视化技术

窗口操作环境是目前最先进、最流行的一种人机交互界面。它能控制光栅扫描型显示器和以鼠标为代表的输入设备,为用户提供图形与正文共存的可视化环境,使操作更加方便、简洁。Autodesk 公司从 AutoCAD R12 版本起开始推出一种 DCL 语言,用于开发弹出式对话框。DCL 文件是由一个或几个"对话框描述"构成的 ASCII 文件,对话框描述定义了对话框的工作方式和所包含的成分(如按钮、文本框等)。但对话框的功用和行为方式取决于调用它的应用程序,即需要用 AutoLISP 或 ADS 编写对话框驱动程序。由于 DCL 文件采用树形结构描述对话框,所以当层次结构变复杂后,往往需要花费很多的时间来规划对话框和驱动程序,并反复进行编程和调试才能满足设计要求。因此,对话框的设计是一件并不轻松的事。

随着 AutoCAD 版本的不断升级, Autodesk 公司又推出了第三代开发工具,如 ObjectARX,VBA 等。在 AutoCAD 2002 中,用户可以利用 ObjectARX 环境的支持,采用面向对象的可视化编程语言 Visual C++开发 ObjectARX 应用程序。由于利用了 Windows 资源、MFC 类库及可视化的编程环境,使开发具有 Windows 风格的 CAD 程序的效率更高。ARX 程序仍然支持利用 DCL 语言开发对话框,但这样就不能充分利用 Windows 资源和可视化设计环境带来的好处。

利用 MFC 类库中的 CDialog 类设计对话框,简单、高效,且可以充分自由地使用 Windows 的标准控件,如按钮、列表框、状态条、编辑框及静态文本等。使用这些控件可以根据用户的需要设计各种界面和多样化的参数输入对话框。更重要的是可以自由地利用这些标准控件的成员函数进行各种消息响应,设计各种参数输入,从而大大方便了用户进行三维实体造型。这正是 ObjectARX 支持 MFC 编程设计的优点所在。因此,本课题就在 ObjectARX 编程中使用 MFC 类库来设计对话框。

(1) ARX 应用程序与 MFC 类库的链接方式使 MFC 的 ARX 应用程序在生成扩展名为 ARX 的动态链接库时,有静态和动态两种链接方式。在静态链接方式下,生成的每个 ARX 应用程序中均含有 MFC 类库的一个副本;在动态链接方式下,各应用程序共享同一个 MFC 动态链接库。前者称为程序载入时动态链接,后者称为程序运行时动态链接。

动态链接和静态链接各有优缺点。与静态链接相比,动态链接的优点是:生成的 ARX 应用程序所占磁盘空间小;运行时需要的内存空间小;运行速度快。缺点是:生成 ARX 应用程序所用的编译器必须与用来构建 AutoCAD 的编译器版本相同;可能不能使用在构建 AutoCAD时尚未使用的最新版本编译器;以早期版本建立的 ARX 应用程序在用最新版本编译器构建发行的 AutoCAD 过渡版本中可能无法工作。

与 MFC 静态链接的 ARX 程序不会存在上述动态链接的缺点,但不足之处是:生成的 ARX 应用程序的字节数大;对内存容量的需求较大;由于需要更多的数据交换,通常程序运行较动态链接的应用程序要慢一些。本系统采用动态链接方式。

(2) ARX 应用程序中的资源管理。要建立一个 ObjectARX 应用程序与 AutoCAD 或其他应用程序共享 MFC 类库,那么资源管理是一个很重要的考虑因素。在执行诸如定位资源这样的操作时,需用 CdynaLinkLibrary 给 MFC 检查链中插入模块状态。需要特别强调的是,无论如何,要基于系统管理程序中的资源,以免与 AutoCAD 或其他 ObjectARX 应用程序的资源发生冲突。在设置资源时应遵循以下原则:

- 在任何能引起 MFC 操作自定义的资源之前,通过调用函数 AfxSetResourceHandle() 将该资源设置成系统默认资源;
- 在设置系统资源到自定义资源之前,通过调用函数 AfxGetResourceHandle() 获得当前的系统资源;
- 在任何一个调用了使用自定义资源的函数之后,应立即把系统资源复位设置为其操作前的资源。

在一个对话命令操作中,调用诸如 acedGetFile() 的 AutoCAD API 函数时,如果要用到 AutoCAD 的资源,应该在调用函数之前,把资源设置成 AutoCAD 的资源,调用之后再恢复应用程序的资源。在这之中要使用 acedGetAcadResourceInstance() 获得 AutoCAD 的资源的句柄。

ObjectARX SDK 提供了两个使得管理资源更容易使用的 C++类:CAcExtensionMoudle 和 CAcModuleResouce0verride。其中 CAcExtensionMoudle 类主要用于两个目的:一个是它为 AFX EXTENSION MODULE 结构提供定位符;二是用来追踪 DLL 的两个资源。资源是指模块的资源和默认资源。CAcExtensionMoudle 追踪这些资源使得 MFC 在默认资源和模块资源之间的查找和转换更简单。DLL 应该创建一个此类的实例并提供执行函数。使用 CAcModuleResouce0verride类的实例在资源间转换。当对象被构造时,一个新的资源将被转换进来,而当对象被释放时,原来的资源将被恢复。

(3) MFC 内置用户界面的使用。ObjectARX 提供了一套与 MFC 用户界面(UI)相关的类,使开发者更易于创建一致的用户界面。这意味着所开发的用户界面可以具有和 AutoCAD用户界面一样的外观和行为。Autodesk 公司的 MFC 系统分为两个库,第一个叫做 AdUi,它并不是 AutoCAD 所特有的。第二个叫做 AcUi,它包含 AutoCAD 特有的外观和行为。

AdUi 是一个 MFC 扩展动态链接库,它用来扩充一些与用户界面有关的 MFC 类库。该库包含一些 Autodesk 产品的核心功能。而另一个 AcUi 是基于 AdUi 结构框架建立的,用来实现 AutoCAD 风格。AdUi 和 AcUi 库提供的类扩展了 MFC 提供的类,在这方面它允许

ARX 开发者使用在 AutoCAD 内部建立相同的 UI 功能。MFC 开发者可以无缝地使用这些类。

(4) 应用程序控制权的转换。由于在进行三维造型时，不可避免地使用交互控制手段，让用户进行一些必要的选择，但模式对话框是 Windows 应用程序的一种标准模式，在激活状态下不能进行其他操作。通过把对话框类的基类改为 CAcUiDialog，利用此基类的 BeginEditorCommand() 函数隐藏对话框并将控制权交给 AutoCAD；利用 CompleteEditorCommand() 函数恢复对话框及对程序的控制权。

4. AutoCAD 图形数据库的创建

AutoCAD 图是一个存储在数据库中的对象的集合。基本的数据库对象是实体、符号表和词典。实体是在 AutoCAD 图内部表示图的一种特殊数据库对象，线、圆、弧、文本、实心体、区域、复合线和椭圆都是实体，用户可以在屏幕上看见实体并对其进行操作。对象都映射一个符号名(文本串)到一个数据库对象，一个 AutoCAD 数据库包含一套固定的符号表，每一个符号表包含一个特定符号表记录类的实例，用户不能向数据库添加新符号表。层表(AcDbLayer Table)是符号表之一，它包含层表记录；块表(AcDbBlock Table)也是一个符号表，包含块表记录。所有 AutoCAD 实体都属于块表记录。词典为存储对象提供了比符号表更加普通的容器。一个词典可以包含任何类型的 AcDbo Object 及其子类的对象；当 AutoCAD创建新图时，AutoCAD 数据库创建一个叫做"命名对象词典"的词典。对所有与数据库有关的词典，命名对象词典可以被视为"主目录表"。用户可以在命名对象词典内创建词典，并在新词典中添加数据库对象。图 4-12 说明了 AutoCAD 数据库的主要组织结构。

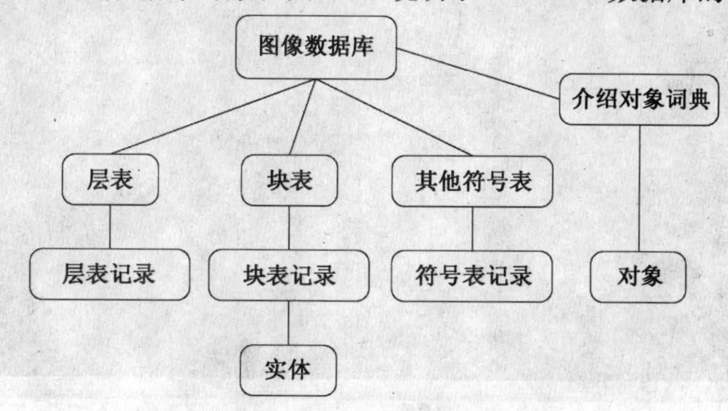

图 4-12　AutoCAD 图形数据库结构

在 AutoCAD 编辑会话中，可以通过调用下面的全局函数来获得当前图的数据库。

```
acdbHostApplicationServices→WorkingDatabase()
```

当创建图形数据库时，命名对象词典中包含 GROUP 和 MLINE 两个数据库词典。其中，MLINE 数据库已有一条 STANDARD 字体样式记录。

在 AutoCAD 数据库中，一个数据库对象实际上是该数据库中的一条记录，其存储结构为链表形式。在块表中存有分别指向模型空间和纸空间链表的指针，在模型空间链表中存有指向存储实体的链表指针，存储实体的表称为块表记录。

用 ARX 数据库操作函数创建数据库对象的基本步骤和方法如下：

(1) 调用 AcDbCurDwg 类的成员函数 getBlockTable() 获得当前图形的块表指针。

(2) AcDbBlockTable 类的成员函数 getAt() 获得当前图形的块表记录指针,其函数原型为:

```
getAt(const char * entryName ,AcDbBlockTableRecord * &pRecord,AcDb :: OpenMode)
```

(3) 调用 AcDb 对象类函数创建对象,并将对象写入块表记录。

在图形数据库中,AutoCAD 创建一个对象式,会将其存储在模型空间块表记录中。

在 AutoCAD 数据库中的特定对象主要通过对象句柄、对象标识符和指向对象的 C++ 指针三种途径获得。对象句柄是 AutoCAD 图形文件中各对象之间的唯一区别,存在于整个图形文件的生命期。通过数据库对象打开函数可以获得对象的标识符,并返回指向该对象的指针。

4.3.3 系统设计实例

为了验证本软件的计算可靠性与实用性,将其应用于连体双缸洗衣桶模具的浇注系统设计上。连体双缸洗衣桶模具装配图如图 4-13 所示。塑件所用原料为 PP,洗涤桶高 475 mm,桶径为 346 mm,脱水桶高 515 mm,桶径为 300 mm,壁厚均为 2.5 mm,塑料体积约为 3000 cm^3,注射时间为 4 s,所选注塑机压力为 150 MPa。

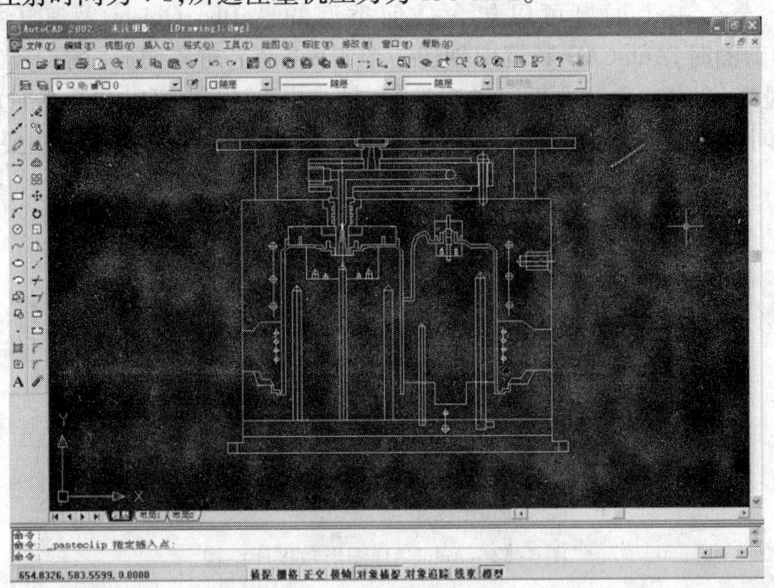

图 4-13 连体双缸洗衣桶模具装配图

下面首先判定浇口的选型。我们可以根据已知判定浇口选型的前提条件如下。

(1) 所用原料为 PP。

(2) 洗涤桶高 475 mm,桶径为 346 mm,脱水桶高 515 mm,桶径为 300 mm,壁厚均为 2.5 mm,塑料体积约为 3000 cm^3,模具属于尺寸较大的模具。

(3) 制品外观质量要求一般。

(4) 一模一腔。

根据制品给出的前提条件,判定浇口形状可采用的规则如下。

IF(是,浇注材料黏性高) THEN(采用,直浇口)。

IF(是,制品尺寸大)　　THEN(采用,直浇口)。
IF(是,制品外观要求质量一般)　　THEN(采用,直浇口)。
IF(是,一模一腔)　　THEN(采用,直浇口)。
IF(是,制品为深腔壳、箱)　　THEN(采用,直浇口)。
IF(是,塑件外观质量要求高)　　THEN(采用,潜伏式浇口)。
IF(是,同轴度要求高)　　THEN(采用,爪形浇口)。
IF(是,圆筒形塑件)　　THEN(采用,轮辐式浇口)。
IF(是,浇注材料黏度高)　　THEN(采用,护耳式浇口)。

因此,系统对于浇口选型判断的对象有直浇口、潜伏式浇口、爪形浇口、轮辐式浇口和护耳式浇口。下面给出系统对各种浇口形状计算的方法。

直浇口的计算方法如下:

IF((是,浇注材料黏性高,较高)($C(e_1)=0.72$))
　　THEN (采用,直浇口)($C(H_1)=0.7$) WITH $CF_1(H/E)=0.52$。
IF((是,制品尺寸大,大)($C(e_2)=0.68$))
　　THEN(采用,直浇口)($C(H_2)=0.8$) WITH $CF_2(H/E)=0.78$。
IF((是,制品外观要求质量一般,一般)($C(e_3)=0.89$))
　　THEN(采用,直浇口)($C(H_3)=0.9$) WITH $CF_3(H/E)=0.76$。
IF((是,一模一腔)($C(e_4)=0.82$))
　　THEN(采用,直浇口)($C(H_4)=0.95$) WITH $CF_4(H/E)=0.93$。

可以算出各条规则的结论可信度为 $C(h_1)=0.26$、$C(h_2)=0.42$、$C(h_3)=0.69$、$C(h_4)=0.7$。因此选择直浇口的可信度为 $C(h)=0.7$。同理可以求得采用潜伏式浇口、爪形浇口、轮辐式浇口、护耳式浇口的 $C(h)$ 值分别为 0.35、0.43、0.52、0.22。因此系统推理出最终采用浇口形状为直浇口。其系统界面如图 4-14 所示。

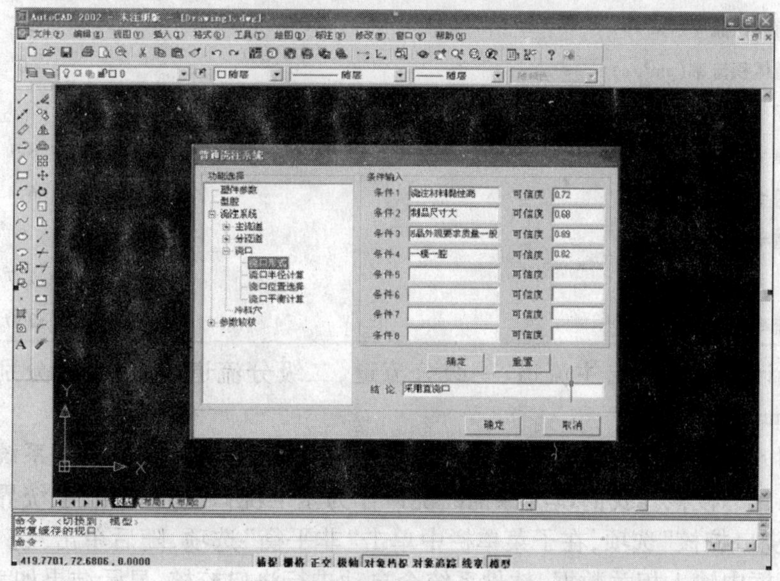

图 4-14　浇口选形界面图

同理也可以求得采用圆锥头冷料穴，浇注系统采用非平衡式的普通浇注系统。

为确定流道尺寸，先单击下拉菜单中的“计算”选项，再单击“普通”子菜单栏。这时会出现一个对话框，要求输入计算所需数据，以完成流道半径计算。当输入数据后，系统会自动计算出流道半径。系统操作如图 4-15 所示。半径计算数据和计算结果如表 4-21 所示。

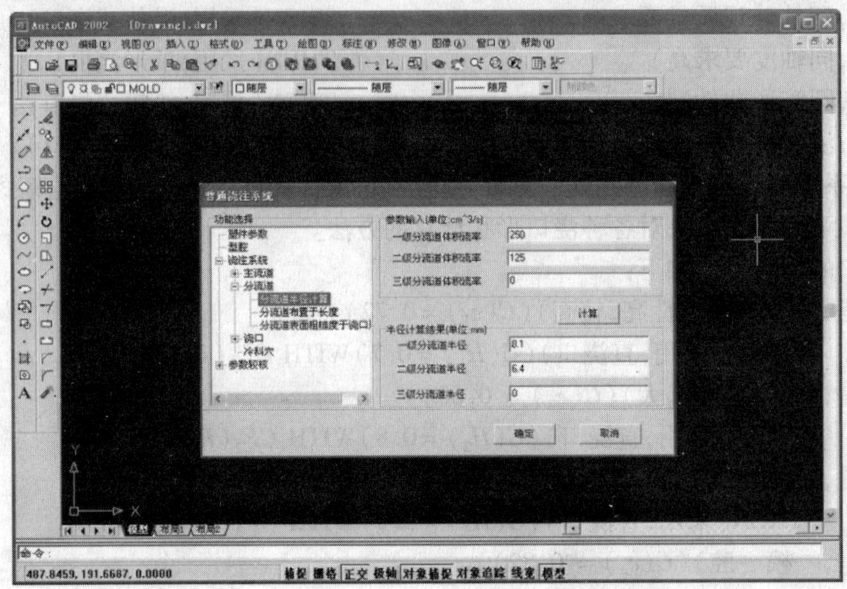

图 4-15　浇口半径计算系统演示界面图

表 4-21　半径计算数据

主流道体积流率(cm^3/s)	750
一级分流道体积流率(cm^3/s)	250
二级分流道体积流率(cm^3/s)	125
三级分流道体积流率(cm^3/s)	0
主流道半径(mm)	5.4
一级分流道半径(mm)	8.1
二级分流道半径(mm)	6.4
三级分流道半径(mm)	0
浇口半径	1.7
浇口体积流率(cm^3/s)	250

经由半径计算模块得出主流道、一级分流道、二级分流道、浇口半径分别为 5.4 mm、8.1 mm、6.4 mm、1.7 mm。

由于采用的是非平衡系统，为确保流道尺寸的可靠性，还需对该浇注系统进行浇口平衡、压力、流长比的校核。我们以洗涤桶的浇口作为基准浇口进行校核，系统界面如图 4-16 所示。单击“浇口校核”选项，在子菜单栏中单击“非平衡”选项，随后单击“浇口平衡校核”选项。在对话框中输入相关数据，软件系统会自动进行浇口校核，显示结果如表 4-22 所示。其中浇口半径为所求。

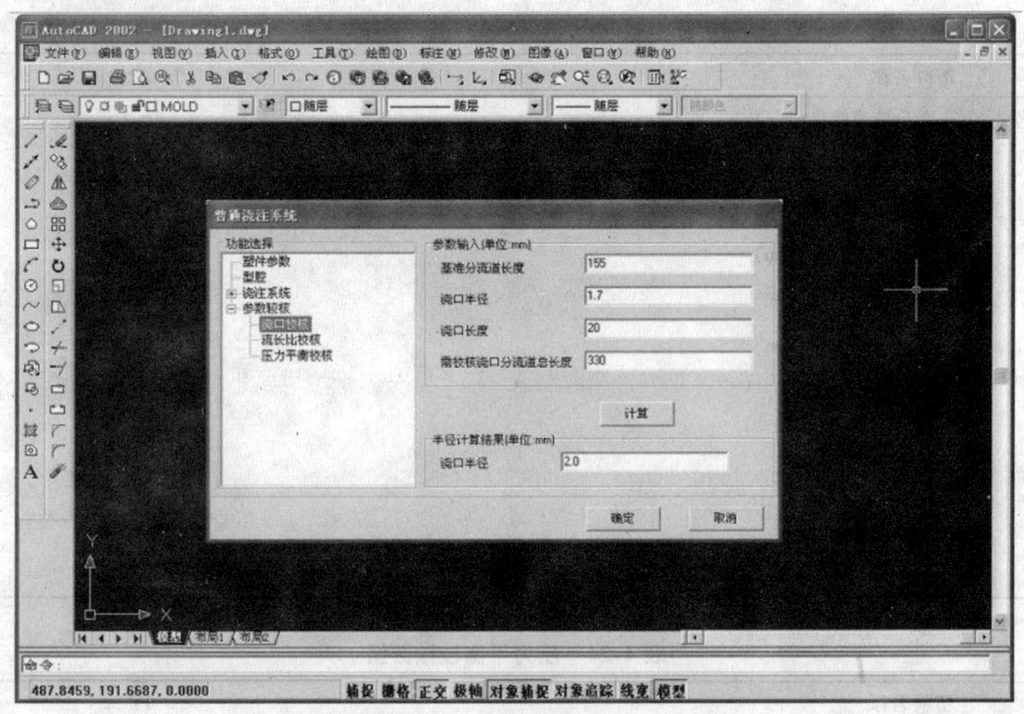

图 4-16　浇口校核系统演示界面图

表 4-22　浇口校核数据

需计算浇口数目	2
基准分流道长度(mm)	155
浇口半径(mm)	1.7
浇口长度(mm)	20
输入需校核浇口分流道总长度(mm)	330
浇口半径(mm)	2.0
输入需校核浇口分流道总长度(mm)	300
浇口半径(mm)	2.0

流长比、压力平衡校核显示结果如表 4-23 及表 4-24 所示，它们的系统操作如图 4-17 及图 4-18 所示。本软件算出的最大流长比为 300.45，小于材料 PP 在注射压力为 150 MPa 时的流长比 310，设计符合要求。型腔压力大于 35 MPa，设计符合要求。因此，此浇注系统的设计方案满足实际模具生产要求，具有可行性。连体双缸洗衣桶最终普通浇注系统设计俯视图如图 4-19 所示。

表 4-23　流长比校核数据

塑料名称	PP
主流道厚度(mm)	10.8
主流道长度(mm)	75

续表

塑料名称	PP
一级分流道厚度(mm)	16.2
一级分流道长度(mm)	200
二级分流道厚度(mm)	12.8
二级分流道长度(mm)	130
三级分流道厚度(mm)	0
三级分流道长度(mm)	0
浇口厚度(mm)	4
浇口长度(mm)	20
型腔厚度(mm)	2.5
型腔长度(mm)	665
流长比(mm)	300.45 <310

表 4-24　压力平衡校核数据

塑料名称	PP
注射压力(MPa)	150
主流道体积流率(cm^3/s)	750
主流道半径(mm)	5.4
主流道长度(mm)	75
一级分流道体积流率(cm^3/s)	250
一级分流道半径(mm)	8.1
一级分流道长度(mm)	200
一级分流道体积流率(cm^3/s)	125
一级分流道半径(mm)	6.4
一级分流道长度(mm)	130
一级分流道体积流率	0
一级分流道半径(mm)	0
一级分流道长度(mm)	0
浇口半径(mm)	2
浇口长度(mm)	20
型腔压力 >35 MPa,设计符合要求	

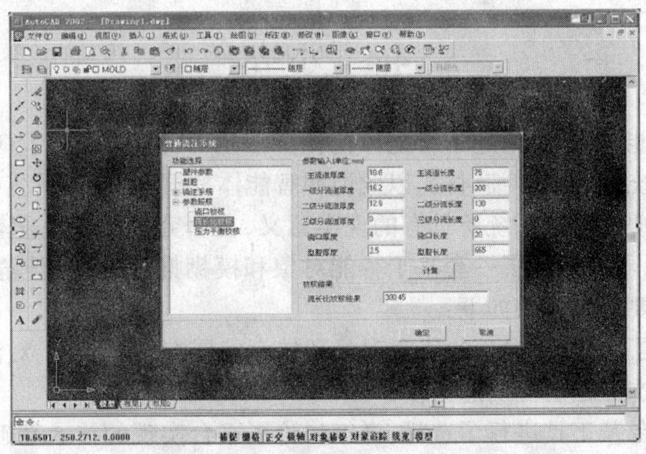

图 4-17　流长比校核系统演示界面图

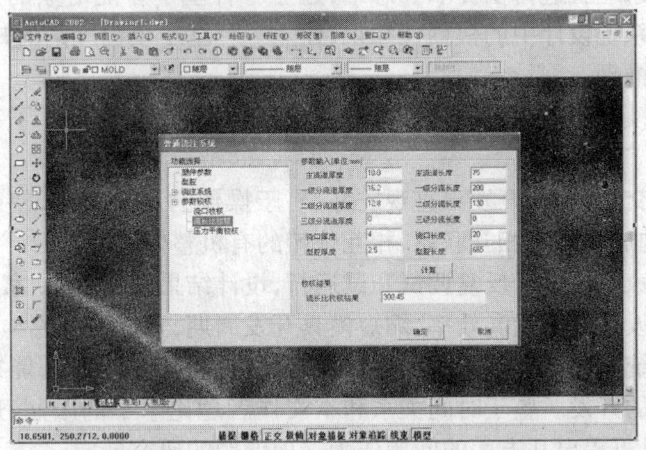

图 4-18　压力平衡校核系统演示界面图

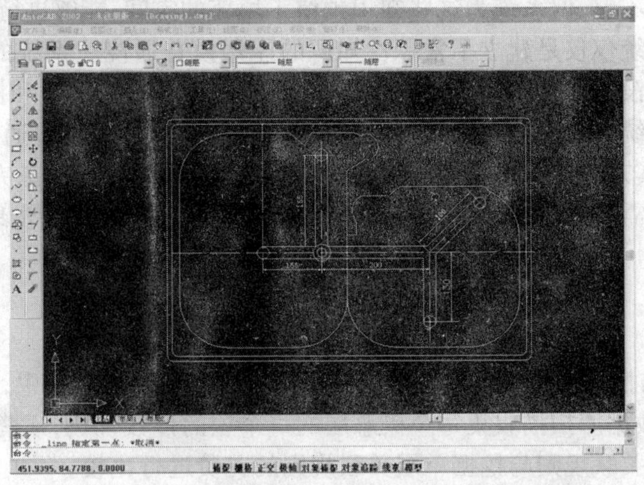

图 4-19　连体双缸洗衣桶普通浇注系统俯视图

4.4　小结

本章阐述了智能体概念,论述了智能体挖掘算法。对课题基于智能对象和模糊推理的注塑模普通浇注系统进行了详细讨论,以此说明智能体挖掘在 CAD 系统中的应用情况。

论述了研究注塑模专家系统所具有的现实意义,在研究国内外注塑模专家系统技术和发展趋势的基础上,研究设计了一套基于智能对象和模糊推理的注塑模普通浇注系统设计的专家系统。其主要研究成果如下:

(1) 分析研究了注塑模 CAD 的研究现状和技术发展方向,阐述了对注塑模软件进行二次开发的必要性及本课题研究的意义。

(2) 对开发平台及工具进行了选择,详细讨论了平台实现的技术基础。

(3) 运用面向对象技术,对注塑模普通浇注系统设计中的知识进行分析研究,对注塑模普通浇注系统的专家经验进行了提取和总结,建立一种基于智能对象的知识存储模型。针对注塑模普通浇注系统设计中的模糊性知识,建立一种基于模糊理论的知识处理模型,实现注塑模设计的模糊推理。

(4) 在对注塑模普通浇注系统设计进行分析研究的基础上,确立了系统的总体设计方案及关键技术。

(5) 利用人机交互技术,开发出直观友好、易于操作的用户菜单,使系统无缝地集成在 AutoCAD 平台中,构成了一个相互联系、相互依赖的有机整体。

(6) 对整个专家系统进行反复调试和试运行,设计结果表明:本专家系统能够提高注塑模具普通浇注系统设计的质量和效率,缩短模具开发周期,降低模具成本。

本专家设计系统充分考虑了系统功能扩展、升级的可能性,因此,能在原方案的基础上方便地进行新功能的开发。鉴于时间关系和本文作者理论水平的限制,这部分工作仍需进一步改进和完善,以下提出几方面的问题作为这项课题的研究展望。

(1) 本课题由于时间和条件限制及本人对模具方面的知识有所欠缺,在专家系统知识库的填充上还做的不够,但系统为这些知识预留了填充的空间,能够进行进一步的扩容。

(2) 本专家系统仅仅是建立了常识性知识的注塑模普通浇注系统的知识库,对一些特殊知识的处理方面没有作过多的研究与探讨,在这一方面还有待加强和提高。

(3) 本专家系统作为注塑模设计型的专家系统,只是对注塑模普通浇注系统结构设计进行了研究,没有实现与数控机床的连接,还不能做到模具设计及加工完全的智能化、自动化。在这一方面还需要进一步地研究探讨,整个专家系统还需要进一步地完善、改进。

习题 4

1. 提出并给出挖掘多层关联规则的层共享挖掘方法的要点。其中,每个项用它的层位置编码,一次初始数据库扫描收集每个概念层的每个项的计数,识别频繁和子频繁项集。将用该方法挖掘多层关联规则与挖掘单层关联规则的花费进行比较。

2. 证明:包含项 h 和其祖先 $\hat{h}$ 的项集 H 的支持度与项集 $H-\hat{h}$ 的支持度相同。解释如何将它用于层交叉关联规则挖掘。

3. 在挖掘层交叉关联规则时，假定发现项集{IBM desktop computer, printer}不满足最小支持度。这一信息可以用来剪去诸如{IBM desktop computer, b/w printer}的“后代”项集的挖掘吗？给出一个一般规则，解释这一信息如何用于对搜索空间剪枝。

4. 提出一种挖掘混合维关联规则(多维关联规则带有重复谓词)的方法。

5. 给出一个短例子，表明强关联规则中的项可能实际上是负相关的。

6. 下面的表中汇总了超级市场的事务数据。其中，hotdogs 表示包含热狗的事务，$\overline{\text{hotdogs}}$表示不包含热狗的事务，hamburgers 表示包含汉堡包的事务，$\overline{\text{hamburgers}}$表示不包含汉堡包的事务。

	hotdogs	$\overline{\text{hotdogs}}$	$\sum$row
hamburgers	2.00	500	2500
$\overline{\text{hamburgers}}$	1.00	1500	2500
$\sum$col	3.00	2000	5000

(1) 假定发现关联规则 hotdogs⇒hamburgers。给定最小支持度阈值25%，最小置信度阈值50%，该关联规则是强的吗？

(2) 根据给定的数据，买 hotdogs 独立于买 hamburgers 吗？如果不是，二者之间存在何种相关联系？

7. 序列模式可以用类似于关联规则挖掘的方法挖掘。设计一个有效的算法，由事务数据库挖掘多层序列模式。举这种模式的一个例子：“买 PC 的顾客在三个月内将买Microsoft 软件”，在其上，可以下钻，发现该模式的更详细的版本，如“买 Pentium PC 的顾客在三个月内将买 Microsoft Office”。

8. 证明下面表中的每一项正确地刻画了它对应的关于频繁项集挖掘的规则约束。

	规则约束	反单调性	单调性	简洁性
(a)	$v\in S$	否	是	是
(b)	$S\subseteq V$	是	否	是
(c)	$\min(S)\leqslant v$	否	是	是
(d)	$\text{range}(S)\leqslant v$	是	否	否
(e)	$\text{avg}(s)$	可转变的	可转变的	否

9. 商店里每种商品的价格是非负的。商店经理只关心如下形式的规则：“一件免费商品可能触发在同一事务中200元的总购物”。陈述如何有效地挖掘这种规则。

10. 商店里每种商品的价格是非负的。对于以下每种情况，识别它们提供的约束类型，并简略讨论如何有效地挖掘这种关联规则。

(1) 至少包含一件 Nintndo 游戏。

(2) 包含一些商品，它们的单价和小于150元。

(3) 包含一件免费商品，并且其他商品的单价和至少是200元。

(4) 所有商品的平均价格在100~500元之间。

第 5 章　分类挖掘及其应用

5.1　分类概念

5.1.1　概述

数据库内容丰富,蕴藏大量信息,可以用来作出智能的商务决策。分类和预测是两种数据分析形式,可以用于描述重要数据类的模型或预测未来的数据趋势。分类用于预测分类标号(或离散值),而预测则用于建立连续值函数模型。例如,可以建立一个分类模型,对银行贷款的安全或风险进行分类;同时可以建立预测模型,给定潜在顾客的收入和职业,预测他们在计算机设备上的花费。许多分类和预测方法已被机器学习、专家系统、统计学和神经生物学方面的研究者提出。大部分算法是内在驻留算法,通常假定数据量很小。数据挖掘研究建立在这些工作之上,开发了可伸缩的分类和预测技术,能够处理大量的、驻留磁盘的数据。这些技术通常考虑并行和分布处理。

数据分类(data classification)是一个两步过程。

第一步,建立一个模型,描述预定的数据类集或概念集。通过分析由属性描述的数据库元组来构造模型。假定每个元级属于一个预定义的类,由一个称作类标号属性(class label attribute)的属性确定。对于分类,数据元组也称作样本、实例或对象。为建立模型而被分析的数据元组形成训练数据集。训练数据集中的单个元组称作训练样本,并随机地由样本群选取。由于提供了每个训练样本的标号,该步也称作有指导的学习(即模型的学习在被告知每个训练样本属于在哪个类的“指导”下进行)。它不同于无指导的学习(或聚类),在无指导的学习中每个训练样本的类标号是未知的,要学习的类集合或数量也可能事先不知道。

通常,学习模型用分类规则、判定树或数学公式提供。例如,给定一个顾客信用信息的数据库,可以学习分类规则,根据他们的信誉度(优良或相当好)来识别顾客。这些规则可以用来为以后的数据样本分类,也能对数据库的内容提供更好的理解。

第二步,使用模型进行分类。首先评估模型(分类法)的预测准确率。保持(holdout)方法是一种使用类标号样本测试集的简单方法。这些样本随机选取,并独立于训练样本。模型在给定测试集上的准确率是被模型正确分类的测试样本的百分比。对于每个测试样本,将类标号与该样本的学习模型类预测比较。注意,如果模型的准确率根据训练数据集评估,评估可能是乐观的,因为学习模型倾向于过分适合数据(它可能并入训练数据中某些特别的异常,这些异常不出现在总体样本群中)。因此,使用测试集。

如果认为模型的准确率可以接受,就可以用它对类标号未知的数据元组或对象进行分类(这种数据在机器学习文献中也称为“未知的”或“先前未见的”数据)。

分类具有广泛的应用,包括信誉证实、医疗诊断、性能预测和选择购物。

假定有一组记录集合和一组标记(TAG),所谓标记是指一组具有不同特征的类别,分类分析时首先为每一个记录赋予一个标记,即按标记分类记录,然后检查这些标定的记录,描述出这些记录的特征,然后再用这些分类的描述或模型来对未知的新的数据进行分类。这种描述可能是显式的,如一组规则定义;也可能是隐式的,如一个数学模型或公式。利用它可以分类新记录,实际上它就是一种模式。目前,已有很多种分类分析模型得到应用,其中的几种典型模型是线性回归模型、决策树模型、基于规则模型、神经网络模型和贝叶斯信念网络模型。

举一个简单的例子:信用卡公司的数据库中保存着各持卡人的记录,并根据信誉程度(标记),将持卡人分作优、良、中、一般、差五类。这一过成程实际就是将持卡人记录标定为五类。分类分析法检查这些记录,然后给出一个对信誉等级的显式描述:“信誉良的用户是指那些收入在 25 000 元以上,年龄在 45 ~ 55 岁之间,居住在 XYZ 地区附近的人士”。

5.1.2　分类预处理

1. 准备分类的数据

可以对数据使用下面的预处理以便提高分类过程的准确性、有效性和可伸缩性。

(1) 数据清理。是指针对消除或减少数据噪声(如使用平滑技术)和处理空缺值(如用该属性最常出现的值,或根据统计,或用最可能的值替换空缺值)的数据预处理。尽管大部分分类算法都有处理噪声和空缺值的机制,但该步骤有助于减少学习时的混乱。

(2) 相关性分析。数据中许多属性可能与分类任务不相关。例如,记录银行贷款申请日期的数据可能与申请的成功不相关。此外,其他属性可能是冗余的。因此,可以进行相关分析,删除学习过程中不相关的或冗余的属性。在机器学习中,这一过程称为特征选择。包含这些属性将减慢和可能误导学习步骤。

在理想情况下,用在相关分析上的时间,加上从“压缩的”特性子集上学习的时间,应当少于由原来的数据集合上学习所花的时间。因此,这种分析可以帮助提高分类的有效性和可伸缩性。

(3) 数据变换。数据可以概化到较高层概念。概念分层可以用于此目的。对于连续值属性,这一步非常有用。例如,属性 income 的数字值可以概化为离散的区间,如 low、medium 和 high。类似的情况下,标称值(如 street)可以概化到高层概念(如 city)。由于概化压缩了原来的训练数据,学习时的输入和输出操作将减少。

数据也可以规范化,特别是在学习阶段使用神经网络或涉及距离度量的方法时。规范化涉及将给定属性的所有值按比例缩放,使得它们落入较小的指定区间,如 -1.0 ~ 1.0,或 0.0 ~ 1.0。例如,在使用距离度量的方法中,这可以防止具有较大初始域的属性(如income)相对于具有较小初始域的属性(如二进位属性)权重过大。

2. 分类方法评估

分类方法可以根据下列标准进行比较和评估。

(1) 测的准确率。这涉及模型正确地预测新的或先前未见过的数据的类标号的能力。

(2) 速度。这涉及产生和使用模型的计算花费。

(3) 强壮性。这涉及给定噪声数据或具有空缺值的数据,以及模型正确预测的能力。

(4) 可伸缩性。这涉及给定大量数据,有效地构造模型的能力。

(5) 可解释性。这涉及学习模型提供的理解和洞察的层次。

5.2 分类挖掘算法

数据挖掘中的分类方法是根据给出数据集的特点构造分类器，利用分类器对已知类别的样本进行分类的一种技术。按各种分类算法的技术特点，可将分类算法分为决策树方法、基于统计概率、基于关联规则、基于数据库技术、基于支持向量机等几类来叙述。

5.2.1 决策树分类

决策树学习算法包括 ID3 算法（C4.5）和 SLIQ（supervised learning in quest）算法。ID3 算法通过把实例从根结点排列到某个叶子结点来对实例进行分类，叶子结点即为实例所属的分类。树上的每个结点说明了对实例某个属性的测试，且该结点后的每个后继分支对应该属性的一个可能值。分类从根结点开始，对所有的实例通过所选属性进行分割，属性的选择采用最高信息增益（information gain）法，停止分割的条件是：没有属性可以再对实例进行分割，或者结点上的实例都属于同一目标属性类别。

ID3 算法描述如下：

ID3（Examples，T - attribute，Attribute）

（1）创建树 Root 结点。

（2）如果所有实例（Examples）都为正，则返回 label = + 的单结点树 Root。

（3）如果所有实例（Examples）都为负，则返回 label = - 的单结点树 Root。

（4）如果属性（Attribute）为空，则返回单结点树 Root，label = 实例中最普遍的目标属性值（T - attribute）。

（5）否则开始如下操作。

① 用最高信息增益选出分类实例最好的属性 A。

② 把 A 赋给 Root。

③ 对于 A 的每个可能值 vi

- 在 Root 下加一个新分支，测试 A = vi；
- 令 Examplevi 为实例中满足 A 属性值为 vi 的子集；
- 若 Examplevi 为空，在这个新分支下加一个叶子结点，该结点的 label = 实例中最普遍的 T - attribute 值；否则在新分支下加一个子树 ID3（Examplevi，T - attribute，Attribute - {A}）。

（6）结束，返回 Root。

ID3 算法的核心是如何选取树的每个结点的测试属性，期望所选择的属性最有助于分类。一般采用最高信息增益法来进行选取。

过度拟合（overfit）训练样例是学习中的重要问题。所谓过度拟合是指在假设空间 H 上，存在两个假设 h 和 h'，在训练集上 h 错误率小于 h'，但在整体分布上 h'错误率小于 h，则称假设 h 过度拟合训练数据。出现这种情况很可能是由于训练样例存在随机错误或因噪声导致，也可能是选择的训练样例过于集中，缺乏共性。在 ID3 算法派生出的 C4.5 算法中采用规则后修剪的方法来避免过度拟合。ID3、C4.5 这类算法优点是产生的分类规则易于理解。决策树上每个分支对应一个分类规则，可以得到一个容易理解的规则集，且算法速度相对统计算法较快。该算法的缺点是只适用驻留内存的数据集使用，该算法受限于对大量的数据集进行分类，而且在决策树构造过程中需要多次顺序扫描和排序，导致效率降低。

SLIQ 算法对 C4.5 算法进行了改进。在决策树构造过程中采用预排序和广度优先的技术。SLIQ 算法中用 gini 指标（gini index）代替最高信息增益（information gain）对属性进行选择。gini 越小，信息增益越大。SLIQ 算法比 C4.5 算法能处理更大的数据集，在一定程度上有良好的随记录个数和属性个数增长的可扩性。但 SLIQ 算法依然存在缺点，由于类别列表存放在内存中，算法在一定程度上限制了可处理的数据集大小。并且采用预排序技术的复杂度本身并不与记录个数成线性关系，因此随记录数目增长的可扩性有限。

5.2.2　贝叶斯分类

贝叶斯分类算法是利用概率统计知识进行分类的分类算法，因此如何获得概率的初始知识是该算法进行分类的一个难点。这类算法利用贝叶斯定理来计算未知类别样本所属类别的可能性。贝叶斯定理成为依赖性很强的独立性假设前提，因此，属性之间的独立性是分类准确与否的另一个难点和重点。同时确定贝叶斯最优假设的计算代价比较大（与候选假设数量成线性关系）。

贝叶斯学习算法的特点如下：

(1) 观察到的每个训练实例样本可以增量的降低或升高某个假设的估计概率。

(2) 先验知识可以与实例样本数据一起决定假设的最终概率。

(3) 贝叶斯方法允许假设作出不确定性的预测（假定某天下雨的概率为 95%）。

(4) 新的实例分类可由多个假设一起预测，用它们的概率来加权。

(5) 在贝叶斯分类算法中常用到朴素贝叶斯分类算法和 TAN 算法（Tree Augmented bayes Network）。

采用朴素贝叶斯进行分类时，实例中的每个数据样本都被表示成 n 维特征向量 $\boldsymbol{X}=(x_1,x_2,\cdots,x_n)$，每一维的向量 x_i 都代表样本的一个属性值，且假定所有样本实例分成 m 类 $(c_1,c_2,\cdots,c_m)$。

对于样本实例 X 属于类 c_i 的条件是：当且仅当 $P(c_i|X)>P(c_j|X)$ 时，这里 $j\in[1,m]$ 且 $j\neq i$。由贝叶斯定理可知 $P(c_i|X)=P(X|c_i)P(c_i)P(X)$，由于 $P(X)$ 对于所有类都是常数，只需求得最大的 $P(X|c_i)P(c_i)$，则样本实例即属于 c_i 类别。根据 $P(c_i)$ 值明显可知，只需求得 $P(X|c_i)$，在计算 $P(X|c_i)$ 时假设各属性相互独立（前提对属性值预处理，离散化属性值）。

在朴素贝叶斯学习算法中一般用出现频度代替概率，则可知道概率的初始知识，即可进行分类。朴素贝叶斯算法分类的准确度取决于属性之间的独立性，独立性好的准确度高，否则偏低。另外和决策树相比，朴素贝叶斯没有分类规则输出。

由于贝叶斯算法过于依赖属性相互之间的独立性，为了减少对独立性的依赖，TAN 算法被提出。TAN 算法通过发现属性间的关联来减少朴素贝叶斯中对任意属性间独立性的依赖。TAN 在朴素贝叶斯网络结构基础上通过增加属性对之间的关联来实现。由于 TAN 算法考虑了两两属性的关联性，该算法对属性间的独立性依赖有一定程度的减少，但是可能存在的其他方面的关联性并未涉及，因此适用范围有限。

5.2.3 基于关联规则分类

CBA(Classification Based on Association)算法是基于关联规则的分类算法。在构造分类器时分两步。

第一步,发现所有的右部为类别的类别关联规则(Classification Association Rules, CAR)。

第二步,从CAR中选择高优先度的规则覆盖数据集。

关联规则发现采用经典算法Apriori,常采用的最小支持度为0,此时可能会使产生的关联规则占满内存,无法发挥其优化作用。但同时这也成为该算法的优点:分类准确度较高。因为采用最小支持度为0可使所发现的规则相对全面。

LB(Large Bayes)算法是综合了概率统计和关联规则的知识而提出的分类算法。在算法训练阶段采用Apriori找到所有频繁且有意义的项集,存放在频繁集中。对需分类的样本A从频繁集中找到包含于A中的最长项集,计算A属于各类别的概率,选用概率最大的类别分类。该算法与其他的分类算法相比准确度更佳,但该算法存在与贝叶斯和CBA算法相同的缺点。

5.2.4 基于数据库技术分类

在分类算法中,利用数据库技术解决分类问题的算法,目前有MIND和GAC-RDB两类。

MIND(Mining in Database)算法是采用数据库中用户定义的函数UDF(User Defined Function)发现分类规则的算法。MIND采用典型的决策树构造方法构造分类器,具体步骤与SLIQ类似。其主要区别在于它采用数据库提供的UDF方法和SQL语句来实现树的构造。简要地说,就是在树的每一层,为每一个属性建立一个维表,存放各属性的每个取值属于各个类别的个数及所属的结点编号。根据这些信息可以为当前结点计算每种属性的gini index值,选出最优的属性,然后据此对结点进行分裂,修改维表中结点编号列的值。在上述过程中,对维表的创建和修改需要进行多次,若用SQL实现,耗时太多,因此采用UDF实现。而用于分类属性的寻找过程则通过创建若干表和视图,利用连接查询来实现。在决策树的构造过程中,最费时的操作是对每个非终端结点的数据集进行类别分布信息的统计计算以及对数据集进行分裂。这两种操作在MIND算法中都是通过UDF实现的。

MIND算法的优点是通过采用UDF实现决策树的构造过程使得分类算法易于与数据库系统集成;缺点是算法采用UDF完成主要的计算任务,而UDF一般由用户用高级语言实现,无法使用数据库系统提供的查询处理机制,无法利用查询优化方法,且UDF的编写和维护相当复杂。另外,MIND中用SQL语句实现的那部分功能本身就是比较简单的操作,而采用SQL的实现方法却相当复杂。

GAC-RDB算法是一种利用SQL语句实现的分类算法。GAC-RDB算法采用一种基于分组记数的方法统计训练集中各种属性取值组合的类别分布信息,通过最小置信度和最小支持度两个阈值找出有意义的分类规则。该算法使用关系数据库系统提供的聚集运算功能,利用SQL语句完成主要的计算任务。在该算法中,首先利用SQL语句计算出用每个属性进行类别判定的信息含量,从而选择一个最好的分裂属性,并且按照信息含量的大小对属性进行排序。接着循环地进行属性的选择,候选分类表的生成,剪裁及分类误差的计算,直到满足结束条件为止,如满足最小误差阈值或误差没有改善则结束。

GAC－RDB 算法有如下优点:

(1) 该算法将传统的一次一个样本的处理方式改变为面向集合的关系处理模式,使得算法具有与其他分类器相同的分类准确度,且执行速度有较大提高,而且关于训练集元组个数和属性个数的可扩展性良好。

(2) 算法使用标准的分组聚集统计语句,可以充分利用数据库系统的查询处理功能,使得应用程序不仅与数据库系统易于集成,而且使用户需要编写的程序变得非常简单。

(3) 该算法在某种程度上与一些基于关联规则的分类算法如 CBA 和 LB 有些相似,但它避免使用基于 Apriori 的算法,也就避免了对数据集的重复扫描,因而不需要把训练集转换成交易型数据库格式。

当然 GAC－RDB 算法仍然存在一些尚需改进的地方,例如,如何自动地确定参数的取值,改进属性选择的方法等。

5.2.5　基于支持向量机分类

支持向量机(SVM)分类算法是在有较坚实数学理论基础的统计学理论及优化技术之上发展起来的机器学习方法,其核心理论如下:

(1) VC 维理论:不仅要使机器学习的经验误差最小,而且应该最小化函数集的 VC 维来控制学习机的结构误差,以达到使 SVM 分类器具有较强的泛化能力的目的,即由有限的训练样本分类得到小的误差,能够保证对独立测试集仍保持较小误差,解决了有限样本的过度拟合问题。

(2) 最优超平面概念:使函数的 VC 维上界达到最小,而最优超平面问题可转化为二次规划问题。

(3) 核空间理论:通过非线性映射将输入空间映射到高维特征空间,使低维输入空间线性不可分问题转化为高维特征空间线性可分问题,且核函数的引入绕过了高维空间,使运算在低维输入空间进行,从而不用确切知道非线性映射的具体形式。

与传统的分类方法相比,SVM 分类算法在泛化能力、非线性及维数灾难等方面有明显的优势,因此受到国内外学者的广泛关注。One－class 是标准 SVM 分类算法的改进,该算法(无监督)仅仅需要使用正例作为输入数据,通过从正例中识别出孤立点作为反例,然后再使用基于 SVM 的标准分类技术来完成分类。该算法不足之处主要有两个:其一,没有考虑按照时间顺序收集到的数据间可能存在的关联关系;其二,为了能够处理正常的定义随时间的变化(也就是概念迁移)需要间断性的重新训练支持向量机。

其他分类算法还包括神经网络方法、k_最邻近分类、粗糙集合方法和模糊集方法等。

5.2.6　基于 AIS 模型分类算法

这种分类算法主要用来找寻样本集合中主要类别的分类规则,用于划分主类和其他类。对于其他类,同样可以看作是一个样本集合,再次利用该分类算法进行分类。分类过程主要是规则产生的过程,在规则生成过程中多次利用阴性选择算子进行匹配。初始规则集,最终规则集,用遗传算法进化后的规则集都使用阴性选择算子来对规则进行检验。符合条件的规则得到保留,最终形成规则集合,用于分类。

该算法的特点如下:

(1) 对规则的描述采用了简单而有效的二进制基因型——表现型。

(2) 为了适应这种编码方式,采用基因的任意位匹配方式来度量,并引入了匹配阈值,使得不同基因之间的排列方式不会影响分类结果。

(3) 引入了泛化操作,减少了分类规则的数目,显著地提高了 TP 的值,且将 FP 的值控制在可接受的范围内。

(4) 给出了新的评价函数,使算法朝着高 TP、低 FP 的方向进化。

(5) 阴性选择算子多次充当了过滤器的角色。

5.3 人工免疫算法及其在故障诊断中的应用

5.3.1 人工免疫算法

5.3.1.1 引言

生物免疫系统因其强大的信息处理能力而备受关注。从信息处理的方面来看,免疫系统是一个分布式的高度并行的系统。而且,生物免疫系统能进行变异、学习、记忆和联合检索以解决识别与分类任务。人工免疫系统是模仿生物免疫系统功能的一种智能方法,它实现一种受生物免疫系统启发,通过学习外界物质的生物防御机理的学习技术,在生物免疫学的相关原理和概念的基础上,面向解决工程实际应用问题提出的具有智能性的计算机模型。图 5-1 列出了生物免疫系统与人工免疫系统的功能映射。

本节阐明了不同免疫算法或免疫理论的原理,同时也提出了常用的人工免疫系统的一般模型框架。这些技术已经被成功地用于模式识别和数据挖掘、故障检测与诊断、计算机安全及其他各种应用。

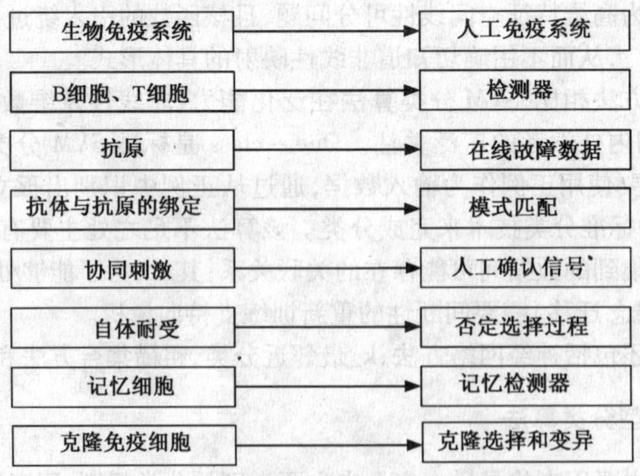

图 5-1　生物免疫系统和人工免疫系统的功能映射

5.3.1.2　典型的人工免疫算法

1. 克隆选择算法

2000 年,巴西 Campinas 大学的 De Castro 博士基于免疫系统的克隆选择基本原理提出了克隆选择算法。这是一种模拟免疫系统学习过程的进化算法。克隆选择算法的思想主要来自克隆选择理论的以下几大特点:

(1) 高频变异。与细胞亲和力成比例的高频变异,具有高亲和力的免疫细胞克隆后需经历高频变异来寻找具有更高亲和力的免疫细胞。

(2) 克隆删除,即低亲和力细胞的死亡。免疫细胞经过变异可能产生许多低亲和力的免疫细胞,这些细胞由于低亲和力得不到与抗原结合的机会而死亡。

(3) 克隆增殖,即亲和力最高的个体选择和克隆。根据免疫细胞与抗原的亲和力大小对免疫细胞进行克隆扩增,亲和力越高,克隆扩增的机会越大,克隆的数目越多。

(4) 受体编辑。用随机产生一些个体来替换种群中的一些个体,变异可能导致局部极值,受体编辑则扩大了搜索范围,加大了找到全局最优值的可能性。

算法流程如图 5-2 所示。该算法基本步骤如下:

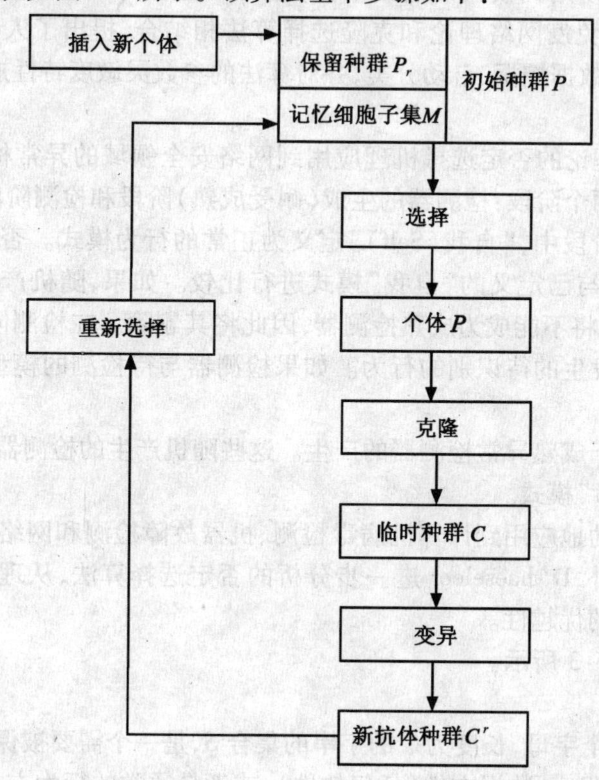

图 5-2　克隆选择算法流程图

(1) 产生候选方案的集合 P,该集合为记忆细胞子集(M)和剩余种群(P_r)的总和($P = P_r + M$)。

(2) 基于亲和度度量确定种群 P 中的 n 个最佳个体 P_n。

(3) 对种群中的 n 个最佳个体进行克隆(复制),生成临时克隆种群 C。

(4) 对克隆生成的种群施加变异操作,从而生成一个成熟的抗体种群 C^k。

(5) 从 C^k 中重新选择改进个体组成记忆集合,P 集合的一些成员可以由 C^k 的其他改进成员加以替换。

(6) 将种群中的 w 个低亲和度的抗体予以替换,从而维持抗体的多样性。

(7) 返回(2)循环计算,直到满足收敛条件。

对比遗传算法,克隆选择算法在编码机制和评价函数的构造上基本一致,但搜索的策略和步骤有所不同。而且通过免疫记忆机制,该算法可以保存各个局部最优解,这对于多峰函数优化十分重要。

对于 Castro 克隆选择算法中存在的如种群规模需根据经验确定、多峰搜索能力弱、训练时间长等问题,徐炜提出了一种改进的克隆选择算法,该算法基于一个压缩阈值和新的收敛标准,能够动态确定种群大小,具有很强的全局和局部搜索能力,可以搜索到全局最优点和尽可能多的局部极值点。目前克隆选择算法已经广泛用于函数的多峰值寻优、配电网络重构、图像分割等方面,并且取得了一定的实际效果。

目前,克隆选择算法已经使用到模式识别当中去,已成功地完成了对文字的识别。De Castro 和 Von Zuben 进一步将免疫网络理论和克隆选择算法相结合,提出了人工免疫网络学习算法用于知识发现、冗余数据挖掘、自动分类,并对算法的参数灵敏度特性进行了分析。

2. 否定选择算法

Forrest 首次将生物免疫理论的否定选择机理应用到网络安全领域的异常检测中,提出否定选择算法。该算法包括两个阶段:检测器的生成(耐受成熟)阶段和检测阶段。

在否定选择算法的耐受阶段中,"自我(Self)"定义为正常的行为模式。否定选择算法产生大量的随机模式,并将其与已定义的"自我"模式进行比较。如果,随机产生的模式与"自我"相匹配,那么这个模式将不能成为成熟检测器,因此将其删除。在检测阶段,算法用已产生的检测器来监视后续发生的待识别的行为。如果检测器与待检测的模型相匹配,则认为有新的异常行为发生。

否定选择算法的关键在于成熟异常检测器的产生。这些随机产生的检测器将能够识别所有可能的"非我(Non - Self)"模式。

否定选择算法已经被成功地应用到计算机病毒检测、机器故障检测和网络入侵检测等领域。除了这些应用成果以外,D' haeseleer 进一步分析的否定选择算法,从理论上研究了该算法作为分布式异常检测的优越性。

否定选择算法流程如图 5-3 所示。

可对此算法归纳如下:

定义"自我"为含有有限个字母,长度为…的字串的集合 S,是一个需要被保护或者监控的集合。例如,S 可以是一个程序、数据文件(任何软件),或者是通常的行为方式,它能被分为等长的子链。在免疫系统中,S 即是蛋白质,它被分解为若干个更小的单元,被 T 细胞识别。产生一批随机检测器 R,每一个都不能与 S 中的任何字串匹配。这个方法使用了一个不完全的匹配规则,而不是完美的匹配,也就是两个字串匹配,当且仅当它们至少在 r 个相邻的位置是等同的,r 是适当的可选参数。不完全匹配规则反映了这样一个事实:免疫系统的识别能力必须是相当特异的,以防把自我分子与外来分子相混淆。通过不断地把 R 中的检测器与 S 匹配来监控 S 是否改变。如果任何检测器曾经与 S 匹配,那么可知已经发生过一次变化,因为所设计的检测器是不能同 S 中的任何原始字串相匹配的。

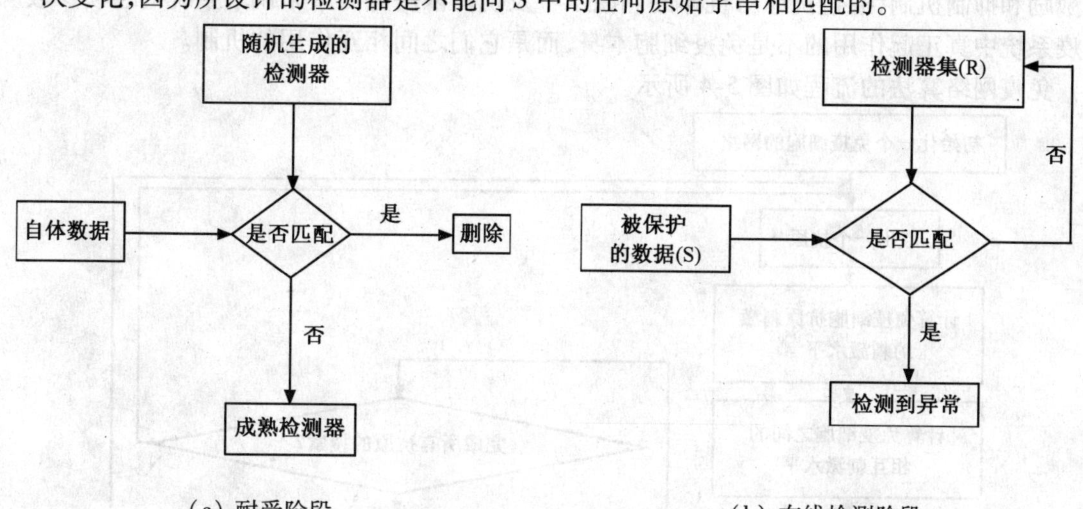

(a) 耐受阶段　　(b) 在线检测阶段

图 5-3　否定选择算法流程

在算法的原始描述中,待选的检测器是随机产生的,随后对它们进行检测,看是否与任何自我字串相匹配。如果发现一个匹配,则丢弃此特选检测器。这个过程一直重复到生成所希望数目的检测器为止。可使用统计分析来估计为提供某种水平的可靠度所需要的检测器数。随机生成方法主要的局限在于:当数据量很大时,计算效率很低,耗时太长;在检测率(即成功检测非己的概率)固定的情况下,所需生成的检测器的数量与受训练的自体种群的大小成指数关系,而且产生大量的无效检测器。因此,Helman 和 Forrest 提出了一种更高效的检测器生成算法[25],这种算法的复杂度随自我的大小呈线性变化。针对该算法中检测器在生成中存在的问题,Ayara[26] 等人提出了一个新算法,命名为 NSMutation,原理与 Forrest 等人提出的否定选择算法差不多,不过该算法消除了冗余并且加入了可以用来优化的一些参数(如变异率和检测器存活时间指示器)。

否定选择算法的优点是简便、易于实现,主要问题是计算复杂度呈指数级增长,难以处理复杂问题。否定选择算法目前广泛应用于模式识别、病毒检测、网络入侵检测、故障诊断及异常检测等。该算法并没有直接利用自我信息,而是由自我集合通过否定选择生成检测子集,具备了并行性、健壮性和分布式检测等特点。

3. 免疫网络算法

免疫网络的理论和概念最早由美国学者、诺贝尔奖得主 Jerne 于 1974 年提出。该理论指出:免疫系统不论是否存在抗原刺激,其内部的免疫细胞都能相互作用,能自我调节系统内的各项生理指标。其理论侧重点在于免疫系统通过抗体和抗原的相互作用联系形成平衡的网络。免疫系统中抗体的产生过程是随机的,这种随机性自然地引发了一种思想,即新的抗体应该被看作是有机体,并作为抗原处理。抗体决定基和抗原决定基成为免疫识别的两个最基本的特征。生物免疫学实验表明,抗体分子也呈现抗原决定基的性质,起到功能性作用,也就是说,抗体本身确实具备了被其他抗体识别的化学基础。

人工免疫网络直接借鉴了 Jerne 生物免疫网络学说的基本理论,在免疫系统内部引入了激励和抑制机制，通过抗原对抗体的刺激水平及抗体浓度等因素来调节系统的各项参数。免疫系统中真正起作用的不是免疫细胞本身，而是它们之间相互作用的机制。

免疫网络算法的流程如图 5-4 所示。

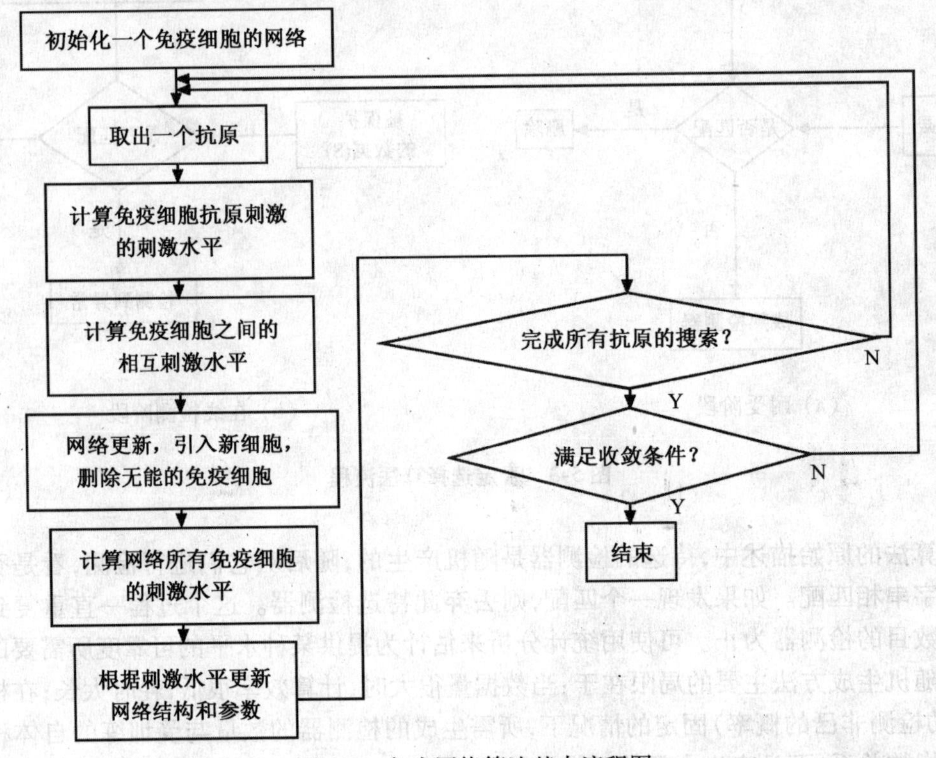

图 5-4　免疫网络算法基本流程图

Varela 和 Coutinho 在 1991 年提出第二代免疫网络模型，强调了免疫网络的三个主要特征：网络结构、免疫动态特性和超动态特性。网络结构描述了分子与细胞间的相互作用，以及连接的构造形式；免疫动态特性是指网络连接的浓度和亲和度随时间的变化而变化；而超动态特性是指免疫系统处在连续制造抗体，同时去除不再刺激的细胞的状态。

下面主要介绍一个具有代表性的模型——RLAIS 模型。

RLAIS 是 ALNE 网络模型的一种。ALNE 网络模型是根据 Jerne 的理论网络模型发展而来的一种工程免疫模型。1995 年，Hunt 和 Cooke 提出 T 最初的 ALNE 模型。Timmis、Nasaroui、Neal、Wierzchon 等人相继提出了一些改进和类似的模型，其中以 Timmis 的 RLAIS 模型最为完整、典型。

RLAIS 由一些辨识球（ARB）和它们之间的联系组成。每个 ARB 可以获得不定数目的 B 细胞，B 细胞的数目有上限。整个免疫系统的 B 细胞数目也是有限的。ARB 通过刺激水平竞争获得 B 细胞，不能获得 B 细胞的 ARB 将被淘汰。系统在运行过程中不断接收训练数据，最后剩下的记忆 ARB 就是数据的压缩和分类形式。

在学习过程中，采用克隆选择和高频变异来获得对多样性数据的压缩。系统可以在一定的条件下结束，也可以不断学习新的模式。新的数据可以进入网络并且被 ARB 有效地记忆，旧的数据模式的持续出现不会对现有的压缩数据造成影响。也就是说，一旦一个深刻的模式被记忆,那么它就很难被遗忘。这正好体现了免疫系统的自学习能力和免疫记忆特性。

ARB 由一个 n 维向量、一个刺激水平、一个拥有 B 细胞的数量值和一个联系矩阵组成。ARB 的刺激水平由式(5—1)计算。

$$s_i = \sum_{j=1}^{m}(1 - D_{i,j}) + \sum_{k=1}^{n}(1 - D_{i,k}) - \sum_{k=1}^{n} D_{i,k} \tag{5—1}$$

式中,m 是 ARB 所接触的抗原的数量;n 是相互连接的 B 细胞的数目;$D_{i,j}$表示抗原和抗体之间的几何距离;$D_{i,k}$表示相互联系的 B 细胞之间的几何距离;$1 - D_{i,j}$表示亲和力,也就是说亲和力和几何距离成反比。在一个学习循环中,也就是对一个进入网络的训练数据的反应过程中,ARB 需要进行克隆过程,其克隆率由式(5—2)计算。

$$e_x = k \cdot s_i \tag{5—2}$$

式中,k 是克隆数量控制参数;s_i是某个 ARB 的刺激水平。这个式子说明 ARB 按照与其亲和力成正比的数量克隆自身。克隆过程结束后,ARB 经历变异过程,如果变异后的 ARB 和其他 ARB 之间的亲和力小于某个固定的阈值(不类似),就把这个 ARB 加入到网络中。在每次学习过程中,ARB 的刺激水平需要重新计算,每个 ARB 根据其刺激水平计算它能够拥有的 B 细胞数目,计算方法是

$$R_i = k \cdot s_i^2 \tag{5—3}$$

式中,k 是 B 细胞数目上限控制常数。这表明刺激水平越高,它所拥有的 B 细胞数量越多。而拥有很少 B 细胞的 ARB 则可能被消除。

细胞分配完毕后就要进行资源限制。每次一个新的学习循环开始之前需要把整体的 B 细胞数量恢复到固定的水平。首先消除刺激水平最低的 ARB 内的 B 细胞,而如果一个 ARB 内的所有 B 细胞都被消除,则这个 ARB 也被消除。几个过程循环进行,直到最后 B 细胞的数量达到一定的限值。这样,在网络中只有那些具有最高亲和力的细胞才能生存。

综上所述,可以对整个系统的算法进行整体描述。

```
Procedure RLAIS 算法
Begin
   初始化;
   载入初始抗原,作为最初的训练集合;
  For(训练集中的每个抗原)do
    Begin
      For(网络中的每个 ARB)do
      用刺激函数计算其刺激水平;
      用资源分配机制把 ARB 中具有较低刺激水平的 ARB 清除;
          For(所有 ARB)do
            Begin
             选取刺激水平较高的 ARB;
             按照与其亲和力成正比的数量进行克隆;
            End;
            For(刺激水平较高的 ARB)do
                按照与其刺激水平成反比的概率对 ARB 进行变异复制;
                For(变异的 ARB)do
```

```
                    选取与网络中的 ARB 亲和力小的 ARE 进入网络;
                End;
            End;
          End;
      End;
    End;
End;
```

4. 基于信息熵的免疫算法

Toyoo Fukuda 提出了一种基于信息熵的免疫算法,用来搜索多峰函数的极值,那就是信息熵的概念。如图 5-5 所示 N 个位串,每个可供选择的字母表中共有 S 个字母,$k_1, k_2, \cdots, k_s$ 为等位基因。则这 N 个抗体的信息熵为

$$H(N) = \frac{1}{M}\sum_{j=1}^{M} H_j(N) \tag{5—4}$$

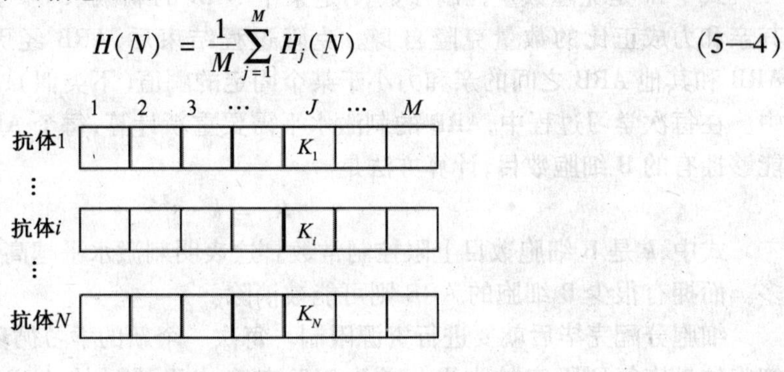

图 5-5 信息熵的概念

其中,$H_j(N) = \sum_{i=1}^{s} -p_{i,j}\log p_{i,j}$,$H_j(N)$为 n 个抗体的第 j 位的信息熵;n 是抗体群的大小;s 是等位基因的种类;$p_{i,j}$为 N 个抗体中的第 j 位为字母 k_i的概率。

抗体 v 和抗体 w 间的亲和力 $ay_{v,w}$表明两抗体之间的相似度,同样可以由等式(5—5)表示。

$$ay_{v,w} = \frac{1}{1 + H(2)} \tag{5—5}$$

抗原和抗体 v 之间的亲和力表示它们之间的亲和度,由等式(5—6)定义。

$$ax_v = 1/[1 + opt_v] \tag{5—6}$$

其中,opt_v表示抗原和抗体 v 之间的结合度。ax_v的值界于 0 和 1 之间。

算法流程如图 5-6 所示。

该算法的实现步骤如下:

(1)抗原识别。输入目标函数和各种约束作为免疫算法的抗原。

(2)产生初始抗体。在第一次迭代时,抗体通常是在解空间中用随机方法产生的,也可以通过经验指定,这样会加快算法的收敛速度。

(3)计算亲和性。分别计算抗原和抗体 v 之间的亲和性 ax_v及抗体 v 和抗体 w 之间的亲和性 $ay_{v,w}$。计算采用式(5—5)和式(5—6)。

(4)记忆单元更新。将与抗原亲和性高的抗体加入到记忆单元中。由于记忆单元数量

有限,所以在记忆单元中,新加入的抗体会取代与其亲和性最高的原有抗体。

(5)评价解的浓度。由式(5—7)计算抗体v的浓度C_v。

$$C_v = \frac{1}{N}\sum_{w=1}^{N} ac_w \tag{5—7}$$

其中,$ac_w = \begin{cases} 1 & ay_w \geqslant T_c \\ 0 & \text{otherwise} \end{cases}$;$T_c$为设定的阈值。

(6)产生新抗体。产生新抗体也就是产生了寻优的解。满足了条件就终止,不满足就继续计算亲和性,如此循环。

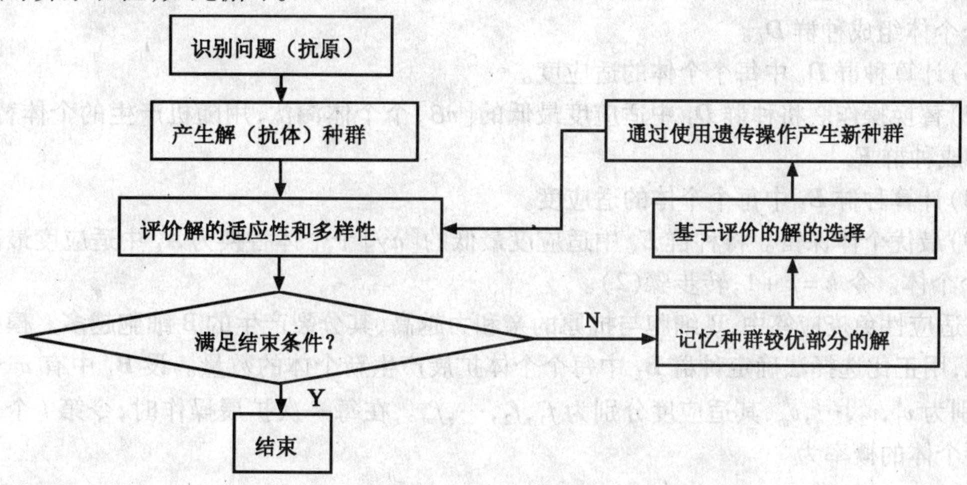

图5-6　基于信息熵算法流程图

除了采用信息熵来作为评价种群中解的相似度的指标外,算法中还模拟了免疫系统克隆选择中的抑制作用,当抗体获得较大亲和力以抵抗抗原时,抗体增殖,同时浓度过大的抗体的增殖受到抑制。这对应于保持搜索方向的多样性和着重局部最大化,适合多峰值函数寻优。

5. 免疫进化算法

西安电子科技大学王磊博士将免疫概念及其理论与传统的进化算法相结合,提出了集免疫机制和进化机制于一体的一种全局并行算法——免疫进化算法。与生物免疫系统不同的是,在免疫进化算法当中,直接将可行解作为个体,而目标函数值也直接作为个体的适应度。

本节介绍目前应用较多的两种免疫进化算法:自适应免疫进化算法和基于抗体浓度调节的免疫进化算法。

1)自适应免疫进化算法

简单模拟生物免疫系统的适应性免疫应答过程,可得到自适应免疫进化算法。这里,需要设定一组控制参数:种群规模n,最大迭代次数G,选择概率α,淘汰概率β,记忆概率γ,扩展半径r,突变半径R。

自适应免疫进化算法的基本步骤如下:

(1)产生初始种群。随机产生n个个体组成初始种群$\boldsymbol{A}_0$。初始化迭代次数计数器$k=0$。

(2) 当迭代次数小于 G 时,计算当前种群 $\boldsymbol{A}_k$ 中每个个体的适应度,从中选择适应度最高的 $[na]$ 个个体组成种群 $\boldsymbol{B}_k$。

(3) 扩展操作。对种群 $\boldsymbol{B}_k$ 中的每一个个体构造其半径为 r 的小邻域,在其中随机产生若干新个体,组成种群 $\boldsymbol{C}_k$。

(4) 计算种群 $\boldsymbol{C}_k$ 中每个个体的适应度。

(5) 突变操作。对种群 $\boldsymbol{C}_k$ 中适应度最低的 $n-[na]$ 个个体,分别构造半径为 R 的大邻域,在其中随机产生一个个体。用新产生的这 $n-[na]$ 个个体和种群 $\boldsymbol{C}_k$ 中适应度最高的 $[na]$ 个个体组成种群 $\boldsymbol{D}_k$。

(6) 计算种群 $\boldsymbol{D}_k$ 中每个个体的适应度。

(7) 替换操作。将种群 $\boldsymbol{D}_k$ 中适应度最低的 $[n\beta]$ 个个体淘汰,用随机产生的个体替代,如此形成种群 $\boldsymbol{E}_k$。

(8) 计算种群 $\boldsymbol{E}_k$ 中每个个体的适应度。

(9) 最优个体保留。将种群 $\boldsymbol{E}_k$ 中适应度最低的 $[n\gamma]$ 个个体替换为 $\boldsymbol{A}_k$ 中适应度最高的 $[n\gamma]$ 个个体。令 $k=k+1$,转步骤(2)。

在适应性免疫应答中,B 细胞与抗原的亲和力越高,其分裂产生的 B 细胞越多。模拟这一现象,用正比选择法确定种群 $\mathbf{B}_k$ 中每个个体扩展产生新个体的数量。设 $\mathbf{B}_k$ 中有 m 个个体,分别为 $v_1^k,v_2^k,\cdots,v_m^k$,其适应度分别为 $f_1,f_2,\cdots,f_m$。在每一次扩展操作时,令第 i 个个体产生新个体的概率为

$$p_i=f_i\Big/\sum_{i-1}^{m}f_i\quad i=1,2,\cdots,m \tag{5—8}$$

累积概率为

$$q_i=\sum_{i=1}^{t}p_i\quad i=1,2,\cdots,m \tag{5—9}$$

令 $q_0=0$。在$[0,1]$上产生一个均匀分布的随机数 w。若 $q_{i-1}\leqslant w\leqslant q_i$,则对 v_i 进行扩展操作,产生一个新个体。如此重复 n 次,即可得到 n 个新个体。由于优秀个体被选中进行扩展操作的概率较大,因此产生的新个体数较多,对其邻域的搜索也更细。

用自适应免疫算法进行优化计算,如果扩展半径和突变半径较大,可保持种群多样性,但种群收敛缓慢;如果扩展半径和突变半径较小,算法可快速收敛,但种群多样性很快消减,算法容易陷入局部最优。因此,算法快速收敛和保持种群多样性具有矛盾性。

当种群多样性较小时,个体均集中在可行解集合的较小范围内,算法接近局部或全局最优。此时将扩展半径和突变半径增大,可以使个体在解空间更广阔的范围内变异,增大种群的多样性,避免陷入局部最优。与此同时,减小选择概率,使种群 $\boldsymbol{B}_k$ 中被选中的较优个体产生更多新个体,这样扩展半径的增大就不至于减弱算法的局部搜索能力。而当种群多样性较大时,种群正在进化中,与前述情形相反,扩展和突变半径应较小,选择概率则应大一些。

因此,如果算法参数根据种群的多样性自动调节,则算法不仅能快速收敛,而且能保持种群多样性以避免陷入局部最优解。

为可操作性起见,定义种群间的多样度为种群中全体个体间的平均距离,并以此调节算法控制参数。假设第 k 时代中种群 $\boldsymbol{B}_k$ 包含 m 个个体 $v_1^k,v_2^k,\cdots,v_m^k$,则这些个体间的平均距

离为

$$\overline{d^{(k)}} = \frac{1}{m(n-1)}\sum_{i=1}^{m}\sum_{\substack{i=1\\j=1}} d(v_i^k, v_j^k) \tag{5—10}$$

种群 $\boldsymbol{B}_k$ 的多样度定义为

$$\overline{D^{(k)}} = \begin{cases}\overline{d^{(t)}}/d_{\max}, \overline{d^{(k)}} < d_{\max}\\ 1, else\end{cases} \tag{5—11}$$

其中，$d_{\max}$ 为给定常数。第 k 代时的算法参数按下式进行调节

$$a^{(k)} = a_0 + \eta_a D^{(k)} \tag{5—12}$$

$$r^{(k)} = r_0 + \eta_r(1 - D^{(k)}) \tag{5—13}$$

$$R^{(k)} = R_0 + \eta_R(1 - D^{(k)}) \tag{5—14}$$

其中，$a^{(k)}, r^{(k)}, R^{(k)}$ 分别为第 k 代的选择概率、扩展半径和突变半径；a_0, r_0, R_0 分别为相应参数的最小值；η_a, η_r, η_R 分别为相应参数的调节范围。

2）基于浓度调节的免疫进化算法

生物免疫系统当中还存在一种特殊的浓度调节机制。简单地说，在克隆扩增过程当中，高浓度的 B 细胞会受到一定程度的抑制作用，而低浓度的 B 细胞则会受到促进。浓度调节机制有利于维持免疫细胞种群的多样性，避免出现早熟现象，也有利于在全局范围内进行最优个体的搜索。

将生物免疫系统的浓度调节机制引入免疫进化算法，则得到基于浓度调节的免疫进化算法。假设在第 k 代中种群 $\boldsymbol{B}_k$ 包含 m 个个体 $v_1^k, v_2^k, \cdots, v_m^k$，则定义其中第 i 个个体到其他个体的距离为

$$D(v_i^k) = \sum_{\substack{i=1\\j=1}}^{m} d(v_i^k, v_j^k) \tag{5—15}$$

定义该个体处的浓度为

$$\rho(v_i^k) = \frac{1}{D(v_i^k)} \tag{5—16}$$

对自适应免疫进化算法中的扩展操作加以调整，可以将生物免疫系统的浓度调节机制引入免疫进化算法。具体方式为：首先计算种群 $\boldsymbol{B}_k$ 中每个个体的浓度值 $\rho(v_i^k)$，$i=1,2,\cdots,m$，再计算每个个体被选择进行扩展操作的概率 $\rho(v_i^k) = \dfrac{\rho(v_i^k)}{\sum_{j=1}^{m}\rho(v_j^k)}$。算法的其他部分与自适应免疫进化算法相同，这里不再赘述。

在自适应免疫进化算法和基于浓度调节的免疫进化算法当中，均需要用到个体之间的距离。对于个体对应于多维欧氏空间中点的情形，取欧氏距离作为个体之间距离即可；对于离散优化问题，个体之间不存在类似的距离概念，这时可以变通地采用个体适应度之间的距离替代个体之间的距离。

对算法的终止条件可以作一个简单的处理，即指定最大迭代次数，当迭代次数达到最大迭代次数时终止。

免疫进化算法与遗传算法形式上非常相似，均属于并行随机优化方法，在初始解的产

生、编码、个体评价等方面的操作基本一致，也都是进行选择操作和变异操作。但是这两类方法的生物学原型不同：遗传算法是对生物有性繁殖方式的模拟，而免疫进化算法则是对生物免疫系统无性繁殖方式的模拟，使用的术语也有所差别。

这里介绍的免疫进化算法只是一个基本的框架，需要针对目标问题的具体特点，在定义了个体的数据结构、距离、适应度函数、扩展操作及突变操作等之后，才能付诸实用。

6. 其他学习算法

机器学习是系统内部的适应性变化，该变化使得系统此后在执行同一问题范围内的相似任务时效率更高。从机器学习定义不难看出这与人工免疫系统的免疫学习机理十分吻合。Farmer 首先对免疫系统的学习特性进行了探索性研究，指出其与 Holland 的分类器系统具有相似性。人工免疫系统的学习特性受到了广大研究人员的注意，很快就与其他一些学习方法相融合，产生出多种新的学习算法。

1）免疫目标算法

算法将未知问题的解看作抗原。那么，只要找到能产生最高亲和度的抗体的 B 细胞，也就找到了未知问题的解。此算法是建立在 B 细胞网络模型基础上的。

2）免疫 Agent 算法

根据免疫系统具有学习、记忆和识别的功能，Y. Ishida 提出了免疫 Agent 算法。该算法分三步进行。

（1）产生多样性的个体。

（2）建立和识别"自我"。

（3）记忆"非我"。

免疫 Agent 算法被用于噪声的自适应控制。

3）免疫 DNA 算法

借鉴免疫系统"自我"和"非我"的识别原理和 DNA 双螺旋碱基对 A－T（腺嘌呤－胸腺嘧啶）、C－G（鸟嘌呤－胞嘧啶）的互补配对原理，R. Deaton 等提出了免疫 DNA 算法，使人工免疫系统具有通过串匹配的方法分辨自己和非己的功能。

4）基于人工免疫系统的无监督学习策略

Timmis 研究了基于人工免疫系统的无监督学习策略，建立了一个机器学习模型 RL 人工免疫系统，该模型通过构造网络从所学数据中发现复杂的相互关系。与神经网络相比，人工免疫系统在学习对象的表达方面有了很大的进步，而且网络规模可以控制。RL 人工免疫系统采用种群控制策略控制种群增长和判断算法终止，定义了人工识别球（Artificial Recognition Ball，ARB）来代表 B 细胞。ARB 基于刺激水平（stimulation level）对 B 细胞进行分配，而当 ARB 不再需要 B 细胞时该 ARB 将被去除，由此实现有效的种群控制。通过将相似的 ARB 集中在一起，RL 人工免疫系统可以实现从数据中进行式提取和聚类分析。同时该模型也可用于增强学，在数据分析和知识发现等方面具有潜在应用价值。

5.3.2 基于否定选择算法的故障诊断方法

在现阶段的故障诊断领域，常用的诊断方法包括模糊诊断、专家系统、人工神经网络等，主要思想是将人们掌握的有关故障的知识加工成智能诊断系统所能接受的语言或语法，并将其存储记录下来。诊断过程的实质是待诊样本与系统所记忆的故障知识的匹配过程。

现有的专家系统诊断技术主要立足于针对设备的某一薄弱环节或比较隐蔽的异常状态进行诊断,所诊断的故障较为单一,尚不能综合利用各类监测装置的信息以提高诊断能力。故研制能够系统地运用变压器状态监测数据,具有自动知识获取能力且能进行高速推理的在线故障诊断专家系统是今后主要的研究方向。神经网络诊断方法必须从大量实例中进行学习,对训练的事例进行联想,如果待诊故障的知识不包含在系统之内,则检测不出该故障,导致误诊或漏诊。而融合神经网络和模糊技术的集成式专家系统已经成为新一代专家系统的主流,但究竟何种集成方法最优仍无定论。所以,尽管目前国内外已开发出各类较为成熟的故障诊断系统,但是,在核心算法、线快速诊断及诊断准确率方面仍存在较多的问题,这也是国内外专家所以仍然不懈地致力于开拓新思路的主要原因。

人工免疫系统是对生物免疫系统的模拟,具有强大的信息处理能力。生物免疫系统主要的功能就是在线检测和杀伤来自生物体内和体外的抗原,具备“自己—非己”识别能力。再者,免疫系统与神经网络系统一样是一个高度的并行处理系统,具有学习、记忆等能力,这些能力协同激励、多样性、适应性等将对故障诊断领域的研究提供新思想和新方法。从文献检索及调研情况来看,目前国内外专家学者在故障诊断、计算机病毒预防等方面做了一些初步的工作,总体说来,国内外在人工免疫系统理论及其故障诊断技术方面的研究才刚刚起步。

5.3.2.1　基于 aiNet 故障样本约减研究

由于反映设备运行状态的大量信息被存储于计算机中,这就增大了数据处理的工作量和难度。实际上,在所收集的样本数据中,很多都存在着大量的冗余,有些样本的冗余度甚至非常高。这就需要采取有效的数据约减方法,以保证最大程度的消除数据的冗余,同时不破坏数据的原始特性。免疫网络模型首先由 Jerne 提出,基于细胞选择学说,他开创了独特型网络的理论,给出了免疫系统的数学框架,并采用微分方程建模来仿真淋巴细胞的动态性。独特型网络学说是以淋巴细胞不是孤立的,而是通过抗体之间相互反应和在不同种类的淋巴细胞之间相互通信为基础的。同样,抗原的识别是由抗原—抗体之间相互反应形成的网络来完成的。在 Jerne 研究工作的基础上,Perelson 提出了独特型网络的概率描述方法,讨论了独特型网络间的相互通信问题,许多基于此模型的计算方法用于自适应控制和故障诊断等领域中。

在本节中,依据独特型网络的学习机理、克隆选择理论和免疫反应的成熟过程的理论,研究了 Castro 提出的 aiNet 网络在故障样本约减方面的应用,并对这个网络作了必要的改动,使之能更好地应用于故障样本数据的约减,通过仿真实验证明该理论在减少数据冗余方面是比较有效的,而且经过该算法约减后的数据能很好地保持原始数据的分布特性。

1. 免疫网络模型

Castro 提出一种名为 aiNet 的免疫网络,它研究了免疫系统的一些基本问题,目的是研究未标识数据集合的聚类和过滤问题,表明免疫系统具有强大的计算能力,可利用免疫系统概念发展强大的数据处理计算工具。该网络具有减少冗余、描述数据结构、包括聚类形状等特征。本节中,在 aiNet 网络的基础上,研究适合故障样本数据约减的方法。

1)网络定义与描述

假设形态空间 $\boldsymbol{S}$ 是多维度量空间,每一个轴代表一个刻画一个分子形状特征的物理化学度量。假设一个无标识模式集合 $\boldsymbol{X}=(x_1,x_2,\cdots,x_{N_p})$。每一个模式 $x_i, i=1,2,\cdots,N_p$ 用 p

个变量描述，刻画一个分子结构，作为一个点 $s \in S$。

该网络模型正式定义如下：

aiNet 是一个边界加权图，无须全部连接，又称为细胞的结点集合组成，结点对集合称为边界。每一个连接的边界有一组分配的权或连接强度。

网络通过进化策略控制着网络的动态和可塑性，通过抗体之间的亲和力定义其连接权值。经网络学习进化后，可对所学习的数据进行约减和聚类。假设有一个数据集由三类数据组成，每类数据有较高的冗余，如图 5-7(a)所示。经过网络对样本数据进行学习后，最终产生的网络结构如图 5-7(b)所示。从图中可以看出，最后所形成的网络中数据样本的数量远小于原始数据的数量，形成了较高的数据压缩率，但保留了原始数据样本空间分布规律。抗体之间的亲和力值表示抗体之间的连接强度，为了检测聚类效果和定义最终的网络结构，虚线表示的连接应被取消。抗体数据的减少体现了网络对数据的约减能力，最终的网络较好地体现了对原始数据样本的拓扑映射。

依据独特型免疫网络和克隆选择机理，网络内的抗体之间通过对抗原的识别进行竞争，那些竞争获胜的抗体将导致网络激励和克隆扩增，而那些竞争失败的抗体将被消除。此外，抗体与抗体之间的辨识将导致网络的抑制。在模型中，抑制通过清除自体识别的细胞进行，通常给定一个抑制阈值 t_s。

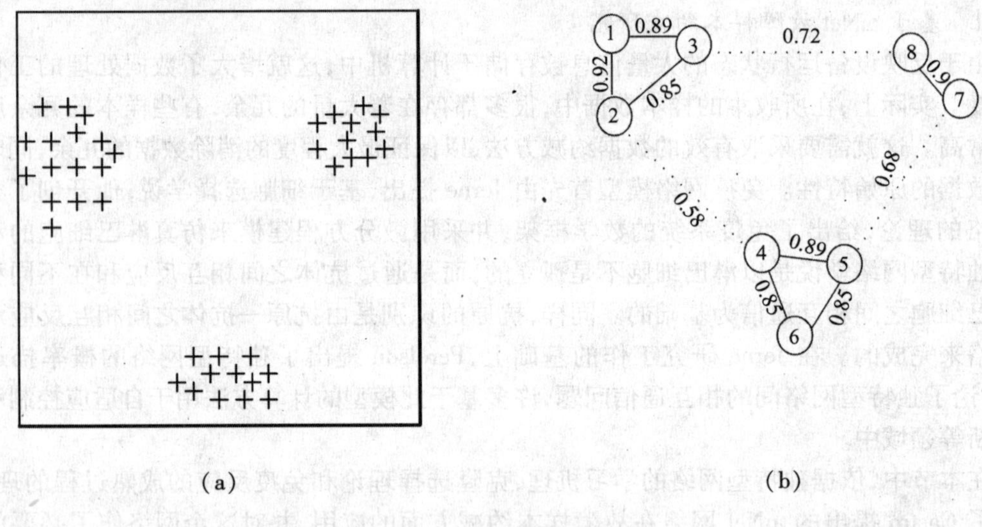

图 5-7 aiNet 网络示意图

2. 网络算法约减过程

算法流程图如图 5-8 所示。

aiNet 算法的基本过程如下：

(1) 网络初始化。随机产生网络中的 Ab 种群，即网络抗体集。

(2) 在每个循环步骤里，执行步骤(3)至步骤(6)。

(3) 对于每个抗原，执行如下操作。

① 对于所有抗体 $Ab_i, i=1,2,\cdots,N$，计算它们与给定抗原模式 $Ag_i, i=1,2,\cdots,M$ 的亲和力 f_{ij}，$f_{ij}=1-E(Ab_i-Ag_j)$，E 表示抗体与抗原间的欧氏距离。

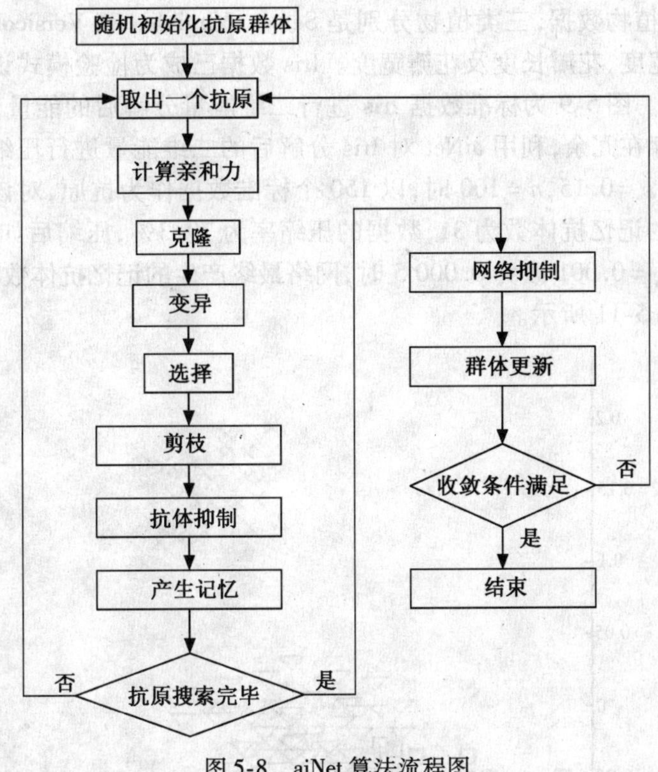

图 5-8　aiNet 算法流程图

② 选择 n 个与给定抗原具有最高亲合力的抗体构成抗体子集 $Ab_{(n)}$。

③ 对 $Ab_{(n)}$ 中的每个抗体进行变异,产生变异集 C。规定变异率为 $\alpha_k, k=1,2,\cdots,N_c$,α_k 与抗原抗体的亲和力成近似反比关系,即亲和力越大,变异率越小。

④ 确定变异集 C 中的每个抗体与给定抗原的亲和力 f_{ij}。

⑤ 从 C 中,按百分数 ε 选择与抗原具有最高亲和力的抗体进入记忆集 M_j。

⑥ 从 M_j 中,删除所有与抗原的亲和力小于自然死亡阈值 t_p 的抗体,即剪枝。

⑦ 计算记忆集中抗体之间的亲和力。

⑧ 删除记忆集中其亲和力大于抑制阈值 t_s 的抗体,即抗体抑制。

⑨ 将最终的记忆集 M_j^* 并入记忆细胞集 $Ab_{(m)}$ 中。

(4) 计算 $Ab_{(n)}$ 抗体集合中所有记忆抗体之间的亲和力 f_{ij}。

(5) 删除 $Ab_{(n)}$ 中亲和力大于抑制阈值 t_s 的所有抗体,即使网络抑制。

(6) 达到预先定义的循环步骤后,停止循环;否则转入下一步。

(7) 重建抗体种群,引入 d 个新抗体,建立新的抗体集。

在以上算法中,步骤(3)中的① ~⑦步描述了克隆选择和亲和力成熟过程;步骤(3)中的⑧ ~⑨步及步骤(3)和步骤(5)模拟了免疫网络化。在学习算法中,抗体抑制负责清除克隆内自体识别细胞;而网络抑制克隆的不同集合的相似性。在经过网络学习后,网络中的抗体 Ab 就代表了对所学习抗原的映射。

3. 实验结果分析

为了验证本网络的约减数据的有效性,采用 Iris 数据进行实验分析。Iris 数据是用四个特征所反映的三类植物数据，三类植物分别是 Setosa、Virginica 和 Versicolor，四个特征分别是萼片长度、萼片宽度、花瓣长度及花瓣宽度。Iris 数据已成为检验模式识别方法有效性的国际公认标准样本。图 5-9 为标准数据 Iris 进行二维能量分解后的能量分布图。从图 5-9 中可以看出，数据存在冗余，利用 aiNet 对 Iris 分解后的二维能量进行压缩。当所选参数为 $t_s=0.001$，$t_p=0.2$，$\varepsilon=0.15$，$n=100$ 时，以 150 个标准数据作为抗原，对该网络算法进行训练，网络最终产生的记忆抗体数为 31，数据的压缩率为 79.3%，压缩后如图 5-10 所示。当其他参数不变，将 $t_s=0.001$ 改为 0.000 5 时，网络最终产生的记忆抗体数为 45，数据压缩率为 70%。结果如图 5-11 所示。

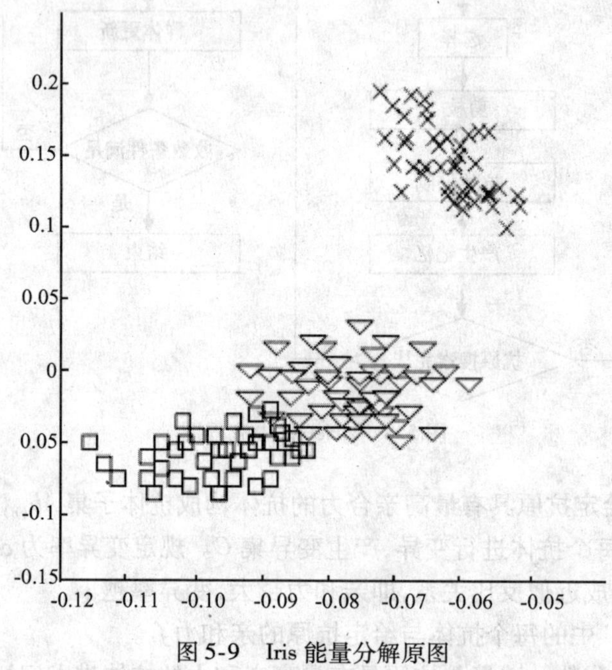

图 5-9　Iris 能量分解原图

经过免疫网络压缩后的二维能量仍然能保持数据分布的基本原形。如图 5-10 和图 5-11所示，经过免疫网络压缩后的二维能量仍然能保持数据分布的基本原形。

综上分析表明，aiNet 网络具有较好的数据约减能力，在样本压缩率较高的情况下，仍能保持原有的数据结构和聚类特性。对于有类别的故障样本来说，可采用统一的网络参数，对每类样本进行约减。经约减后的样本，采用故障诊断方法对其进行诊断。约减可作为故障样本预处理的重要手段。人工免疫网络不但能够实现较高的数据压缩率，而且能够很好地保持原有的数据分布形式，体现了数据约减前后良好的映射关系，该数据约减方法可有效地约减具有高度冗余的故障样本。经约减后的聚类分析能更清晰地体现样本的聚类特性，为预估样本的分布情况提供了有效手段。

5.3.2.2　基于否定选择算法的变压器故障诊断方法

1. 传统变压器故障诊断方法——三比值法简介

目前，变压器故障诊断中应用较多的是传统的油中溶解气体分析法（Dissolved Gases Analysis，DGA），即通过对变压器油中溶解气体的分析来判断变压器存在的故障类型。该诊断方法原理是：在正常情况下，变压器内部绝缘材油及有机绝缘材料在热和电的作用下，会

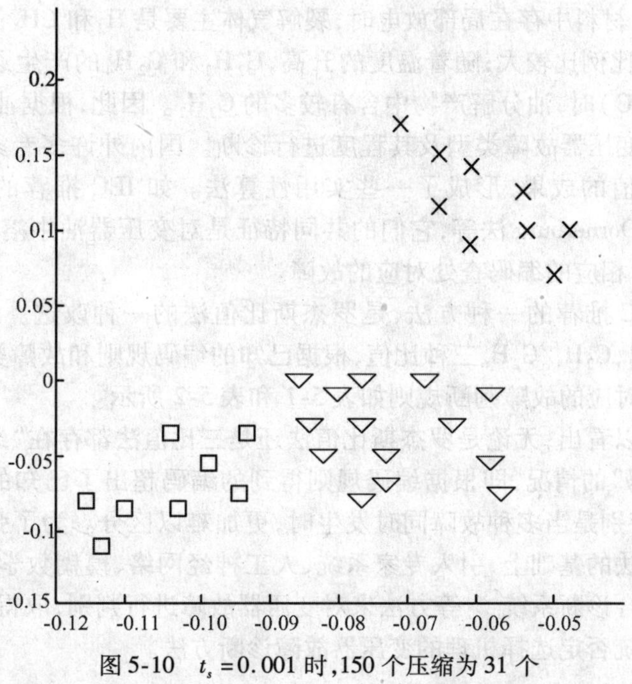

图5-10　$t_s=0.001$ 时，150个压缩为31个

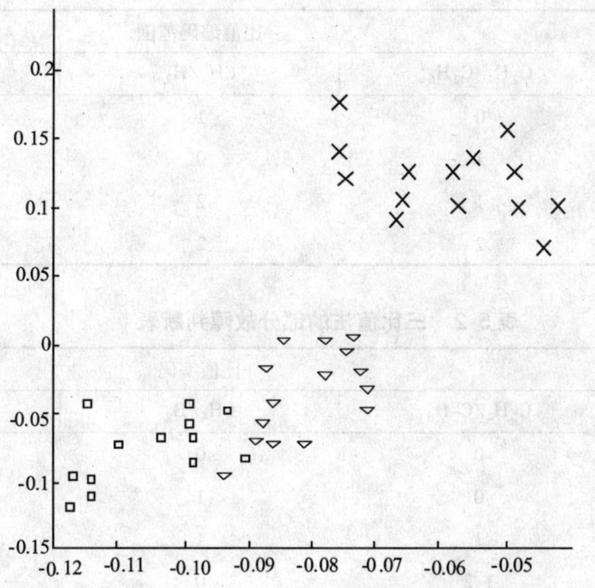

图5-11　$t_s=0.000\ 5$ 时，150个二维能量数据压缩为45个

逐渐老化和分解，产生 CH_4（甲烷）、C_2H_6（乙烷）、C_2H_4（乙烯）、C_2H_2（乙炔）、H_2（氢）、CO（一氧化碳）、CO_2（二氧化碳）等气体，这些气体大部分溶解在油中。当存在潜伏性过热或放电故障时，就会加快气体的产生速度。随着故障发展，分解出的气体形成气泡在油中经对流、扩散、不断地溶解在油中。大量的研究结果表明，变压器油中溶解气体的组成和含量与故障类型和故障严重程度有密切关系。在正常运行情况下，其中碳的氧化物（CO、CO_2）成

分最多；当油纸绝缘材料中存在局部放电时，裂解气体主要是 H_2 和 CH_4；当温度高于正常温度不多时，CH_4 占的比例比较大；随着温度的升高，C_2H_2 和 C_2H_4 的产生逐渐增多；在严重过热（温度高于 1 000℃）时，油分解产物中含有较多的 C_2H_2。因此，根据油中特征气体的含量及其产生速率可对变压器故障类型及其程度进行诊断。国内外许多专家对 DGA 方法的研究取得了许多有价值的成果，形成了一些实用性算法。如 IEC 推荐的三比值法、罗杰斯（Rogers）比值法和 Dornerburg 法等，它们的共同特征是对变压器油中溶解的各种气体的比值进行编码，然后由相应的编码查处对应的故障。

三比值法是 IEC 推荐的一种方法，是罗杰斯比值法的一种改进。该方法是通过计算 C_2H_2/C_2H_4，CH_4/H_2，C_2H_4/C_2H_6 三种比值，根据已知的编码规则和故障类别，查表确定故障类别。编码规则和对应的故障判断规则如表 5-1 和表 5-2 所示。

从编码表中可以看出，无论是罗杰斯比值法还是三比值法都存在"编码盲区"问题——有时会出现"无编码"的情况，即根据编码规则得到的编码超出了已知的故障列表，因而无法确定故障性质，特别是当多种故障同时发生时，更加难以区分。为了弥补以上这些缺陷，一些学者在这些方法的基础上，引入专家系统、人工神经网络、模糊数学、进化遗传算法、支持向量机及各种混合诊断系统[38]等方法来对变压器故障进行判别，取得了一定的进展。本节提出基于免疫系统否定选择机理的变压器故障诊断方法。

表 5-1　IEC 三比值编码原则

气体比值范围	比值编码范围		
	C_2H_4/C_2H_6	CH_4/H_2	C_2H_2/C_2H_4
<0.1	0	1	0
0.1～1	1	0	0
1～3	1	2	1
>3	2	2	2

表 5-2　三比值法的部分故障判断表

故障类型	比值编码		
	C_2H_4/C_2H_6	CH_4/H_2	C_2H_2/C_2H_4
无故障	0	0	0
低能局部放电	0	1	0
低能局部放电	1	1	0
低能放电	1,2	0	1,2
低能放电	1	0	2
低温过热（低于 150℃）	0	0	1
低温过热（150～300℃）	0	2	0
中温过热（300～700℃）	0	2	1
高温过热（>700℃）	0	2	2

2. 基于否定选择算法故障诊断方法

为了便于描述,作如下一些定义:① 定义一个由 n 维实值向量组成的全集 $\boldsymbol{U}=\{u|u\in\boldsymbol{R}^n\}$,自我集合 $\boldsymbol{S}$ 是用来描述系统或设备正常工作状态的全集 $\boldsymbol{U}$ 上的子集;② 非我集合 $\boldsymbol{NS}$ 是全集 $\boldsymbol{U}$ 上自我集合 $\boldsymbol{S}$ 的补集,由 $\boldsymbol{NS}$ 组成的空间称为非我空间;③ 将那些用于覆盖非我集合而不与自我集合匹配的 n 维实值向量称为检测器。

1) 数据处理及编码

为了使数据规范化,首先要对数据进行归一化处理。本文采用相对于最大值和最小值之差的方法对数据归一化,然后对归一化后的数据按时间轴加窗并移动窗口得到一系列的实值向量作为样本。假设有 N 个数据 $x_1,x_2,\cdots,x_N$,并设窗宽为 winsize = 5,窗口移动步长为 winstep = 1,则通过以上处理可以得到由 $N-4$ 个 0 到 1 之间的五维实值向量组成的样本集合。

2) 匹配原则

依据欧几里德距离匹配原则:若有 n 维空间上的两点 $\boldsymbol{x}=(x_1,x_2,\cdots,x_n)$,$\boldsymbol{y}=(y_1,y_2,\cdots,y_n)$,则两点之间的欧几里德距离定义为

$$D=\sqrt{\sum_{i=1}^{L}(x_i-y_i)^2}$$

若检测器与自我集合(或已生成检测器集合)中的某一元素的欧几里得距离小于给定的阈值就称之为检测器与自我集合(或检测器集合)匹配。

3) 生成检测器

生成检测器的基本思路是:首先对正常样本数据进行数据处理,产生自我集合 $\boldsymbol{S}$,然后开始生成覆盖非我空间的检测器集合 $\boldsymbol{D}$。每个自我元素和检测器都用中心和半径来描述,即自我元素和检测器可分别表示为 $\boldsymbol{S}=(c_s,r_s)$,$\boldsymbol{D}=(c_d,r_d)$,其中 $c_s,r_d\in\boldsymbol{R}^n$ 为中心,维数 n 由数据处理过程中的窗宽大小来决定。随机生成候选检测器,对那些与自我集合匹配的候选检测器进行引导移开,但如果在成熟期 T 内还未能移开自我集合,则删除该候选检测器,并随机产生一个新候选检测器。生成检测器的步骤如下。

第一步:初始化自我集合中元素的半径 r_s、检测器的成熟期 T、移动步长值 η_0 和衰减系数 β_0。

第二步:随机产生候选检测器的中心 c_d,并初始化检测器的生命时间 $t=0$。

第三步:与自我集合进行匹配(匹配阈值为 r_s)若 $\mathrm{dist}(c_s,c_d)<r_s+r_d$,则认为候选检测器与自我元素匹配,则执行下面的引导移开步骤,否则,记录候选检测器与自我集合中元素的最小距离为 $r_{\min}$,并转入第四步。

引导移开步骤:判断 t 是否大于 T,若大于 T,则删除此候选检测器,并返回第二步;否则,$t=t+1$,并按照式(5—17)引导候选检测器使其移开自我集合,并返回到第三步,继续与自我集合进行匹配。

引导移动公式为

$$c'=c+\eta*\frac{\mathrm{dir}}{\|\mathrm{dir}\|}\mathrm{dir}=c-c_{\mathrm{nearest}} \tag{5—17}$$

其中,c 为引导移动前的检测器中心;c' 为移动后的检测器中心;$c_{nearest}$ 为距要移动的检测器最近的自我元素的中心,为欧几里德范数。为了保证算法收敛于一个稳定的状态,在迭代过程中移动步长 η_0 要具有衰减性,可取迭代步数的指数函数形式,如 $\eta=\eta_0\cdot\mathrm{e}^{-\frac{1}{\beta}}$,其中,$\eta_0$

为移动步长初值；i 为迭代步数；β 为控制衰减的参数。

第四步：按式(5—18)计算检测器的半径，并保存该检测器。

$$r_d = r'_{\min} - r_s \tag{5—18}$$

式中 r_d 为检测器的半径；r_s 为自我集合中元素的半径；$r'_{\min}$ 为检测器与自我集合中的元素之间的最小距离。

第五步：检验是否生成足够多的检测器，若是，则结束；否则，返回第二步。

在上述的检测器生成算法中，候选检测器只与自我集合的元素进行比较，并没有与已生成的检测器集合进行比较，这样会造成检测器集合的冗余，即检测器之间可能存在包含的关系，为了避免该缺陷，下面对生成检测器的步骤进行改进。

(1) 将候选检测器与已生成的检测器集合进行匹配，匹配阈值由每个检测器的半径决定，若 $\mathrm{dist}(c_d, c_d) < r_d + r_d$，则认为候选检测器落入已生成的检测器内。删除这样的检测器，否则按式(5—18)计算检测器的半径，并保存该检测器。

(2) 与故障模式空间的各故障模式信号 M_i 相匹配，与两个以上故障模式相匹配的检测器能检测共有特征空间，为了消除歧义性，取消这样的检测器；与各故障模式独有空间相匹配的检测器只能检测一种故障，只对某种故障具有敏感性，保留这样的检测器；另外，还应取消那些与任何一种或一种以上的故障模式都不匹配的检测器。按匹配情况对检测器集 $\boldsymbol{R}$ 进行约简和聚类，形成新的检测器集 $\boldsymbol{R'}$，即 $\boldsymbol{R'} = (R_1, R_2, \cdots, R_n)$，其中，$R_i, i = 1, 2, \cdots, n$ 为只与第 i 类故障模式独有空间相匹配，而与其他任何故障模式独有空间不匹配的检测器子集。

(3) 将训练好的检测器集 $\boldsymbol{R'}$ 与 $\boldsymbol{S}$ 相比较来检测 $\boldsymbol{S}$ 的变化，如果任意检测器与 $\boldsymbol{S}$ 匹配，该检测器被激活，则认为 $\boldsymbol{S}$ 已发生变化。检查被激活检测器对应 $\boldsymbol{R}$ 中的哪类故障模式，从而诊断出设备发生了何种故障。改进算法中的 $\boldsymbol{R'}$ 能检测出第 i 类故障不同于其他故障的独有特征。

基于否定选择算法的变压器故障诊断原理图如图 5-12 所示。

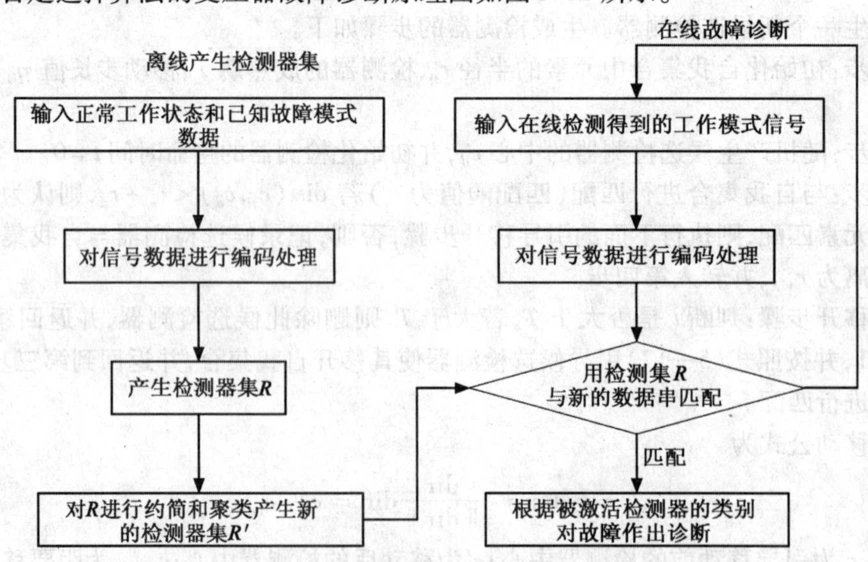

图 5-12 基于否定选择算法的变压器故障诊断原理图

4）仿真实验

根据上述模型及方法,用 2000 年 5 月至 2003 年 4 月间《浙江电力技术监督月报》中变压器 DGA 异常状况的典型例子来证明该方法的有效性。参数设置为自我集合元素的半径 $r_s=0.01$,移动步长初值 $\eta_0=1$,检测器的成熟期 T=5。本模型同时结合经典 IEC 三比值法进行辅助验证,结果表明,基于免疫算法的故障诊断能较为有效地克服传统比值出现的编码不全,编码边界过于绝对的弊端,表现了较强的泛化能力,它已逐步成为传统比值分析方法的有力补充。诊断比较结果如表 5-3 所示。

由于样本限制,本模型只进行了变压器油中溶解气体的故障诊断,但该算法表明,只要能获得其他变电设备典型的故障案例,则该算法在其他变电设备相关故障诊断中必然有良好的应用前景。

为了验证算法对未知模式故障的检测性能,进行试验:将主要铁芯多点接地故障作为已知模式故障,将铁心出现电弧放电且局部高温过热作为未知模式故障,使用得到的检测器集合只对断脱故障进行异常检测,并将被激活的检测器进行标记,得到断脱故障检测器,将未被激活的检测器合并在一起用来检测新的故障类型,然后使用得到的已知和未知模式故障检测器对双凡尔漏失(未知模式故障)进行检测。结果主要铁芯多点接地故障检测器被激活的概率为 0.25,未知模式故障检测器的激活概率为 0.75,将这些被激活的未知模式检测器放在一起,便得到了新出现的故障检测器集合,经过分析得到新出现的故障类型,便可以将其对应的检测器加入到已知模式故障检测器集合中,用于以后对已知模式故障进行检测与诊断。以上也说明了故障检测器集合随着新故障的出现而不断增加和更新。

表 5-3　免疫算法诊断结果和传统“三比值”诊断结果的比较

组序	故障情况	H_2	CH_4	C_2H_6	C_2H_4	C_2H_2	CO	三比值法	否定选择算法
1	主要油泵进水受潮	241.7	6.1	1.2	4	0	617.5	超出编码	局部放电或受潮
2	主要铁芯多点接地(高温过热)	42	97	157	600	0	213	高于 700℃高温热故障	高温过热
3	主变散热器未开启(高温过热)	44	51.9	15	118.9	0.6	664	高于 700℃高温热故障	高温过热
4	主变匝间短路。(高温过热及电弧放电)	324	345	748	99.6	177	143	超出编码范围无法判断	高温过热
5	主变 35kV 套管内接头发热,接触不良(高温过热)	42	79.4	30.5	152.4	0.6	555	高于 700℃高温热故障	高温过热
6	主变分接开关带负荷切换(高能量放电)	256.3	40.9	33	120.3	63.3	565.1	高能量放电	高能量放电
7	铁心出现电弧放电且局部高温过热	300	490	180	360	95	330	无法判断	高温过热

续表

组序	故障情况	H_2	CH_4	C_2H_6	C_2H_4	C_2H_2	CO	三比值法	否定选择算法
8	接触不良造成两处局部过热	200	700	261	740	1	156	中温过热	局部过热
9	多处电弧放电且高温过热	5945	7964	26979	5835	57.4	432	高温过热	多处电弧放电且高温过热

5.3.2.3 免疫算法诊断结果和传统"三比值"诊断结果的比较

表 5-3 中列举了 9 组典型电力变压器故障实例,前 6 组为单故障样本,后 3 组为多故障样本。将本节提出的否定选择算法的诊断结果与 IEC 法的诊断结果进行比较,从表 5-3 中可以看出,对 2,3,4,5 组样本,两种方法都可以作出正确的诊断。IEC 三比值法对第 1 组样本和第 7 组样本没有对应的编码,无法作出判断;而对这两组样本用否定选择算法可以得到正确的结果。对多故障样本,应用本节提出的否定选择算法都得到了正确的诊断结果,表明了该算法对电力变压器多故障同时发生的情况有较高的诊断准确率。

从实例分析的结果来看,基于人工免疫的否定选择算法的故障诊断准确率要高于 IEC 三比值法,并且对多故障发生的情况具有较好的诊断效果,证明了本算法的有效性。

下面分析检测器个数、正常样本个数、自我集合半径及窗宽和窗口移动步长对故障检测与诊断效果的影响。

(1) 检测器个数。一般情况下,检测器的个数越多,对非我空间的覆盖越好,但生成检测器的时间也越长。如果检测器数量太少,则会导致因对非我空间的覆盖过小而造成漏诊。

(2) 正常样本个数。否定选择算法是通过对正常样本的学习来生成检测器的,所以正常样本越多,则对自我空间的描述越完全,但由于生成检测器时,候选检测器要与每个自我集合的元素匹配,这样自我集合的元素越多,生成检测器的时间也就越长,而如果正常样本少,则会导致误诊现象。

(3) 自我集合半径。自我集合半径的选取非常重要,取得大会造成漏诊;取得较小则会造成误诊。通过反复试验选取自我集合半径为 0.01 时效果最好。

(4) 窗宽及窗口移动步长。窗宽越小对原始数据描述得越好,同时也增加了算法的复杂度。通过对窗口移动步长 winstep 选取不同的值 1、2、3、4、5 进行试验,发现当窗口移动步长 winstep = 1 时效果最好,因为移动步长越小,数据段之间的交迭越大,这样便能够更好地刻画原始数据的特征。

该方法不但能够检测出系统或设备已知模式的故障,还能够检测出未知模式的故障。使用该方法同样可用对其他设备进行故障的检测与诊断。本节设计的基于否定选择算法的异常检测与故障诊断方法非常适合于故障样本难以获取的系统或设备的异常检测与故障诊断。

5.3.3 基于克隆变异机理的故障诊断方法研究

5.3.3.1 引言

随着设备的大型化、复杂化和自动化水平的日益提高,在对设备故障进行诊断过程中新的故障信息不断被挖掘,这就需要故障诊断系统具有连续学习功能,不断学习和补充新的知识。所以,研究一种能够集连续学习及高诊断准确率于一体的故障诊断方法是十分必要的。目前,虽然已有各种各样的设备智能故障诊断方法,如神经网络法、模糊方法等,但往往难以同时实现故障诊断和连续学习功能。

生物免疫系统是一种具有学习、记忆、模式识别及不断学习新的抗原以改进自身免疫功能的自适应智能系统。特别是免疫系统的克隆变异机理,使免疫系统能够自适应地连续学习抗原环境,不断地改进自身的免疫功能。免疫系统的克隆变异机理为解决工程中的自适应学习、模式识别等问题提供了许多可以借鉴的机理。许多学者近几年已开始从事基于免疫系统克隆变异机理的智能方法研究,取得了较好的应用效果。

目前,对于基于克隆变异机理的智能化方法研究主要集中在对数据的聚类和优化等方面,这些研究内容较好地体现了对免疫系统克隆变异智能机理的描述及解决问题的方法。对于有故障样本的设备故障诊断问题,主要是有导师监督的学习和分类问题。而已有的基于免疫机理智能方法的研究成果对研究新的故障诊断方法具有很好的借鉴意义。

在本书中,借鉴免疫系统的克隆变异机理及已有人工免疫系统成果,结合故障诊断的实际应用,研究了具有故障诊断能力,同时又具有对故障样本的连续学习功能的自适应故障诊断方法。最后通过对标准样本的分类识别及故障的诊断实例,验证了本书所提出的方法的有效性。

本书中所研究的内容并不是严格模拟生物免疫系统克隆变异过程的整个机理,而是从其机理得到有意义的启发,结合故障诊断的实际问题,提出合理的解决故障诊断问题的方法。

5.3.3.2　免疫克隆变异机理与克隆选择算法

当非已抗原模式被B细胞识别时,免疫系统将会把与抗原具有高亲和力的B细胞进行克隆变异,形成大量抗体,即克隆选择原理。De Castro博士依据此原理提出了克隆选择算法。这是一种模拟免疫系统学习过程的进化算法。受Perelson形态空间的理论的启发,Timmis提出了人工辨识球的概念,即每一个人工辨识球能够代表大量的具有相同抗体结构的B细胞,每个人工辨识球所表达的B细胞的数量成为该人工辨识球的资源。Timmis强调整个系统的资源是固定不变的,系统的学习是基于资源竞争而进行的。当遇到某个给定抗原或抗原种群时,每个人工辨识球都会基于自身与抗原的激励水平而争夺资源。由于资源的数量有限,激励水平高的人工辨识球将会获得更多的资源,而那些不再具有资源的人工辨识球将会从系统中移掉。正是由于这种资源竞争的进化压力,确保了系统中对抗原识别能力最强的人工辨识球被保留,而对抗原识别能力弱的人工辨识球将从系统中消失,以次不断改进系统的识别能力。

5.3.3.3　故障诊断方法研究

1. 初始化

将所有需要训练的故障样本视为抗原,为了使人工辨识球系统通过学习抗原产生最优秀的记忆细胞种群,需要对人工辨识球系统和记忆细胞进行初始化处理,初始化可采用这种方法进行:用已知抗原进行初始化,即从已知的抗原系统中随机选择某一数量的抗原加入人工辨识球种群和记忆细胞种群。为了简化计算,在初始化之前,首先对要处理的数据进行归一化处理,这样可保证亲和力和激励值的数值在0~1之间。

激励值由式(5—19)确定。

$$\mathrm{stim}(ag,\mathrm{mc}) = 1 - E(ag,\mathrm{mc}) \tag{5—19}$$

式(5—19)表明:两细胞的欧氏距离越大,相互激励水平越小;欧氏距离越小,相互激励水平越大。初始化完成之后,就形成了人工辨识球种群和记忆细胞两个种群。本节的内容就是研究经过人工辨识球的克隆变异,自适应进化形成优秀记忆细胞的过程,以便利用最后形成的记忆细胞进行故障诊断。

2. 记忆细胞辨识和人工辨识球的产生

在完成初始化后,对于给定抗原,首先将其与记忆细胞集进行匹配。在记忆细胞集中,找出与抗原同类且激励水平最高的记忆细胞,并将该细胞命名为 $\mathrm{mc}_{\mathrm{match}}$。如果在记忆细胞集中相同于抗原类的记忆细胞为空,则将该抗原加入记忆细胞,并令其为 $\mathrm{mc}_{\mathrm{match}}$。一旦 $\mathrm{mc}_{\mathrm{match}}$ 被确定,该细胞将被加入到人工辨识球集合,然后对 $\mathrm{mc}_{\mathrm{match}}$ 进行克隆变异,以便产生新的人工辨识球。这一过程模拟了免疫系统克隆变异的自适应进化机理。

由 $\mathrm{mc}_{\mathrm{match}}$ 所需产生的克隆数量 NC 由式(5—20)确定。

$$NC = CR \times \mathrm{stim}(ag,\mathrm{mc}_{\mathrm{match}}) \tag{5—20}$$

式中,CR 为克隆率,取整数值。对于每个抗原,由 $\mathrm{mc}_{\mathrm{match}}$ 产生的克隆数量与 $\mathrm{mc}_{\mathrm{match}}$ 和抗原的激励成正比关系,即激励值越高,克隆的数值越大。对每个克隆,变异过程采用随机的特征变异,为了能够对随机变异进行控制,设定变异率 MP,MP 为 0 ~ 1 间的常数。通常设定为 0.1 左右,这样可以保证以较小的概率进行变异,更好地实现进化过程。如 MP 取值过大,一些优秀的克隆由于过多的变异会使系统退化。每个 $\mathrm{mc}_{\mathrm{match}}$ 都要经历克隆和变异两个过程,克隆在前,变异在后,变异过程是按所设定的变异概率 MP 进行的。

3. 候选记忆细胞

为了更好地寻找与抗原具有最佳的人工辨识球,需要引进资源的竞争。由于在故障诊断中,故障样本为有类样本,所以人工辨识球的激励水平、资源的分配和竞争应与故障样本的类别相联系。因为与抗原同类的人工辨识球具有较高的激励值,而与抗原异类的人工辨识球具有较低的激励值,因此则与抗原具有同类的人工辨识球将获得更多的资源。

根据整个人工辨识球系统所规定的资源总量 NTR,为每类人工辨识球进行资源分配,资源的分配也与故障样本的类相联系,与抗原同类的人工辨识球将分配较多的资源。每类所分配的资源数量 NDR_i 由式(5—21)确定。

$$\mathrm{NDR}_i = \begin{cases} \dfrac{\mathrm{NTR}}{2}, & i = ag.c \\ \dfrac{\mathrm{NTR}}{2(nc-1)}, & i \neq ag.c \end{cases} \tag{5—21}$$

式中,$ag.c$ 表示抗原所属的类。

对于每类人工辨识球,如果实际享有的资源 res_i 大于所分配的 NDR_i,应从该类中依次移走激励值最低的人工辨识球的资源。当人工辨识球的资源被全部移走后,资源为零的人工辨识球将从人工辨识球集合中消失。重复该过程直到每类人工辨识球实际享有的资源不大于所分配的资源。

经过资源的竞争后,每类中都删除了一些低辨识水平的人工辨识球,使整个辨识水平得到了提高。当进化条件满足后,选择与训练抗原具有相同类且激励水平最高的人工辨识球作为候选记忆细胞,将该细胞定为 $\mathrm{MC}_{\mathrm{candidate}}$。

4．记忆细胞矩阵的形成

对于经过变异后所产生的候选记忆细胞 $MC_{candidate}$，是否可以将其加入记忆细胞矩阵，可通过以下方式判断。

首先计算候选记忆细胞 mc_{match}、$MC_{candidate}$ 两个细胞与给定抗原的激励值，当满足式(5—22)和式(5—23)两个条件时，可将 $MC_{candidate}$ 取代 mc_{match}，如果只满足式(5—22)，直接将 $MC_{candidate}$ 加入记忆细胞矩阵。

$$\mathrm{stim}(\mathrm{mccandidate},ag) > \mathrm{stim}(\mathrm{mcmatch},ag) \tag{5—22}$$

$$\mathrm{affi}(\mathrm{mccandidate},\mathrm{mcmatch}) < ATS\ AT \tag{5—23}$$

式中，$\mathrm{affi}(x,y)$ 表示细胞 x 与细胞 y 的亲和力；AT 表示所有抗原种群的平均亲和力；ATS 为亲和力阈值系数，为小于1的常数，用于控制记忆细胞的数量，ATS 数值越大，记忆细胞的数量越少。

5．故障诊断过程

从以上可以看出，故障样本的学习和训练过程是：对每个样本的学习训练过程是独立进行的，都要经过记忆细胞辨识和人工辨识球的产生、侯选记忆细胞、形成记忆细胞矩阵的处理，直到所有的抗原（故障样本）学习和训练结束。由于对每个抗原的学习和训练是单独进行的，所以对已学习和训练好的记忆细胞集，可以随时对新的抗原（即新的故障样本）进行学习和训练，不需要考虑从前的学习样本，实现了具有连续学习、记忆的功能。在不断地连续学习过程中，记忆细胞的知识不断扩充。

对于待诊断的样本，诊断过程可采用k近邻聚类方法，具体过程如下：

(1) 对于给定的待诊样本，计算每个记忆细胞与给定样本的激励值。

(2) 找出 k 个激励值最大的记忆细胞。

(3) 根据 k 个记忆细胞的所属类别进行投标表决，以确定最终的诊断结果。

综合本节内容，基于克隆变异机理的故障诊断方法流程图如图5-13所示。

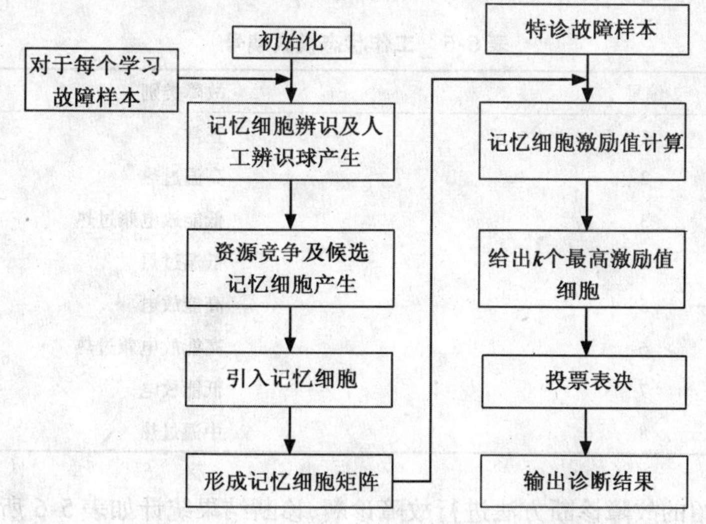

图5-13　基于克隆变异机理的故障诊断框图

6. 实验仿真

为了验证所提出故障诊断方法的有效性,实验以标准样本(Iris 数据)为例进行分析。考虑便于叙述问题,将该样本称为标准样本,将 Setosa、Virginica 和 Versicolor 三类植物分别称为第一类、第二类和第三类。分别指定三类样本为正常、已知异常和未知异常。在故障诊断中,第三类就相当于是未知故障。

随机选取每类的 25 个样本进行学习训练,然后对每类所用样本进行诊断。选取的参数为:总资源数 $NTR=200$;激励阈值 $ST=80$;变异率 $MP=0.1$;亲和力阈值系数 $ATS=0.2$;决策近数 $k=3$;克隆率 $CR=10$;$\alpha=10$。

经学习和训练后,最后的记忆细胞矩阵中共包含 42 个记忆细胞。其中第一类 11 个样本;第二类 15 个样本;第三类 16 个样本。应用该记忆细胞矩阵对 150 个样本进行诊断分类,只错分了第三类中的 3 个样本和第二类中的 2 个样本,达到了较高的准确率。表 5-4 列出了 Iris 标准实验数据的实验结果。

表 5-4 Iris 标准实验数据分类结果

样本类型	测试样本数	正确分类值	正确率
正常	50	50	100%
已知异常	50	48	96%
未知异常	50	47	94%

将该算法用于变压器的故障诊断中,采用了在油中溶解的各种气体含量所组成的五维向量(CH_4,C_2H_4,C_2H_6,C_2H_2,H_2)作为故障模式,即维数 $n=5$。首先对原始数据进行归一化处理,以降低气体间的互斥性。变压器一般有 7 种故障模型:低能放电、低能放电兼过热、高能放电、高能放电兼过热、低温过热、中温过热、高温过热,加上正常工作状态模式,变压器共有 8 种运行工作状态。表 5-5 列出了工作状态及编号。

表 5-5 工作状态模式编号

编号	故障类别
1	正常
2	高温过热
3	低能放电兼过热
4	低温过热
5	高能放电
6	高能放电兼过热
7	低能放电
8	中温过热

利用上面介绍的故障诊断方法进行故障诊断,诊断结果统计如表 5-6 所示,部分诊断数据如表 5-7 所示。

表 5-6　诊断结果

正常	33.3%
高温过热	80%
低能放电兼过热	100%
高能放电	86.7%
高能放电兼过热	100%
低能放电	87%
中温过热	74%

表 5-7　部分诊断数据

序号	H_2	CH_4	C_2H_6	C_2H_4	C_2H_2	诊断结果	正确结果
1	14.7	3.8	10.5	2.7	0.2	4	1
2	0	0.8	0.5	0.4	0	3	1
3	0	0.8	0.8	0.3	0	3	1
4	0	1.18	1.6	1.1	0.6	3	1
5	2.4	1.4	1	0.3	0	1	1
6	0	2.5	3.5	1.35	1.35	3	1
7	3.9	2.1	1.8	0.8	0	1	1
8	5.3	2.1	1.6	0.7	0	7	1
9	9.6	6	3.5	2.8	2.6	1	1
10	13.5	1.7	12	0.6	0	4	1
11	0.33	0.26	0.04	0.27	0	6	1
12	5.8	2.7	1.8	0.8	0	1	1
13	9.87	2.49	0.79	4.06	4.81	5	1
14	18.7	7.7	4.4	7.5	1.4	1	1
15	14.7	6.4	1.8	0.9	0	7	1
16	42	92	152	600	0	2	2
17	16	232	92	420	0	2	2
18	15	125	29	524	2	2	2
19	56	286	96	928	2	2	2
20	98	123	33	296	16	2	2
21	80	153	42	226	18	2	2
22	159.8	438.2	312.4	644.6	0.38	8	2
23	236	410.2	159	812.3	3.5	2	2
24	148	239	113	828	4	2	2
25	251	313	388	48	2.1	3	2
26	66	245	145	826	20	2	2
27	64	250	145	864	23	2	2
28	116	220.4	22.8	428.3	5.1	2	2
29	86	120	42	400	1.1	2	2
30	12.9	240	34	42	3.4	3	2

从统计结果来看，除了正常的判断率较低外，其他样本都得到了很好的分类，因此算法具有一定的可行性。正常状态数据的分类用否定选择算法中的异常检测方法进行检测，这样就能弥补该算法的缺陷。

在保持以上所选参数不变的情况下，只考察一个参数的变化对诊断精度的影响，通过实验分析，得出以下规律性结果。

(1) 激励阈值 *ST* 在分别取 0.9、0.8、0.7、0.6 的情况下，诊断精度基本保持稳定状态，平均精度在 96% 左右。

(2) 变异率对诊断精度的影响较大。在变异率 $MP<0.4$ 的情况下，诊断精度最低为 94%，当 $MP>0.4$ 之后，诊断精度明显下降，主要原因是一些优秀的克隆细胞被过多变异的结果。

(3) 亲和力阈值 *ATS* 取值小于 0.3，诊断精度较高，平均精度在 96% 左右，*ATS* 取值越大，诊断精度下降越大。

(4) 克隆率 *CR* 和 α 的取值对诊断精度影响很小，但对程序的运行速度影响较大，一般取值 5 ~ 10 可获得较好的结果。

本节所提出的基于克隆变异机理的故障诊断方法有许多可选参数，不同的参数组合，诊断结果会有较大区别。其中最为重要的参数为亲和力阈值系数 *ATS*，其数值越小，诊断精度越高。

5.4　小结

本章阐述了分类概念，论述了决策树分类、贝叶斯分类、基于关联规则分类、基于数据库技术分类、基于支持向量机的分类、基于 AIS 模型分类算法等分类算法。对人工免疫算法及其在故障诊断中的应用进行了详细的讨论，以此说明分类挖掘在解决复杂工程问题中的应用情况。

本章以人工免疫算法的理论和应用为研究内容作了一些工作。除了在理论上对人工免疫系统及其算法的基础原理和各种类型的免疫算法做了研究和分析外，最主要的是通过对人工免疫算法的研究分析，提出了新的改进算法，开拓了免疫算法的应用领域。

(1) 研究了基于免疫系统否定选择机理的设备异常检测方法，在对免疫系统否定选择机理及已有检测器算法进行分析的基础上，结合设备异常检测的实际需要，提出了改进型否定选择算法，并将改进后的算法用于变压器的故障诊断。实验结果与传统“三比值”法比较，证明算法的有效性。

(2) 借鉴免疫系统的克隆变异机理及已有的人工免疫系统成果，结合故障诊断的实际需要，研究了具有故障诊断能力，同时又具有对故障样本连续学习功能的故障诊断方法，做到了故障诊断系统在对新的故障样本学习的过程中，既吸收了新的知识，又保持了已学知识。通过对标准样本的分类识别及实际的故障诊断，验证了所提出方法的有效性。

事实上，本章提出的算法还存在很多的不足。比如数学基础显得较薄弱，缺乏深刻且具有普遍意义的理论分析。目前在免疫算法研究方面还有很多工作要做，如算法与其他优化技术的比较和融合；算法的改进与深化，根据具体应用领域对免疫算法进行改进与完善，当前针对具体应用问题深化研究免疫算法是特别值得提倡的工作。可以相信,随着免疫算法研究的不断深入,免疫算法的应用价值必将进一步提高。

纵观近几年对人工免疫系统研究所取得的进展,其主要部分还是集中在免疫算法的改进上,而真正利用免疫机制提出全新的免疫算法为数不多。究其原因可能有以下两方面:首先,生物免疫学尚处于一个发展时期,并无一个统一而成熟理论框架,只是在一定程度上描述了生物免疫的现象;其次,基于生物免疫学的人工免疫系统的理论框架更是薄弱,而没有一个成熟的理论基础,人工免疫系统是很难取得飞跃发展的。事实上,要形成这样理论框架还需要生物免疫学的不断发展,提出免疫过程的系统本质,这样才能为人工免疫系统创造先决条件。作为人工智能的一个新兴研究领域,人工免疫系统有着巨大的发展前景,它包含了强大而丰富的信息处理能力,而且这些也是其他智能算法所无法取代的。一个系统的发展往往会受到其理论发展的制约,但也不是绝对的。作为人工免疫系统核心部分的免疫算法,近几年得到了深入的研究,其应用领域也在不断地扩大。一个有实际应用价值的系统将是一个有生命力的系统。另外,人工免疫系统为了突破自身理论发展的限制,已经开始和其他的智能算法结合起来,发挥其具备特殊信息处理能力的优势。

作为一个全新的研究领域,人工免疫系统急需进一步研究的方向也是丰富的,根据以上分析,现总结为以下三个方面:

(1) 理论研究。无论如何,人工免疫系统的理论研究是一个不可或缺的部分,没有理论的支持,系统是很难有质的发展的。人工免疫系统还没有比较完整的数学基础,因此迫切需要建立以数学为基础的理论体系。另外,对人工免疫系统的研究还包括一些算法相关的基础研究,如免疫算法的收敛性、收敛速度、编码方式等。

(2) 和其他智能算法的结合。事实上,在人体内的免疫系统也不是完全独立的系统,它的工作过程还受到神经系统、内分泌系统等诸多外部因素的影响,这是一个相互影响、相互协调的过程。因此,人工免疫系统也可结合其他优秀智能算法来提高算法的性能,如和人工神经网络相结合。事实上,这样的工作已经有研究者开展了。结合并不是一个容易的过程,会产生一系列新的问题,最主要的是如何让两个算法产生互补的效果,提高此算法的性能,因此这也是一个非常值得重视的研究方向。

(3) 针对工程应用的研究。把免疫算法应用到实际工程中,以解决工程中无法或很难用其他工具解决的问题,这是促进人工免疫系统发展最直接的动力。实际情况也是如此,免疫算法在计算机和信息安全、故障检测和诊断、优化设计等方面已经有了实质性的应用,而且应用的范围还在不断地扩大。但是该部分的研究是比较初级的,还没有达到大规模商业开发应用的程度。因此,在已有的研究基础上继续广泛而深入地研究,这也是我们需要努力的方向。

习题 5

1. 简述判定树分类的主要步骤。

2. 在判定树归纳中,为什么树剪枝是有用的?用一个单独的样本集估计由树剪枝所得规则的准确率的缺点是什么。

3. 给定判定树,你有两种可能的选择。

(1) 将判定树转换成规则,然后对结果规则剪枝。

(2) 对判定树剪枝,然后将剪枝后的树转换成规则。

相对于(2),(1)的优点是什么?

4. 为什么朴素贝叶斯分类被称为是"朴素"的? 简述朴素贝叶斯分类的主要思想。

5. 比较急切分类(如判定树、贝叶斯、神经网络)相对于懒散分类(如,k-最临近、基于案例的推理)的优缺点。

6. 下表由雇员数据库的训练数据组成,数据已概化。对于给定的行,count 表示 department,status,age 和 salary 在该行上具有给定值的元组数。设 salary 是类标号属性。

(1) 你将如何修改 ID3 算法,以便考虑每个概化数据元组(即每一行)的 count?

(2) 使用你修改过的 ID3 算法,构造给定数据的判定树。

(3)给定一个数据样本,它在属性 department, status 和 age 上的值分别为"systems"、"junior"和"20…24"。该样本的 salary 的朴素贝叶斯分类是什么?

(4) 为给定的数据设计一个多层前馈神经网络。标记输入和输出层结点。

(5) 使用上面得到的多层前馈神经网络,给定训练实例"(sales, senior, 31…35, 46K…50K)",给出后向传播算法一次迭代后的权值。指出你使用的初始权值和偏置及学习率。

department	status	age	salary	count
sales	senior	31…35	46K…50K	30
sales	junior	26…30	26K…30K	40
sales	junior	31…35	31K…35K	40
systems	junior	21…25	46K…50K	20
systems	senior	31…35	66K…70K	5
systems	junior	26…30	46K…50K	3
systems	senior	41…45	66K…70K	3
marketing	senior	36…40	46K…50K	10
marketing	junior	31…35	41K…45K	4
secretary	senior	46…50	36K…40K	4
secretary	junior	26…30	26K…30K	6

7. 给定 k 和描述每个样本的属性数 n,写一个 k-最临近分类算法。

第6章　预测挖掘及其应用

6.1　预测概念

6.1.1　概述

1. 预测及其特性

预测和分类有何不同？预测(prediction)是构造和使用模型评估无标号样本类，或评估给定样本可能具有的属性值或值区间。在这种观点下，分类和预测是两类主要预测问题，其中分类是预测离散或标称值，而预测用于预测连续或有序值。然而，我们的观点是：用预测法预测类标号为分类；用预测法预测连续值(如使用回归方法)为预测。这种观点在数据挖掘界被广泛接受。

预测是对研究对象的未来状态或未知状态进行预计和推测。它根据历史资料和现状，根据主观经验和教训，通过分析，对一些不确定的或未知的事物作出定性或定量的描述，寻求事物发展规律，为今后制定规划、决策和管理服务。预测的特点是：① 科学性；② 近似性；③ 局限性。

预测具有广泛的应用，包括信誉证实、医疗诊断、性能预测和选择购物等。

2. 预测的类别

(1) 按预测方法分，可分为技术(统计)预测、信息预测和拟合预测。

(2) 按预测时期分，可分为短期预测、中期预测和长期预测。

(3) 按预测性质分，可分为定性预测和定量预测。

定性预测是根据人的观察和经验，以逻辑思维和逻辑推理进行预测的方法，如特尔菲法、主观概率法、交叉概率法。

定量预测是根据历史数据，运用数学方法进行预测的方法，又称统计预测，如回归分析法、时间序列法等。

6.1.2　预测的步骤

预测可按下列步骤进行：

(1) 确定预测目的。

(2) 收集资料。根据预测目的，尽可能完整、准确地收集有关原始资料。

(3) 分析资料。

(4) 评价预测模型。

(5) 预测应用。

6.2 预测挖掘算法

6.2.1 技术(统计)预测

技术(统计)预测主要包括移动平均预测法、指数平滑法、特尔菲法、马尔克夫链、正态分布、泊松分布、残差辩识预测、最小方差预测等。

1. 特尔菲法(Delphi)

特尔菲法(Delphi)是美国兰德公司1964年发明并首先用于技术预测的专家会议预测法的改进方法。有的学者认为,特尔菲法可能是最可靠的预测方法。在长期规划者和决策者心目中,特尔菲法享有众望。特尔菲法的实质是利用专家的主观判断,通过信息沟通与循环反馈,使预测意见趋于一致,逼近实际值。特尔菲法的不足之处在于易受专家主观意识和思维局限影响,而且在技术上,征询表的设计对预测结果的影响较大。

特尔菲法是一种应用较广的专家调查法,它用规定程序对专家进行调查,可尽量精确地反映专家们的主观估计能力。特尔菲法分征询专家意见和统计处理专家意见两步进行。对专家意见的统计处理,可以根据调查资料的性质选用适当的统计方法进行处理,处理结果应至少反映半数以上专家的意见。

【例6.1】 检验科工作量的估计。

解:第一轮,提出预测。要求20位专家对表6-1中的内容(调查说明从略)进行预测。

表6-1 不同检验项目的权重估计(第一轮)

	临检组		生化组					免疫组	细菌组
	体液	血液	肝功	肾功和电解质	血脂	内分泌	血清		
权重	1								

第二轮,修改预测。根据80%专家的预测意见,确定不同检验项目的权重,并将此信息反馈给各位专家,既而启动第二轮预测。

第二轮要预测的内容如表6-2所示。

表6-2 不同检验项目的权重估计(第二轮)

	临检组		生化组					免疫组	细菌组
	体液	血液	肝功	肾功和电解质	血脂	内分泌	血清		
第一轮80%专家的权重估计	1	1~1.5	1.5~1.25	1.5~2.5	2.5~4	6~7.5	2.5~3.5	5~7	1.5~2
第二轮权重	1								

第三轮,修改预测。求最后一轮预测结果中各检验项目权重的中位数,得出特尔菲法的预测结果,如表6-3所示。如17位专家对血清学检验的权重估计为2.5、2.5、2.5、2.75、3、

3、3、3、3、3、3、3、3、3、3.5、4，求得中位数为3，故血清学检验的权重为3，依此类推。

表6-3　不同检验项目的权重

	临检组		生化组					免疫组	细菌组
	体液	血液	肝功	肾功和电解质	血脂	内分泌	血清		
权重	1	1.125	1	2.25	3	6	3	6	1.8

回收率表示专家们对调查的关心和支持程度，回答率表示专家们对某一预测项目的熟悉和关注程度。调查表的回收率和回答率如下：

$$回收率 = \frac{收回调查表的份数}{发出调查表的份数} \times 100\% = \frac{20}{20} \times 100\% = 100\%$$

$$回答率 = \frac{对问题有效回答的份数}{收回调查表的份数} \times 100\% = \frac{17}{20} \times 100\% = 85\%$$

2. 时间序列预测法

时间序列预测法是指将过去的历史资料及数据，按时间顺序加以排列，构成一个数字系列，根据其动向预测未来趋势。这种方法的根据是过去的统计数字之间存在着一定的关系，这种关系，利用统计方法可以揭示出来，而且过去的状况对未来的销售趋势有决定性影响。因此，可以用这种方法预测未来的趋势，它又称为外推法或历史延伸法。

对于时间序列预测法，假设预测对象的变化仅与时间有关。根据它的变化特征，以惯性原理推测其未来状态。常用的趋势预测技术是移动平均法、趋势延伸法和季节指数法，或由此衍生的其他常规技术指标分析方法。

1）移动平均预测法

移动平均预测法属于平滑预测法。平滑预测法是指借助平滑技术消除时间序列中高低突变数值，得出一个趋势数列，据以对未来发展趋势的可能水平做出估计，主要有移动平均预测法、指数平滑法和季节指数法。

移动平均预测法是指将观察期内的数据由远而近按一定跨越期进行平均，取其平均值，然后随着观察期的推移，根据一定跨越期的观察期数据也相应向前移动，每向前移动一步，去掉最早期的一个数据，增添原来观察期之后的一个新数据，并依次求得移动平均值，最后将接近预测期的最后一个移动平均值作为确定预测值的依据。

移动平均法是在算术平均数的基础上发展起来的预测方法，它以一组观察序列的平均数为下一时期的预测值，它要求不断根据新得到的观察值，计算出新的数据，去掉远期数据，逐期向前移动，故称移动平均法，移动平均数的计算公式为

$$M_{t,N} = \frac{Y_{t-1} + Y_{t-2} + \cdots + Y_{t-N}}{N}$$

【例6.2】　某医院心脏内科1985年1月至1986年6月逐月平均住院日如表6-4所示，拟用移动平均法进行预测。

表 6-4　某医院心脏内科逐月平均住院日

时间	时间序号	平均住院日	N=5		N=7		N=9	
			$M_{t,5}$	$(Y_tM_{t,5})^2$	$M_{t,7}$	$(Y_tM_{t,7})^2$	$M_{t,9}$	$(Y_tM_{t,9})^2$
1985 年 1 月	1	24.3						
1985 年 2 月	2	21.0						
1985 年 3 月	3	19.3						
1985 年 4 月	4	17.0						
1985 年 5 月	5	20.3						
1985 年 6 月	6	18.3	20.4	4.41				
1985 年 7 月	7	16.6	19.2	6.76				
1985 年 8 月	8	21.7	18.3	11.56	19.5	4.84		
1985 年 9 月	9	16.0	18.8	7.84	19.2	10.24		
1985 年 10 月	10	21.5	18.6	8.40	18.5	9.00	19.4	4.41
1985 年 11 月	11	20.4	18.8	2.56	18.8	2.56	19.1	1.69
1985 年 12 月	12	20.4	19.2	1.44	19.3	1.21	19.0	1.96
1986 年 1 月	13	17.4	2.0	6.76	19.3	3.61	19.1	2.89
1986 年 2 月	14	19.7	19.1	0.36	19.1	0.36	19.2	0.25
1986 年 3 月	15	20.1	19.9	0.04	19.6	0.25	19.1	1.00
1986 年 4 月	16	19.3	19.6	0.09	19.4	0.01	19.3	0.00
1986 年 5 月	17	19.2	19.4	0.04	19.8	0.36	19.6	0.16
1986 年 6 月	18	17.8	19.1	1.69	19.5	2.89	19.3	2.25
误差平方				51.9		35.33		14.34
平均误差平方				4.00		3.21		1.59

解：由表 6-4 可以看出，选取不同的 N，会得到不同的预测结果。一般 N 的取值范围在 5～20 之间。在此范围内，可多取几个 N 值进行尝试，选定所得平均误差平方和最小者为 N 值。如本例，$N=9$ 时平均误差平方和最小，为 1.59，故选定 9 个月为一组进行预测。

移动平均预测法的特点是简单，适于线性趋势资料的短期预测，对于具有季节性变化的资料，宜用季节指数法。

2）趋势延伸法

根据预测目标的历史时间数列在坐标图上标出分布点，直观地用绘图工具画出一条最佳直线或曲线，并加以延伸来确定预测值。

3）季节指数法

季节指数法则以加权平均为基础，是对移动平均法的一种改进算法。季节指数法是先用回归分析法描述整个时间序列的变化趋势，再乘以季节指数，就得到了预测模型。季节指数法认为，数据的重要程度按时间由近到远推移，成非线性递减，常用的有一次指数平滑法、二次指数平滑法和三次指数平滑法。

季节指数法用公式表达为

$$\hat{Y}_t = S_k \cdot Y_t'$$

若趋势是线性的,则

$$Y_t' = a + bt$$

【例 6.3】 西京医院内科 1982—1984 年逐月急诊人次如图 6-1 所示,试预测 1985 年逐月的急诊人次。

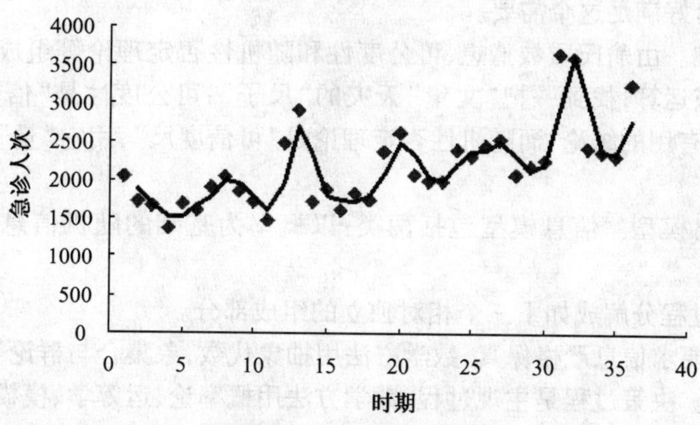

图 6-1　内科急诊人次的季节指数特征

解: 用季节指数法进行预测,步骤如下。

(1) 建立线性回归方程 $Y_t' = 1\,545 + 33.7t$。

(2) 由上式求每一时期的趋势值。

(3) 按 $S_t' = Y/Y_t$ 求每一个时期的季节指数。

(4) 求各月份的季节指数 S_k,即历年同一月份季节指数均数。

(5) 求出 1985 年逐月急诊人次的预测值,有

$$Y_{37} = S_k \cdot Y_{37}' = 1.24 \times (1\,545 + 33.7 \times 37) = 3\,462$$

表 6-5　季节指数(s_k)

月份	1	2	3	4	5	6	7	8	9	10	11	12
季节指数	1.24	0.98	0.99	0.81	0.90	0.87	1.19	1.23	0.94	0.89	0.83	1.15

表 6-6　1985 年急诊人次的实测值和预测值

月份	1	2	3	4	5	6	7	8	9	10	11	12
实测值	4 174	2 528	2 761	2 348	2 243	2 367	3 204	4 289	2 945	2 336	2 068	2 566
预测值	3 462	2 769	2 831	2 343	2 643	2 576	3 563	3 724	2 878	2 755	2 597	3 637

6.2.2　信息预测

广义的信息预测主要包括信息预测、模糊预测、灰色预测和基于混沌理论的分析预测等。

1. 信息预测

信息预测认为预测的哲学思想在于认识论，并将人类的认识体系分为三个体系，即抽象体系、物理体系和信息体系。

(1) 信息守恒。由连贯原则（未来与过去相似）和类推原则（相似的体系，其结构的变化具有相似的模式）两部分组成。认为信息可以按照一定的认识观点转化为数字。信息体系对数值的要求恰好满足这个需要。

(2) 数学基础。由翁氏质数猜想、可公度性和随机性否定理论等组成。翁氏质数猜想通过对质数的加减运算，找到一把"丈量"天灾的"尺子"；可公度性是"信号尺"，用它"量"有用的信息，得出有用的结论；而随机性否定理论是"可信度尺"，用它"量"出预测的结论有多大把握。

(3) 建立信息模型。信息模型包括两类：以概率为基础的随机信息模型和确定信息模型。

(4) 将预测过程分解成如下三个相对独立的组成部分。

- 主过程。要求信息严格保真，数学方法用抽象代数，象集合与群论等。
- 决策过程。决策过程是主观过程，数学方法用概率论、运筹学、模糊数学等。
- 估计过程。估计过程是运算的主体，比较常用的拟合的数学方法有方程式、多项式、不等式等；常用的判别计算原则有最大拟然性、最小二乘方等。

2. 灰色预测

灰色预测通过少量的、不完全的信息，建立灰色微分预测模型，对事物发展规律作出模糊性的长期描述，是模糊预测领域中理论、方法较为完善的预测学分支。

灰色理论认为系统的行为现象尽管是朦胧的，数据是复杂的，但它毕竟是有序的，是有整体功能的。灰数的生成，就是从杂乱中寻找出规律。同时，灰色理论建立的是生成数据模型，不是原始数据模型。因此，灰色预测的数据是通过生成数据的 $gm(1,1)$ 模型所得到的预测值的逆处理结果。

3. 模糊预测

对于一个模糊系统来说，传统的预测方法失去了作用。处理模糊预测问题的数学方法是模糊数学。模糊数学的基础是模糊集合论，而模糊集合是普通集合的扩张。美国学者 L. A. Zadeh博士建立的模糊集合论，为模糊预测理论与方法的研究奠定了理论基础。它用简单的方法处理复杂系统，在某种程度上弥补了经典数学与统计数学的不足。

国内学者在预测应用上，如气象预报、地震预报、病虫害预报等方面都作了大量的、有益的研究工作。

4. 基于混沌理论的分析预测

混沌理论是近年来长足发展的一门学科。"混沌"向世界规律运动的假定提出了挑战。一方面，它告诉我们宇宙远比我们想象的要怪异，它使许多传统的科学方法受到怀疑；另一方面，"混沌"认为许多无规则的事物实际上可能是简单规律的结果。"混沌"展现给我们的是一些新的规律。遵从简单规律的系统会以令人惊讶的复杂方式表现其行为。"混沌"是隐秘形式的秩序。

混沌系统是指敏感地依赖于初始条件的内在变化系统，对外来变化的敏感性本身并不意味着混沌。混沌理论最令人兴奋的一点是：一个非常简单的决定论系统能够产生异常复杂的输出结果。给定一个简单规则和初始条件,系统将产生复杂的连续系列,这有点类似“无中生有”。

美国科学家帕卡德和他的同事用基于混沌和生物进化理论,借助计算机,致力于用图形来描述金融市场的混沌现象。帕卡德认为,世界上有大量不同的随机现象,他所研究的是大体只需几个变量就能描述系统行为的一种混沌现象。他试图建立一种学习算法,对进化模型进行处理。而对于众多的模型,帕卡德采用一种称为遗传算法的方法处理数据,它用类似生物繁殖中突变和杂交现象的方法来改变模型。这种方法的核心是,计算机不断设定新的假设环境,从而使学习算法更具有适应性。他们认为一个好的学习算法不仅能建立适应模型,它还能时刻观测数据的变化。所谓“学习算法”是一种特别的程序,该算法擅长对大量的、各种各样的模型进行比较研究,找出最适用于分析目前和未来的数据的模型。

6.2.3 拟合预测

拟合预测是建立一个模型去逼近实际数据序列的过程,适用于发展性的体系。建立模型时,通常都要指定一个有明确意义的时间原点和时间单位。而且,当 t 趋向于无穷大时,模型应当仍然有意义。将拟合预测单独作为一类体系研究,其意义在于强调其唯“象”性。一个预测模型的建立,要尽可能符合实际体系,这是拟合的原则。拟合的程度可以用最小二乘方、最大拟然性、最小绝对偏差来衡量。拟合预测主要方法如下。

(1) 回归预测。主要包括自回归、线形回归、同态线形回归和多元回归。

(2) “S”模型。主要用来拟合生命总量不受直接限制的体系,从发生、发展,直到饱和点这一阶段的形象。

(3) 生命旋回。对一事物从零开始,经过成长、兴盛,达到全盛期后再逐渐衰落,最后又回到零的过程的预测。它适合于总量有限的体系。

(4) 周期拟合模型。当系统的条件未知,而仅对实际发生的周期因素建立的拟合模型。其准确性取决于模型的合理性,并经常为预测结果所验证,属于动态预测模型。

【例6.4】 某医院1976—1984年门诊人次如表6-7所示,试预测1985年的门诊人次。

解: 可按下列步骤进行预测。

(1) 作年次 t 与门诊人次 Y 的散点图(如图6-2所示),呈指数曲线形式。

(2) 将门诊人次取常用对数,即 $\log Y$(如表6-7所示),作 t 和 $\log Y$ 的直线相关与回归分析,得

$$r = 0.97(P < 0.01)$$
$$\log Y = 2.161 + 0.068t$$

或

$$Y = 144.88 \times 1.1695^t$$

1985年的实际门诊人次为763千人次,预测值为693千人次,预测误差 =(763 − 693)/763 ×100% =9.2%。

表 6-7　某医院门诊人次

年份	年次 t	门诊人次 Y(千人次)	$\log Y$
1976	1	192	2.283
1977	2	211	2.324
1978	3	230	2.362
1979	4	234	2.369
1980	5	276	2.441
1981	6	351	2.545
1982	7	428	2.631
1983	8	540	2.732
1984	9	657	2.818
合计		3 119	45.000

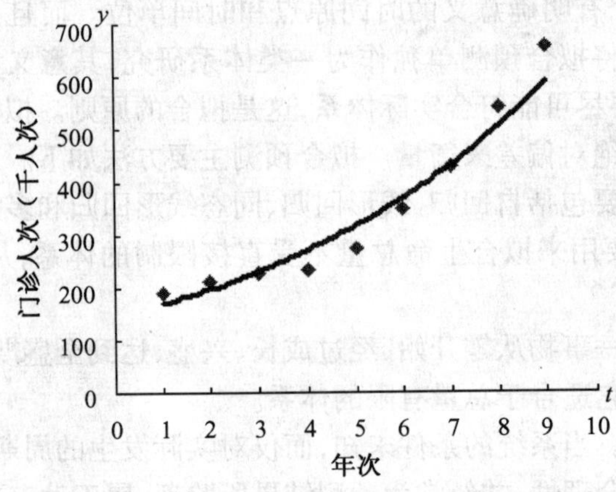

图 6-2　门诊人次年度的散点图和回归曲线

6.2.4　传统预测方法之比较

(1) 统计预测重点在于统计,并且数量增加只会增强数据的统计效果,并非意味着可以增加预测效果。

(2) 信息预测在突发性事件的研究中具有重大的现实意义。其深刻的理论内涵,将对预测学产生深远的影响。对随机性的否定把握程度直接关系到预测的置信水平。信息预测的方法论对时间和空间的原点和单位有明确界定,认为每一事物都有自身适应的原点和单位,并确信原点和单位的动态性。建立于质数基础上的突变预测理论,对于预测事件的漏报数量是决定预测置信水平的关键。

(3) 灰色预测是一系统化的预测理论。关联度的引入对预测的量化研究十分重要,生成数的方法与信息预测中的可公度方法一样意味深远。

(4) 有关模糊预测的其他研究方法,目前进展缓慢,对集合的模糊化和模糊数学的引入只是提供一种研究问题的角度,就预测意义而言,它不会增加事物的预测效果,而灰色预测中提及的生成数的思维方法则完全不同。

(5) 混沌意义下的预测,严格来讲,要么不可能,要么很难把握。正如一种观点所言:"上帝不仅扔骰子,而且有时还把骰子扔得很远"。对混沌秩序的研究,科学界的成果是丰富的,但站在一定高度的预测角度来分析混沌现象,在这方面的研究才刚刚起步。有一种观点的研究正在取得可喜的进展——简单事件经过不断变换形成混沌。

(6) 拟合的研究方法,是从实际出发,以解决实际问题为出发点,是唯"象"论的。许多科学领域的伟大成就往往就是此类方法的升华,它是人类认识自然和社会的简单有效的方法。在不同体系下,拟合模型的建立使预测成为可能。只有当拟合模型所给出的结论与实际体系相吻合时,才能得出正确的结论。

6.2.5　智能预测方法

在过去很长一段时间里,人们都是采用传统的方法进行预测,如时间序列预测法、回归分析法和模式识别法,这些方法都取得了不同程度的成功。但这些方法都存在各自的缺陷。

对预测方法的改进可以沿着两个方向进行:一是对原有预测方法加入新的元素,如引入智能技术以改善预测质量。本文拟让传统回归分析方法结合遗传算法和模糊优化以构造一种智能回归分析方法,使得对于某些模型已知的预测问题的求解精度得以提高,效率得以改进。二是引入新的预测原理,拓展预测范围,使得传统预测方法不能或很难解决的问题迎刃而解。

而人工神经网络能够建立任意非线性的模型,并适用于解决时间序列预报问题。应用最多的神经网络是多层感知机,并应用反向传播算法(BP 算法)进行网络训练,然而,传统的 BP 算法有诸如不易确定隐层神经元的个数,容易陷入局部极小点和耗费大量计算机时等缺点,因而不适合实际使用。近来,径向基函数(Radial Basis Function,RBF)网络作为另一种神经网络结构,以其灵活性强,易于训练,内插和外推性能好等特点而受到很大关注,RBF 网络是一种三层结构网络,其隐层的作用在于实现非线性变换,隐单元(又称"中心")数目在网络训练过程中随问题的复杂程度和所需的精度而动态调节,无须事先盲目确定,这种网络模型的训练过程表现为 RBF 网络中心的选择及隐层与输出层间权值的确定。

但是,利用 RBF 神经网络进行预测时,需要大量的历史数据。在历史数据有限的情况下,往往使预测精度受到很大影响。为了克服这些缺点,将 BP 神经网络和模糊优化及遗传算法结合在一起进行预测,就能收到不错的效果。

6.3　基于遗传算法的模糊优化算法及其在预测挖掘中的应用

6.3.1　模糊优化理论与方法

多年来,传统的优化技术和方法已经成功地应用于求解一类具有清晰定义结构或行为的系统,有时也称为"硬"系统(hard system)。一般称此类优化方法为确定型或清晰型优化方法。清晰型优化方法的基础是清晰的数字模型和精确的数学方法。然而,由于社会、生产和经济系统中常常存在多种形式的非确定性信息,如事件发生的随机性、数据的非精确性、语言的含糊性等,这些非确定性信息常来源于多种方式,其中包括测量产生的误差,缺乏足够的历史资料或统计数据,缺乏足够可用的理论来描述和支持,知识表达方式的差异,人类的主观性判断或偏好等。这些形式的非确定性可以归类为两种类型,即随机非确定性(stochastic uncertainty)和模糊非确定性(fuzzy uncertainty)。随机非确定性的特点是:信息的描述是清晰的,但非确定性以频率形式表现出来。这类系统常称为随机(非确定性)系统,常用基于概率理论的随机优化方法求解。

实际上,决策者并不认为通常的概率分布是正确的,对于某些非精确情形,特别是没有清晰界限(sharp)的信息,与人类语言或行为相关的信息,或者是由于受人类知识和认识所限而难以表达和清晰定义的信息等,这种非确定性信息统称为模糊性信息。具有模糊性信息的系统称为模糊系统,有时也称为"软"系统(softsystem)。这类系统的特点是,系统的行为或结构没有清晰的界定,系统的信息反映了人类的主观属性(subjective nature)和非精确性(imprecision)。基于精确数学理论的优化方法和基于概率理论的随机优化方法都不能准确地描述这类系统的行为和特性,因而也就不能有效地求解这类系统。起源于20世纪50年代并很快得到发展的模糊集理论(fuzzy set theory)和基于模糊集理论的模糊优化(fuzzy optimization)方法,提供了处理这类软系统的建模和优化的有效方法和技术。基于模糊集理论的建模和优化方法称为模糊建模和模糊优化方法。

本章在简要介绍模糊优化有关概念的基础上,提出模糊优化建模的思想以及一般方法。

6.3.1.1 模糊优化的基本概念

1. 模糊优化基本术语及性质

1)模糊集

令 $\boldsymbol{X}$ 是一个包括所有元素的空间,其中的元素 $x \in \boldsymbol{X}$,$\boldsymbol{X}$ 中的模糊集 $\tilde{\boldsymbol{A}}$ 是具有如下形式的有序对元素的集合。

$$\tilde{\boldsymbol{A}} = \{(x, \mu_{\tilde{A}}(x)) \mid x \in \boldsymbol{X}\}$$

其中,$\mu_{\tilde{A}}(x)$ 称为 x 属于 $\tilde{\boldsymbol{A}}$ 的隶属度,$\mu_{\tilde{A}}$: $\boldsymbol{X} \to \boldsymbol{M}$ 是一个函数,$\boldsymbol{M}$ 是隶属空间。一般情况下,$\boldsymbol{M} = [0,1]$。

此外,模糊集合 $\tilde{\boldsymbol{A}}$ 还可以表示如下:

(1) 如果 $\boldsymbol{X}$ 是有限集或可数集,则 $\tilde{\boldsymbol{A}} = \sum \mu_{\tilde{A}}(x_i)/x_i$。

(2) 如果 $\boldsymbol{X}$ 是无限不可数集,则 $\tilde{\boldsymbol{A}} = \int \mu_{\tilde{A}}(x)/x$。

这里符号"/","$\sum$","$\int$"不是通常意义上相应的数学运算符号,仅是一种记号。

2)水平截集

在一个模糊集合 $\tilde{\boldsymbol{A}}$ 中,隶属函数大于某一水平值 λ 的元素所组成的集合,称为该模糊集合的 λ - 水平截集。记为 $\boldsymbol{A}_\lambda$。$\boldsymbol{A}_\lambda$ 是 $\boldsymbol{X}$ 的一个普通子集,满足

$$A_{\alpha} = \{x \in X \mid \mu_{\tilde{A}}(x) \geqslant \alpha\}$$

其中，λ 就是水平值，$0 < \lambda \leqslant 1$，如图 6-3 所示。

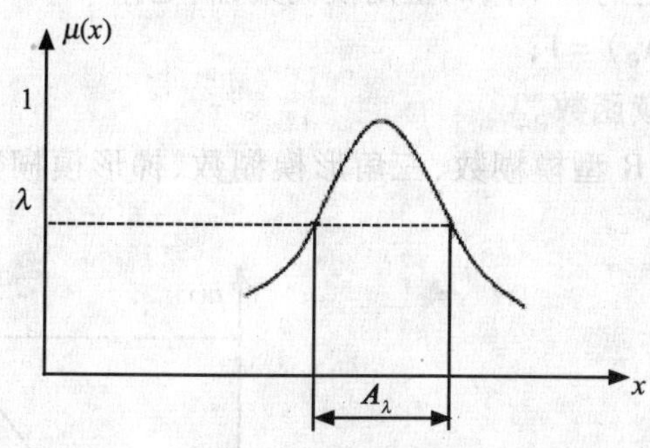

图 6-3　模糊集与普通集关系

从图 6-3 所示曲线不难理解，利用一定的水平值 λ，水平截集 A_{λ}，则隶属函数又可转化为经典集合的特征函数，即

$$C_{A_{\lambda}} = \begin{cases} 1 & \mu_{A}(x) \geqslant \lambda \\ 0 & \mu_{A}(x) < \lambda \end{cases}$$

这时，模糊集合 A 又转化为普通集合 A_{λ}。

截集概念是对人脑在处理模糊性问题时常用的截割方法的数学刻画。模糊学是让模糊事物不加截割地进入数学模型，充分利用中介过渡的信息，通过隶属度的演算规律及模糊交换理论，最后在一定水平值上进行截割，作出非模糊的判决。

截集概念在模糊集合与普通集合之间建立了关系，成为模糊集合向普通集合转化的有效手段和桥梁，这时模糊优化的求解是很重要的。

3）凸模糊集

空间 X 的一个模糊集合 $\tilde{A}$ 是凸模糊集，当且仅当 $\forall x_1, x_2 \in X, \delta \in [0,1]$ 时，满足

$$\mu_{\tilde{A}}(\delta x_1 + (1-\delta)x_2) \geqslant \mathrm{Min}\{\mu_{\tilde{A}}(x_1), \mu_{\tilde{A}}(x_2)\}$$

同样，如果模糊集合 $\tilde{A}$ 的任意一个截集是凸集，则 $\tilde{A}$ 是凸模糊集。

图 6-4 表示了凸模糊集合和非凸模糊集合的区别。

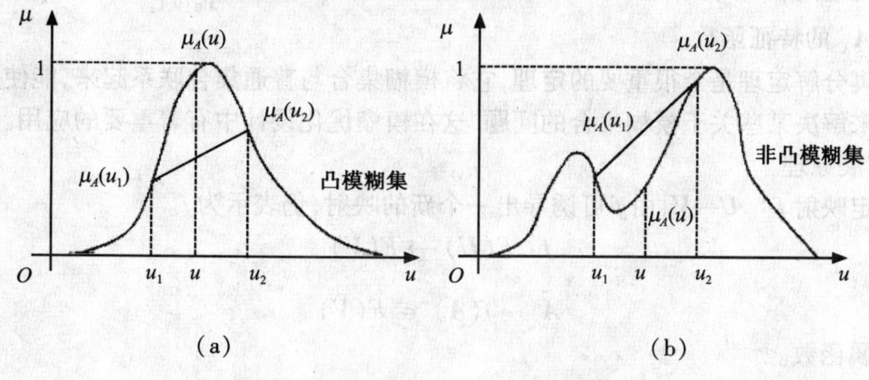

图 6-4　凸模糊集合和非凸模糊集合

4）模糊数

模糊数$\tilde{M}$是实数域 **R** 上的一个凸的正则模糊集，满足：

（1）存在 $x_0 \in \mathbf{R}, \mu_{\tilde{M}}(x_0)=1$；

（2）$\mu_{\tilde{M}}(x)$是分段连续函数。

常用的模糊数包括 L－R 型模糊数、三角形模糊数、梯形模糊数，其隶属函数如图 6-5 所示。

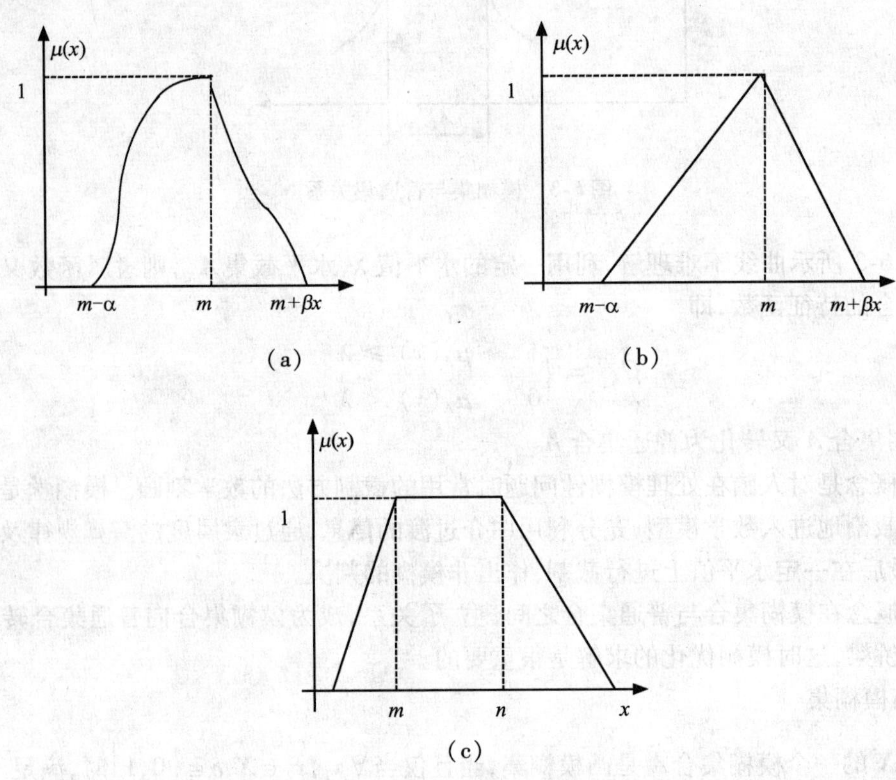

图 6-5　几种常用模糊数的描述

5）分解原理

设$\tilde{A}$是定义在论域 U 上的一个模糊集，则有：$\mu_{\tilde{A}}(u)=\bigvee_{\lambda\in[0,1]}(\lambda \wedge \gamma_{A_\lambda}(u))$，其中$\gamma_{A_\lambda}(u)$是 A_λ 的特征函数。

模糊集分解定理是个很重要的定理，它将模糊集合与普通集合联系起来，能使用普通集合的思想来解决某些关于模糊集合的问题，这在模糊优化设计中有着重要的应用。

6）扩展原理

设给定映射 f：$U \to V$，由 f 可诱导出一个新的映射，仍表示为 f。

$$f: F(U) \to F(V)$$

$$\tilde{A} \to f(A) \in F(V)$$

它具有隶属函数。

$$\mu_{f\tilde{A}} = \begin{cases} f(\overset{\vee}{u})\mu_{\tilde{A}}(u) & f^{-1}(v) \neq \Phi \\ 0 & f^{-1}(v) = \Phi \end{cases}$$

扩展原理也是模糊数学重要的理论基础,它把普通集合中的概念、理论、方法拓展到了模糊集合中。解释为:$\tilde{A}$被f映射成$f(\tilde{A})$时,其隶属函数可以无保留地传递下去,即经过映射后$\tilde{A}$和$f(\tilde{A})$中相应元素的隶属保持不变,亦即$\mu_{\tilde{A}}(x_i)=\mu_{f\tilde{A}}(y_i)$,其中$y_i=f(x_i)$。

2. 模糊优化的相关概念

模糊环境下的决策首先由 Zadeh 于 1965 年提出,是模糊优化理论和方法的重要基础。下面简单介绍模糊目标、模糊约束及模糊决策的基本概念。

模糊目标是指模糊环境下的决策目标,包括非精确定义的目标和由模糊函数定义的目标,由隶属函数$\mu_G(x)$来描述。

模糊约束是指模糊环境下的系统约束,包括模糊函数和模糊关系定义的系统约束,由隶属函数$\mu_C(x)$来描述。

根据 Zadeh 的观点,模糊决策$\boldsymbol{D}$是指同时满足模糊目标和模糊约束的由某种算子定义的活动集合,即$\boldsymbol{D}=\boldsymbol{G}\cap\boldsymbol{C}$,由隶属函数$\mu_D(x)$来描述,$\mu_D(x)=\mu_G(x)*\mu_C(x)$。其中,$*$是一个算子,由决策者根据具体问题来定义。

6.3.1.2　传统模糊优化问题

1. 模糊建模与模糊优化

模糊建模是指从模糊信息的描述到建立一个适当的数学模型的过程。模糊优化是指基于非精确的数学方法求解模糊模型的过程。一般对于一个复杂问题,从建立模糊优化模型(模糊建模)到求解模糊优化模型(模糊优化)需要经过以下几个基本环节:

(1) 基于对问题本身的理解,分析问题中存在哪些模糊信息,以及出现的形式。如模糊目标,可行集/约束集或参数和方式,如非精确的量化形式或者是含糊不清的语言(ambiguous linguistic)等。

(2) 模糊描述与表达(Description and formulation)。采取适当的方式如隶属函数,可能性分布函数,以线性形式或非线性形式等来描述模糊信息。在这个过程中,应该充分反映决策者的意愿和观点,即主观性(subjection)或偏爱(Preference)。

(3) 在(1)~(2)的基础上,根据问题的特点和要求,采用适当的数学工具和方法,建立模糊优化模型。

(4) 转化为清晰的优化模型。在这个过程中,首先要明确的问题是寻求什么形式的最优解,是确定型的最优解、满意解或是模糊解,这要取决于决策者对问题的理解和对问题的要求,即对最优解的理解。然后基于模糊数学的一些理论和原理,如分解原理、扩展原理、模糊集运算等,提出一些新的概念,在此基础上,把模糊优化模型转化为等价的,或者近似的确定型或清晰优化模型。

(5) 清晰优化模型的求解。根据等价的或近似的清晰优化模型的特点(线性、非线性;单目标、多目标;连续型、离散型或混合型等),采用或者设计合适的优化算法,如传统的启发式算法、单纯型算法,或者智能化优化方法,如模拟退火(Simulated Annealing,SA)、遗传算法(Genet - ic Algorithm,GA)、禁忌搜索(Tabu Search,TS)等。

其中环节(1)~(3)属于模糊建模阶段,(4)~(5)属于模糊优化阶段。一般情况下这两个阶段是相互关联的,没有明显的界限。

2. 模糊优化问题的一般形式和分类

根据 Fedrizzi & Kacprzyk,模糊优化问题可以描述成如下一般形式。

令 $\boldsymbol{X}=\{x\}$ 是可选取方案的集合,目标函数 $F\colon \boldsymbol{X}\to L(\mathbf{R})$。其中,$L(\mathbf{R})$ 是 $\mathbf{R}$ 的一类模糊子集,可行域 $\tilde{\boldsymbol{C}}\subset\boldsymbol{X}$ 是一个模糊子集,$\mu_{\tilde{C}}(x)=[0,1]$,模糊优化问题可以表述为一般形式(FOP):$\widetilde{\max}\{F(x,r)\mid x\in\tilde{\boldsymbol{C}}\}$。其中,$r$ 是参数,可以是清晰型,也可以是模糊型。(FOP)表示 x 属于 $\tilde{\boldsymbol{C}}$,使得 $F(x,r)$ 具有尽可能大的值。

类似于确定型优化问题,一般把模糊优化问题分为两种类型。

(1) 模糊极值问题(无约束模糊优化问题)。一般形式是:$\max(\min\ \tilde{\boldsymbol{Y}}=F(\tilde{\boldsymbol{X}},r))$,其中,$\tilde{\boldsymbol{X}}\subset\boldsymbol{X}$ 是模糊子集,F 是一个清晰定义,$\tilde{\boldsymbol{Y}}$ 是 $\mathbf{R}$ 的模糊子集。

(2) 模糊数学规划问题。在 FOP 中,$\tilde{\boldsymbol{C}}$ 是用模糊系统约束或清晰的系统约束来描述,$F(x,r)$ 是清晰定义的或非清晰定义的目标函数。由于模糊因素在目标和系统约束中出现的形式不同,一般将模糊数学规划问题分为:①目标和系统约束的参数清晰型;②目标和系统约束的参数模糊型。

由于目标函数和系统约束的不同形式(线性、非线性;单目标、多目标等)及模糊因素的不同描述方式(隶属函数、可能性分布函数;线性、非线性),一般形式的模糊数学规划问题可以分别描述成模糊线性规划(FLP)模型、模糊非线性规划(FNLP)模型、模糊 0-1 规划模型、模糊整数规划模型、可能性线性规划(PLP)模型、模糊多目标规划(FMOP)模型和模糊动态规划(FDP)模型等不同形式。

3. 模糊优化方法的基本框架

Luhandjula 对各种模糊优化方法做了综述分析,提出了现有的各种优化方法都基于如下模糊优化的基本框架。

(1) 确定可选解集 $\boldsymbol{X}$。

(2) 构造结果函数。$e(x,\tilde{\boldsymbol{C}}_0,\tilde{\boldsymbol{C}})$,用于表达每个可选解 $x\in\boldsymbol{X}$ 对目标和约束的位置。其中,$\tilde{\boldsymbol{C}}_0$,$\tilde{\boldsymbol{C}}$ 分别表示模糊目标和约束。

(3) 定义由所有可能的结果组成的集合 $\boldsymbol{I}$ 上一个兼容性函数 $K(e(x,\tilde{\boldsymbol{C}}_0,\tilde{\boldsymbol{C}}))$,表示可选解 x 与目标和约束的兼容性程度。

(4) 构建一个转换函数 T,即 $T\colon x\in\boldsymbol{X}\to TK(x)\in\mathbf{R}$,结果原模糊优化问题 FOP 转变为 $\max\limits_{x\in X} TK(x)=F(x)$。

这个基本框架体现了模糊优化方法的基本思想是把模糊优化问题转化为确定性的优化问题,因而模糊优化方法研究的重点是如何转换。在转换过程中,首先要根据问题的要求,解决对最优解的理解问题,即确定最优解的类型是确定型解、模糊解、还是满意解;其次是提出一些新的概念,利用模糊集理论的一些原理和概念,根据最优解的类型设计转换的方法并概括起来。而对于复杂问题来讲，往往是多目标多约束的问题，下面就针对多目标优化问题进行阐述。

4. 多目标模糊优化设计方法

在一些较为复杂的工程优化问题中，不但约束具有模糊边界问题，而且目标也有模糊趋优问题。此外，由于各目标函数代表结构的性态物理量，而由于结构参数及载荷可能存在模糊性，使这些函数可能也是些模糊量，于是模糊目标一般可表示为

$$\widetilde{\min}\ \tilde{f}(\boldsymbol{X}) = [\tilde{f}_1(\boldsymbol{X}),\tilde{f}_2(\boldsymbol{X}),\cdots,\tilde{f}_I(\boldsymbol{X})]^T$$

既考虑约束函数本身及其允许区间具有模糊性，又考虑目标函数本身及其趋优具有模糊性的多目标优化问题，其数学模型为

$$\begin{aligned}&\widetilde{\min}\ \tilde{f}(\boldsymbol{X}) = [\tilde{f}_1(\boldsymbol{X}),\tilde{f}_2(\boldsymbol{X}),\in\cdots,\tilde{f}_I(\boldsymbol{X})]^T\\&\text{s.t}\ \tilde{g}_j(\boldsymbol{X})\ \tilde{\subset}\ \tilde{\boldsymbol{G}}_j \qquad j=1,2,\cdots,J\\&\boldsymbol{X}=(x_1,x_2,\cdots,x_n)^T\end{aligned} \tag{6—1}$$

在式(6—1)中，模糊目标函数$\tilde{f}_i(\boldsymbol{X})$的模糊性不是来自确定性设计变量$\boldsymbol{X}$，而是来自那些函数本身所包含的模糊参数。

1）目标函数的模糊满意区间

为了描述各目标的模糊趋优，即反映设计决策人员对目标函数不同取值的不同满意程度，构造如下形式的目标函数的模糊满意区间。

设$\tilde{F}_i$是定义于模糊目标函数$\tilde{f}_i(\boldsymbol{X})$的基础变量$\tilde{f}_i$所在一维实数域上的模糊子集，其隶属函数为

$$\mu_{\tilde{F}_i}(\boldsymbol{X}) = \begin{cases}1 & f_i \leqslant f_i^l\\ h_i(f_i) & f_i^l \leqslant f_i \leqslant f_i^u\\ 0 & f_i \geqslant f_i^u\end{cases} \tag{6—2}$$

称$\tilde{F}_i$为$\tilde{f}_i(\boldsymbol{X})$的模糊满意区间。式(6—2)中，$h_i(f_i)$为取值于(0,1)区间的严格单调递减函数，具有如图6-6所示的形式。

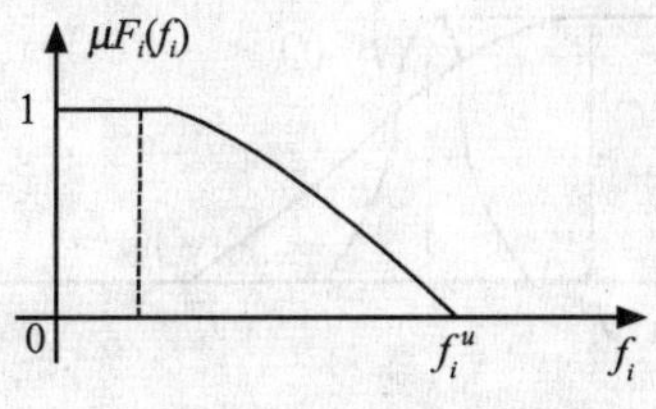

图6-6　模糊满意区间

在式(6—2)中，f_i^u是目标函数$\tilde{f}_i(\boldsymbol{X})$的上限，代表设计决策人员对该目标最起码的要求，再大则完全不可接受；f_i^l是设计决策人员所认为的该目标最理想、极满意的数值。f_i^u，f_i^l均由设计决策人员根据设计经验和主观意愿直接给出。如果某个子目标越大越好，则其相

应的模糊满意区间$\tilde{F}_i$的隶属函数如图 6-7 所示，为

$$\mu_{\tilde{F}_i}(\boldsymbol{X}) = \begin{cases} 0 & f_i \leqslant f_i^l \\ h_i(f_i) & f_i^l \leqslant f_i \leqslant f_i^u \\ 1 & f_i \geqslant f_i^u \end{cases} \tag{6—3}$$

在式(6—3)中，$h_i(f_i)$为取值于(0,1)区间的严格单调递增函数；f_i^u，f_i^l为设计决策人员给出的最起码要求和最理想数值。

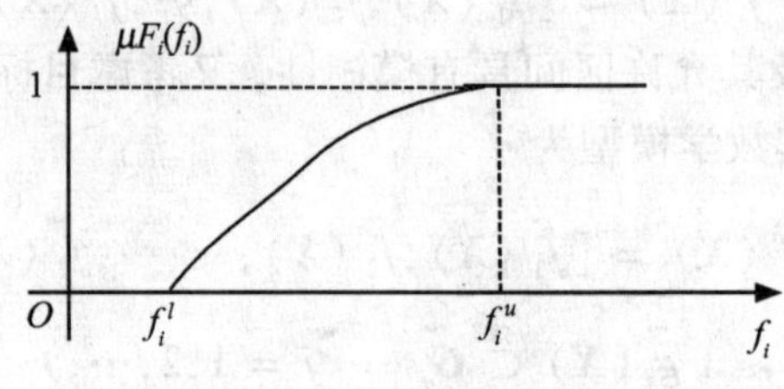

图 6-7　模糊满意区间

2）对模糊目标的满意度

模糊目标函数$\tilde{f}_i(\boldsymbol{X})$及模糊满意区间$\tilde{\boldsymbol{F}}_i$是同一论域（其基础变量$f_i$所在的一维实数域）内的两个模糊子集，具有图 6-8 所示类型的隶属函数。当目标函数是确定性函数$f_i(\boldsymbol{X})$时，如果$f_i(\boldsymbol{X}) \geqslant f_i^u$，则$\mu_{F_i}(f_i(\boldsymbol{X}))=0$，目标函数值完全不满意；当$f_i(\boldsymbol{X})$落入$\mu_{F_i}(f_i(\boldsymbol{X}))=0$图形的过渡阶段，即当$f_i^l < f_i(\boldsymbol{X}) < f_i^u$时，$0 < \mu_{F_i}(f_i(\boldsymbol{X})) < 1$，目标函数数值在一定程度上（与$\mu_{F_i}(f_i(\boldsymbol{X}))$的值相适应）是满意的；当$f_i(\boldsymbol{X}) \leqslant f_i^l$时，$\mu_{F_i}(f_i(\boldsymbol{X}))=1$时，目标函数值完全满意。所以，确定性目标函数$f_i(\boldsymbol{X})$的满意度很自然地定义为

$$\alpha_i(\boldsymbol{X}) = \mu_{\tilde{F}_i}(f_i(\boldsymbol{X}))$$

对于模糊目标函数$\tilde{f}_i(\boldsymbol{X})$，与上述情况相仿，其满意度也决定于$\tilde{f}_i(\boldsymbol{X})$与其模糊满意区间$\tilde{\boldsymbol{F}}_i$的相对位置。

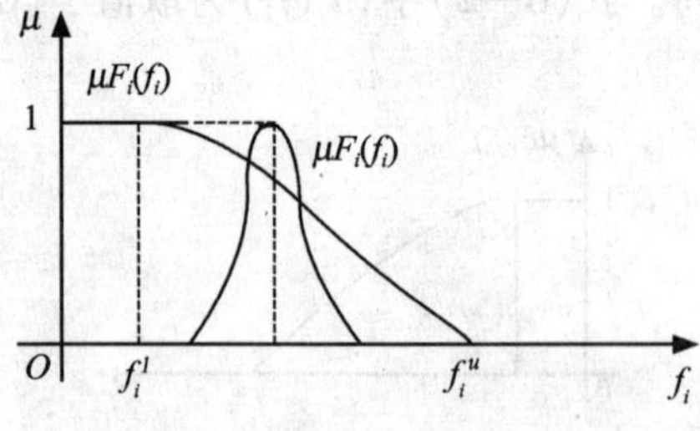

图 6-8　目标的满意度

仿照对广义模糊约束的满足度的定义，对模糊目标$\tilde{f}_i(\boldsymbol{X}) \tilde{\subset} \tilde{\boldsymbol{F}}_i(\boldsymbol{X})$的满意度可定义为

$$\alpha_i(\boldsymbol{X}) = \frac{\int_{-\infty}^{+\infty} \mu_{\tilde{F}_i}(f_i)\mu_{\tilde{f}_i}(f_i)\,\mathrm{d}f_i}{\int_{-\infty}^{+\infty} \mu_{\tilde{f}_i}(f_i)\,\mathrm{d}f}$$

当 $\mu_{\tilde{f_i}}(f_i)$ 完全落入 $\mu_{\tilde{F_i}}(f_i)=1$ 的区间时，$\alpha_i(\boldsymbol{X})=1$，对此目标完全满意；当 $\mu_{\tilde{f_i}}(f_i)$ 完全落在 $\mu_{\tilde{F_i}}(f_i)$ 之外时，$\alpha_i(\boldsymbol{X})=0$，对该目标而言是不能允许的；当 $\mu_{\tilde{f_i}}(f_i)$ 与 $\mu_{\tilde{F_i}}(f_i)$ 相互搭接时，$0<\alpha_i(\boldsymbol{X})<1$，该目标在一定程度上是满意的。因此，这个定义完全符合满意度的物理意义和数学意义。

3）模糊满意域

所有目标函数 $\tilde{f_i}(\boldsymbol{X})$ 都是设计变量 x 的函数，因而对对目标的所有满意条件分别在设计空间形成模糊满意子域

$$\tilde{\theta_i} \triangleq \{f_i \subset \boldsymbol{F}_i\} \quad i=1,2,\cdots,I$$

可以认为，设计变量 $\boldsymbol{X}$ 对这些模糊子域的隶属度分别为对目标的满意度，即

$$\mu_{\tilde{\theta_i}}(\boldsymbol{X}) = \mu_{\tilde{F_i}}(f_i(\boldsymbol{X})) = \alpha_i(\boldsymbol{X}) \quad i=1,2,\cdots,I$$

这些模糊子域的交构成设计空间的模糊满意度，即

$$\tilde{H} = \bigcap_{i=1}^{l} \theta_i$$

在模糊数学中，如何选择并集和交集的运算是难以解决的问题。模糊集的交运算有多种模式，难以判断其优劣。建议当这些集合之间相互关系很密切时，采用算子中的“∧”进行交运算；当它们之间基本无关 Zadeh 时，采用“·”即普通乘法进行交运算。

当取 Zadeh 算子时，设计变量 X 对模糊满意域 $\tilde{H}$ 的隶属函数为

$$\begin{aligned}\mu_{\tilde{H}}(\boldsymbol{X}) &= \alpha[\alpha_1(x),\alpha_2(x),\cdots,\alpha_l(x)] \\ &= \bigwedge_{i=1}^{l} \alpha_i(x) \\ &= \alpha(\boldsymbol{X})\end{aligned} \tag{6—4}$$

4）对称型模糊多目标优化问题的模糊判决解法

若用交模糊判决可得

$$\gamma(\boldsymbol{X}) = \alpha(\boldsymbol{X}) \wedge \beta(\boldsymbol{X}) \tag{6—5}$$

若用凸模糊判决可得

$$\begin{aligned}\gamma(\boldsymbol{X}) &= a\alpha(\boldsymbol{X}) + b\beta(\boldsymbol{X}) \\ a+b &= 1, a \geqslant 0, b \geqslant 0\end{aligned} \tag{6—6}$$

若用积模糊判决可得

$$\gamma(\boldsymbol{X}) = (\alpha(\boldsymbol{X}) \cdot \beta(\boldsymbol{X}))^{\frac{1}{2}} \tag{6—7}$$

如此，普遍型对称模糊多目标优化问题的求解，可转化为如下的无约束优化问题，求

$$\max \gamma(\boldsymbol{X})$$
$$\boldsymbol{X} = (x_1,x_2,\cdots,x_n)^T$$

可以证明，当函数以式(6—4)的形式构成，而模糊可用域为严格凸模糊集时，式(6—1)所示优化问题的求解可归结为

$$\begin{aligned}&\max \quad \alpha(\boldsymbol{X}) \\ &\text{s.t} \quad \beta(\boldsymbol{X}) \geqslant \alpha(\boldsymbol{X}) \\ &\boldsymbol{X} = (x_1,x_2,\cdots,x_n)^T\end{aligned}$$

上述优化问题可利用常规优化方法求解。

5）非对称模糊多目标优化问题的最优约束水平解法

普遍性非对称模糊多目标优化问题可以转化为如下的求解约束水平分别为 λ 的常规优化问题。

$$\max \alpha(\boldsymbol{X})$$
$$\text{s.t} \quad \beta(\boldsymbol{X}) \geqslant \lambda$$
$$\boldsymbol{X} = (x_1, x_2, \cdots, x_n)^T$$

在所得一系列满意解 $\boldsymbol{X}_\lambda$ 中选择最优方案，即

$$\gamma(\boldsymbol{X}_{\lambda^*}) = \max \gamma(\boldsymbol{X}_\lambda)$$
$$\boldsymbol{\lambda}^* \in (0,1)$$

6.3.1.3 预测挖掘中的模糊优化问题

1. 基于回归方程的模糊优化模型

在现实世界中，某个变量与其他一个或多个变量之间常存在着一定的关系。一般来说，变量之间的关系可分为两类：一类是确定性的关系，也就是通常所说的函数关系；另一类是非确定性的关系，变量之间的这种非确定性关系称为相关关系。

对于具有相关关系的变量，虽然不能找到它们之间的精确表达式，但是通过大量的观测数据，可以发现它们之间存在一定的统计规律性。设有两个变量 X 和 Y，其中 X 是可以精确测量或控制的非随机变量，而 Y 是随机变量，X 的变化将使 Y 发生相应的变化，但它们之间的变化关系是不确定的，若当 X 取得任一可能值 x 时，Y 相应地服从一定的概率分布，则称随机变量 Y 与变量 X 之间存在相关关系。

设进行 n 次独立的试验，测得试验数据如表 6-8 所示。

表 6-8 试验数据

X	x_1	x_2	…	x_n
Y	y_1	y_2	…	y_n

其中 x_i 及 y_i 分别是变量 X 与随机变量 Y 在第 i 次试验中的观测值（$i = 1, 2, \cdots, n$）。

那么如何根据这组观测值用“最佳的”的形式来表达变量 Y 与 X 之间的相关关系呢？

比较合理的想法就是，取 $X = x$ 时随机变量 Y 的数学期望 $E(Y) | X = x$ 时的估计值，即

$$y = Y|_{X=x} = E(Y)|_{X=x} \tag{6—8}$$

显然，当 x 变化时，$E(Y)|_{X=x}$ 是 x 的函数，记作

$$F(x) = E(Y)|_{X=x} \tag{6—9}$$

于是，可以用一个确定的函数关系式

$$\hat{y} = F(x) \tag{6—10}$$

大致地描述 Y 与 X 之间的相关关系，函数 $F(x)$ 称为 Y 关于 X 的回归函数，方程（6—10）称为 Y 关于 X 的回归方程。回归方程反映了 Y 的数学期望 $E(Y)$ 随 X 的变化而变化的规律。

然而，要找到合适的回归函数 $F(x)$ 是很困难的。通常总是限制 $F(x)$ 为某一类型的函数。函数 $F(x)$ 的类型可以由与被研究问题的本质有关的物理假设来确定，或没有任何理由

可以确定函数 $F(x)$ 的类型，则只能根据在试验结果中得到的散点图来确定。在确定了函数 $F(x)$ 的类型后，就可以设

$$F(x) = F(x;a_0,a_1,\cdots,a_m) \tag{6—11}$$

其中 $a_1,a_2,\cdots,a_m$ 为未知参数。于是，上述问题就归结为：如何根据试验数据合理地选择参数 $a_1,a_2,\cdots,a_m$ 的估计值 $a_1,a_2,\cdots,a_m$，使方程

$$y_1 = F(x;a_0,a_1,\cdots,a_m) \tag{6—12}$$

在一定的意义下“最佳地”表现 Y 与 X 之间的相关关系。

其中 $y \in \mathbf{R}$ 是判据变量，$x \in \mathbf{R}^{m+1}$ 是目标向量，$a \in \mathbf{R}^{m+1}$ 是决策向量，对应 y 和 a 的判据空间和决策空间可表示为

$$\boldsymbol{Y} = \{y \mid y \in \mathbf{R}\},\boldsymbol{A} = \{a \mid a \in \mathbf{R}^{m+1}\} \tag{6—13}$$

数据挖掘（学习）过程为：由已知 N 个实例 $(\boldsymbol{X}_k,Y_k^*)$，$k=1,2,\cdots,N$，组成一组学习样本。其中，实例 k 的输入 $\boldsymbol{X}_k$ 可表示为一个 $m+1$ 元向量 $\boldsymbol{X}_k=(1,x_{1k},x_{2k},\cdots,x_{mk})$，实例 k 的期望输出为单一输出 $Y_k^*=y_k^*$。$y_k=F(\boldsymbol{X}_k,\boldsymbol{a})$。

那么数据挖掘问题就转化为如下模糊优化问题。

$$\overset{2}{\max}\, y_k = F(\boldsymbol{X}_k,\boldsymbol{a}) \quad k = 1,2,\cdots,N \tag{6—14}$$

其中 y_k，$k=1,2,\cdots,N$ 为模糊目标，其期望值为 y_k^*，对称容差为 ε，变化区域为 $[y_k^*-\varepsilon,y_k^*+\varepsilon]$。建立论域 $\boldsymbol{A}$ 上的与 y_k 对应的模糊目标集 $\boldsymbol{G}_k$，$k=1,2,\cdots,N$，其隶属函数 $\mu_{G_k}(\boldsymbol{a})$ 定义如下：

$$\mu_{G_k}(\boldsymbol{a}) = \begin{cases} 0 & y_k \leqslant y_k^* - \varepsilon \\ 1 - \left(\dfrac{y_k^* - y_k}{\varepsilon}\right)^r & y_k^* - \varepsilon \leqslant y_k \leqslant y_k^* \\ 1 - \left(\dfrac{y_k - y_k^*}{\varepsilon}\right)^r & y_k^* < y_k < y_k^* + \varepsilon \\ 0 & y_k \geqslant y_k^* + \varepsilon \end{cases} \tag{6—15}$$

其函数图如图 6-9 所示。

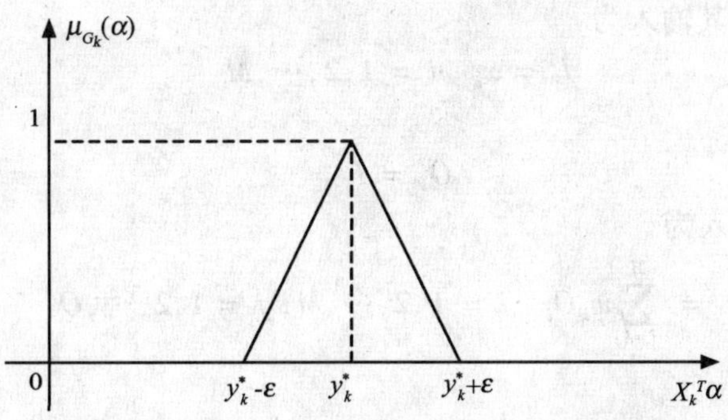

图 6-9　模糊目标集 $\boldsymbol{G}_k$ 的隶属度函数 $\mu_{G_k}(\boldsymbol{a})$

现已知论域 $\boldsymbol{A}$ 上模糊目标集 $\boldsymbol{G}_k$，$k=1,2,\cdots,N$，则它们的交集 $\boldsymbol{G}=\overset{N}{\underset{k=1}{I}}\boldsymbol{G}_k$ 称为模糊优越集。基于模糊优化的飞边尺寸设计准则挖掘的基本思想是，在决策空间 $\boldsymbol{A}$ 中寻找使模糊优越集 $\boldsymbol{G}$

的隶属度函数$\mu_G(\boldsymbol{a})$取最大值的$\boldsymbol{a}^*$,$\boldsymbol{a}^*$称为模糊最优解。$\mu_G(\boldsymbol{a})$由式(6—16)计算。

$$\mu_G(\boldsymbol{a}) = \bigwedge_{k=1}^{N}\mu_{G_k}(\boldsymbol{a}) = \min(\mu_{G_k}(\boldsymbol{a}) \mid k = 1,2,\cdots,N) \qquad (6—16)$$

模糊优化的数学模型可表示为求$\boldsymbol{a}^*$,使

$$\mu_G(\boldsymbol{a}^*) = \max(\mu_G(\boldsymbol{a})) = \max(\min(\mu_{G_k}(\boldsymbol{a}) \mid k = 1,2,\cdots,N) \qquad (6—17)$$

2. 基于神经网络的模糊优化模型

人工神经网络(Artificial Neural Network,ANN)正是在人类对其大脑神经网络认识理解的基础上人工构造的能够实现某种功能的神经网络。它是理论化的人脑神经网络的数学模型,是基于模仿大脑神经网络结构和功能而建立的一种信息处理系统。它实际上是由大量简单元件相互连接而成的复杂网络,具有高度的非线性,能够进行复杂的逻辑操作和非线性关系实现的系统。

在众多的人工神经网络模型中,最常用的是BP(Back Propagation)模型,即利用误差反向传播算法求解的多层前向神经网络模型。BP网络在数据挖掘、模式识别、图像识别、最优预测和自适应控制等方面都得到了广泛的应用。

人工神经网络以其独特的非线性、非凸性、自适应性和处理各种信息的能力,被广泛应用于解决各种预测问题。陈守煜将模糊优选模型同神经网络有机地结合起来,提出模糊优选神经网络模型,激励函数的物理意义清晰直观。遗传算法是模拟生物在自然界环境中遗传进化过程的一种自适应全局优化概率搜索算法,具有简单通用、健壮性强、适于并行处理的优点。如何把模糊集理论、神经网络和遗传算法有机地结合起来,既能用模糊概念来表达人的知识和经验,又可利用神经网络较强的学习能力,还能结合遗传算法全局搜索的特点,在这方面的研究工作还不多见。本节采用模糊优选BP神经网络作为预测模型,是对模糊优选BP神经网络的进一步发展。

设模糊优选BP神经网络的输入层结点数为m,输出层结点数为1。为表述方便,用i表示输入层结点,j表示隐含层结点j,k表示输出层结点。输入层结点i将信息直接传递给隐含层结点j,结点输出与输入相等。网络隐含层结点j和输出结点k的激励函数均采用模糊优选模型。该神经网络模型如图6-10所示。

对输入层的结点i,其输入为

$$I_i = x_i \quad i = 1,2,\cdots,M \qquad (6—18)$$

输出为

$$O_i = I_i \qquad (6—19)$$

对隐含层的结点j,其输入为

$$I_j = \sum_{i=1}^{M} w_{ij}O_i \quad i = 1,2,\cdots,M;\ j = 1,2,\cdots,Q \qquad (6—20)$$

输出为

$$O_j = f(I_j) = \frac{1}{1 + (I_j^{-1} - 1)^2} = \frac{1}{1 + [(\sum_{i=1}^{M} w_{ij}O_i)^{-1} - 1]^2} \qquad (6—21)$$

输出层仅一个结点,输入为

$$I = \sum_{j=1}^{Q} w_jO_j \qquad (6—22)$$

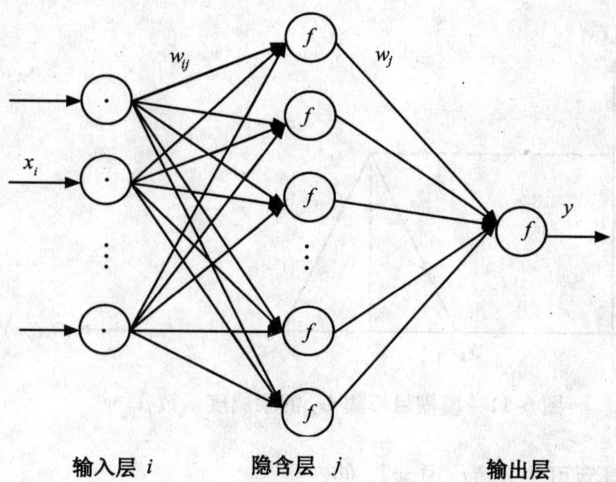

图 6-10　模糊优选 BP 神经网络

输出为

$$y = O = f(I) = \frac{1}{1+(I^{-1}-1)^2} = \frac{1}{1+\left[\left(\sum_{j=1}^{Q} w_j O_j\right)^{-1}-1\right]^2} \tag{6—23}$$

该神经网络输入输出关系可写为 $y = F(\boldsymbol{X}, \boldsymbol{w})$，其中，$\boldsymbol{X} = (x_1, x_2, \cdots, x_M)$，$\boldsymbol{w} = (w_{ij}, w_j \mid i = 1,2,\cdots,M;\ j = 1,2,\cdots,Q)$。数据挖掘（学习）过程为：由已知 N 个实例 $(\boldsymbol{X}_k, Y_k^*)$，$k = 1,2,\cdots,N$，组成一组学习样本，其中，实例 k 的输入 $\boldsymbol{X}_k$ 可表示为一个 $\boldsymbol{M}$ 元向量 $\boldsymbol{X}_k = (x_{1k}, x_{2k}, \cdots, x_{Mk})$，实例 k 的期望输出为单一输出 $Y_k^* = y_k^*$。$y_k = F(\boldsymbol{X}_k, \boldsymbol{w})$。

那么数据挖掘问题就转化为如下模糊优化问题。

$$\max y_k = F(\boldsymbol{X}_k, \boldsymbol{w}) \quad k = 1,2,\cdots,N \tag{6—24}$$

其中 $y_k, k = 1,2,\cdots,N$ 为模糊目标，其期望值为 y_k^*，对称容差为 ε，变化区域为 $[y_k^* - \varepsilon, y_k^* + \varepsilon]$。建立论域 $\boldsymbol{A}$ 上的与 y_k 对应的模糊目标集 $\boldsymbol{G}_k, k = 1,2,\cdots,N$，其隶属函数 $\mu_{G_k}(\boldsymbol{w})$ 定义如下。

$$\mu_{G_k}(\boldsymbol{w}) = \begin{cases} 0 & y_k \leqslant y_k^* - \varepsilon \\ 1 - \left(\dfrac{y_k^* - y_k}{\varepsilon}\right)^r & y_k^* - \varepsilon \leqslant y_k \leqslant y_k^* \\ 1 - \left(\dfrac{y_k - y_k^*}{\varepsilon}\right)^r & y_k^* < y_k < y_k^* + \varepsilon \\ 0 & y_k \geqslant y_k^* + \varepsilon \end{cases} \tag{6—25}$$

现已知论域 $\boldsymbol{A}$ 上模糊目标集 $\boldsymbol{G}_k, k = 1,2,\cdots,N$，则它们的交集 $\boldsymbol{G} = \bigcap_{k=1}^{N} \boldsymbol{G}_k$ 称为模糊优越集。基于模糊优化的飞边尺寸设计准则挖掘的基本思想是，在决策空间 $\boldsymbol{A}$ 中寻找使模糊优越集 $\boldsymbol{G}$ 的隶属度函数 $\mu_G(\boldsymbol{w})$ 取最大值的 $\boldsymbol{w}^*$，$\boldsymbol{w}^*$ 称为模糊最优解。$\mu_G(\boldsymbol{w})$ 由式（6—26）计算，即

$$\mu_G(\boldsymbol{w}) = \bigwedge_{k=1}^{N} \mu_{G_k}(\boldsymbol{w}) = \min(\mu_{G_k}(\boldsymbol{w}) \mid k = 1,2,\cdots,N) \tag{6—26}$$

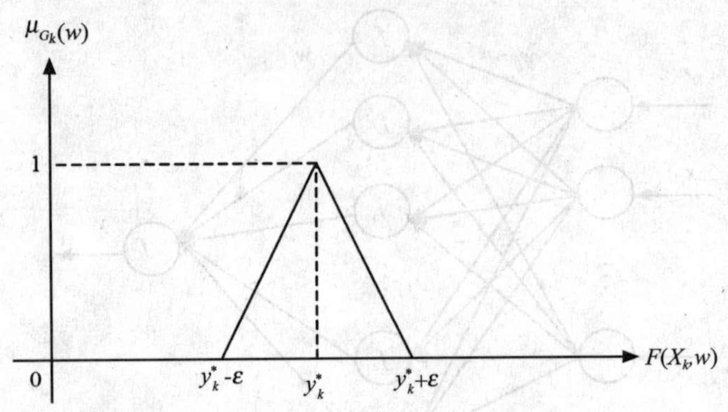

图 6-11　模糊目标集 $\boldsymbol{G}_k$ 的隶属度函数 $\mu_{G_k}\boldsymbol{w}$

模糊优化的数学模型可表示为，求 $\boldsymbol{w}^*$，使

$$\mu_G(\boldsymbol{w}^*) = \max(\mu_G(\boldsymbol{w})) = \max(\min(\mu_{G_k}(\boldsymbol{w}) \mid k = 1,2,\cdots,N) \qquad (6\text{—}27)$$

6.3.2　基于遗传算法的模糊优化系统

自然界始终是人类灵感的重要来源。仿生学直接模仿生物界的现象和原理，而另外一些研究方向则起源于对自然现象或过程的模拟，如控制论、人工神经网络、模拟退火算法、元胞自动机等。遗传算法(genetic algorithms)也是其中之一。早在20世纪50年代就有将进化原理应用于计算机科学的尝试，但缺乏一种普遍的编码方法，只能依赖于变异而非交配产生新的基因结构。从20世纪50年代末到60年代初，受一些生物学家用计算机对生物系统进行模拟的启发，Holland开始应用模拟遗传算子研究适应性。Bagley在1967年发表的关于自适应下棋程序的论文中，应用遗传算法搜索下棋游戏评价函数的参数集，并首次提出了遗传算法这一术语。1975年Holland出版了遗传算法历史上的经典著作《自然和人工系统中的适应性》，系统阐述了遗传算法的基本理论和方法，并提出了模式定理(sch - emata theorem)，证明在遗传算子选择、交叉和变异的作用下，具有低阶、短定义距及平均适应度高于种群平均适应度的模式在子代中将以指数级增长。这里的模式是某一类字符串，其某些位置有相似性。同年，DeJong完成了他的博士论文《遗传自适应系统的行为分析》，将Holland的模式理论与他的计算试验结合起来，进一步完善了选择、交叉和变异操作，提出了一些新的遗传操作技术。进入20世纪80年代后，遗传算法得到了迅速发展，不仅理论研究十分活跃，而且在越来越多的应用领域中得到应用。1983年，Holland的学生Goldberg将遗传算法应用于对管道煤气系统的优化，很好地解决了这一非常复杂的问题。1989年，Goldberg出版了《搜索、优化和机器学习中的遗传算法》一书，这可能是遗传算法领域被引用次数最多的书，为这一领域奠定了坚实的科学基础。在20世纪80年代中期，Axelrod和Forrest合作，采用遗传算法研究了博奕论中的一个经典问题——囚徒困境。在机器学习方面，Holland自提出遗传算法的基本理论后就致力于研究分类器系统(classifier system)。Holland希望系统能将外界刺激进行分类，然后送到需要的地方去，因此命名为分类器系统，这里的classifier是指一个二进制串，代表一类情况。分类器系统将某一条件是否为真与串的某一位相对应，从而将产生式系统中的规则编码为二进制串，这样就可以应用遗传算法来进行演化，同时引

入了基于经济学原理的信用分配机制——桶队(bucket brigade)算法来确定规则的相对强度。Holland 和 Arthur 等人合作,用分类器系统模拟了一些经济现象,得到了满意的结果。

6.3.2.1　遗传算法基本概念

遗传算法的基本过程是:首先采用某种编码方式将解空间映射到编码空间,可以是位串、实数、有序串、树或图等。Holland 最初的遗传算法是基于二进制串的,类似于生物染色体结构,易于用生物遗传理论解释,各种遗传操作也易于实现。另外,可以证明,采用二进制编码式,算法处理的模式最多。但是,在具体问题中,如果直接采用解空间的形式进行编码,可以直接在解的表现型上进行遗传操作,从而易于引入特定领域的启发式信息,可以取得比二进制编码更高的效率。实数编码一般用于数值优化,有序串编码一般用于组合优化。每个编码对应问题的一个解,称为染色体或个体。一般通过随机方法确定起始的一群个体,称为种群,在种群中根据适应值或某种竞争机制选择个体。适应值就是解的满意程度,可以由外部显式适应度函数计算,也可以由系统本身产生,如由协同演化时不同对策的博奕确定,或者由个体在种群中的存活量和繁殖量确定。使用各种遗传操作算子,包括杂交、变异、倒位等,产生下一代。下一代可以完全替代原种群,即非重叠种群,也可以部分替代原种群中一些较差的个体,即重叠种群。如此进化下去,直到满足期望的终止条件。

从上面的原理可以看出,从搜索角度分析,遗传算法具有许多独特的优点。

(1) 不必非常明确描述问题的全部特征,通用性和健壮性强,能很快适应问题和环境的变化。

(2) 对领域知识依赖程度低,不受搜索空间限制性假设的约束,不必要求连续性、可导或单峰等。

(3) 从多点进行搜索,如同在搜索空间上覆盖了一张网,搜索的全局性强,不易陷入局部最优。

(4) 具有隐并行性,非常适合于并行计算。

6.3.2.2　基于正交设计的初始化方法

1. 正交实验设计

1) 正交实验设计的背景

关于复因子实验有随机区组设计和裂区设计两种设计方法,但这两种设计方法均属于复因子实验的全面实施,所组成的区组叫完全区组,即每一种处理组合在每一区组都必须设置一个小区。然而,对于大多数实验,作全面实施往往是不可能的。例如,欲做肥料三要素实验,每因子取三个水平,则共有 27 个处理组合。若把实验布置成完全区组,则每区组需设置 27 个小区。这不仅在实际执行时常因地形所限而不易找到如此庞大的区组,即使能找到可摆下 27 个处理组合的区组也难于实行局部控制。此外,作完全区组设计工作量太大,耗费人力物力也多。为解决以上矛盾,人们提出是否可以从全部处理组合中挑选出一部处理组合来做一下完全区组实验,而且要求这种部分实施同样能达到主要的实验目的。理论与实践都证明这是可能的,这就是本节所介绍的正交实验法。

进一步的问题是:①从全部处理组合中应该挑几个处理组合来做实验?②全部处理组合中具体挑选哪几个处理组合来做实验?这两个问题都可以从正交表得到答案。

2）正交表

正交实验是借助于正交表来布置实验的。因此，首先得搞清楚正交表的含义。比如，需作一 A、B、C 三因子实验，A 分为 A_1、A_2 两个水平；B 分为 B_1、B_2 两个水平；C 分为 C_1、C_2 两个水平。显然，该实验共有 8 个处理组合，详列如下：

$$A_1\begin{cases}B_1\begin{cases}C_1\text{L} & A_1B_1C_1\\ C_2\text{L} & A_1B_1C_2\end{cases}\\ B_2\begin{cases}C_1\text{L} & A_1B_2C_1\\ C_2\text{L} & A_1B_2C_2\end{cases}\end{cases},A_2\begin{cases}B_1\begin{cases}C_1\text{L} & A_2B_1C_1\\ C_2\text{L} & A_2B_1C_2\end{cases}\\ B_2\begin{cases}C_1\text{L} & A_2B_2C_1\\ C_2\text{L} & A_2B_2C_2\end{cases}\end{cases},$$

这 8 个处理组合，可用数字来简单表示，如 $A_1B_1C_1$ 可简记为"111"，$A_1B_1C_2$ 可简记为"112"。这样，如若写出"221"，则表示这是处理组合 $A_2B_2C_1$，即因子 A 取 A_2，因子 B 取 B_2，因子 C 取 C_1 所组成的组合。

如果希望把实验布置成正交实验，如何从 8 个处理组合中挑选一部分处理组合才有代表性呢？这可从正交表得到回答。二水平的最简单一张正交表如表 6-9 所示。

表 6-9　二水平正交表

列号/处理号	1	2	3
1	1	1	1
2	1	2	2
3	2	1	2
4	2	2	1

表 6-9 是由图 6-12 产生的。三个因子各有两个水平的实验，共有 8 个处理组合，正如图 6-12 所示的 8 个顶点。但如果每个平面取 2 个点，每条线段取 1 个点，一次可得 4 个点，这正是图 6-12 的 $A_1B_1C_1$、$A_1B_2C_2$、$A_2B_1C_2$、$A_2B_2C_1$4 个实验点。

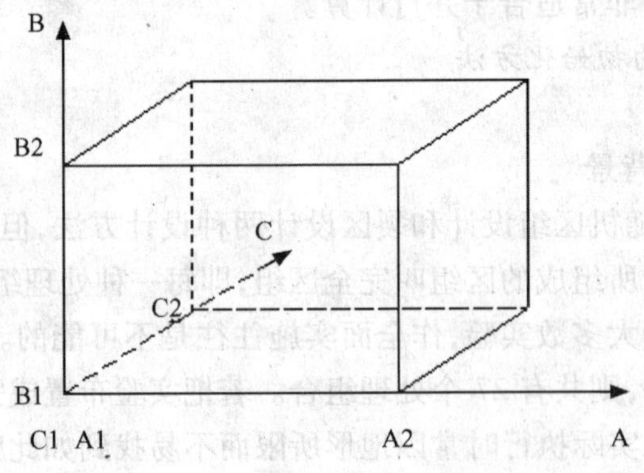

图 6-12　三因子两水平正交实验设计

从表 6-9 可知，这个实验应该选 4 个处理组合来做实验，这 4 个处理组合就是 4 个横行所示的数字 111、122、212、221。由此可知，L_4(23)的含义是：L 表示它是 1 张正交表，括号内的指数 2 表示参试的每个因子都是二水平的；指数 3 表示它有 3 列，即最多能安排 3 个因子的实验；L 右下角的数字 4 表示它有 4 个横行，用它来安排实验每区组须设置 4 个小区，并在这 4 个小区上随机安排 111、122、212、221 这 4 个处理。二水平的正交表还有 L_8(27)、L_{12}(211)、L_{16}(215)等;三水平的正交表有 L_9(34)、L_{27}(313)等。此外还有一种混合型的正交表,如 L_8(4×24),它表示第 1 列应安徘四水平的因子。另 4 列只能安排二水平的因子,共做 8 个处理组合的实验。

2. 正交产生初始种群

根据当前问题所对应的个体,在该个体邻域范围内进行正交搜索,构造正交表 $L_n(5m)$ 来生成初始种群,其中 n 为正交试验次数,在数值上也等同于遗传算法的种群大小 N,m 表示要考虑因素的个数,5 表示每个因素有 5 种可能取值。通过构造正交表,并对每个个体进行是否越限的校正,使得初始种群在可行域内分布均匀,便于全局寻优。如果可行域空间较大,便选择合适的正交表,此时可以将可行域分割为若干个子空间,各子空间的大小可根据经验随意选择,然后再选择合适的正交表来安排生成初始种群。

6.3.2.3　基于模糊控制系统的遗传参数自适应调整

借鉴模糊逻辑和模糊集合运算的思想,对模糊优化中参数的设定加入模糊控制的思想可以改善遗传算法的性能。下面讨论对交叉概率 P_c 和变异概率 P_m 的模糊设置进行具体的研究。

若要将交叉概率和变异概率动态的调整与种群的进化状态相联系,首先要找出能描述出种群进化状态的主要因素,这就是种群的最佳适应值 $f(t)$(BF),适应度的多样度 $V(t)$(VF)(其中 t 表示第 t 代种群),以及最佳适应值未发生变换的代数(UN)。

最佳适应度值的大小标志着本次最佳搜索离最优点的远近,对最佳适应度较低的情况,一般认为其变异概率应该低一些。而对于适应值多样度,太低则会造成近亲繁殖,交叉生产的子代染色体在种群中不断地扩散,导致种群的进化趋于停滞,故而必须进行突变。突变的一个重要依据则是适应值的多样度。最佳适应值未发生变换的代数说明搜索趋于收敛的程度,代数越多表明收敛的程度越高。通过对进化过程的仔细分析,可以得出这样的经验性知识:当最优适应度低时,交叉概率应该较高而变异率应较低;当最佳适应度值高且最佳适应值未发生变化的代数低时,交叉概率应较高而变异概率应较低;当最佳适应值未发生变化的代数高且适应值的多样度低时,交叉概率应该低而变异概率应该高等。

$f(t)$,$V(t)$和(UN)与交叉概率 $P_c(t)$及变异概率 $P_m(t)$之间的关系可以用模糊关系来描述,也就是说,种群进化到第 t 代时,根据 $f(t)$和 $V(t)$的变化,利用模糊理论,可以合理地计算出 $P_c(t)$和 $P_m(t)$,从而使参数得以调整,这种智能型 GA 进化状态如图 6-13 所示。

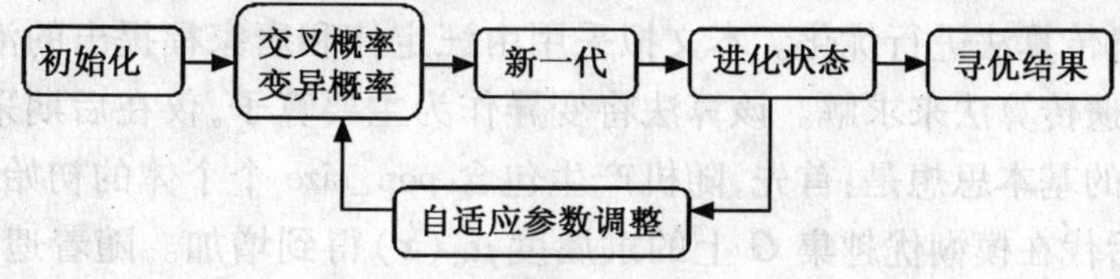

图 6-13　智能型 GA 进化状态

模糊推理模块的输入为最佳适应值 $f(t)$,适应值的多样度 $V(t)$,t 表示第 t 代种群及最佳适应值不发生变换的代数(UN)。我们把最佳适应值、适应值多样度、不变化代数、交叉率和变异概率分为三个等级：高、中、低。模糊化操作采用三角形模糊集合，即三角隶属函数，输入输出的模糊隶属度函数及其形状如图 6-14 所示。

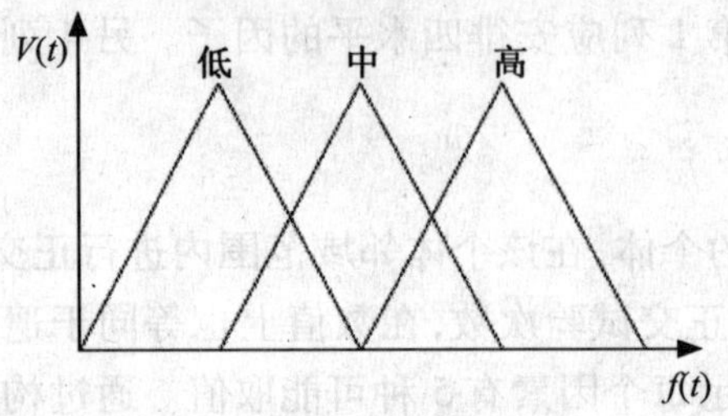

图 6-14　输入输出的模糊隶属度函数及其形状

根据以上的分析，经过反复的比较选择，总结出如下 8 条交叉算子及变异算子的模糊规则。

规则 1：IF BF 是低 THEN P_m 是低 and　P_c 是高。

规则 2：IF BF 是中 and UN 是低 THEN　P_m 是低 and P_c 是高。

规则 3：IF BF 是中 and UN 是中 THEN　P_m 是中 and P_c 是中。

规则 4：IF BF 是高 and UN 是低 THEN　P_m 是低 and P_c 是高。

规则 5：IF BF 是高 and UN 是中 THEN　P_m 是中 and P_c 是中。

规则 6：IF UN 是高 and VF 是低 THEN　P_m 是高 and P_c 是低。

规则 7：IF UN 是高 and VF 是中 THEN　P_m 是高 and P_c 是低。

规则 8：IF UN 是高 and VF 是高 THEN　P_m 是低 and P_c 是低。

基于以上 8 条模糊条件语句，采用 Mamcani 法进行模糊推理，即对 if A and B THEN C 的推理，当已知输入 A^*，B^* 时，则有输出 $C^* = (A^* \times B^*)oR$，其中 $R = A \times B \times C$，最佳适应值 $f(t)$（BF）即为本次进化中最高的适应度值；适应值的多样性 $V(t)$（VF）由 $V(t) = (f_{max} - \tilde{f})/(f_{max} - f_{min})$ 来决定，其中，$\tilde{f}$ 为平均适应度值，f_{max} 和 f_{min} 则分别为最大适应度值和最小适应度值。

6.3.2.4　沿加权梯度方向的变异及其权值的自适应调整

模糊优化的数学模型可表示为求 $\boldsymbol{x}^*$，使

$$\mu_G(\boldsymbol{x}^*) = \max(\mu_G(\boldsymbol{x})) = \max(\min(\mu_{G_k}(\boldsymbol{x}) \mid k = 1,2,\cdots,N) \qquad (6\text{—}28)$$

此为无约束优化问题，但它的目标不是连续可导的。这个问题不能采用传统优化方法求解，但可以用遗传算法进行优化。本文拟采用由汪定伟和唐家福提出的沿加权梯度方向进行变异的特殊遗传算法来求解。该算法将变异作为主要算子，仅在后期采用算术组合杂交算子。该算法的基本思想是：首先，随机产生包含 pop_size 个个体的初始种群，个体被选择并产生后代，后代在模糊优越集 $\boldsymbol{G}$ 上的隶属度 $\mu_G(\boldsymbol{x})$ 得到增加。随着遗传算法的进行，隶属度小于 α_0（可接受隶属度）的个体比其他个体产生后代的机会少。随着遗传代数的增加，隶属度小于 α_0 的个体最终死去，其他个体得以生存。经过若干代以后，所有个体的隶属度都大于 α_0，大多数个体将会接近最优解。

对于个体 $\boldsymbol{x}$，设 $\mu_{min}(\boldsymbol{x}) = \min(\mu_{G_k}(\boldsymbol{x}) \mid k = 1,2,\cdots,N)$。如果 $\mu_{min}(\boldsymbol{x}) \leqslant \mu_{G_k}(\boldsymbol{x}) < 1$，则沿

着 $\mu_{G_k}(\boldsymbol{x})$ 的梯度方向移动。这样可能改善 $\mu_{G_k}(\boldsymbol{x})$ 的值。$\mu_{G_k}(\boldsymbol{x})$ 值越小,就可能得到越大的改善。基于上面的思想构造的加权梯度方向如下。

$$D(\boldsymbol{x}) = \sum_{k=1}^{N} w_k \nabla \mu_{G_k}(\boldsymbol{x}) \tag{6—29}$$

其中 w_k 是梯度方向权重,定义如下。

$$w_k = \begin{cases} 0 & \mu_{G_k} = 1 \\ \dfrac{1}{\mu_{G_k} - \mu_{\min} + e} & \mu_{\min} \leqslant \mu_{G_k} < 1 \end{cases} \tag{6—30}$$

其中 e 是一个充分小的正数,$1/e$ 是最大的权重。$\nabla \mu_{G_k}(a)(k=1,2,\cdots,N)$ 为模糊目标集中每一隶属度在点 x 处的梯度。

对于一个个体 x,它的适应值就是模糊目标集中隶属度中最小的数值。优化的目标就是使最小隶属度值增大。于是应该优先改善具有最小隶属度值的目标。

由 $\boldsymbol{x}_i^t$,i 代表个体编号,t 代表遗传代数,通过沿加权梯度方向 $D(\boldsymbol{x}_i^t)$ 变异产生的子代 $\boldsymbol{x}_i^{t+1}$ 可以描述如下:

$$\boldsymbol{x}_i^{t+1} = \boldsymbol{x}_i^t + \beta^t D(\boldsymbol{x}_i^t) \tag{6—31}$$

其中 β^t 是具有下降均值的 Erlang 分布的随机步长。Erlang 分布由随机发生器产生。

隶属度 $\mu_G(\boldsymbol{x})$ 计算如下:

$$\mu_G(\boldsymbol{x}_i) = \begin{cases} \mu_{\min}(\boldsymbol{x}_i) & \mu_{\min} \geqslant \alpha_0 \\ \gamma\mu_{\min}(\boldsymbol{x}_i) & \mu_{\min} < \alpha_0 \end{cases} \tag{6—32}$$

其中 α_0 是决策者偏好的可接受的满意程度,$\gamma \in \boldsymbol{U}(0,1)$。

从式(6—29)至式(6—31)权重和变异的公式可以知道,无法满足的目标具有最小隶属度,会得到最大权重 $1/e$,因此变异会把个体引导到可行区域。当 $\mu_G(\boldsymbol{x}) > 0$ 时,具有最小隶属度的目标得到最大权重。于是加权梯度方向会改善最小的隶属度值,从而导致 $\mu_G(\boldsymbol{x})$ 的改善。从式(6—32)可以发现,当 $\boldsymbol{x}_i \notin \boldsymbol{A}$ 时,会给它较低的隶属度(但不是0),于是它们具有较小的机会被选中产生后代。因此加权梯度方向将引导所有个体接近精确最优解,这些个体构成一个包括精确最优解的邻域。

在本文的遗传算法中,沿加权梯度方向的变异是主算子,算术组合杂交仅在后期使用,采用比例选择策略在每代中选出新的种群。

6.3.2.5　基于遗传算法的模糊优化系统描述

1. 基本模糊优化系统

1) 系统结构

基本模糊优化系统结构如图 6-15 所示,它由基于遗传算法的模糊优化控制器和优化对象组成。其中,模糊优化控制器中的复制、交叉、变异框实现算法,而复制概率框实现复制概率的调整;模糊化框实现由对象产生的清晰适应度到模糊适应度的转化,遗传算法的继续与否由模糊化产生的实际性能与系统输入的期望性能的比较结果加以控制;优化对象实现决策空间到判据空间的转换。

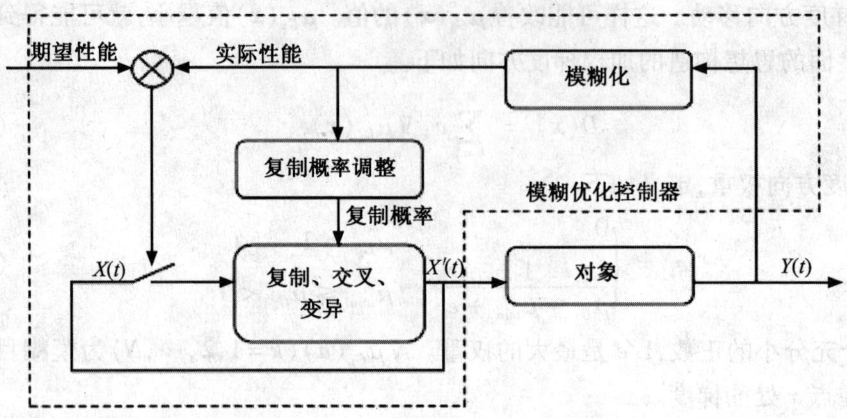

图 6-15　基本模糊优化系统结构

2）工作原理

（1）优化对象。优化对象为多输入多输出环节，在正交初始种群 $X'(t)$ 作用下，产生相应输出 $Y(t)$，随着模糊优化控制器的不断调整，输出最终达到最优点。

（2）模糊化。模糊化环将优化对象的多目标输出转化为模糊优越集的隶属函数值。

（3）复制概率调整。复制概率调整环节根据优化对象的多目标输出获得累积概率以影响复制、交叉、变异环节下一步的复制操作。

（4）复制、交叉、变异。复制、交叉、变异是模糊优化控制器的核心环节，采用遗传算法实现调节。以模糊化环节产生的实际性能（优越集隶属度）与期望性能比较的结果来确定调节是否继续进行。

遗传算法模拟了自然选择和遗传中发生的复制、交叉和变异现象，从任一初始种群出发，通过随机选择、交叉、变异和变异操作产生一群更适应环境的个体，使种群进化到搜索空间越来越好的区域，这样一代一代地不断繁衍进化，最后收敛到一群最适应环境的个体，求得问题的最优解。使用上述三种遗传算子（选择算子、交叉算子和变异算子）的遗传算法的主要运算过程如下：

（1）编码。解空间中的解数据 x，作为遗传算法的表现形式。从表现型到基因型的映射成为编码。遗传算法在进行搜索之前先将解空间数据表示成遗传空间的基因型串结构数据，这些串结构数据的不同组合就构成了不同的点。

（2）初始种群的生成。随机产生 N 个初始串结构数据，每个串结构数据称为一个个体，N 个个体构成了一个种群。遗传算法以这 N 个串结构作为初始点开始迭代。设置进化代数计算器 $t=0$；设置最大进化代数 T；随机产生 M 个个体作为初始种群 $P(0)$。

（3）适应度评价检测。适应度函数表明个体或解的优劣性。对于模糊优化问题，适应度函数的定义模糊目标集的隶属度。根据模糊优化问题，计算种群 $P(t)$ 中各个个体的适应度。

（4）选择。将选择算子作用于种群。

（5）交叉。将交叉算子作用于种群。

(6) 变异。将变异算子作用于种群。种群 $P(t)$ 经过选择、交叉、变异运算后得到下一代种群 $P(t+1)$。

(7) 终止条件判断。若 $t \leq T$,则 $t \leftarrow t+1$,转到(2);若 $t > T$,则以进化过程中所得到的具有最大适应度的个体作为最优解输出,终止运算。

从遗传算法运算流程可以看出,进化操作过程简单,容易理解,它给其他各种遗传算法提供了一个基本框架。

根据上述分析,获得基本模糊优化系统工作流程图如图 6-16 所示。

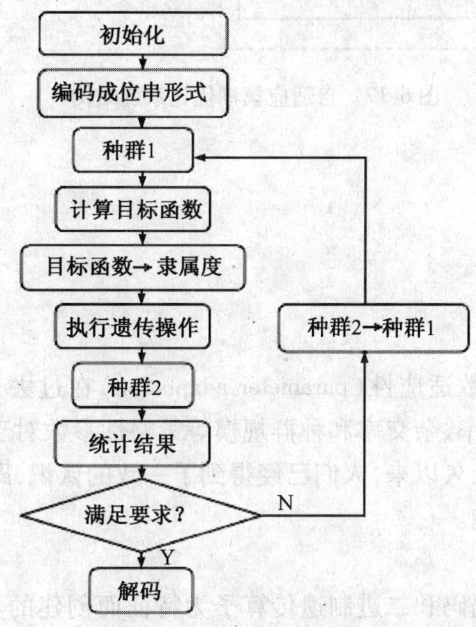

图 6-16　基本模糊优化系统工作流程图

2. 自适应模糊优化系统

1) 系统结构

自适应模糊优化系统结构如图 6-17 所示,与基本模糊优化系统大体相同,其区别在于遗传参数的调整环节除了自适应地给定复制概率外,还要给定交叉和变异概率,采用前述的基于模糊控制系统的遗传参数自适应调整方法来实现。

2) 工作原理

鉴于遗传算法是受进化思想启发而来的,人们很自然地希望适应性不仅用于寻找给定问题解,同时还可以让遗传算法针对特定问题进行变化。在过去的十几年里,为了将遗传算法针对现实世界的问题有效地实现,已经提出并测试了许多适应性(adaptation)方案。总体来说,存在两类适应性:①对问题的适应性;②对进化过程的适应性。

以上两类适应性的区别在于:前者提出修改遗传算法的某些元素(如表示、杂交、变异和选择),从而得到算法的理想形式以满足给定问题的本质;后者提出一种在遗传算法解决问题的同时对其参数进行动态调整的方法。根据 Herrera 和 Lozano 的报道,后者的适应性可以进一步分为下列几类。

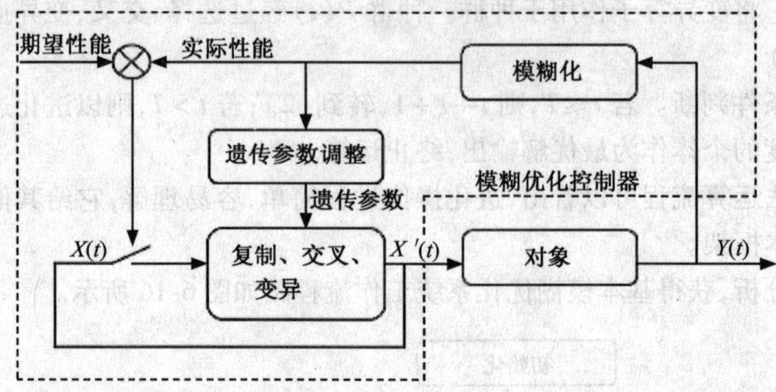

图 6-17　自适应模糊优化系统结构

- 适应性参数设置。
- 适应性遗传算子。
- 适应性选择。
- 适应性表示。
- 适应性适应值函数。

在上述这些类别中，参数适应性（parameter adaptation）在过去 10 年中得到了比较充分的研究，原因在于诸如变异率、杂交率和种群规模等策略性参数对于确定深度搜索和广度搜索的折中是关键的因素。长久以来，人们已经得到了一致的认识，即这些策略性参数对于遗传算法的性能有显著的影响。

（1）结构适应性。

遗传算法是以二进制编码和二进制遗传算子为特征而创建的具有普遍适应性的，但搜索能力不如特定算法强的方法。这种方法需要使原始问题转换为适合遗传算法的形式，如图 6-18 所示。该方法包括从可能解到二进制表示的映射，对解码和修补过程的考虑等方面。对于复杂问题，这样的方法通常无法提供有效的解答。

为了解决上述问题，已经针对特定的问题提出了若干种遗传算法的非标准实现方式。这种方法不改变问题的形式，而是通过修改遗传算法对可能解的染色体表示和采用合适的遗传算子来适应问题，如图 6-19 所示。

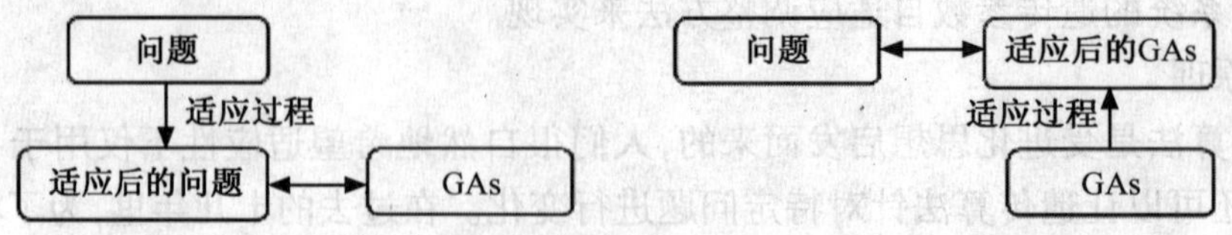

图 6-18　让问题来适应遗传算法　　图 6-19　让遗传算法来适应问题

但是一般来说，选用给定问题的整个原始解来作为染色体不是好的方法，原因在于许多实际问题太复杂，无法找到遗传算法对完整解表示的合理实现方式。通常编码方式可以是直接的或非直接的，在直接编码中，将给定问题的完整解作为染色体。然而对于复杂问题来说，这种方法会使得大量后代不可行或非法，因此几乎所有传统的遗传算子都不可用。与之相对的非直接编码仅将解的必要部分作为染色体,可以利用解码过程由染色体来产生解。解码过程是依赖于问题的过程,用于根据由遗传算法产生的排列项和(或)组合项生成问题的解。采用这种方法时,遗传算法仅在感兴趣的解空间上进行搜索。

还有一种方法是对遗传算法和问题均进行适应性调整,如图6-20所示。组合优化问题的一个共同的特征是寻找满足许多边界约束的排列和(或)组合项。如果能够确定排列和(或)组合项,就可以采用依赖于问题的方法来导出问题的解。采用这种方法,将遗传算法用于进化出所考虑项的合理排列和(或)组合,启发式方法随后用来根据排列和(或)组合项构造出问题的解。这种方法被成功地应用于工业工程领域,并且已成为遗传算法实际应用的主要方法。

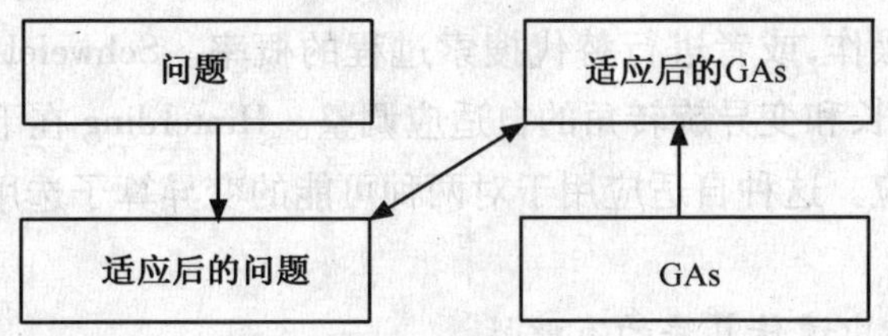

图6-20　对遗传算法和问题均进行适应性调整

(2) 参数适应性。

遗传算法的性能由在搜索空间进行的深度搜索(exploitation)和广度搜索(exploration)的平衡决定。这种平衡深受诸如种群规模、最大遗传代数、杂交率和变异率等策略性参数的影响。如何设置参数值及如何有效地寻找参数值都是遗传算法领域中重要并且有前景的研究方向。

大多数遗传算法的应用采用的都是固定参数。参数值的选取采用的是设置-测试的方法。由于遗传算法从本质上讲是动态和适应性的过程,因此采用固定参数的方法与一般的进化精神相违背。因此很自然地希望能够在算法运行的过程中修改策略性参数的值。这种想法可以由一些方法来实现:① 通过采用一种规则;② 通过获取当前搜索状态的反馈;③ 采用自适应机制。根据 Hinterding, Michalewicz 和 Eiben 对适应性的分类,有3种原则性的分类:① 确定性的;② 有适应能力的;③ 自适应的。

确定性的适应性(deterministic adaptation)。如果策略性参数的值由确定性规则来修改,就称作确定性的适应性。通常采用根据遗传代数来进行改变的时变性策略。比如,随着遗传代数的增长,变异率逐渐下降,如下式所示:

$$P_m = 0.5 - 0.3\frac{t}{G}$$

其中,t 是当前遗传代数,G 是最大代数。随着遗传代数增长为 G,变异率会从0.5下降为0.2。依赖于时间的变异率首先由 Holland 提出,但他并没有给出详细的参数选择方案。这种方法早期的例子包括 Fogarty 和 Hesser 与 Manner 的工作。

有适应能力的适应性(adaptive adaptation)。如果从进化过程中获取某种形式的反馈,并用来确定因策略性参数不清而改变的方向和(或)大小,就称作有适应能力的适应性。这种方法早期的例子包括 Rechenberg 在进化策略中的1/5成功准则,用于修改变异的步长。

该准则认为，在所有变异中成功的变异比例为1/5。因此，如果该比例大于1/5，则步长应该增加；如果该比例小于1/5，则步长应该减小。Davis 提出的适应性算子适应值利用成功进行复制的比较大的算子数目来调整算法的参数比率。Julstrom 的适应性机制根据杂交算子和变异算子的性能来调节其参数比率。关于这种类型的学习规则机制的深入研究由 Tuson 和 Ross 完成。

自适应的适应性（self - adaptive adaptation）。自适应的适应性允许策略性参数在进化过程中自行进化。这些参数也进行编码并经历变异和重组。编码的参数并不直接影响个体的适应值，但更优秀的参数值将产生更优秀的个体。这些个体很可能在选择过程中生存并产生后代，由此传播更好的参数值。进行自适应调整的参数可以是那些控制遗传算法操作，控制复制和其他算子操作，或者进行替代搜索过程的概率。Schwefel 在进化策略中开发了这种方法，用于变异步长和变异旋转角的自适应调整。Hinterding 在下料问题中采用了多染色体来实现邻近自适应。这种自适应用于对两种可能的变异算子选用和整体变异算子的强度进行适应性调整。

6.3.2.6 模糊优化系统中遗传算法的有效性

1. 模式定理

定义 6.1 基于三值字符集{0,1,＊}所产生的能描述具有某些结构相似性的0、1字符串集的字符串称作模式。

模式的概念提供了一种简洁的用于描述在某些位置上具有结构相似性的0、1字符串集合的方法。引入模式后，一个字符串实际上隐含着多个模式（长度为 n 的串隐含着 2^n 个模式），一个模式可以隐含在多个串中，不同的串之间通过模式而相互联系。遗传算法中串的运算实质上是模式的运算。因此，通过分析模式在遗传操作上的变化，就可以了解什么性质被延续，什么性质被丢弃，从而把握遗传算法的实质，这正是模式定理所揭示的内容。

定义 6.2 模式 H 中确定位置的个数称作该模式的阶数，记作 $o(H)$。

显然，一个模式的阶数越高，其样本数就越少，因而确定性越高。

定义 6.3 模式 H 中第一个确定位置和最后一个确定位置之间的距离称作该模式的定义距，记作 $\delta(H)$。

模式的阶数和定义距描述了模式的基本性质。

下面通过分析遗传算法的三种基本遗传操作对模式的作用来讨论模式定理。

令 $A(t)$ 表示第 t 代中串的种群，以 $A_j(t)\ (j=1,2,\cdots,n)$ 表示第 t 代中第 j 个个体串。

1）选择算子

在选择算子作用下，与某一模式所匹配的样本数的增减依赖于模式的平均适应度与种群平均适应度之比，平均适应度高于种群平均适应度的模式将呈指数级增长；而平均适应度低于种群平均适应度的模式将呈指数级减少。现推导如下。

设在第 t 代种群 $A(t)$ 中模式所能匹配的样本数为 m，记为 $m(H,t)$。在选择中，一个位串 $A_j(t)$ 以概率 $P_i=f_i/\sum_i f_i$ 被选中并进行复制，其中 f_i 是个体 $A_j(t)$ 的适应度。假设一代中种群大小为 n，且个体两两互不相同，则模式 H 在第 $t+1$ 代中样本数为

$$m(H,t+1)=m(H,t)n\frac{f(H)}{\sum_i f_i} \tag{6—33}$$

在式(6—33)中，$f(H)$ 是在 t 时刻对应于模式的位串的平均适应度。令种群平均适应度为 $\bar{f}=\sum_i f_i/n$，则有

$$m(H,t+1)=m(H,t)\frac{f(H)}{\bar{f}} \tag{6—34}$$

现在，假设模式 H 的平均适应度高于种群平均适应度，且设高出部分为 $c\bar{f}$，c 为常数，则有

$$m(H,t+1)=m(H,t)\frac{\bar{f}+c\bar{f}}{\bar{f}}=(1+c)m(H,t) \tag{6—35}$$

假设从 $t=0$ 开始，c 保持为常值，则有

$$m(H,t+1)=(1+c)m(H,0) \tag{6—36}$$

2）交叉算子

模式 H 只有当交叉点落在定义距之外才能生存。在简单交叉下 H 的生存概率为

$$P_s=1-\delta(H)/(t-1) \tag{6—37}$$

而交叉本身也是以一定的概率 P_c 发生的，所以模式 H 的生存概率为

$$P_s=1-P_cP_d=1-\frac{P_c\delta(H)}{m-1} \tag{6—38}$$

推广到一般情况，可以计算出任何模式的生存概率的下限为

$$P_s\geqslant 1-\frac{P_c\delta(H)}{m-1} \tag{6—39}$$

可见，模式在交叉算子作用下定义距的模式将增多。

3）变异算子

假设串的某一位置发生改变的概率为 P_m，则该位置不变的概率为 $1-P_m$，而模式 H 在变异算子作用下若要不受破坏，则其中所有的确定位置（“0”或“1”的位）必须保持不变。因此模式 H 保持不变的概率为 $(1-P_m)^{o(H)}$，其中 $o(H)$ 为模式 H 的阶数。当 $P_m\ll 1$ 时，模式 H 在变异算子作用下的生存概率为 $P_s=(1-P_m)^{o(H)}\approx 1-o(H)P_m$。

综上所述，模式 H 在遗传算子选择、交叉和变异的共同作用下，其子代的样本数为

$$m(H,t+1)\geqslant m(H,t)\frac{f(H)}{\bar{f}}\left(1-P_c\frac{\delta(H)}{m-1}\right)(1-o(H)P_m) \tag{6—40}$$

定理6.1（模式定理）　在遗传算子选择、交叉和变异的共同作用下，具有阶数低、长度短、平均适应度高于种群平均适应度的模式在子代中将以指数级增长。

统计学研究表明，在随机搜索中，要获得最优的可行解，必须保证较优解的样本呈指数级增长，而模式定理保证了较优的模式（遗传算法的较优解）的样本呈指数级增长，从而给出了遗传算法的理论基础。另外，由于遗传算法总能以一定的概率遍历到解空间的每一部分，因此在遗传算子的条件下总能得到问题的最优解。

2. 积木块假设

由模式定理可知,具有阶数低、长度短、平均适应度高于种群平均适应度的模式在子代中将以指数级增长。

定义 6.4 阶数低、长度短和适应度高的模式称为积木块。

假设 6.1(积木块假设(Building Block Hypothesis)) 积木块在遗传算子作用下,相互结合,能生成阶数高、长度长和适应度高的模式,可最终生成全局最优解。

与积木块一样,一些好的模式在遗传算法操作下相互搭拼、结合,产生适应度更高的串,从而找到更优的可行解,这正是积木块假设所揭示的内容。

模式定理保证了较优的模式样本呈指数增长,从而满足了寻找最优解的必要条件,即遗传算法存在着寻找全局最优解的可能性。而这里的积木块假设则指出,遗传算法具备找到全局最优解的能力,即积木块在遗传算子作用下,能生成阶数高、长度长和适应度高的模式,最终生成全局最优解。

3. 未成熟收敛问题及其防止

在实际应用中,模糊优化问题是多参数和非线性的,且往往还伴随着不可微和参数耦合等问题。这时用传统的优化方法解决问题,效率很低,有时甚至根本得不出结果。遗传算法的高强壮性和有效性为解决这类问题提供了一种有效的途径。

在实践中,遗传算法显示了顽强的生命力,以其突出的全局搜索能力越来越受到重视。但是遗传算法也存在缺点,在实际应用中也出现了一些问题,其中很重要的一点是遗传算法的未成熟收敛(也称为早熟,Premature Convergence,PC)问题。对于遗传算法的应用,解决未成熟收敛问题是必要的,否则,遗传算法的一些优良性能(如全局寻优能力)将无法完全体现出来。

1) 未成熟收敛问题

(1) 未成熟收敛现象。

未成熟收敛现象主要表现在两个方面。

- 种群中所有的个体都陷于同一极值而停止进化。
- 接近最优解的个体总是被淘汰,进化过程不收敛。

未成熟收敛现象是遗传算法中的特有现象,且十分常见。它指的是:当还未达到全局最优解或满意解时,种群中不能再产生性能超过父代的后代,种群中的各个个体非常相似。未成熟收敛的重要特征是种群中个体结构的多样性急剧减少,这将导致遗传算法的交叉算子和选择算子不能再产生更有生命力的新个体。遗传算法希望找到最优解或满意解,而不是在找到最优解或满意解之前,整个种群就收敛到一个非优解。它希望能够保持种群中个体结构的多样性,从而使搜索能够进行下去。未成熟收敛问题就像其他算法中的局部极小值(极大值)问题,但它和局部极小值问题有着本质上的不同,即未成熟收敛问题并不一定出现在局部极小点。同时,它的产生是带有随机性的,人们很难预见是否会出现未成熟收敛问题。

(2) 未成熟收敛产生的原因。

未成熟收敛产生的主要原因有以下几点:

- 理论上考虑的选择、交叉、变异操作都是绝对精确的,它们之间相互协调,能搜索到整个解空间,但在具体实现时很难达到这个水平。
- 所求解的问题是遗传算法欺骗问题。当解决的问题对于标准遗传算法来说比较困难时,遗传算法就会偏离寻优方向,这种问题被称为遗传算法欺骗问题。

- 遗传算法处理的群是有限的，因而存在随机误差，它主要包括取样误差和选择误差。取样误差是指所选择的有限种群不能代表整个种群所产生的误差。当表示有效模板串的数量不充分或所选的串不是相似子集的代表时，遗传算法就会发生上述类似的情况。小种群中的取样误差妨碍模板的正确传播，因而妨碍模板原理所预测的期望性能产生。选择误差是指不能按期望的概率进行个体选择。

对于一个染色体来说，在遗传操作中只能产生整数个后代。在有限种群中，模板的样本不可能以任意精度反映所要求的比例，这是产生取样误差的根本原因。加上随机选择的误差，就可以导致模板样品数量与理论预测值之间有很大差别。随着这种偏差的积累，一些有用的模板将会从种群中消失。遗传学家认为：当种群很小时，选择就不会起作用，这时有利的基因可能被淘汰，而有害的基因可能被保留。引起种群结构发生变化的主要因素是随机波动的遗传漂移，它也是产生未成熟收敛的一个主要原因。对此可以采用增大种群容量的方法来减缓遗传漂移，但这样做可能导致算法效率的降低。

上述三个方面都有可能产生未成熟收敛现象，即种群中个体的多样性过早地丢失，从而使得算法陷入局部最优点。

在遗传算法处理过程的每个环节都有可能导入未成熟收敛的因素。遗传算法未成熟收敛产生的主要原因是：在迭代过程中，未得到最优解或满意解以前，种群失去了多样性。具体表现在以下几个方面：

- 在进化初始阶段，生成了具有高适应度的个体 X。
- 在基于适应度比例的选择下，其他个体被淘汰，大部分个体与 X 一致。
- 相同的两个个体进行交叉，从而未能生成新个体。
- 通过变异所生成的个体适应度高但数量少，所以被淘汰的概率很大。
- 种群中的大部分个体都处于与 X 一致的状态。

2）防止早熟的方法

（1）小生境技术。

遗传算法中的小生境技术是保证种群多样性的一种有效方法。其基本思想是：首先两两比较种群中各个个体之间的距离，若这个距离在预设的距离 L 之内，则再比较两者之间的适应度大小，并对其中适应值较低的个体施加一个较强的罚函数，以此降低其适应度。这样，对于在预先指定的某一距离 L 之内的两个个体，其中较差的个体经处理后其适应度变得更差，在后续进化过程被淘汰的概率就增大。也就是说，在距离 L 内将只存在一个优良个体，从而既维护了种群的多样性，又使得各个个体之间保持一定的距离，并使得个体能够在整个约束的空间中分散开来。小生境算法可描述如下。

① 设置进化代数计数器。随机生成 M 个初始种群 $P(t)$，并求出各个个体的适应度 F_i，$i=1,2,\cdots,M$。

② 依据各个个体的适应度对其进行降序排列，记忆前 $N(N<M)$ 个个体。

③ 选择算法。对种群进行比例选择运算，选择个体进入下一代。

④ 交叉、变异操作。在选择操作的基础上，根据设置的交叉概率 P_c 和变异概率 P_m 选择个体进行常规的交叉、变异操作。

⑤ 小生境淘汰运算。将步骤④得到的 M 个个体和步骤②所记忆的 N 个个体合并在一起，得到一个含有 $M+N$ 个个体的新种群。对 $M+N$ 个个体，计算两个个体 x 和 y 之间的海明距离：$\|x-y\|$。当 $\|x-y\|<L$ 时，比较个体 x 和个体 y 的适应度大小，并对其中适应度

较低的个体处以罚函数:F min(x,y) = Penalty。

⑥ 依据这 $M+N$ 个个体的新适应度对各个个体进行降序排列,记忆前 N 个个体。

⑦ 终止条件判断。若不满足终止条件,则更新进化代数记忆器 $t=t+1$,并将步骤⑥排列中的前 M 个个体作为下一代种群 $P(t)$,然后转步骤③;若满足终止条件,则输出计算结果,算法结束。

(2) 免疫遗传算法。

免疫遗传算法是基于免疫算法和遗传算法并将二者有机地融合起来的优化算法。从形式上看,免疫遗传算法就是在免疫算法抗体多样性的维持机制中加入了遗传算子,与遗传算法相比,增加了抗原识别、记忆功能和调节功能,却没有附加复杂的操作,没有降低遗传算法的健壮性。算法兼顾了搜索速度、全局搜索能力和局部搜索能力,在许多方面表现出超越遗传算法和免疫算法的优点。它克服了遗传算法收敛方向无规则性及局部搜索效率较差的缺点,提高了对待求问题寻优的速度, 又在很大程度上避免了未成熟收敛,并且把目标函数和约束条件作为抗原,保证了所生成的抗体直接与问题的相关联程度;生成的抗体能有效地排除抗原,也就相当于求得了问题的最优解;对与抗原亲和力高的抗体进行记忆, 能促进快速求解,即当遇到同类抗原时可以快速生成与之对应的抗体。免疫遗传算法的以上特点,为高效率地解决工程优化问题奠定了基础,使工程优化设计具有良好的优化搜索能力,并且可以有效地解决迭代搜索的局部收敛问题,具有强大的抗干扰能力,可用来解决大型和复杂的不同类型的优化计算问题。

免疫遗传算法将待求解的工程优化设计问题作为抗原(Antigen),将问题的解作为抗体(Antibody)。通过抗原和抗体的亲和力(Affinity)、自身抗体浓度及遗传算法对抗体的复制、交叉和变异的计算以求得目标函数的最优解。免疫遗传算法计算过程如下。

① 抗原输入及参数设定。输入目标函数及约束条件作为抗原的输入,设定种群规模 M、交叉概率 P_c、变异概率 P_m。

② 初始抗体产生,识别抗原。从免疫记忆数据库中提取优化变量的经验数据,在此基础上叠加随机变量形成初始抗体群。

③ 亲和度及浓度的计算。计算各抗体和抗原的亲和度及各抗体的浓度。

④ 终止条件判断。判断是否满足终止条件,如是,则将与抗原亲和度最高的抗体加入免疫记忆数据库中,然后终止;否则,继续。

⑤ 选择操作。按照基于浓度调节的适应度函数,根据采样选择方法选择个体进入下一代。

⑥ 交叉、变异操作。在选择操作的基础上,根据设置的交叉概率 P_c 和变异概率 P_m 选择抗体进行常规的交叉、变异操作。

⑦ 根据以上的操作更新种群后转到③,算法结束。

(3) 适应度值标定。

初始种群中可能存在特殊个体的适应度值超常(如很大)。为了防止其统治整个种群并误导种群的发展方向而使算法收敛于局部最优解,需限制其繁殖。在计算临近结束,遗传算法逐渐收敛时,由于种群中个体适应度值比较接近,继续优化选择较为困难,造成在最优解附近左右摇摆,此时应将个体适应度值加以放大,以提高选择能力,这就是适应度值的标定。针对适应度值标定问题提出以下计算公式。

$$f' = \frac{1}{f_{max} + f_{min} + \delta}(f + |f_{min}|)$$

式中，f'为标定后的适应度值，f为原适应度值，f_{max}为适应度函数值的一个上界，f_{min}为适应度函数值的一个下界，δ为开区间(0,1)内的一个正实数。

若f_{max}未知，可用当前代或目前为止的种群中的最大值来代替。若f_{min}未知，可用当前代或目前为止种群中的最小值来代替。取δ的目的是为了防止分母为零和增加遗传算法的随机性。$|f_{min}|$是为了保证标定后的适应度值不出现负数。

由图 6-21 可见，在横轴上若f_{max}与f_{min}差值越大，则角度α越小，即标定后的适应度值变化范围缩小，以防止超常个体统治整个种群；反之则越大，标定后的适应度值变化范围增大，拉开种群中个体之间的差距，避免算法在最优解附近摇摆现象发生。这样就可以根据种群适应度值放大或缩小，变更选择压力。

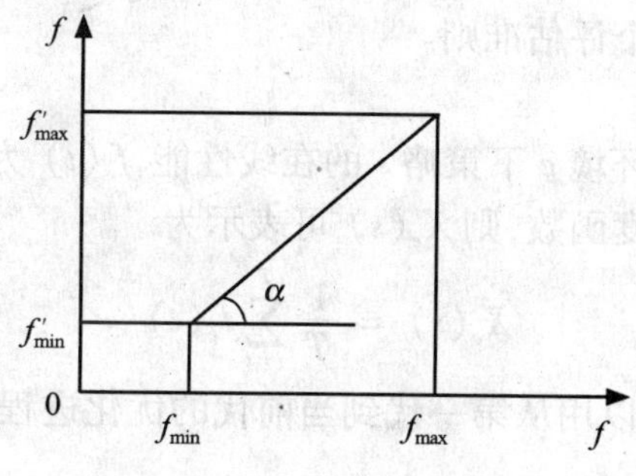

图 6-21　适应度标注

6.3.3　模糊优化算法在预测挖掘中的应用

随着 CAD 技术的发展，定量化锻模设计准则显得越来越迫切。不少学者采用了理论分析、实验研究或两者相结合的办法来实现这一目标。对于理论方法，由于模锻生产的复杂性，无论采用解析法、主应力法、变形功法、滑移线法，还是离散化的有限元法，都因为这些办法一是作了不少假设，而这些假设与实际生产条件有较大差异；二是边界条件难以确定或是不够精确，因而只能解决极简单的锻造问题，所以离指导实际设计尚有一定距离。在实验方法中，无论是坐标网格法、视塑性法，还是光塑性法都难得到通用的设计准则。这就迫使人们去探索更为有效的制订锻模设计准则的办法。而数据挖掘技术的兴起与发展为此提供了一个良好的契机，让计算机从样例中学习输入到输出的对应关系便是解决此类问题的一种策略。锻造生产的悠久历史为现场数据的收集提供了极为丰富的来源。利用机器学习挖掘数据内在规律性的方法主要有三种：经典的参数统计估计方法、人工神经网络方法和统计学习方法。

本节通过在传统预测挖掘方法中引入新的元素，提出了两种新的预测挖掘方法：一是基于模糊优化的回归分析方法，其基本思想是，让统计学习方法（回归分析方法）结合遗传算法和模糊优化，使得对于某些模型已知的预测问题的求解精度得以提升，效率得以提高；二是基于模糊优化的神经网络方法，其基本思想是，将神经网络方法和模糊优化及遗传算法相结合，克服了基本神经网络方法在历史数据有限的情况下预测精度不高的缺点，使其能在更少先验知识的基础上，找出数据内在的相互联系。

最后用这两种预测挖掘方法分别实现了对锻模飞边尺寸设计准则和锻模飞边金属消耗

设计准则的挖掘，验证了这两种算法的收敛性、有效性、高精度和快速性。

6.3.3.1　模糊优化系统的性能评估

本文的模糊化是采用遗传算法实现的，因而模糊优化系统的性能主要由遗传算法决定，在此，我们主要讨论遗传算法的性能。

遗传算法的实现涉及五个要素：参数编码、初始种群的设定、适应度函数的设计、遗传操作设计和控制参数设定，而每个要素又对应不同的环境，存在各种相应的设计策略和方法。不同的策略和方法决定了各自的遗传算法具有不同的性能或特性，因此，评估遗传算法的性能对于研究和应用遗传算法是十分重要的。

目前，遗传算法的评估指标大多采用适应度值。特别在没有具体要求的情况下，一般采用各代中最优个体的适应度值和种群的平均适应度值。以此为依据，De Jong 提出了两个定量分析遗传算法的测度：离线性能（Off - line Performance）测度和在线性能（On - line Performance）测度，得到了两个评估准则。

1. 在线性能评估准则

定义 6.5　设 $X_e(s)$ 为环境 e 下策略 s 的在线性能，$f_e(t)$ 为时刻 t 或第 t 代中相应于环境 e 的目标函数或平均适应度函数，则 $X_e(s)$ 可表示为

$$X_e(s) = \frac{1}{T}\sum_{i=t}^{T} f_e(t) \tag{6—41}$$

式(6—41)表明，在线性能可以用从第一代到当前代的优化进程的平均值来表示。

2. 离线性能评估准则

定义 6.6　设 $X_e^*(s)$ 为环境 e 下策略 s 的离线性能，则有

$$X_e^*(s) = \frac{1}{T}\sum_{i=t}^{T} f_e^*(t) \tag{6—42}$$

在式(6—42)中，$f_e^*(t)$: $\text{best}\{f_e(1), f_e(2), \cdots, f_e(t)\}$。

式(6—42)表明，离线性能是特定时刻或特定代的最佳性能的累积平均。具体地说，在进化过程中，每进化一代就统计目前为止的各代中的最佳平均适应度，并计算对进化代数的平均值。

Do Jong 指出，离线性能用于测量算法的收敛性。在应用时，优化问题的求解可以得到模拟，在一定的优化进程停止准则下，当前最好的解可以被保存和利用；而在线性能则用于测量算法的动态性能。在应用时，优化问题的求解必须通过真实的实验在线实现，可以迅速得到较好的优化结果。但是，从遗传算法的运行机理可知，在遗传算子作用下，种群的平均适应度呈现增长的趋势，因此，定义 6.5 和定义 6.6 中的 $f_e(t)$ 和 $f_e^*(t)$ 相差不大，它们所反映的性质也基本一样。

下面以最优化方法的收敛速度和收敛准则来讨论遗传算法的性能。

一般优化问题可描述为求 $\boldsymbol{x} = (x_1, x_2, \cdots, x_n)^{\mathrm{T}}$，使 $f(\boldsymbol{x})$ 达到最大（或最小）。最优化方法通常采用迭代方法求它的最优解，其基本思想为：给定一个初始点 x_0，按照某一迭代规则产生一个点列 $\{\boldsymbol{x}_i\}$，使得当 $\{\boldsymbol{x}_i\}$ 为有穷点列时，其最后一个点是最优化问题的最优解。一个好的优化算法为：当 $\boldsymbol{x}_i$ 能稳定地接近全局极小点（或极大点）的邻域时，迅速收敛于 $\boldsymbol{x}^*$，当满足给定的收敛准则时，迭代终止。

假设一算法产生的迭代点列 $\{\boldsymbol{x}_i\}$ 在某种范数意义下收敛，即

$$\lim_{i \to \infty} \| \boldsymbol{x}_i - \boldsymbol{x}^* \| = 0 \tag{6—43}$$

在式(6—43)中，$\boldsymbol{x}_{i+1} = \boldsymbol{x}_i + \alpha_i$，$\alpha_i$ 为步长因子。若存在实数 $\alpha > 0$ 及一个与迭代次数无关的常数 $q > 0$，使得

$$\lim \frac{\| \boldsymbol{x}_{i+1} - \boldsymbol{x}^* \|}{\| \boldsymbol{x}_i - \boldsymbol{x}^* \|} = q \tag{6—44}$$

则称此算法产生的迭代点列 $\{\boldsymbol{x}_i\}$ 具有 $q - \alpha$ 阶收敛速度（α 为迭代步长因子）。因为 $\| \boldsymbol{x}_{i+1} - \boldsymbol{x}_i \|$ 是 $\| \boldsymbol{x}_i - \boldsymbol{x}^* \|$ 的一个估计，所以在实际中，一般用 $\| \boldsymbol{x}_{i+1} - \boldsymbol{x}_i \|$ 代替 $\| \boldsymbol{x}_i - \boldsymbol{x}^* \|$，作为迭代终止条件。

(1) 当 $\alpha = 1, q > 0$ 时，称 $\{\boldsymbol{x}_i\}$ 具有 q 线性收敛速度。

(2) 当 $1 < \alpha < 2, q > 0$ 或 $\alpha = 1, q = 0$ 时，称 $\{\boldsymbol{x}_i\}$ 具有 q 超线性收敛速度。

(3) 当 $\alpha = 2$ 时，称 $\{\boldsymbol{x}_i\}$ 具有 q 二阶收敛速度。

具有超线性收敛速度和二阶收敛速度的迭代算法收敛比较快。

关于算法的终止准则，实际应用中可以用各种不同的方法来确定收敛准则。Himmeblau 提出了下面的终止准则。

当 $\| \boldsymbol{x}_i \| > \varepsilon$ 和 $|f(\boldsymbol{x}_i)| > \varepsilon$ 时，采用

$$\frac{\| \boldsymbol{x}_{i+1} - \boldsymbol{x}_i \|}{\| \boldsymbol{x}_i \|} \leqslant \varepsilon \text{ 或 } | f(\boldsymbol{x}_{i+1}) - f(\boldsymbol{x}_i) | \leqslant \varepsilon \tag{6—45}$$

否则，采用

$$| \boldsymbol{x}_{i+1} - \boldsymbol{x}_i | < \varepsilon \text{ 或 } | f(\boldsymbol{x}_{i+1}) - f(\boldsymbol{x}_i) | < \varepsilon \tag{6—46}$$

在式(6—46)中，ε 为根据实际问题要求精度给出的适当小的正数。

根据 Himmeblau 提出的终止准则，实际中可以用各代适应度函数的均值之差来衡量遗传算法的收敛特性。定义收敛性测量函数为

$$C_e(s) = \frac{1}{T} \sum_{t=1}^{T} (f_e(t+1) - f_e(t)) \tag{6—47}$$

在式(6—47)中，$f_e(t)$ 为时刻 t 或第 t 代中相应于环境 e 的目标函数或平均适应度函数。

从优化问题中寻找最优解或最优解组的角度考虑，可以定义部分在线特性为

$$f_n(s) = \frac{1}{T} \sum_{t=1}^{T} f_e'(t) \tag{6—48}$$

在式(6—48)中，$f_e'(t)$ 为种群中对应于最优解或最优解组的个体适应度的均值。

6.3.3.2　基于回归方程的模糊优化算法

1. 问题描述

基于回归方程的模糊优化算法既可实现线性回归方程的参数估计，也可实现非线性回归方程的参数估计，其算法思想基本相同。本文只讨论线性回归方程的情形。线性回归方程可以统一写成如下形式。

$$y = a_0 + a_1 x_1 + a_2 x_2 + \cdots + a_m x_m \tag{6—49}$$

式(6—49)可简写为

$$y = \boldsymbol{x}^{\mathrm{T}} \boldsymbol{a} \tag{6—50}$$

其中 $y \in \mathbf{R}$ 是判据变量，$y \in \mathbf{R}^{m+1}$ 是目标向量，$\boldsymbol{a} \in \mathbf{R}^{m+1}$ 是决策向量，$\boldsymbol{x}$ 和 $\boldsymbol{a}$ 为

$$\boldsymbol{x} = \begin{bmatrix} 1 \\ x_1 \\ \cdots \\ x_m \end{bmatrix}, \quad \boldsymbol{a} = \begin{bmatrix} a(0) \\ a(1) \\ \cdots \\ a(m) \end{bmatrix} \tag{6—51}$$

对应 y 和 $\boldsymbol{a}$ 的判据空间和决策空间可表示为

$$\boldsymbol{Y} = \{y \mid y \in \mathbf{R}\}, \boldsymbol{A} = \{\boldsymbol{a} \mid \boldsymbol{a} \in \mathbf{R}^{m+1}\} \tag{6—52}$$

回归方程的参数估计过程为：由已知 N 个实例（$\boldsymbol{X}_k, Y_k^*$），$k=1,2,\cdots,N$，组成一组学习样本，其中，实例 k 的输入 $\boldsymbol{X}_k$ 可表示为一个 $m+1$ 元向量 $\boldsymbol{X}_k=(1,x_1,x_{2k},\cdots,x_{mk})$，实例 k 的期望输出为单一输出 $Y_K^*=y_k^*$。判据变量的计算输出为 $y_k=\boldsymbol{X}_k^T\boldsymbol{a}$。

那么参数估计问题就转化为如下模糊优化问题。

$$\overset{2}{\max}\ y_k = \boldsymbol{X}_k^T\boldsymbol{a}, k = 1,2,\cdots N \tag{6—53}$$

其中 $y_k, k=1,2,\cdots N$ 为模糊目标，其期望值为 y_k^*，对称容差为 ε，变化区域为 $[y_k^*-\varepsilon, y_k^*+\varepsilon]$。建立论域 $\boldsymbol{A}$ 上的与 y_k 对应的模糊目标集 $\boldsymbol{G}_k, k=1,2,\cdots,N$，其隶属函数 $\mu_{G_K}(\boldsymbol{a})$ 定义如下：

$$\mu_{G_K}(a) = \begin{cases} 0 & y_k \leqslant y_k^* - \varepsilon \\ 1 - \dfrac{y_k^* - y_k}{\varepsilon} & y_k^* - \varepsilon \leqslant y_k \leqslant y_k^* \\ 1 - \dfrac{y_k - y_k^*}{\varepsilon} & y_k^* < y_k < y_k^* + \varepsilon \\ 0 & y_k \geqslant y_k^* + \varepsilon \end{cases} \tag{6—54}$$

也可用图 6-22 表示。

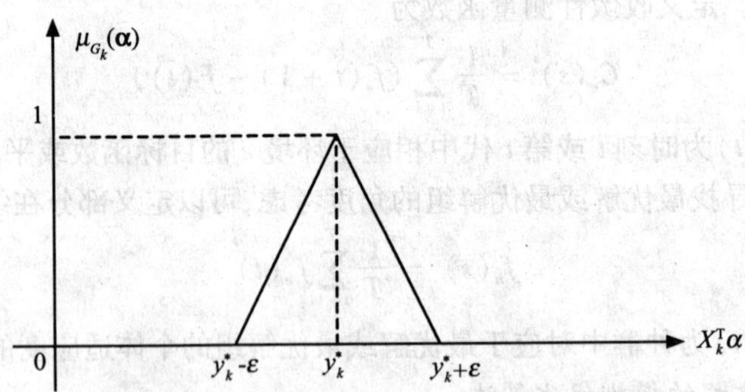

图 6-22　模糊目标集 $\boldsymbol{G}_k$ 的隶属度函数 $\mu_{G_k}(\boldsymbol{a})$

现已知论域 $\boldsymbol{A}$ 上模糊目标集 $\boldsymbol{G}_k, k=1,2,\cdots,N$，则它们的交集 $\boldsymbol{G} = \overset{N}{\underset{K=1}{\mathrm{I}}} \boldsymbol{G}_k$ 称为模糊优越集。基于模糊优化的回归方程的参数估计的基本思想是：在决策空间 A 中寻找使模糊优越集 $\boldsymbol{G}$ 的隶属度函数 $\mu_G(\boldsymbol{a})$ 取最大值的 $\boldsymbol{a}^*$，$\boldsymbol{a}^*$ 称为模糊最优解。$\mu_G(\boldsymbol{a})$ 由下式计算。

$$\mu_G(\boldsymbol{a}) = \bigwedge_{k=1}^{N} \mu_{G_k}(\boldsymbol{a}) = \min(\mu_{G_k}(\boldsymbol{a}) \mid k = 1,2,\cdots,N) \tag{6—55}$$

模糊优化的数学模型可表示为求 $\boldsymbol{a}^*$，使

$$\mu_G(\boldsymbol{a}^*) = \max(\mu_G(\boldsymbol{a})) = \max(\min(\mu_{G_k}(\boldsymbol{a}) \mid k = 1,2,\cdots,N)) \tag{6—56}$$

2. 回归方程中的参数估计

式(6—56)是无约束优化问题,但它的目标不是连续可导的。这个问题不能采用传统优化方法求解,但可以用遗传算法进行优化。本文拟采用由汪定伟和唐家福提出的沿加权梯度方向进行变异的特殊遗传算法来求解。该算法将变异作为主要算子,仅在后期采用算术组合杂交算子。该算法的基本思想是:首先,随机产生包含 pop_size 个个体的初始种群,个体被选择并产生后代,后代在模糊优越集 $\boldsymbol{G}$ 上的隶属度 $\mu_G(\boldsymbol{a})$ 得到增加。随着遗传算法的进行,隶属度小于 α_0(可接受隶属度)的个体比其他个体产生后代的机会少。随着遗传代数的增加,隶属度小于 α_0 的个体最终死去,其他个体得以生存。经过若干代以后,所有个体的隶属度都大于 α_0,大多数个体将会接近最优解。

对于个体 $\boldsymbol{a}$,设 $\mu_{\min}(\boldsymbol{a}) = \min(\mu_{G_k}(\boldsymbol{a}) \mid k=1,2,\cdots,N)$。如果 $\mu_{\min}(\boldsymbol{a}) \leqslant \mu_{G_k}(\boldsymbol{a}) < 1$,则沿着 $\mu_{G_k}(\boldsymbol{a})$ 的梯度方向移动。这样可能改善 $\mu_{G_k}(\boldsymbol{a})$ 的值。$\mu_{G_k}(\boldsymbol{a})$ 值越小,就可能得到越大的改善。基于上面的思想构造的加权梯度方向如下:

$$D(\boldsymbol{a}) = \sum_{k=1}^{N} w_k \nabla \mu_{G_k}(\boldsymbol{a}) \tag{6—57}$$

其中

$$\begin{aligned}\nabla \mu_{G_k}(\boldsymbol{a}) &= \frac{1}{\varepsilon}\operatorname{sgn}(y_k^* - y_k)\nabla y_k = \frac{1}{\varepsilon}\operatorname{sgn}(y_k^* - y_k)\nabla(\boldsymbol{X})_k^T\boldsymbol{a} \\ &= \operatorname{sgn}(y_k^* - y_k)\frac{\boldsymbol{X}_k}{\varepsilon} \quad k = 1,2,\cdots,N\end{aligned} \tag{6—58}$$

w_k 是梯度方向权重,定义如下:

$$w_k = \begin{cases} 0 & \mu_{G_k} = 1 \\ \dfrac{1}{\mu_{G_k} - \mu_{\min} + e} & \mu_{\min} \leqslant \mu_{G_k} < 1 \end{cases} \tag{6—59}$$

其中 e 是一个充分小的正数,$1/e$ 是最大的权重。

根据式(6—55),对于一个个体 $\boldsymbol{a}$,它的适应值就是模糊目标集中隶属度中最小的数值。优化的目标就是使最小隶属度值增大。于是应该优先改善具有最小隶属度值的目标。

由 $a^l(t)$(其中 l 代表个体编号,t 代表遗传代数)通过沿加权梯度方向 $D(a^l(t))$ 变异产生的子代 $a^l(t+1)$ 可以描述如下:

$$a^l(t+1) = a^l(t) + \beta^t D(a^l(t)) \tag{6—60}$$

其中 β^l 是具有下降均值的 Erlang 分布的随机步长。Erlang 分布由随机发生器产生。

隶属度 $\mu_{G_k}(\boldsymbol{a})$ 计算如下:

$$\mu_G(a_l) = \begin{cases} \mu_{\min}(a_i) & \mu_{\min} \geqslant \alpha_0 \\ \gamma\mu_{\min}(a_i) & \mu_{\min} < \alpha_0 \end{cases} \tag{6—61}$$

其中 α_0 是决策者偏好的可接受的满意程度,$\gamma \in \boldsymbol{U}(0,1)$。

从式(6—57)至式(6—61)权重和变异的公式可以知道,无法满足的目标具有最小隶属度,会得到最大权重 $1/e$,因此变异会把个体引导到可行区域。当 $\mu_G(\boldsymbol{a}) > 0$ 时,具有最小隶属度的目标得到最大权重。于是加权梯度方向会改善最小的隶属度值，从而导致 $\mu_{G_k}(\boldsymbol{a})$ 的改善。从式(6—61)可以发现，当 $\boldsymbol{a}_i \notin \boldsymbol{A}$ 时，会给它较低的隶属度（但不是0），于是它们被选中产生后代的机会较少。因此加权梯度方向将引导所有个体接近精确最优解，这些个体构成一个包括精确最优解的邻域。

在本文的遗传算法中，沿加权梯度方向的变异是主算子，算术组合杂交仅在后期使用，采用比例选择策略在每代中选出新的种群。

3. 模糊优化算法设计

1）算法的基本策略

回归方程的参数估计的基本策略如下：

(1) 对每一实例构造目标函数，确定其期望值，给定对称容差；构造模糊目标集及其隶属度。对样本构造模糊优越集及其隶属度。

(2) 由遗传算法实现目标函数中的参数寻优。对回归方程中参数种群的每一个体，计算每一目标函数的函数值及其对应模糊目标集的隶属度，确定模糊优越集的隶属度，该隶属度即为该个体的适应度。

(3) 进行遗传算法的按比例选择，算术组合杂交，沿加权梯度方向变异运算，以产生新的参数种群。

(4) 在若干代以后，算法收敛到一个全局最优解，即为所求的回归方程中的参数。

2）算法的构造

算法 6.1　基于回归方程的模糊优化算法

输入：训练样本 samples。

输出：回归方程参数。

根据上述基本策略，构造算法如下：

(1) 扫描数据库，读取样本 $(\boldsymbol{X}_k, Y_k^*)$，$k=1,2,\cdots,N$。

(2) 构造目标函数 $y_k=\boldsymbol{X}_k^{\mathrm{T}}\boldsymbol{a}$，其期望值为 $y_k^*=Y_k^*$，给定对称容差为 ε。

(3) 给定参数种群规模 pop_size，令 $t=0$，初始化参数种群 $a^l(0)$，$l=1,2,\cdots,$pop_size。

(4) 对每一个体 $a^l(t)$

① 由式(6—53)计算每一目标函数值 $y_k^l(t)$。

② 由式(6—54)计算模糊目标集的隶属度 $\mu_{G_k^l(t)}(a^l(t))$。

③ 由式(6—55)确定模糊优越集的隶属度 $\mu_{G^l(t)}(a^l(t))$。

④ 由式(6—58)和式(6—59)分别确定每一目标的梯度 $\nabla\mu_{G_k^l(t)}(a^l(t))$ 和权值 $w_k(t)$，由式(6—57)确定加权梯度方向 $D(a^l(t))$。

(5) 按比例选择算法选出新的参数种群 $a^l(t+1)$。

(6) 按算术组合法进行杂交。

(7) 由式(6—60)进行沿加权梯度方向的变异。

(8) 是否满足终止条件？

① 如不是，则 $t=t+1$，转(4)。

② 如是，则输出使 $\mu_{G^l(t)}(a^l(t))$ 最大的 $a^l(t)$ 作为飞边尺寸设计准则的参数。

6.3.3.3　基于回归方程的模糊优化算法应用举例

基于回归方程的模糊优化算法在工程设计中具有广阔的应用前景,下面将介绍该算法在飞边尺寸设计准则挖掘中的应用,并对其有效性、稳定性、快速性和高精度进行验证。

1. 飞边尺寸设计准则建立的依据

飞边中起主要作用是桥部尺寸。飞边造成的阻力和桥部参数有关:桥部宽度尺寸与高度尺寸之比 B/H 愈大,变形抗力愈大,愈有利于锻件成型。理论上应使飞边的阻力既能促使锻件成型饱满,又能使消耗的变形功最小。因为过大的阻力,将使大量的变形功消耗在第二阶段的变形上。这样不但浪费了能量,还会使设备超载或模具损坏。通过理论分析可知,变形力 P_B 和 B/H 成正比关系。其表达式为

$$P_B = S \cdot (1.5 + 0.5 \cdot (B/H)) \tag{6—62}$$

因此,要控制飞边尺寸,不但要使 B、H 适宜,而且要使它们的比值恰当。

2. 飞边尺寸设计准则的结构

根据原苏联学者捷捷林关于影响飞边尺寸的因素的研究成果和对某厂生产现场数据的分析,飞边尺寸设计准则可用下列模型描述。

$$\begin{cases} H_Y = \beta_0 + \beta_1 \cdot Q_Y^{0.2} + \beta_2 \cdot (D_Y/D_0) \cdot S_Y + \varepsilon_\sigma \\ H_Z = \beta_0 + \beta_1 \cdot Q_Z^{0.2} + \beta_2 \cdot (D_Z/D_Y) \cdot S + \varepsilon_\sigma \\ B_Y/H_Y = \beta_0 + \beta_1 \cdot Q_Y^{-0.2} + \beta_2 \cdot (D_Y/H_Y) + \beta_3 \cdot S_Y + \beta_4 \cdot (D_0/H_Y) \cdot S_Y + \varepsilon_\sigma \\ B_Z/H_Z = \beta_0 + \beta_1 \cdot Q_Z^{-0.2} + \beta_2 \cdot (D_Z/H_Z) + \beta_3 \cdot S + \beta_4 \cdot (D_Y/H_Z) \cdot S + \varepsilon_\sigma \end{cases} \tag{6—63}$$

式中,H_Y、H_Z——预锻模、终锻模飞边桥部高度尺寸;

B_Y、B_Z——预锻模、终锻模飞边桥部宽度尺寸;

D_0、D_Y、D_Z——毛坯、预锻件、终锻件最大直径;

Q_Y、Q_Z——预锻件、终锻件重量;

S_Y、S——预锻、终锻工步形状复杂系数。

3. 算例

为制定锻模设计准则和进行工艺分析,从某厂收集了34个样本,共计一百多张轴对称锻件图(包括毛胚图、冷锻件图、预锻件图和终锻件图)。这些图纸包含了该厂正在生产或以前生产的大部分轴对称锻件。实践证明,这些锻件所采用的工艺在现有生产条件下既能保证锻件质量又能保证原材料消耗较少,还能使锻件有较长的寿命。此外我们还收集了大量原始数据:飞边桥部尺寸、飞边金属消耗、毛胚镦粗饼高度和下料尺寸等。

在此基础上,对这些资料进行了适当的整理。首先,将96张锻件图以数字编码方式输入计算机,存储信息达三万多个单位,再用二维图形输入系统对每张图纸进行处理,将每张图纸的初始描述变换为转化描述。然后,利用工艺计算模块,获得各自的特征参数:形状复杂系数、轴截面周长、轴截面面积、体积和重量。

这样,就为下一步采用基于模糊优化的锻模设计准则的制定准备了充分的原始数据。经整理后的某厂生产现场数据如表6-10所示。

表6-10 某厂生产的轴对称锻件特征参数一览表

图号	终锻					预锻					镦粗		材料利用率%
	截面积A_Z (mm^2)	体积V_Z (mm^3)	重量G_Z (kg)	周长L_Z (mm)	形状复杂系数S_Z	截面积A_Y (mm^2)	体积V_Y (mm^3)	重量G_Y (kg)	周长L_Y (mm)	形状复杂系数S_Y	镦粗尺寸(mm) H_D	镦粗尺寸(mm) D_0	
10.2-03020	3804.78	498018.0	3.91	477.73	1.675	4107.07	546829.2	4.29	476.28	1.63	24.0	180.74	76.9
130-2402070	4875.14	1304306.0	10.24	614.85	2.935						35.0	233.72	77.0
130-2403052	3079.59	186546.5	1.46	247.72	0.864						35.0	87.21	87.7
1601E-136	2342.01	128224.9	1.01	235.26	0.901	2517.34	1479065.5	1.16	230.47	0.91	32.0	77.54	81.0
130-2403055	1502.89	71944.9	0.56	148.22	0.674	1588.06	78419.4	0.62	148.64	0.71			56.6
1700C-051	2902.03	354213.9	2.78	426.27	3.595	3354.33	388291.8	3.05	403.23	2.69	29.0	62.93	75.2
1700C-053	3344.99	460477.8	3.61	477.40	3.363						30.0	146.83	84.9
1700C-056	3412.44	521865.9	4.09	529.92	3.905	3552.66	350633.8	4.32	525.52	3.81	27.0	163.30	85.9
1700C-1128	4493.28	772554.6	6.06	580.73	3.254	5054.06	873667.2	6.86	589.17	3.10	36.5	175.16	81.9
1700C-124	2152.79	32558.9	2.56	375.25	2.586						21.0	158.58	70.6
1700C-127	3537.83	577384.3	4.53	530.88	3.829	3867.80	613486.7	4.82	556.64	3.78	30.0	164.88	80.7
1700C-131	3153.30	438604.7	3.44	442.82	3.697						35.0	137.48	78.7
1700C-137	1928.61	250262.0	1.96	331.22	2.453						24.0	128.45	74.4
23C-03016	2638.55	400933.8	3.15	432.43	3.410	3383.58	565556.2	4.44	483.85	3.04	24.0	71.44	79.1
2301E-026	5342.86	944706.1	7.42	562.82	3.642	6060.84	1141865.0	8.96	552.81	3.13			82.5
23C-03091	7560.96	511403.7	4.88	533.10	1.252	8287.24	668024.9	5.24	499.12	1.12	40.0	143.50	87.9
23E-03091	7572.21	625299.6	4.91	524.32	1.305	7909.94	635718.9	4.99	501.92	1.13	60.0	118.67	90.5
2402C-026	6718.59	227326.0	17.84	741.69	3.120	7017.79	2437597.0	19.13	728.58	3.07	37.0	298.44	76.9
2401C-041	4115.12	7500167.2	5.89	582.78	4.270	4010.12	805524.7	6.32	593.25	5.08			77.5
2401E-025	4358.79	854425.6	6.71	509.99	1.830	4159.40	914161.1	7.18	495.76	1.91	29.0	211.77	72.5
2402C-3358	3257.77	307725.7	2.42	355.83	2.060	3415.17	319211.5	2.51	358.02	2.05	45.0	102.55	76.8
2402C-3458	1888.36	97983.9	0.77	176.92	0.740								80.0
24020-0268	10867.77	411754.0	32.32	919.43	2.590	1026.61	3967161.0	3.11	896.11	3.56	45.0	343.95	76.6
24020-335	3830.07	439226.2	3.45	399.31	2.160						51.0	109.59	85.9
24020-345	2421.88	144718.4	1.14	190.31	0.680	2413.54	143594.7	1.12	191.08	0.62			77.7
24020C-026	9653.62	3977764.0	31.23	970.38	3.520	9831.17	4323432.0	33.94	952.25	3.77	41.5	368.80	79.4
	9956.88	3749.5	29.31	872.51	2.720	9244.39	3801091.0	29.84	357.45	3.10	42.0	356.02	79.5
2402E-335	3789.77	419717.6	3.30	403.54	2.420	4403.73	477854.1	3.75	389.49	1.97	48.0	112.96	85.1
	10598.00	400608.0	31.44	890.63	2.740	10182.07	4204812.0	33.01	866.62	3.04	45.0	349.36	79.7
2502G-435	4427.56	339571.1	2.67	299.79	0.850						40.0	115.41	78.0
2502G-437	2854.92	328409.2	2.58	360.00	2.140						40.0	111.78	75.7
3507G-028	4788.64	409505.2	3.24	436.00	1.490	5478.74	556755.9	4.37	422.40	1.45	96.0	78.59	84.0
29H-14038	2451.17	374358.7	2.94	406.73	3.020	2499.16	408885.1	3.21	394.61	3.10	30.0	140.00	68.2

对应式(6—63)各子式的样本表分别如表6-11至表6-14所示。

表6-11 H_Y 回归分析样本表

$Q_Y^{0.2}$	$(D_Y/D_0)\cdot S_Y$	H_Y
1.33828	1.73525	4.00000
1.24970	5.61601	4.00000
1.34031	4.18778	4.00000
1.46975	3.54693	6.00000
1.36941	4.03570	4.60000
1.80454	3.26125	5.00000
1.48313	2.00221	6.00000
1.20168	2.36751	4.00000
1.98916	4.02368	5.00000
2.02367	4.02368	5.00000
1.97222	3.25816	6.00000
1.30267	2.29241	4.00000
2.01244	3.26193	6.00000
1.26268	3.50018	4.00000

表6-12 H_Z 回归分析样本表

$Q_Z^{0.2}$	$(D_Z/D_Y)\cdot S_Y$	H_Z
1.31348	1.01972	3.00000
1.22695	1.33905	3.00000
1.32582	1.02739	3.00000
1.43403	1.05089	5.00000
1.35290	1.01499	3.40000
1.25773	1.12634	3.00000
1.49291	1.16708	5.00000
1.77952	1.01903	5.00000
1.42563	0.84259	5.00000
1.46322	0.94134	5.00000
1.19291	1.01868	3.00000
2.00398	0.72924	5.00000
1.993050	0.90301	5.00000
1.24060	0.97794	3.00000

表 6-13 B_Y/H_Y 回归分析样本表

$Q_Y^{-0.2}$	D_0/H_Y	S_Y	$S_Y \cdot (D_0/H_Y)$	B_Y/H_Y
0.74723	45.18500	1.62942	73.62534	2.93900
0.80019	33.14000	2.69043	89.16085	3.00000
0.77336	43.18529	3.36251	145.21100	4.26471
0.74620	40.82500	3.81026	155.55390	3.69000
0.68039	29.19333	3.09603	90.38344	2.66667
0.82910	52.86000	2.58569	136.67930	4.00000
0.73024	35.84384	3.78288	135.59160	3.47826
0.78093	45.82667	3.69672	169.40830	5.00000
0.87367	42.81667	2.45270	105.01660	4.00000
0.55416	42.83429	3.07312	131.02040	3.57143
0.55416	59.68800	3.07312	183.42850	5.04000
0.67425	35.29500	1.94001	68.47625	2.50000
0.83217	25.63750	2.04784	52.50150	3.00000
0.50272	68.79000	3.56292	245.09330	5.16000
0.78071	36.53000	2.15632	78.77048	4.00000
0.49415	61.46667	3.76883	231.65740	3.46667
0.50704	59.33667	3.10310	184.12760	3.33333
0.76766	28.24000	1.96622	55.52606	3.75000
0.49691	58.22667	3.04142	177.09180	3.78333
0.82745	37.26000	2.73597	101.94210	5.00000
0.74455	19.64750	1.44570	28.40439	2.50000
0.79196	35.00000	3.10378	108.63240	3.00000

表 6-14 B_Z/H_Z 回归分析样本表

$Q_Z^{-0.2}$	D_Y/H_Z	S	$S \cdot (D_Y/H_Z)$	B_Z/H_Z
0.76134	64.20333	1.01682	65.28323	3.80000
0.81503	43.78667	1.33610	58.50337	4.00000
0.75425	59.82667	0.88982	53.23496	4.85000
0.69733	40.13400	1.05089	42.17642	2.40000
0.73915	51.73824	1.01211	52.36479	4.41177
0.56195	45.88205	1.01410	45.88205	4.28571
0.56195	45.88205	1.01410	46.52880	4.98000
0.68343	37.73600	0.93808	35.39939	3.00000
0.93829	39.50000	1.00762	39.80099	4.00000
0.49901	77.68600	0.76095	59.77782	5.04002
0.50246	78.68900	0.93459	73.54102	4.12000

续表

$Q_Z^{-0.2}$	D_Y/H_Z	S	$S\cdot(D_Y/H_Z)$	B_Z/H_Z
0.50844	74.76200	0.87573	65.47133	4.00000
0.78783	43.90000	1.23047	54.01763	5.00000
0.50174	74.93800	0.89984	67.43221	4.40000
0.79172	52.25000	1.02929	53.78040	3.33333
0.86606	52.62667	0.97442	51.28048	4.00000

在基于回归方程的模糊优化系统中，利用算法 6.1 对式(6—63)各子式的回归参数进行了估计。各子式的训练样本分别对应表6-11 至表6-14。设置遗传算法参数为：个体数目 NIND = 40，优秀个体数目 5；最大遗传代数 MAXGEN = 100；变量个数分别为 2、2、4、4，染色体采用实数编码；代沟 GGAP = 0.9；交叉概率 $P_C = 0.7$；变异概率 $P_m = 0.05$；对称容差 $\varepsilon = 0.1$。根据系统运行结果，获得预锻模和终锻模飞边桥部高度与宽度尺寸的设计准则如下：

$$\begin{cases} H_Y = 1.56 + 2.20 \cdot Q_Y^{0.2} \\ H_Z = 0.17 + 2.63 \cdot Q_Z^{0.2} \\ B_Y/H_Y = -0.41 + 4.30 \cdot Q_Y^{-0.2} + 0.03 \cdot (D_0/H_Y) \cdot S_Y \\ B_Z/H_Z = 3.15 + 0.02 \cdot (D_Y/H_Z) \end{cases} \tag{6—64}$$

因式(6—63)每一子式参数估计的过程都相同，现对式(6—63)第一子式的基于回归方程的模糊优化算法进行分析，其样本表如表 6-10 所示。

由于遗传算法的随机性，因而算法的结果或多或少地会产生不稳定的现象。但是，如果算法的模型选择合理，算法的参数设置合适，计算结果就会相对比较稳定。为验证此算法的稳定性。选用同样的遗传算法参数，分别单独进行 5 次计算，其预测结果如表 6-15 所示。

从表 6-14 中可以看出，每一次计算的预测和实测值都很接近，预测精度较高，满足飞边尺寸设计所要求达到的精度。算法平均运行时间为 141s；而且每次运行速度差别不大，说明算法在保持高效的同时，稳定性也很高。

表 6-15　基于模糊优化的飞边尺寸检验结果

序号	样本序号	H_Y 预报值	H_Y 实测值	相对误差(%)	平均相对误差(%)	计算时间(s)	遗传算法循环次数
	4	6.58	6.00	9.726			
1	5	4.68	4.60	1.802	4.039	145	85
	6	5.02	5.00	0.589			
	4	6.38	6.00	6.410			
2	5	4.60	4.60	0.115	2.545	140	95
	6	4.94	5.00	1.110			

续表

序号	样本序号	H_Y 预报值	H_Y 实测值	相对误差(%)	平均相对误差(%)	计算时间(s)	遗传算法循环次数
3	4	6.56	6.00	9.364	5.391	132	86
	5	4.47	4.60	2.662			
	6	4.79	5.00	4.148			
4	4	5.38	6.00	10.232	4.263	142	93
	5	4.58	4.60	0.394			
	6	4.89	5.00	2.162			
5	4	5.48	6.00	8.562	5.481	146	98
	5	4.74	4.60	3.173			
	6	5.23	5.00	4.708			

本文尝试用传统的最小二乘法对回归方程的参数进行估计,其相应检验结果如表6-16所示。

表6-16 基于最小二乘法的飞边尺寸检验结果

序号	样本序号	H_Y 预报值	H_Y 实测值	相对误差(%)	平均相对误差(%)	计算时间(s)
1	4	6.53	6.00	8.8261	7.347	132
	5	5.10	4.60	0.780		
	6	5.12	5.00	2.435		
2	4	6.15	6.00	7.420	3.915	129
	5	4.66	4.60	1.215		
	6	4.84	5.00	3.11		
3	4	6.39	6.00	6.464	6.315	138
	5	4.45	4.60	3.162		
	6	4.54	5.00	9.138		
4	4	5.75	6.00	4.232	4.296	142
	5	4.31	4.60	6.394		
	6	4.89	5.00	2.262		
5	4	5.50	6.00	8.262	6.051	145
	5	4.75	4.60	3.174		
	6	5.34	5.00	6.718		

从表6-16中可以看出,每一次计算的预测和实测值较接近,预测精度较高,但比用模糊优化系统获得的飞边尺寸设计精度要差。算法平均运行时间为137 s,比模糊优化系统要快一点,而且每次运行速度差别不大。

4. 讨论和结语

比较表6-15和表6-16可以看出:①遗传算法作为一种全局优化搜索算法,能同时在解空间的多个区域进行搜索,并且能以较大的概率跳出局部最优,以找出整体最优解,从而大大加快了算法的收敛速度；②值得注意的是，在遗传算法参数设置时，有些文献建议种群规模取 300 以上，相应优秀个体数目取 20 以上。在实践中发现，如果种群规模大于 100 时，每一次遗传循环的开销很大，模型虽然有很强的全局寻优能力，但收敛速度变得很慢。所以，本文遗传算法选择的设置为种群规模 40，相应优秀个体数目 5。这样，模型在保持较强的全局寻优能力的同时，收敛速度也很快；③模糊优化与遗传算法的结合，不仅预测结果精度较高，而且算法稳定。

本文提出的基于遗传算法的模糊优化算法具有以下特点：

(1) 自组织能力。针对传统模糊优化算法主要面向具有固定数目目标和约束的优化问题之不足，本算法采用动态构建目标函数方法，使得模糊优化算法能够解决不定数目目标和约束的规划问题。

(2) 数据并行性。针对神经网络方法并行推理串行学习之不足，本算法实现了实例学习的并行性。

(3) 泛化能力。采用最大最小方法确定个体的适应值，体现了对每一实例同等程度的关注。

(4) 全局最优性。采用沿加权梯度方向变异的遗传算法，实现了广度搜索和深度搜索的结合，使其不致陷入局部最优。

(5) 自适应能力。采用适应性参数调整和适应性权重分配机制，使得进化过程具有适应性。

6.3.3.4　基于神经网络的模糊优化算法

1. 问题描述

基于神经网络的模糊优化算法适应于各种神经网络，本文选用的是模糊优选 BP 神经网络。该神经网络输入输出关系可描述如下：

对输入层的结点 i，其输入为

$$I_i = x_i \quad i = 1,2,\cdots,M \tag{6—65}$$

输出为

$$O_i = I_i \tag{6—66}$$

对隐含层的结点 j，其输入为

$$I_j = \sum_{i=1}^{M} w_{ij} O_i \quad i = 1,2,\cdots,M;\ j = 1,2,\cdots,Q \tag{6—67}$$

输出为

$$O_j = f(I_j) = \frac{1}{1 + (I_j^{-1} - 1)^2} = \frac{1}{1 + \left[\left(\sum_{i=1}^{M} w_{ij} O_i\right)^{-1} - 1\right]^2} \tag{6—68}$$

输出层仅一个结点，输入为

$$I = \sum_{j=1}^{Q} w_j O_j \tag{6—69}$$

输出为

$$y = O = f(I) = \frac{1}{1 + (I^{-1} - 1)^2} = \frac{1}{1 + [(\sum_{j=1}^{Q} w_j O_j)^{-1} - 1]^2} \quad (6—70)$$

该神经网络输入输出关系可写为 $y = F(\boldsymbol{X}, \boldsymbol{w})$，其中，$\boldsymbol{X} = (x_1, x_2, \cdots, x_M)$，$\boldsymbol{w} = (w_{ij}, w_j \mid i = 1,2,\cdots,M; j = 1,2,\cdots,Q)$，神经网络权值估计过程为：由已知 N 个实例$(\boldsymbol{X}_k, Y_k^*)$，$k = 1,2,\cdots,N$ 组成一组学习样本，其中，实例 k 的输入 $\boldsymbol{X}_k$ 可表示为一个 M 元向量 $\boldsymbol{X}_k = (x_{1k}, x_{2k}, \cdots, x_{Mk})$，实例 k 的期望输出为单一输出 $Y_k^* = y_k^*$。$y_k = F(\boldsymbol{X}_k, \boldsymbol{w})$。

那么神经网络权值估计问题就转化为如下模糊优化问题。

$$\overset{2}{\max} y_k = F(\boldsymbol{X}_k, \boldsymbol{w}) \quad k = 1,2,\cdots,N \quad (6—71)$$

其中 $y_k, k = 1,2,\cdots,N$ 为模糊目标，其期望值为 y_k^*，对称容差为 ε，变化区域为$[y_k^* - \varepsilon, y_k^* + \varepsilon]$。建立论域 $\boldsymbol{A}$ 上的与 y_k 对应的模糊目标集 $\boldsymbol{G}_k$，$k = 1,2,\cdots,N$，其隶属函数 $\mu_{G_k}(\boldsymbol{w})$ 定义如下。

$$\mu_{G_k}(\boldsymbol{w}) = \begin{cases} 0 & y_k \leqslant y_k^* - \varepsilon \\ 1 - \dfrac{y_k^* - y_k}{\varepsilon} & y_k^* - \varepsilon \leqslant y_k \leqslant y_k^* \\ 1 - \dfrac{y_k - y_k^*}{\varepsilon} & y_k^* < y_k < y_k^* + \varepsilon \\ 0 & y_k \geqslant y_k^* + \varepsilon \end{cases} \quad (6—72)$$

也可用图 6-23 表示。

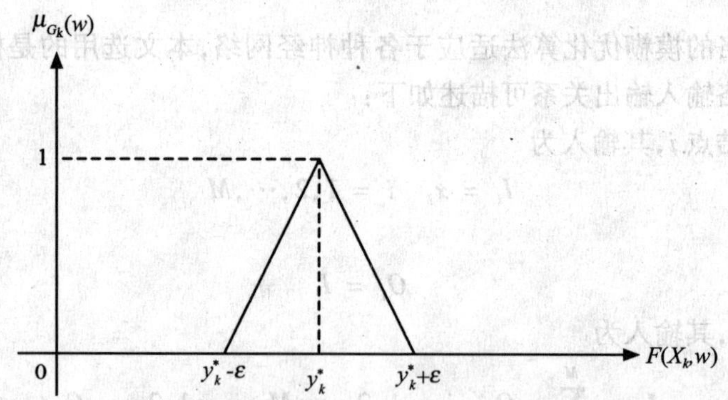

图 6-23　模糊目标集 $\boldsymbol{G}_k$ 的隶属度函数 $\mu_{G_k}(\boldsymbol{w})$

现已知论域 $\boldsymbol{A}$ 上模糊目标集 $\boldsymbol{G}_k$，$k = 1,2,\cdots,N$，则它们的交集 $\boldsymbol{G} = \overset{N}{\underset{k=1}{I}} \boldsymbol{G}_k$ 称为模糊优越集。基于神经网络的模糊优化权值估计的基本思想是，在决策空间 $\boldsymbol{A}$ 中寻找使模糊优越集 $\boldsymbol{G}$ 的隶属度函数 $\mu_G(\boldsymbol{w})$ 取最大值的 $\boldsymbol{w}^*$，$\boldsymbol{w}^*$ 称为模糊最优解。$\mu_G(\boldsymbol{w})$ 由下式计算。

$$\mu_G(\boldsymbol{w}) = \bigwedge_{k=1}^{N} \mu_{G_k}(\boldsymbol{w}) = \min(\mu_{G_k}(\boldsymbol{w}) \mid k = 1,2,\cdots,N) \quad (6—73)$$

模糊优化的数学模型可表示为，求 $\boldsymbol{w}^*$，使

$$\mu_G(\boldsymbol{w}^*) = \max(\mu_G(\boldsymbol{w})) = \max(\min(\mu_{G_k}(\boldsymbol{w}) \mid k = 1,2,\cdots,N) \quad (6—74)$$

2. 神经网络中的权值估计

式(6—74)是无约束优化问题,但它的目标不是连续可导的。这个问题不能采用传统优化方法求解,但可以用遗传算法进行优化。本文拟采用由汪定伟和唐家福提出的沿加权梯度方向进行变异的特殊遗传算法来求解。该算法将变异作为主要算子,仅在后期采用算术组合杂交算子。该算法的基本思想是:首先,随机产生包含 pop_size 个个体的初始种群,个体被选择并产生后代,后代在模糊优越集 $\boldsymbol{G}$ 上的隶属度 $\mu_G(\boldsymbol{w})$ 得到增加。随着遗传算法的进行,隶属度小于 α_0(可接受隶属度)的个体比其他个体产生后代的机会少。随着遗传代数的增加,隶属度小于 α_0 的个体最终死去,其他个体得以生存。经过若干代以后,所有个体的隶属度都大于 α_0,大多数个体将会接近最优解。

对于个体 $\boldsymbol{w}$,设 $\mu_{\min}(\boldsymbol{w}) = \min(\mu_{G_k}(\boldsymbol{w}) \mid k=1,2,\cdots,N$。如果 $\mu_{\min}(\boldsymbol{w}) \leqslant \mu_{G_k}(\boldsymbol{w}) < 1$,则沿着 $\mu_G(\boldsymbol{w})$ 的梯度方向移动。这样可能改善 $\mu_G(\boldsymbol{w})$ 的值。$\mu_G(\boldsymbol{w})$ 值越小,就可能得到越大的改善。基于上面的思想构造的加权梯度方向如下:

$$D(\boldsymbol{w}) = \sum_{k=1}^{N} \alpha_k \nabla \mu_{G_k}(\boldsymbol{w}) = \sum_{k=1}^{N} \alpha_k (\nabla \mu_{G_k}(w_j), \nabla \mu_{G_k}(w_{ij})) = (D(w_j), D(w_{ij})) \tag{6—75}$$

其中,α_k 是梯度方向权重,定义如下:

$$\alpha_k = \begin{cases} 0 & \mu_{G_k} = 1 \\ \dfrac{1}{\mu_{G_k} - \mu_{\min} + e} & \mu_{\min} \leqslant \mu_{G_k} < 1 \end{cases} \tag{6—76}$$

其中 e 是一个充分小的正数,$1/e$ 是最大的权重。

$$\nabla \mu_{G_k}(w_j) = \frac{1}{\varepsilon} \operatorname{sgn}(y_k^* - y_k) \nabla y_j \quad k = 1,2,\cdots,N \tag{6—77}$$

$$\nabla \mu_{G_k}(w_{ij}) = \frac{1}{\varepsilon} \operatorname{sgn}(y_k^* - y_k) \nabla y_{ij} \quad k = 1,2,\cdots,N \tag{6—78}$$

现推导 ∇y_j,∇y_{ij} 如下:

$$\nabla y_j = \frac{\partial y}{\partial w_j} = \frac{\partial y}{\partial I} \frac{\partial I}{\partial w_j} = \frac{\partial O}{\partial I} \frac{\partial (\sum_{j=1}^{Q} w_j Q_j)}{\partial w_j} = f'(I) O_j \tag{6—79}$$

$$\begin{aligned} \nabla y_{ij} &= \frac{\partial y}{\partial w_{ij}} = \frac{\partial y}{\partial O_j} \frac{\partial O_j}{\partial w_{ij}} = \frac{\partial O}{\partial O_j} \frac{\partial O_j}{\partial I_j} \frac{\partial I_j}{\partial w_{ij}} \\ &= \frac{\partial O}{\partial O_j} \frac{\partial O_j}{\partial I_j} = \frac{\partial (\sum_{i=1}^{M} w_{ij} O_i)}{\partial w_{ij}} = \frac{\partial O}{\partial O_j} f'(I_j) O_i \end{aligned} \tag{6—80}$$

而

$$\frac{\partial O}{\partial O_j} = \frac{\partial O}{\partial I} \frac{\partial I}{\partial O_j} = \frac{\partial O}{\partial I} \frac{\partial (\sum_{j=1}^{Q} w_j O_j)}{\partial O_j} = f'(I) w_j \tag{6—81}$$

所以

$$\nabla y_{ij} = f'(I)f'(I_j)w_jO_i \tag{6—82}$$

从而有

$$\nabla \mu_{G_k}(w_j) = \frac{1}{\varepsilon}\text{sgn}(y_k^* - y_k)\nabla y_j = \frac{1}{\varepsilon}\text{sgn}(y_k^* - y_k)f'(I)O_j \tag{6—83}$$

$$\nabla \mu_{G_k}(w_{ij}) = \frac{1}{\varepsilon}\text{sgn}(y_k^* - y_k)\nabla y_{ij} = \frac{1}{\varepsilon}\text{sgn}(y_k^* - y_k)f'(I)f'(I_j)w_jO_i \tag{6—84}$$

$$D(w_j) = \sum_{k=1}^{N}\alpha_k \nabla \mu_{G_k}(w_i) = \frac{1}{\varepsilon}\sum_{k=1}^{N}\alpha_k \text{sgn}(y_k^* - y_k)f'(I)O_j \tag{6—85}$$

$$D(w_{ij}) = \sum_{k=1}^{N}\alpha_k \nabla \mu_{G_k}(w_{ij}) = \frac{1}{\varepsilon}\sum_{k=1}^{N}\alpha_k \text{sgn}(y_k^* - y_k)f'(I)f'(I_j)w_jO_i \tag{6—86}$$

其中

$$f'(I) = \frac{2I^{-2}(I^{-1}-1)}{(1+(I^{-1}-1)^2)^2} \tag{6—87}$$

$$f'(I_j) = \frac{2I_j^{-2}(I_j^{-1}-1)}{(1+(I_j^{-1}-1)^2)^2} \tag{6—88}$$

根据式(6—74),对于一个个体 w,它的适应值就是模糊目标集中隶属度中最小的数值,优化的目标就是使最小隶属度值增大,于是应该优先改善具有最小隶属度值的目标。

对 w_j,由 $w_j^l(t)$,l 代表个体编号,t 代表遗传代数,通过沿加权梯度方向 $D(w_j^l(t))$ 变异产生的子代 $w_j^l(t+1)$ 可以描述如下:

$$w_j^l(t+1) = w_j^l(t) + \beta^t D(w_j^l(t)) \tag{6—89}$$

其中 β^l 是具有下降均值的 Erlang 分布的随机步长。Erlang 分布由随机发生器产生。

同理,对 w_{ij},有

$$w_{ij}^l(t+1) = w_{ij}^l(t) + \beta^t D(w_{ij}^l(t)) \tag{6—90}$$

隶属度 $\mu_G(\boldsymbol{w})$ 计算如下:

$$\mu_G(\boldsymbol{w}) = \begin{cases}\mu_{\min}(\boldsymbol{w}) & \mu_{\min} \geqslant \alpha_0 \\ \gamma\mu_{\min}(\boldsymbol{w}) & \mu_{\min} < \alpha_0\end{cases} \tag{6—91}$$

其中 α_0 是决策者偏好的可接受的满意程度,$\gamma \in \boldsymbol{U}(0,1)$。

从式(6—75)至式(6—90)权重和变异的公式可以知道,无法满足的目标具有最小隶属度,会得到最大权重 $1/e$,因此变异会把个体引导到可行区域。当 $\mu_G(\boldsymbol{w}) > 0$ 时,具有最小隶属度的目标得到最大权重。于是加权梯度方向会改善最小的隶属度值,从而导致 $\mu_G(\boldsymbol{w})$ 的改善。从式(6—91)中可以发现,当 $\boldsymbol{w} \notin \boldsymbol{A}$,会给它较低的隶属度(但不是0),于是它们具有较少的机会被选中产生后代。因此加权梯度方向将引导所有个体接近精确最优解,这些个体构成一个包括精确最优解的邻域。

在本文的遗传算法中,沿加权梯度方向的变异是主算子,算术组合杂交仅在后期使用,采用比例选择策略在每代中选出新的种群。

3. 模糊优化算法设计

1) 算法的基本策略

基于神经网络的模糊优化权值估计的基本策略如下:

(1) 对每一实例构造目标函数,确定其期望值,给定对称容差;构造模糊目标集及其隶属度。对样本构造模糊优越集及其隶属度。

(2) 由遗传算法实现目标函数中的参数寻优。对神经网络中权值种群的每一个体,计算每一目标函数的函数值及其对应模糊目标集的隶属度,确定模糊优越集的隶属度,该隶属度即为该个体的适应度。

(3) 进行遗传算法的按比例选择,算术组合杂交,沿加权梯度方向变异运算,以产生新的参数种群。

(4) 在若干代以后,算法收敛到一个全局最优解,即为所求的神经网络中的权值。

2) 算法的构造

算法 6.2　基于神经网络的模糊优化算法

输入:训练样本 samples。

输出:神经网络权值。

根据上述基本策略,构造算法如下:

(1) 扫描数据库,读取样本$(\boldsymbol{X}_k, Y_k^*)$,$k=1,2,\cdots,N$。

(2) 构造目标函数 $y_k=F(\boldsymbol{X}_k,\boldsymbol{w})$,其期望值为 $y_k^*=Y_k^*$,给定对称容差为 ε。

(3) 给定参数种群规模 pop_size,令 $t=0$,初始化参数种群 $w_j^l(0)$,$w_{ij}^l(0)$,$l=1,2,\cdots$, pop_size。

(4) 对每一个体 $w_j^l(t)$,$w_{ij}^l(t)$

① 由式(6—66)至式(6—71)计算每一目标函数值 $y_k^l(t)$。

② 由式(6—73)计算模糊目标集的隶属度 $\mu_{G_{k(t)}^l}(\boldsymbol{w}^l(t))$。

③ 由式(6—74)确定模糊优越集的隶属度 $\mu_{G^l(t)}(\boldsymbol{w}^l(t))$。

④ 由式(6—83)、式(6—84)和式(6—76)分别确定每一目标的梯度 $\nabla\mu_{G_{k(t)}^l}(w_j^l(t))$、$\nabla\mu_{G_{k(t)}^l}(w_{ij}^l(t))$ 和权值 $\alpha_k(t)$,由式(6—85)和式(6—86)确定加权梯度方向 $D(w_j^l(t))$、$D(w_{ij}^l(t))$。

(5) 按比例选择算法选出新的参数种群 $w_j^l(t+1)$,$w_{ij}^l(t+1)$。

(6) 按算术组合法进行杂交。

(7) 由式(6—89)和式(6—90)进行沿加权梯度方向的变异。

(8) 是否满足终止条件?

① 如不是,则 $t=t+1$,转(4)。

② 如是,则输出使 $\mu_{G^l(t)}(\boldsymbol{w}^l(t))$ 最大的 $w_j^l(t)$,$w_{ij}^l(t)$ 作为 BP 优选模糊神经网络的权值。

6.3.3.5　基于神经网络的模糊优化算法的应用举例

基于神经网络的模糊优化算法可解决很多工程应用问题,本文仅介绍该算法在飞边金属消耗设计准则挖掘中的应用,并对该算法的有效性、稳定性、快速性和高精度进行验证。

1. 飞边金属消耗设计准则建立的依据

飞边金属消耗的大小主要取决于工艺方案、各工步型腔及飞边的形状和尺寸,以及成型件的材料。要降低飞边金属消耗,就要对上述参数进行合理设计,而上述参数既受其他因素影响,它们彼此之间也相互影响。因此,影响飞边金属消耗的因素是复杂的。这就要求在建立模型时,既要分清主次,又要考虑各个因素之间的交互效应。

2. 飞边金属消耗设计准则各变量之间的关系

根据前苏联学者捷捷林关于影响飞边金属消耗的因素的研究成果和对某厂收集到的生产现场数据的分析,飞边金属消耗设计准则各变量之间的关系如下:

$$\begin{cases} Q_{FY}/Q_Y \times 100\% = f_1(Q_Y^{-0.2}, S_Y, (D_0/D_Y)^2, (B_Y/H_Y), (D_0/D_Y)^2 \times S_Y) \\ Q_{FZ}/Q_Z \times 100\% = f_2(Q_Z^{-0.2}, S, (D_Y/D_Z)^2, (B_Z/H_Z), (D_Y/D_Z)^2 \times S) \end{cases} \tag{6—92}$$

式中,Q_{FY}、Q_{FZ}——预锻工步、终锻工步飞边金属消耗;

Q_Y、Q_Z——预锻件、终锻件重量;

D_0、D_Y、D_Z——毛坯、预锻件、终锻件最大直径;

S_Y、S——预锻、终锻工步形状复杂系数。

3. 算例

对应式(6—92)各子式的样本表分别如表6-17和表6-18所示。

表6-17　Q_{FY}/Q_Y BP优选模糊神经网络训练样本表

$Q_Y^{-0.2}$	S_Y	$(D_0/D_Y)^2$	B_Y/H_Y	$S_Y \times (D_0/D_Y)^2$	Q_{FY}/Q_Y
0.75390	1.62942	0.88054	2.93900	1.43477	0.17662
0.80757	2.69403	1.01835	3.00000	2.73980	0.13091
0.78038	3.36251	0.85031	4.26471	2.85919	0.15356
0.75282	3.81026	0.82783	3.69000	3.15425	0.07282
0.68668	3.09603	0.76191	2.66667	2.35890	0.05363
0.83656	2.58569	1.04336	4.00000	2.69780	0.33338
0.73699	3.78288	0.87863	3.47826	3.32375	0.09277
0.78798	3.69672	0.91530	5.00000	3.38362	0.23835
0.88162	2.45270	0.91057	4.00000	2.23336	0.29969
0.55923	3.07312	0.88795	3.57143	2.72878	0.11078
0.55923	3.07312	0.88795	5.04000	2.72878	0.11078
0.68056	1.94001	0.93883	2.50000	1.82133	0.16999
0.83983	2.04784	0.74892	3.00000	1.53367	0.21826
0.50727	3.56292	0.78409	5.16000	2.79365	0.10188
0.78792	2.15632	0.61188	4.00000	1.31941	0.14620
0.49584	3.76883	0.87867	3.46667	3.31156	0.04246
0.51174	3.10310	0.90708	3.66667	2.81476	0.15128
0.77426	1.96622	0.73566	3.75000	1.44647	0.05020
0.50132	3.04142	0.86937	3.78333	2.64412	0.07174
0.83442	2.72597	0.81235	5.00000	2.22257	0.24586
0.79921	3.10378	0.78632	3.00000	2.44056	0.15168

表6-18 Q_{FZ}/Q_Z BP优选模糊神经网络训练样本表

$Q_Z^{-0.2}$	S	$(D_0/D_Z)^2$	B_Z/H_Z	$S\times(D_Y/D_Z)^2$	Q_{FZ}/Q_Z
0.76829	1.01682	0.99431	3.78000	1.01103	0.09915
0.93519	0.86370	0.79549	4.26670	0.68706	0.09338
1.00778	0.99236	0.95413	4.00000	0.94684	0.15615
0.83055	1.33610	0.99560	4.00000	1.33022	0.15063
0.78038	3.36251	0.85031	4.26471	2.85918	0.15356
0.76103	1.02476	0.99489	4.85000	1.01952	0.05574
0.70939	1.05089	0.99504	2.40000	1.04050	0.13203
0.83656	2.58569	1.04336	4.00000	2.69781	0.33338
0.74656	1.01211	0.99717	4.41177	1.00638	0.06665
0.78798	3.69672	0.91530	5.00000	3.38361	0.23835
0.88162	2.45270	0.91057	4.00000	2.23336	0.29969
0.80240	1.12266	0.93348	4.00000	1.11534	0.44672
0.73391	1.11996	0.98108	4.00000	1.09877	0.06686
0.73437	1.15610	0.97386	3.33333	1.12588	0.01804
0.56704	1.01410	0.99035	4.28574	1.00431	0.07179
0.56704	1.01410	0.99035	5.04000	1.00431	0.07179
0.68056	0.93808	0.99308	3.00000	0.93159	0.06506
0.83983	1.00762	0.99496	4.00000	1.00254	0.03636
0.78792	2.15632	0.61188	4.00000	1.31941	0.14620
0.50199	0.93459	0.99822	4.14000	0.93293	0.03823
0.51317	0.87573	0.99292	4.00000	0.86593	0.01401
0.79454	1.23046	0.99546	5.00000	1.22487	0.13804
0.50635	0.89984	0.99299	4.40000	0.89353	0.05117
0.82948	0.84553	0.91275	4.13333	0.77176	0.28926
0.83442	2.73597	0.81235	5.00000	2.22257	0.24586
0.79916	1.02929	1.00268	3.33333	1.03205	0.36874
0.81354	0.97442	0.99282	4.00000	0.96742	0.09295
1.13134	0.95306	0.97037	3.33333	0.92482	0.08757
0.70783	0.83930	0.99224	3.00000	0.83279	0.07370
0.67096	1.16473	0.99598	3.00000	1.16005	0.16811

在基于神经网络的模糊优化系统中，利用算法6.2挖掘出式(6—92)各子式的具体表达形式。各子式的训练样本分别对应表6-17、表6-18。设置神经网络的运行参数为：输入层设5个结点；数值试验表明，隐含层结点设15个比较合适；输出层设1个结点。设置遗传算法参数为：个体数目NIND=40，优秀个体数目5；最大遗传代数MAXGEN=100；染色体采用实数编码；代沟GGAP=0.9；交叉概率$P_c=0.7$；变异概率$P_m=0.05$；对称容差$\varepsilon=0.1$。

根据系统运行结果,最终得到如下结果。

(1) 输入层与隐含层的连接权重矩阵为:对式(6—92)第一子式有

$$(w_{ij})=\begin{bmatrix} 0.21 & 0.34 & 0.35 & 0.26 & 0.28 & 0.32 & 0.45 & 0.42 & 0.28 & 0.30 & 0.55 & 0.12 & 0.32 & 0.11 & 0.58 \\ 0.12 & 0.22 & 0.24 & 0.18 & 0.27 & 0.23 & 0.11 & 0.32 & 0.53 & 0.21 & 0021 & 0.18 & 0.63 & 0.38 & 0.23 \\ 0.14 & 0.78 & 0.25 & 0.55 & 0.34 & 0.21 & 0.39 & 0.75 & 0.42 & 0.45 & 0.19 & 0.24 & 0.37 & 0.23 & 0.41 \\ 0.58 & 0.34 & 0.48 & 0.65 & 0.18 & 0.65 & 0.23 & 0.21 & 0.11 & 0.13 & 0.46 & 0.15 & 0.29 & 0.29 & 0.27 \\ 0.24 & 0.18 & 0.16 & 0.19 & 0.72 & 0.34 & 0.14 & 0.22 & 0.21 & 0.24 & 0.13 & 0.36 & 0.13 & 0.54 & 0.14 \end{bmatrix} \tag{6—93}$$

对第二子式有

$$(w_{ij})=\begin{bmatrix} 0.32 & 0.24 & 0.34 & 0.27 & 0.25 & 0.31 & 0.43 & 0.41 & 0.68 & 0.33 & 0.56 & 0.32 & 0.34 & 0.15 & 0.18 \\ 0.14 & 0.32 & 0.25 & 0.15 & 0.17 & 0.24 & 0.12 & 0.12 & 0.51 & 0.42 & 0.61 & 0.16 & 0.61 & 0.48 & 0.43 \\ 0.24 & 0.68 & 0.17 & 0.54 & 0.33 & 0.32 & 0.23 & 0.42 & 0.32 & 0.15 & 0.29 & 0.25 & 0.36 & 0.72 & 0.21 \\ 0.56 & 0.54 & 0.38 & 0.63 & 0.17 & 0.45 & 0.43 & 0.51 & 0.18 & 0.33 & 0.36 & 0.17 & 0.28 & 0.24 & 0.57 \\ 0.34 & 0.23 & 0.26 & 0.29 & 0.62 & 0.64 & 0.17 & 0.42 & 0.27 & 0.26 & 0.11 & 0.32 & 0.16 & 0.53 & 0.24 \end{bmatrix} \tag{6—94}$$

(2) 隐含层与输出层的连接权重向量为:对式(6—92)第一子式有

$$(w_j)=[0.23\ 0.42\ 0.53\ 0.11\ 0.72\ 0.25\ 0.39\ 0.43\ 0.64\ 0.13\ 0.27\ 0.13\ 0.61\ 0.29\ 0.41] \tag{6—95}$$

对第二子式有

$$(w_j)=[0.13\ 0.52\ 0.23\ 0.42\ 0.35\ 0.65\ 0.18\ 0.25\ 0.72\ 0.15\ 0.38\ 0.23\ 0.11\ 0.59\ 0.38] \tag{6—96}$$

因式(6—92)每一子式的神经网络训练过程都相同,现对式(6—92)第一子式的基于神经网络的模糊优化算法进行分析,其样本表如表6-17所示。

由于神经网络初始权重及遗传算法初始种群的产生都是随机的,因而算法的结果或多或少地会产生不稳定的现象。但是,如果算法的模型选择合理,算法的参数设置合适,计算结果就会相对比较稳定。为验证此算法的稳定性。选用同样的神经网络和遗传算法参数,分别单独进行5次计算。其预测结果如表6-19所示。

从表6-19中可以看出,每一次计算的预测和实测值都很接近,预测精度较高,满足飞边金属消耗所要求达到的精度。算法平均运行时间为156 s,而且每次运行速度差别不大,说明算法在保持高效的同时,稳定性也很高。

表6-19　基于模糊优化的飞边金属消耗检验结果

序号	样本序号	Q_{FY}/Q_Y 预测值	Q_{FY}/Q_Y 实测值	相对误差(%)	平均相对误差(%)	计算时间(s)	遗传算法循环次数
1	1	0.19186	0.17662	8.626	3.542	158	95
	2	0.13315	0.13091	1.712			
	3	0.15400	0.15356	0.287			

续表

序号	样本序号	Q_{FY}/Q_Y 预测值	Q_{FY}/Q_Y 实测值	相对误差（%）	平均相对误差（%）	计算时间（s）	遗传算法循环次数
	1	0.18442	0.17662	4.420			
2	2	0.13105	0.13091	0.105	1.732	142	92
	3	0.14326	0.15356	0.671			
	1	0.18781	0.17662	6.334			
3	2	0.12875	0.13091	1.652	3.744	165	86
	3	0.14857	0.15356	3.248			
	1	0.16049	0.17662	9.132			
4	2	0.13053	0.13091	0.294	3.863	152	90
	3	0.12036	0.15356	2.162			
	1	0.16326	0.17662	7.562			
5	2	0.13375	0.13091	2.173	4.484	161	88
	3	0.15927	0.15356	3.718			

下面尝试着用梯度下降法训练模糊优选神经网络来进行飞边金属消耗设计，其相应检验结果如表6-20所示。

从表6-20中可以看出，每一次计算的预测和实测值较接近，预测精度较高，但比用模糊优化系统获得的飞边金属消耗设计精度要差。算法平均运行时间为145 s，比模糊优化系统要快一点，而且每次运行速度差别不大。

表6-20　基于梯度下降法的飞边金属消耗检验结果

序号	样本序号	Q_{FY}/Q_Y 预测值	Q_{FY}/Q_Y 实测值	相对误差（%）	平均相对误差（%）	计算时间（s）	遗传算法循环次数
	1	0.19380	0.17662	9.726			
1	2	0.13367	0.13091	2.112	4.355	145	82
	3	0.15544	0.15356	1.227			
	1	0.18620	0.17662	5.421			
2	2	0.13241	0.13091	1.145	2.736	148	93
	3	0.15104	0.15356	1.641			
	1	0.18954	0.17662	7.314			
3	2	0.12748	0.13091	2.622	4.761	150	89
	3	0.14688	0.15356	4.348			
	1	0.15837	0.17662	10.332			
4	2	0.12908	0.13091	1.395	5.298	138	91
	3	0.14716	0.15356	4.167			

续表

序号	样本序号	Q_{FY}/Q_Y 预测值	Q_{FY}/Q_Y 实测值	相对误差（%）	平均相对误差（%）	计算时间（s）	遗传算法循环次数
5	1	0.15972	0.17662	9.567	6.863	142	83
	2	0.13781	0.13091	5.274			
	3	0.16392	0.15356	6.748			

4. 讨论和结语

比较表 6-19 和表 6-20，可以得出以下几个结论：

（1）同其他神经网络一样，模糊优选神经网络也存在收敛速度慢、易陷入局部极小的缺陷。在平坦区，这种现象就更加明显。而遗传算法作为一种全局优化搜索算法，能同时在解空间的多个区域进行搜索，并且能以较大的概率跳出局部最优，以找出整体最优解，从而大大加快了网络的收敛速度。这说明，单独采用模糊优选神经网络，算法易陷入局部极小点。

（2）值得注意的是，在遗传算法参数设置时，有些文献建议种群规模取 300 以上，相应优秀个体数目取 20 以上。在实践中发现，如果种群规模大于 100 时，每一次遗传循环的开销很大，模型虽然有很强的全局寻优能力，但收敛速度变得很慢。所以，本文遗传算法选择的设置为种群规模 40，相应优秀个体数目 5。这样，模型在保持较强的全局寻优能力的同时，收敛速度也很快。

（3）模糊优选神经网络与加速遗传算法的结合，在利用神经网络良好的学习能力的同时，加快了网络的收敛速度。在实际应用中，预测混合算法在飞边金属消耗设计中，不仅预报结果精度较高，而且算法快速稳定。

6.4　小结

本章阐述了预测概念，论述了技术（统计）预测、信息预测、拟合预测等预测挖掘方法，并对传统预测挖掘方法进行了比较，介绍了智能预测挖掘方法。对基于遗传算法的模糊优化算法及其在预测挖掘中的应用进行了详细的讨论，以此说明预测挖掘在 CAD 系统中的应用情况。

本章针对预测挖掘问题，采用模糊优化模型加以描述，并利用遗传算法实现该模糊优化问题的求解，并且对该算法的有效性、稳定性、快速性和高精度进行了理论论证和实例验证。本章所做的具体工作如下：

（1）对基于遗传算法的模糊优化算法及其在数据挖掘中的应用问题的背景及国内外研究现状进行了综述。提出了课题的研究目标与内容，规划了课题研究的技术路线与方法，找出了课题研究的重点与难点，指出了项目的特色与创新点。

（2）对数据挖掘的研究历史和现状进行了叙述。从技术角度和商业角度对数据挖掘进行了定义，对数据挖掘与传统数据分析方法、数据挖掘和数据仓库、数据挖掘和在线分析处理（OLAP）、数据挖掘、机器学习和统计、软硬件发展对数据挖掘的影响之间的关系进行了讨论。探讨了数据挖掘所发现的知识类型、数据挖掘的功能、数据挖掘常用技术、数据挖掘中的数据仓库等内容。阐述了数据挖掘系统的工作原理,其中包括数据挖掘系统结构和数据挖掘流程。

在此基础上,阐述了预测概念,论述了传统预测挖掘技术,包括技术(统计)预测挖掘技术、信息预测挖掘技术和拟合预测挖掘技术,并对这几种传统预测挖掘技术进行了分析比较,指出了这些预测挖掘技术的缺陷,提出了预测挖掘技术的发展方向,即对传统预测挖掘技术加以改进和引入智能预测挖掘技术。

(3) 讨论了模糊优化基本术语及性质,包括模糊集、水平截集、凸模糊集、模糊数等概念和分解原理、扩张原理等,并给出了模糊优化的相关概念。论述了传统模糊优化问题,包括模糊建模与模糊优化、模糊优化问题的一般形式和分类,以及模糊优化方法的基本框架和多目标模糊优化设计方法。

在此基础上,重点研究了数据挖掘中的模糊优化问题。阐述了回归方程的概念及回归分析的过程,继而引入了基于回归方程的模糊优化问题。阐述了神经网络的概念,分析了适于预测的模糊优选 BP 神经网络的特点,讨论了该网络各层的输入输出计算方法,继而引入了基于神经网络的模糊优化问题。针对上述两类模糊优化问题,给出了各自的模糊目标、期望值、对称容差、模糊目标集、模糊优越集、隶属函数的计算方法,建立了以模糊逻辑形式表示的模糊优化模型。

(4) 阐述了遗传算法的基本概念。借鉴正交实验设计原理,设计了基于正交设计的遗传算法的初始种群产生办法;借鉴模糊控制系统原理,依据交叉算子及变异算子模糊经验规则,设计了基于模糊控制系统的遗传参数自适应调整办法;为弥补标准遗传算法广度搜索的随机性,设计了沿加权梯度方向变异算法及其权值的自适应调整办法,以增强算法的局部搜索能力。

依据基于遗传算法的模糊优化系统的需求分析,构造了基本模糊优化系统的结构,研究了该系统的工作原理并给出系统流程图。依据基于遗传算法的自适应模糊优化系统的需求分析,构造了自适应模糊优化系统的结构,研究了该系统的工作原理,讨论了结构适应性和参数适应性的原理、实现方法及对遗传算法收敛性的影响。

应用模式定理和积木块假设,论证了模糊优化系统中遗传算法的有效性,分析了未成熟收敛现象及其产生的原因,研究了利用小生境技术、免疫遗传算法和适应度值标定以防止早熟的办法。

(5) 设计了在线性能评估准则和离线性能评估准则,确定了模糊优化系统的性能评估办法。

建立了以模糊逻辑形式表示的基于回归方程的模糊优化模型,构造了用于回归参数估计的遗传算子,重点讨论了加权梯度方向的计算方法及沿加权梯度方向进行变异的算子,确定了遗传算法的基本策略,构造了该算法的流程。针对飞边尺寸设计准则挖掘问题,阐述了该准则建立的依据,构造了该准则的回归方程,并利用基于回归方程的模糊优化算法实现了飞边尺寸设计准则的挖掘。继而应用该实例对算法的稳定性进行了校验,并将该算法与利用最小二乘法对回归方程进行参数估计的算法进行了比较,结果表明,该算法速度快,精度高,稳定性好。

建立了以模糊逻辑形式表示的基于神经网络的模糊优化模型，构造了用于神经网络权值估计的遗传算子，重点讨论了加权梯度方向的计算方法及沿加权梯度方向进行变异的算子，确定了遗传算法的基本策略，构造了该算法的流程。针对飞边金属消耗设计准则挖掘问题，阐述了该准则建立的依据，讨论了该准则各变量之间的关系，并利用基于模糊优选 BP 神经网络的模糊优化算法实现了飞边金属消耗设计准则的挖掘。继而应用该实例对算法的稳定性进行校验，并将该算法与利用梯度下降法对神经网络进行权值估计的算法进行了比较，结果表明，该算法速度快，精度高，稳定性好。

本章研究的是基于遗传算法的模糊优化在预测挖掘中的应用，其基本思路是，首先探讨预测挖掘的模糊优化表示问题，选择了基于回归方程和基于神经网络两种模糊优化表示，然后探讨模糊优化问题的求解方法，选择的是沿加权梯度方向变异的遗传算法，最后对该算法的有效性、稳定性、快速性和高精度进行了理论论证和实例验证。

由于篇幅和时间的限制，本章研究的方向还存在很大的拓宽空间，具体来说，可以在以下几个方面展开进一步的研究。

(1) 数据挖掘的主要功能有概念描述、关联分析、分类、聚类、偏差检测，而预测属于分类范畴。本文仅讨论了用模糊优化方法来解决预测挖掘问题。在数据挖掘问题中，给出的数据大多具有模糊性，需要从这些模糊数据中提炼出相应的数学模型，很难用传统的确定型模型来描述，也难以用基于精确的数学方法来求解，而描述成模糊优化问题往往更为合适。因此，可以尝试用模糊优化方法来解决概念描述、关联分析、聚类、偏差检测等数据挖掘问题。

(2) 数据挖掘中的预测技术有模型化方法和非模型化方法，模糊优化适于解决模型化问题。预测模型主要有回归方程和神经网络，而回归方程和神经网络都有很多种类型，本文选用了线性回归方程和模糊优选 BP 神经网络（属前向神经网络）。就回归方程而言，进一步的研究可针对广义线性回归方程、对数线性回归方程和非线性回归方程；就神经网络而言，进一步的研究可针对 RBF 网络、Hopfield 网络、Boltzmann 网络和 SOFM 网络。

(3) 模糊优化是指基于非精确的数学方法求解模糊模型的过程。一般把模糊优化问题分为两种类型：①模糊极值问题（无约束模糊优化问题）；②模糊数学规划（带约束模糊优化问题）。由于模糊因素在目标和系统约束中出现的形式不同，一般将模糊数学规划问题分为：①目标和（或）系统约束的参数清晰型；②目标和（或）系统约束的参数模糊型。由于本文是依据样本实现模糊建模的，将问题描述为无约束多目标优化问题。无论是回归方程中的参数还是神经网络中的权值都要求给出确定的值，本文的模糊优化模型属于参数清晰型。对于更为复杂的工程问题，可进一步开展参数模糊型的带约束模糊优化问题的研究。

由于目标函数和系统约束的不同形式（线性、非线性；单目标、多目标等）及模糊因素的不同描述方式（隶属函数、可能性分布函数；线性、非线性），一般形式的模糊数学规划问题可以分别描述成模糊线性规划（FLP）模型、模糊非线性规划（FNLP）模型、模糊 0－1 规划模型、模糊整数规划模型、可能性线性规划（PLP）模型、模糊多目标规划（FMOP）模型、模糊动态规划（FDP）模型等不同形式。本文的基于回归方程的模糊优化问题属于模糊线性规划（FLP）问题，而基于神经网络的模糊优化问题属于模糊非线性规划（FLP）问题，这两类模糊优化问题的模糊因素都采用隶属度加以描述,隶属度采用线性函数。进一步的研究可着眼于其他形式的模糊优化问题,模糊因素可选用可能性分布函数。

模糊优化问题的解有 3 种,即确定型的最优解、满意解或是模糊解,这要取决于决策者对问题的理解和要求,即对最优解的理解。然后基于模糊数学的一些理论和原理如分解原理、扩展原理、模糊集运算等,提出一些新的概念,在此基础上,把模糊优化模型转化为等价或近似的确定型/清晰优化模型。清晰优化模型主要有最大化最小满意程度、最大化满意程度的加权和及最大化决策目标 3 种形式。本文由模糊模型转化成的清晰优化模型为最大化最小满意型,且求得的是满意解。进一步的研究可考虑选用其他清晰优化模型和其他解的形式。

模糊优化问题的求解可采用或者设计合适的优化算法,如传统的启发式算法、单纯型算法,或者智能化的模拟退火(Simulated Annealing,SA)、遗传算法(Genet - ic Algorithm,GA)、禁忌搜索(Tabu Search,TS)等方法。本文采用的是遗传算法,进一步的研究可考虑选用或设计其他方法。

习题 6

1. 什么是分类? 什么是预测? 它们的联系和差别是什么?

2. 下表给出课程数据库中学生的期中和期末考试成绩。

直浇口选用规则

X(期中考试)	Y(期末考试)
72	84
50	63
81	77
74	78
94	90
86	75
59	49
83	79
65	77
33	52
88	74
81	90

(1) 绘数据图。X 和 Y 看上去具有线性联系吗?

(2) 使用最小二乘法,求由学生的期中成绩预测学生的期末成绩的方程式。

(3) 预测期中成绩为 86 分的期末成绩。

3. 通过对预测变量的变换,有些非线性回归模型可以转换成线性的。指出如何将非线

性回归方程 $Y = aX^{\beta}$ 转换成可以用最小二乘法求解的线性回归方程。

4. 什么是推进？陈述它为何能够提高判定树归纳的准确性。

5. 证明准确率是灵敏性和特效性度量的函数，即证明

$$\text{accuracy} = \text{sensitivity}\frac{\text{pos}}{\text{pos} + \text{neg}} + \text{specificity}\frac{\text{neg}}{\text{pos} + \text{neg}}。$$

6. 当一个数据对象可以同时属于多个类时，很难评估分类的准确率。陈述在这种情况下，你将使用何种标准比较在相同数据上建模的不同分类法。

第 7 章　复杂类型数据挖掘及其应用

7.1　数据挖掘未来研究方向

当前,DM 研究方兴未艾,其研究与开发的总体水平相当于数据库技术在 20 世纪 70 年代所处的地位,迫切需要类似于关系模式、DBMS 系统和 SQL 查询语言等理论和方法的指导,才能使 DM 的应用得以普遍推广。预计在本世纪,DM 的研究还会形成更大的高潮,研究焦点可能会集中到以下几个方面:

(1) 发现语言的形式化描述,即研究专门用于知识发现的数据挖掘语言,也许会像 SQL 语言一样走向形式化和标准化。

(2) 寻求数据挖掘过程中的可视化方法,使知识发现的过程能够被用户理解,也便于在知识发现的过程中进行人机交互。

(3) 研究在网络环境下的数据挖掘技术(Web Mining),特别是在因特网上建立 DM 服务器,并且与数据库服务器配合,实现 Web Mining。

(4) 加强对各种非结构化数据的开采(Data Mining for Audio & Video),如对文本数据、图形数据、视频图像数据、声音数据乃至综合多媒体数据的开采;处理的数据将会涉及更多的数据类型,这些数据类型或者比较复杂,或者结构比较独特。为了处理这些复杂的数据,就需要一些新的和更好的分析和建立模型的方法,同时还会涉及为处理这些复杂或独特数据所准备的一些工具和软件。

(5) 交互式发现。

(6) 知识的维护更新。

但不管怎样,需求牵引与市场推动是永恒的,DM 将首先满足信息时代用户的急需,大量的基于 DM 的决策支持软件产品将会问世。只有从数据中有效地提取信息,从信息中及时地发现知识,才能为人类的思维决策和战略发展服务。也只有到那时,数据才能够真正成为与物质、能源相媲美的资源,信息时代才会真正到来。

7.2　复杂类型数据挖掘

就目前情况来看,将来的几个热点包括:网站的数据挖掘(Web site data mining)、生物信息或基因(Bioinformatics/genomics)的数据挖掘及其文本的数据挖掘(Textual mining)。下面就这几个方面加以简单介绍。

7.2.1　网站数据挖掘(Web site data mining)

随着 Web 技术的发展,各类电子商务网站风起云涌,建立一个电子商务网站并不困难,困难的是如何让电子商务网站有效益。要想有效益就必须吸引客户,增加能带来效益的客户忠诚度。电子商务业务的竞争比传统的业务竞争更加激烈，原因有很多方面，其中一个因素是客户从一个电子商务网站转换到竞争对手（另一个电子商务网站）那边，只需点击几下鼠标即可。网站的内容和层次、用词、标题、奖励方案、服务等任何一个地方都有可能成为吸引客户，也可能成为失去客户的因素。同时电子商务网站每天都可能有上百万次的在线交易，生成大量的记录文件（Logfiles）和登记表。如何对这些数据进行分析和挖掘，充分了解客户的喜好、购买模式，甚至是客户一时的冲动，设计出满足于不同客户种群需要的个性化网站，进而增加其竞争力，已是势在必行。若想在竞争中生存进而获胜，就要比竞争对手更了解客户。

在对网站进行数据挖掘时，所需要的数据主要来自于两个方面：一方面是客户的背景信息，此部分信息主要来自于客户的登记表；而另外一部分数据主要来自浏览者的点击流（Click - stream），此部分数据主要用于考察客户的行为表现。但有的时候，客户对自己的背景信息十分珍重，不肯把这部分信息填写在登记表上，这就会给数据分析和挖掘带来不便。在这种情况之下，就不得不从浏览者的表现数据中来推测客户的背景信息，进而再加以利用。

就分析和建立模型的技术和算法而言，网站的数据挖掘和原来的数据挖掘差别并不是特别大，很多方法和分析思想都可以运用。所不同的是网站的数据格式有很大一部分来自于点击流，和传统的数据库格式有区别。因而对电子商务网站进行数据挖掘所做的主要工作是数据准备。目前，有很多厂商正在致力于开发专门用于网站挖掘的软件。

7.2.1.1 网络信息检索的智能化

网络智能化的一个重要方面是网络信息检索的智能化。随着 Internet 的高速发展，网络上的信息越来越多。通过网络查询信息既快捷又全面，受到人们的广泛喜爱。然而，由于网络上信息站点的建立和信息的发布是大量的、自由的和无序的，因此，如果没有一个有效的工具，在网络中查找信息就会如同大海捞针。网络搜索引擎的产生为解决这一问题提供了一个非常有效的手段，因此已经成为网络信息检索的关键技术。搜索引擎所以能够帮助检索者，是因为它预先对网络的信息进行了分类、索引和摘要。早期搜索引擎的上述工作是靠人工完成的，信息发布者要向搜索引擎进行登记，选择主题分类，提供关键词和摘要，并报告自己信息站点的地址。随着信息站点数迅速增加，这种人工搜索引擎的工作方式已经很不适应，相当多的站点碍于手续烦琐而不能及时向搜索引擎进行登记，因此人工搜索引擎的信息查全率难以达到很高的水平。在这种背景下，人们开发了自动搜索引擎技术。

自动搜索引擎通过专门设计的网络程序自动发现网络上新出现的信息，并对其进行自动分类、自动索引和自动摘要。因此，自动搜索引擎的关键技术是自然语言理解，包括自动分词、自动句法分析、自动关键词提取、自动摘要等。除此之外，自动搜索引擎还要为信息检索者提供更强的检索功能，如模糊检索、概念检索等。这类检索功能能够对用户提供的检索关键词进行分析和理解，实现语义级而不仅仅是词法（字面）级的检索，从而提高查全率和查准率。由此可见，自动搜索引擎的关键技术带有明显的智能特征，因此也被称为智能搜索引擎。

随着信息网络的迅速发展，网络上可供查阅和检索的信息越来越多。同时，网络上的信息在内容、媒体、形式、手段上是非常多样灵活的，发布信息的站点数量之多、变化之快已经到了无法精确掌握的程度。在这种情况下，上网查阅信息并不总是令人感到愉快和轻松，如果没有一定的网上信息检索经验和技巧，就会花大量的时间在网上“慢游”（漫游），而找不到自己想要得到的信息。因此人们越来越认识到网络时代必须有适合于网络中的复杂情况的更加先进的信息检索技术。

在目前的网络环境下进行信息检索所面临的主要问题是，怎样将无序分布在千百万网络站点中的各类信息按主题分类，进行索引，为用户检索信息提供指南。解决这一问题的一个有效方法就是建立网络搜索引擎。

7.2.1.2　人工搜索引擎

1. 分类式搜索引擎

早期的网络搜索引擎是靠人工建立的。一个网络搜索引擎就是在网络上的一个信息查询站点，用户通过访问这个站点就可以得到如何查找自己所需信息的指引。为了实现这个功能，搜索引擎将网络上的信息，包括网页、新闻组等按主题进行分类，由用户选择不同的主题来对网络上的信息进行过滤。主题分类逐级进行，信息的类别由大到小、由粗到细。用户选择的类别越小，搜索引擎所提供的指南（信息源的网络站点地址及信息摘要）与用户要检索的信息的相关度就越高，用户就越容易获得自己所希望得到的信息。

上述这类搜索引擎被称为分类式引擎，它的性能主要取决于如何获得网络信息和对已获得的网络信息怎样进行分类。人工搜索引擎获取网络信息依靠信息发布者的主动登记。搜索引擎要求信息发布者选择发布的信息所归属的分类主题，填写信息源站点的地址，并给出信息摘要。这样，提高自己搜索引擎的知名度便是获取信息的关键。只要有了足够高的知名度，网络信息便会主动地滚滚而来。那么，如何对信息进行主题分类就成了此类搜索引擎的最重要的问题。分类主题，好比是信息发布者与信息检索者在网络上约会时所乐于选择的“公园”，只有双方选择同一个“公园”，才有可能见面。因此搜索引擎在确定分类主题时，既要考虑发布者对信息的分类习惯和方法，也要考虑广大检索者的习惯和方法，还要考虑采用那些能较好地使二者吻合和一致的主题。同时，分类主题的逐级包含关系会形成一棵分类树，这棵树的形状和枝叶的平衡性也直接影响信息搜索的质量和效率。由此可见，主题分类方法是需要认真研究的问题。

2. 关键词索引式搜索引擎

除了分类式搜索引擎外，还有关键词索引式搜索引擎。这类搜索引擎不是按主题来检索信息，而是用提供关键词的方法对信息进行检索。在检索信息时，提供几个欲检索信息中所应包含的关键词，搜索引擎便提供对应这些关键词的信息搜索指南。这类搜索引擎的核心是一个关键词索引文件，该索引文件是一个倒排文件，每个关键词在索引文件中有一条记录，将包含该关键词的那些文档（WWW 页面）的地址一一列出。有了这样一个索引文件，当发现检索者提供的关键词词不达意后，便知道应将哪些文档的地址指引给检索者。索引文件的建立方法是要求发布者在登记发布信息时提供关键词。这类搜索引擎的性能与关键词的匹配方法关系很大。如在检索者提供多个关键词时，各个关键词的与、或、非逻辑关系是否可以自由组合，检索的结果按照什么原则排序，等等。

7.2.1.3　智能搜索引擎

人工搜索引擎在网络信息检索中为检索者提供了很大的便利，显著地加快了信息检索的速度和准确性。但是，它却存在一个非常明显的问题：需要发布者主动地登记信息。在网络信息站点迅猛增加，发布的信息不断更新的现况下，许多发布者由于手续的烦琐不能及时登记,因此人工搜索引擎的信息查全率难以达到高水平。解决这一问题的办法就是建立自动搜索引擎。自动搜索引擎的最大特点就是能够自动获取网络上的信息,它们依靠像“蜘蛛”一样的程序在网络中不停地爬行和搜索,一旦发现新的信息,便自动对其进行分类,或用关键词对其进行索引,并将分类或索引结果加入到搜索引擎之中。自动搜索引擎对信息所进行的分析和处理,完全是建立在处理技术基础之上的,因此也被称为智能搜索引擎。

智能搜索引擎在获取信息时要采用自动分类及自动索引等技术,这些技术均属于是自然语言处理和理解技术。

1. 自动文摘

在智能搜索引擎中要利用自动文摘技术自动获取信息文档的摘要。摘要被存放在搜索引擎的数据库中,为检索者快速了解各信息文档的主要内容及决定查看哪些信息文档提供方便和指南。

2. 自动分类

自动分类是自动判断一个信息文档应归属到系统中的哪个信息类之中。这一过程实际上是模式识别的过程。系统中各类信息的特征要预先提取出来,当判断一个信息文档是否归属某个信息类时,就要看能否在这个信息文档中提取出与该信息类的特征接近的特征。由于对如何表达信息类的特征,以及如何对其进行提取和比较是一个尚未解决的难题,因此信息自动分类技术还很不成熟,这也是为什么在目前实际应用中自动搜索引擎绝大多数都是关键词索引式而很少是分类式的原因。

3. 自动索引

自动索引是以系统中的关键词为依据,为信息文档自动建立索引。简单的方法是根据信息文档原已提供的关键词,或信息摘要中包含的关键词进行索引。为了提高搜索引擎的查全率和查准率,更好的方法是利用全文信息检索技术对信息文档全文中包含的关键词进行索引,这样不但能够更全面地检索信息文档中所包含的关键词,同时还可以计算出各个关键词在文档中的权重(重要性),而包含关键词权重的索引文件是智能查询所需要的。

随着网络信息的变化,系统中用于建立索引的关键词也应不断地调整,否则系统的性能就会下降。因此,自动索引还应完成自动发现和向系统添加新关键词,将那些利用率太低的旧关键词从系统中删除的工作。

在信息检索阶段,为了提高查全率和查准率,关键词匹配算法也要智能化。不仅要提供灵活的布尔逻辑关键词组合查询,还要提供模糊查询、概念查询等功能。

(1) 模糊查询有两个含义,一是系统在进行关键词匹配时,对那些相近的关键词也给予一定的匹配度,如给予“通信网”和“电信网”一定的匹配度;二是用户检索表达式同信息文档的相关度是用模糊逻辑的隶属函数表示的连续值,而不是布尔逻辑的二值(要么相关,要么不相关),从而能够将检索结果按照相关度进行排序。

(2) 概念查询不是按关键词词法构成,而是根据它们的意义或概念进行匹配。例如,“计算机”和“电脑”是不同的两个词,可是在词义和概念层上却是一致的。但按照一般的查询方式按“计算机”这个关键词是查不出包含“电脑”这一关键词的信息文档的;反之亦然。而采用概念查询,就可以解决这样的问题。当然,随着技术的发展,概念查询所能完成的功能还会远不止于此。

智能搜索引擎除了被动搜索外,也可利用智能 Agent 技术进行主动信息检索。这种智能 Agent 可根据检索者事先定义的信息检索要求，在网络上实时监视信息源的动态，如指定 Web 页面的更新、网络新闻、电子邮件、数据库信息变化等；并将检索者希望了解的信息，通过电子邮件或其他方式，及时主动地向他们提供。

搜索引擎是网络信息检索的关键技术，随着越来越多的智能搜索引擎的出现，网络信息检索也逐步走向了智能化。但是，在目前的阶段中，智能搜索引擎技术还不完善，与人工搜索引擎相比，一般是查全率较高，而查准率较低。检索者给出几个关键词后，往往会得到成百上千的相关信息文档，使人抓不住要领。造成这类问题的原因是自然语言理解等人工智能技术水平仍不高，特别是自动文摘和自动索引的质量尚未达到人工的水平。在实际应用中，一些性能较好的搜索引擎往往采用人工与自动相结合的方式。

7.2.1.4　基于 XML 的 Web 数据挖掘

1. Web 数据特点

Web 上有海量的数据信息，怎样对这些数据进行复杂的应用成了现今数据库技术的研究热点。数据挖掘就是从大量的数据中发现隐含的规律性的内容，解决数据的应用质量问题。充分利用有用的数据，废弃虚假无用的数据，是数据挖掘技术最重要的应用。相对于 Web 的数据而言，传统数据库的数据结构性很强，即其中的数据为完全结构化的数据，而 Web 上的数据最大特点就是半结构化。所谓半结构化是相对于完全结构化的传统数据库的数据而言。显然，面向 Web 的数据挖掘比面向单个数据仓库的数据挖掘要复杂得多。

1）异构数据库环境

从数据库研究的角度出发，Web 网站上的信息也可以看作是一个数据库，一个更大、更复杂的数据库。Web 上的每一个站点就是一个数据源，每个数据源都是异构的，因而每一站点之间的信息和组织都不一样，这就构成了一个巨大的异构数据库环境。如果想要利用这些数据进行数据挖掘，首先必须要研究站点之间异构数据的集成问题，只有将这些站点的数据都集成起来，提供给用户一个统一的视图，才有可能从巨大的数据资源中获取所需的东西。其次，还要解决 Web 上的数据查询问题，因为如果所需的数据不能很有效地得到，对这些数据进行分析、集成、处理就无从谈起。

2）半结构化的数据结构

Web 上的数据与传统的数据库中的数据不同，传统的数据库都有一定的数据模型，可以根据模型来具体描述特定的数据。而 Web 上的数据非常复杂，没有特定的模型描述，每一站点的数据都各自独立设计，并且数据本身具有自述性和动态可变性。因而，Web 上的数据具有一定的结构性，但因为有自述层次存在，所以是一种非完全结构化的数据，也被称之为半结构化数据。半结构化是 Web 上数据的最大特点。

3）解决半结构化的数据源问题

Web 数据挖掘技术首先要解决半结构化数据源模型和半结构化数据模型的查询与集成问题。解决 Web 上的异构数据的集成与查询问题，就必须要有一个模型来清晰地描述 Web 上的数据。针对 Web 上的数据半结构化的特点，寻找一个半结构化的数据模型是解决问题的关键所在。除了要定义一个半结构化数据模型外，还需要一种半结构化模型抽取技术，即自动地从现有数据中抽取半结构化模型的技术。面向 Web 的数据挖掘必须以半结构化模型和半结构化数据模型抽取技术为前提。

2. XML 与 Web 数据挖掘技术

以 XML 为基础的新一代 WWW 环境是直接面对 Web 数据的，不仅可以很好地兼容原有的 Web 应用，而且可以更好地实现 Web 中的信息共享与交换。XML 可看作是一种半结构化的数据模型，可以很容易地将 XML 的文档描述与关系数据库中的属性一一对应起来，实施精确查询与模型抽取。

1）XML 的产生与发展

XML(eXtensible Markup Language)是由万维网协会(W3C)设计，特别为 Web 应用服务的 SGML(Standard General Markup Language)的一个重要分支。总的来说，XML 是一种中介标示语言(Meta－markup Language)，可提供描述结构化资料的格式，详细来说，XML 是一种类似于 HTML，被设计用来描述数据的语言。XML 提供了一种独立运行程序的方法来共享数据，它是用来自动描述信息的一种新的标准语言，它能使计算机通信把 Internet 的功能由信息传递扩大到人类其他多种多样的活动中去。XML 由若干规则组成，这些规则可用于创建标记语言，并能用一种被称作分析程序的简明程序处理所有新创建的标记语言，正如 HTML 为第一个计算机用户阅读 Internet 文档提供一种显示方式一样，XML 也创建了一种任何人都能读出和写入的世界语。XML 解决了 HTML 不能解决的两个 Web 问题，即 Internet 发展速度快而接入速度慢的问题，以及可利用的信息多，但难以找到自己需要的那部分信息的问题。XML 能增加结构和语义信息，可使计算机和服务器即时处理多种形式的信息。因此，运用 XML 的扩展功能不仅能从 Web 服务器下载大量的信息，还能大大减少网络业务量。

XML 中的标志(TAG)是没有预先定义的，使用者必须要自定义所需要的标志，XML 是能够进行自解释(SelfDescribing)的语言。XML 使用文档类型定义(Document Type Definition，DTD)来显示这些数据，XSL(eXtensible Style Sheet Language)是一种来描述这些文档如何显示的机制，它是 XML 的样式表描述语言。XSL 的历史比 HTML 用的层叠式样式表(Cascading Style Sheets，CSS)还要悠久。XSL 包括两部分：一个是用来转换 XML 文档的方法；一个是用来格式化 XML 文档的方法。XLL(eXtensible Link Language)是 XML 连接语言，它提供 XML 中的连接，与 HTML 中的类似，但功能更强大。使用 XLL，可以多方向连接，且连接可以存在于对象层级，而不仅仅是页面层级。由于 XML 能够标记更多的信息，所以它就能使用户很轻松地找到他们所需要的信息。利用 XML，Web 设计人员不仅能创建文字和图形，而且还能构建文档类型定义的多层次、相互依存的系统、数据树、元数据、超链接结构和样式表。

2）XML 的主要特点

XML 作为一种标记语言，有许多特点，正是 XML 的特点决定了其卓越的性能表现。

(1) 简单。XML 经过精心设计，整个规范简单明了，它由若干规则组成，这些规则可用于创建标记语言，并能用一种常常被称作分析程序的简明程序处理所有新创建的标记语言。XML 能创建一种任何人都能读出和写入的世界语，这种创建世界语的功能叫作统一性功能。

(2) 开放。XML 由一系列经过验证的标准技术组成，支持使用不同操作系统和浏览器的开发人员和用户进行二次开发。XML 解释器可对由 XML 语言编制的程序进行解释，使用户可以通过 XML 对象模型来获得和操纵相关信息。

(3) 高效且可扩充。支持复用文档片断,使用者可以发明和使用自己的标签,也可与他人共享,可延伸性大,在 XML 中,可以定义无限量的一组标注。XML 提供了一个标示结构化资料的架构。一个 XML 组件可以宣告与其相关的资料为零售价、营业税、书名、数量或其他任何数据元素。随着世界范围内的许多机构逐渐采用 XML 标准,将会有更多的相关功能出现:一旦锁定资料,便可以使用任何方式通过电缆线传递,并在浏览器中呈现,或者转交到其他应用程序作进一步的处理。XML 提供了一个独立的运用程序的方法来共享数据。使用 DTD,不同的组中的人就能够使用共同的 DTD 来交换数据。用户的应用程序可以使用这个标准的 DTD 来验证用户接受到的数据是否有效,用户也可以使用一个 DTD 来验证自己的数据。

(4) 国际化。标准国际化且支持世界上大多数文字。这源于依靠 XML 的统一代码的新编码标准,这种编码标准支持世界上所有以主要语言编写的混合文本。在 HTML 中,就大多数字处理而言,一个文档一般是用一种特殊语言写成的,不管是英语,还是日语或阿拉伯语,如果用户的软件不能阅读特殊语言的字符,那么他就不能使用该文档。但是能阅读 XML 语言的软件就能顺利处理这些不同语言字符的任意组合。因此,XML 不仅能在不同的计算机系统之间交换信息,而且能跨国界和超越不同文化疆界交换信息。

3) XML 在 Web 数据挖掘中的应用

XML 已经成为正式的规范,开发人员能够用 XML 的格式标记和交换数据。XML 在三层架构上为数据处理提供了很好的方法。使用可升级的三层模型,XML 可以从存在的数据中产生出来,使用 XML 结构化的数据可以从商业规范和表现形式中分离出来。数据的集成、发送、处理和显示体现在下面过程中的每一个步骤中。

促进 XML 应用的是那些用标准的 HTML 无法完成的 Web 应用。这些应用从大的方面讲可以被分成四类:需要 Web 客户端在两个或更多异质数据库之间进行通信的应用;试图将大部分处理负载从 Web 服务器转到 Web 客户端的应用;需要 Web 客户端将同样的数据以不同的浏览形式提供给不同的用户的应用;需要智能 Web 代理根据个人用户的需要裁减信息内容的应用。显而易见,这些应用和 Web 的数据挖掘技术有着重要的联系,基于 Web 的数据挖掘必须依靠它们来实现。

XML 给基于 Web 的应用软件赋予了强大的功能和灵活性,因此它给开发者和用户带来了许多好处,比如进行更有意义的搜索,并且 Web 数据可被 XML 唯一地标识。如果没有 XML,搜索软件必须了解每个数据库是如何构建的,但这实际上是不可能的,因为每个数据库描述数据的格式几乎都是不同的。由于不同来源的数据存在集成问题,现在搜索多样的不兼容的数据库实际上是不可能的。XML 能够使不同来源的结构化的数据很容易地结合在一起。软件代理商可以在中间层的服务器上对从后端数据库和其他应用处来的数据进行集成,然后,数据就能被发送到客户或其他服务器作进一步的集合、处理和分发。XML 的扩展性和灵活性允许它描述不同种类应用软件中的数据,从描述搜集的 Web 页到数据记录,从而通过多种应用得到所需的数据。同时,由于基于 XML 的数据是自我描述的,数据不需要有内部描述就能被交换和处理。利用 XML,用户可以方便地进行本地计算和处理,XML 格式的数据被发送给客户后,客户可以用应用软件解析数据并对数据进行编辑和处理。使用者可以用不同的方法处理数据,而不仅仅是显示它。XML 文档对象模式(DOM)允许用脚本或其他编程语言处理数据,数据计算不需要回到服务器就能进行。XML 可以被用来分离使用者观看数据的界面,使用简单、灵活、开放的格式,可以给 Web 创建功能强大的应用软件,而原来这些软件只能建立在高端数据库上。另外,数据发到桌面后,能够用多种方式显示。

XML 还可以通过以简单开放扩展的方式描述结构化的数据,XML 对 HTML 进行补充,被广泛地用来描述使用者界面。HTML 描述数据的外观,而 XML 描述数据本身。由于数据显示与内容分开,XML 定义的数据允许指定不同的显示方式,使数据更合理地表现出来。本地的数据能够以客户配置、使用者选择或其他标准决定的方式动态地表现出来。CSS 和 XSL 为数据的显示提供了公布的机制。通过 XML,数据可以粒状地更新。每当一部分数据变化后,不需要重发整个结构化的数据。变化的元素必须从服务器发送给客户,变化的数据不需要刷新整个使用者的界面就能够显示出来。但在目前,只要有一条数据变化了,一整页都必须重建,这严重限制了服务器的升级性能。XML 也允许加进其他数据,如预测的温度。加入的信息能够进入存在的页面,不需要浏览器重新发一个新的页面。XML 应用于客户需要与不同的数据源进行交互时,数据可能来自不同的数据库,它们都有各自不同的复杂格式。但客户与这些数据库间只通过一种标准语言进行交互,那就是 XML。由于 XML 的自定义性及可扩展性,它足以表达各种类型的数据。客户收到数据后可以进行处理,也可以在不同数据库间进行传递。总之,在这类应用中,XML 解决了数据的统一接口问题。但是,与其他的数据传递标准不同的是,XML 并没有定义数据文件中数据出现的具体规范,而是在数据中附加 TAG 来表达数据的逻辑结构和含义,这使 XML 成为一种程序能自动理解的规范。

XML 应用于将大量运算负荷分布在客户端,即客户可根据自己的需求选择和制作不同的应用程序以处理数据,而服务器只须发出同一个 XML 文件。如按传统的 Client/Server 的工作方式,客户向服务器发出不同的请求,服务器分别予以响应,这不仅加重服务器本身的负荷,而且网络管理者还须事先调查各种不同的用户需求以准备好相应不同的程序,但假如用户的需求繁杂而多变,则仍然将所有业务逻辑集中在服务器端是不合适的,因为服务器端的编程人员可能来不及满足众多的应用需求,也来不及跟上需求的变化,双方都很被动。应用 XML 则将处理数据的主动权交给了客户,服务器所作的只是尽可能完善、准确地将数据封装进 XML 文件中,正是各取所需、各司其职。XML 的自解释性使客户端在收到数据的同时也理解数据的逻辑结构与含义,从而使广泛、通用的分布式计算成为可能。

XML 还被应用于网络代理,以便对所取得的信息进行编辑、增减以适应个人用户的需要。有些客户取得数据并不是为了直接使用而是为了根据需要组织自己的数据库。比方说,教育部门要建立一个庞大的题库,考试时将题库中的题目取出若干组成试卷,再将试卷封装进 XML 文件,接下来在各个学校让其通过一个过滤器,滤掉所有的答案,再发送到各个考生面前,未经过滤的内容则可直接送到老师手中,当然考试过后还可以再传送一份答案汇编。此外,XML 文件中还可以包含诸如难度系数、往年错误率等其他相关信息,这样只需几个小程序,同一个 XML 文件便可变成多个文件传送到不同的用户手中。

面向 Web 的数据挖掘是一项复杂的技术,由于 Web 数据挖掘比单个数据仓库的挖掘要复杂得多,因而面向 Web 的数据挖掘成了一个难以解决的问题。而 XML 的出现为解决 Web 数据挖掘的难题带来了机会。由于 XML 能够使不同来源的结构化的数据很容易地结合在一起,因而使搜索多样的不兼容的数据库能够成为可能,从而为解决 Web 数据挖掘难题带来了希望。XML 的扩展性和灵活性允许 XML 描述不同种类应用软件中的数据，从而能描述搜集 Web 页中的数据记录。同时，由于基于 XML 的数据是自我描述的，数据不需要有内部描述就能被交换和处理。作为表示结构化数据的一个工业标准，XML 为组织、软件开发者、Web 站点和终端使用者提供了许多有利条件。相信在以后，随着 XML 作为在 Web 上交换数据的一种标准方式的出现，面向 Web 的数据挖掘将会变得非常轻松。

7.2.2　文本数据挖掘(Textualmining)

人们很关心的另外一个话题是文本数据挖掘。举个例子，在客户服务中心，把同客户的谈话转化为文本数据，再对这些数据进行挖掘，进而了解客户对服务的满意程度和客户的需求及客户之间的相互关系等信息。从这个例子可以看出，无论是在数据结构还是在分析处理方法方面，文本数据挖掘和前面谈到的数据挖掘相差很大。文本数据挖掘并不是一件容易的事情，尤其是在分析方法方面，还有很多需要研究的专题。目前市场上有一些类似的软件，但大部分方法只是把文本移来移去，或简单地计算一下某些词汇的出现频率，并没有真正的分析功能。

自动文摘是自然语言理解理论和技术的另一个重要的应用领域。所谓自动文摘就是利用计算机自动提取出一篇文章的主旨和要点，提高人们选择和获取信息速度的技术。对于身处浩瀚信息海洋之中的现代人来说，它无疑是一种重要的提取所需信息的手段。

早期的自动文摘系统主要采用频度统计、关键位置判定、句法频度结合等方法。频度统计法首先依靠统计词的出现频度来确定词的重要性和句子的可选性，但在考虑词的频度时，不包括连词、代词、介词、冠词、助动词及某些形容词和副词等功能词。凡是频度超过设定阈值的词被看作是文章的代表词，而一个句子的代表性根据句子中包含代表词的多寡来计算。代表性超过设定阈值的句子被抽出作为文摘句。关键位置判定法是根据句子在文章中所处的位置，如标题、段头、段尾等来判断其重要性，然后根据各个句子的重要性来选择文摘句。句法频度结合法先利用句法分析程序将文章的短语识别出来，再计算短语中各个词的频度，以此来判断句子的代表性。

上述三种方法仅根据词在文章的出现频度，以及句子在文章中的位置选取文摘句，而不对文章的内容进行理解。因此这类方法被称为“机械式文摘”。机械式文摘原理简单，易于实现，但文摘的质量受到限制。随着对自动文摘质量要求的提高，机械式文摘已经无法满足人们的需要，因而出现了“理解式文摘”，即文摘是在对文章进行了分析理解后提取出来的。

近年来，对理解式文摘的研究越来越多，并出现了知识化和交互化的发展趋向。许多自动文摘系统在提高对文本的语言学分析能力的同时，将各种知识存储在词典或知识库中。知识包括特定领域的关键词的语法、语义和语用信息，以及对应领域的文摘结构。知识的获得和知识库的建立采用人机交互的方式，由人工提供基本关键词和典型文摘句，供计算机分析和学习，使其自动获取文摘句的构造规则，并在运行过程中自动地更新关键词和构造规则，使其更加丰富和完善。

7.2.2.1　机械式自动文摘

自动文摘研究的创始人是美国的 Luhn。1956 年，他提出了世界上第一个自动文摘系统。这个系统的原理是根据词的频度来计算文章中句子的重要性，按重要性的高低抽取文章中的部分句子作为摘要，这也就是机械式自动文摘系统的原理。在 Luhn 的系统中，为了排除那些与文章的主旨和要点关系不大的词汇的影响,他将连词、代词、介词、冠词、助动词及部分形容词和副词称为功能词,除此之外的词称为内容词。功能词的频度不影响句子的重要性,因而只统计内容词的频度。频度超过设定阈值的内容词被称为代表词。而一个句子的重要性取决于它所包含的代表词的数量。具体来讲,一个句子 i 的重要性用其代表值 r_i表示。

$$r_i = p_i^2 / q_i^2$$

式中,P_i 是句子 i 中代表词的数量;q_i 是句子 i 中词的总数。r_i 越高,句子 i 被抽取作为摘要的可能性越大。

在此基础上,人们又提出了根据句子在文章中的位置,按标题、提示词和关键词对内容词的统计频度加权后计算句子代表值的方法。位置加权的根据是:研究发现 90% 的主题句出现在段落的首句或尾句;提示词在句子中的出现等效于某些与主题相关的词在句子中的出现,因此要像这些词在句中出现那样计算句子的代表值;关键词是指那些频度极高的内容词,因此它所在的句子与文章的主旨和要点关系密切;文章的题目、各个章节的标题是对全文和各个章节内容的概括,因此具有很高的摘要句选择价值。

机械式自动文摘原理简单、易于实现。目前实用化的自动文摘系统几乎都是机械式的。这些系统与文字处理系统、网络信息搜索引擎相结合,在实际中发挥了作用。

尽管机械式自动文摘系统已经走向了实用,但是由于文摘不是基于理解作出的,因此文摘的质量受到了限制,如在结构、逻辑性、精练度等方面明显低于专家的水平,文摘的可读性、易懂性较低。

7.2.2.2　理解式自动文摘

理解式自动文摘研究的目的就是要克服机械式自动文摘的缺点,提高自动文摘的质量。理解式自动文摘运用自然语言理解的方法,在对句子和篇章进行分析和理解的基础上,在知识的指导下建立自动文摘。这里,除了自然语言理解技术之外,另一个关键技术就是如何总结和运用知识。

1. 选择生成法自动文摘

北京邮电大学杨晓兰提出了用选择生成法建立自动文摘系统的方案。该方案的模型如图 7-1 所示。模型中包括选择分析器、文摘框架、全信息词典、文摘生成器和文摘模板等要素。系统的工作原理是:在文摘框架和全信息词典的指导下,选择分析器选择与文摘有关的文本进行深入的语法、语义和语用的全信息分析,分析结果被填入填充框架,文摘生成器对通过填充框架形成的文摘“毛坯”进行再加工,根据已填充的内容及全信息词典中的知识对尚未填充的空槽进行补填,然后将填充框架中的内容填入文摘模板,形成文摘。文摘框架与文章的领域有关,如果是科技文献,一篇文章的文摘应由研究的对象、目的、方法、实验结果和结论等部分构成。将这些部分按照人们习惯的形式组织起来便形成了文摘框架。全信息词典将句子分析时所需要的词汇的语法、语义和语用信息有机地组成一体,用统一的文法描述。

在上述模型中,选择分析器、文摘框架和全信息词典是关键的三要素。

1）选择分析器

选择分析器的任务是对文章中的语句进行分析。与一般的自然语言分析器不同的是,此类分析器在文摘框架的指导下,针对(选择)特定的领域或特定的信息,利用全信息词典

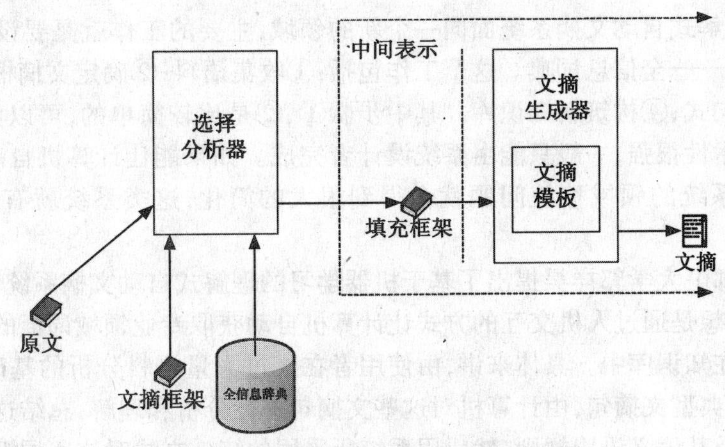

图 7-1　选择生成法自动文摘模型

中各个词汇的语法、语义和语用的全方位信息对句子进行分析,从而使得文摘可以在对文章深入理解的基础上进行。而一般的分析器虽然有不限领域的优点,但难于进行全信息分析,因而对文章的理解往往只限于语法层面。

应该注意的是,选择分析器本身与领域并无关系,只是在接受了某个文摘框架的指导后才选择了具体的领域。

2）文摘框架

文摘框架要根据领域分别构造,它的内容和形式都是领域相关的。

3）全信息词典

全信息词典由概念词典、概念联用知识库、效用知识库 3 部分组成。

(1) 概念词典是词典的静态的部分。它是以分类语义场为基础的多层次、多类型的静态语义网络,用来描述概念的聚合关系。具体来讲,采用上层按语法分类,下层按语义分类的方法,按照概念的抽象级别把词语放在不同的层次上,并允许低层的概念继承它们祖先的特征,从而有效地表示了概念的层次关系。

(2) 概念联用知识库是词典的动态部分。它是基于框架的动态语义网络,用来分析概念间的组合关系。概念联用是指有怎样的概念组合就会形成怎样的语义。由于概念的具体内容尤其是它们的用法是与应用领域密切相关的,因此最好分领域来设计词典的这部分内容。这样便于用统一的文法描述不同词之间组成的语义场。

(3) 效用知识库与具体的应用领域有关,根据应用领域确定词的效用(语用)。效用知识利用语料库的方法获得。通过对特定领域的真实文本及其文摘关系的分析,选出与文摘内容关系密切的词或短语,分析它们在句子中的地位和作用,制定适当的概念联用规则来确定它们在句中的意义。

2. 理解式自动文摘系统的领域移植

这种理解式自动文摘方法在特定领域的应用中取得了成功,生成文摘的质量明显高于机械式自动文摘。但是,这种方法需要区分领域来设计文摘框架和全信息词典,而这个工作又是需要智慧和耗费时间的,目前只在个别领域中完成了实验工作,因此离实际广泛应用还有很大距离。这就提出了一个新的问题,那就是如何迅速地使理解式自动文摘系统面向众多的领域。

要使上述理解式自动文摘系统面向一个新的领域,主要的工作就是要设计新领域的文摘框架和知识库——全信息词典。这个工作包括:①收集语料;②确定文摘框架和领域专业词;③研究语料句式;④构筑新知识库。其中步骤①、②是比较简单的,可以由使用者完成;而步骤③、④技术性很强,一般只能由系统设计者完成。如果能让计算机自动完成步骤③、④的工作,那么系统的领域移植问题就会得到很大的简化,这类系统就有了实际应用的可能。

为此,北京邮电大学郭祥昊提出了基于机器学习的理解式自动文摘系统领域移植方法,该方法的核心思想是通过人机交互的方式让计算机自动获取专业领域词汇的语义和语用规则,并将其组织在知识库中。具体来讲,由使用者在经过大量语料分析的基础上,为计算机提供某一领域的典型文摘句,由计算机对这些文摘句进行分析和理解,总结这些文摘句的构造规则、关键词及其语义语用规则,然后用系统所采用的统一文法对这些词汇和规则在知识库中进行描述。

3. 与机械式自动文摘的关系

从目前的技术水平看,理解式自动文摘还远不如机械式自动文摘成熟,要达到实用水平,还需要一段时间。但是它无疑是自动文摘技术的发展方向,具有很大的研究意义和价值。但是要注意到,理解式自动文摘与机械式自动文摘不是对立的,研究和开发理解式自动文摘技术要充分吸收机械式自动文摘技术的成果,尤其要对其中简单、普遍有效的方法积极采纳,使理解式自动文摘技术在一个较高的基础之上发展。

7.2.3　语音数据挖掘

7.2.3.1　*语音识别技术*

1. 线性预测编码(LPC)算法

LPC 算法是利用语音信号产生模型对语音信号进行解卷的算法。语音信号产生模型把截面积连续变化的实际声道近似为 P 段不同截面积的短声管的串联。这样的模型给出了离散时域的声道传输函数 $V(Z)$,且 $V(Z)$ 为全极点函数,即

$$V(Z) = 1/A(Z)$$

而

$$A(Z) = \sum_{i=1}^{P} a_i Z^{-i}$$

在频域中,$V(Z)$受到信号 $E(Z)$ 激励后输出语音信号 $S(Z)$。在时域中,$V(Z)$的单位取样响应 $v(n)$与激励信号 $e(n)$的卷积产生语音信号 $s(n)$。在语音信号数字处理所涉及的许多领域中,包括语音识别与合成,需要根据 $s(n)$来求 $v(n)$和 $e(n)$。由于要由卷积信号求得参与卷积的各个信号,因此这种计算被称作解卷计算。在上述全极点模型下,解卷算法可以归结为对各参数 α_i 进行估计。由于 $s(n)$是一个自相关的语音序列,因此可以采用线性预测方法通过 $s(n-1), s(n-2), \cdots, s(n-p)$对 $s(n)$进行预测,即

$$s(n) = \sum_{i=1}^{P-1} a_i' s(n-i)$$

而采用最小均方误差准则求得的各个最佳预测系数 α_i'恰好就等于传输函数 $V(Z)$的各个参数 α_i。由于获得了各个 α_i 也就等于获得了 $v(n)$,而有了 $s(n)$和 $v(n)$,就可以计算出 $e(n)$。

因而采用最小均方误差准则的 LPC 算法可以作为对 $s(n)$ 进行解卷的算法。而解卷计算的直接目的就是求解传输函数 $V(Z)$ 的各个参数 α_i，因此也叫参数解卷。求解 LPC 的预测系数的问题归结为解 LPC 正则方程组。LPC 正则方程组的解法有自相关法和自协方差法。

语音信号只在短时才是平稳的，因此只能对其进行短时分析。自相关法和自协方差法的主要差别在于短时分析的方法不同。自相关法是采用对长语音序列加窗的方法求解预测系数，而自协方差法是直接从长语音序列中截取短序列求解预测系数。自相关法利用加窗语音信号的自相关函数代替原语音信号的自相关函数，使 LPC 正则方程组的系数矩阵具有一种很好的性质，利用这种性质可以采用高效递推算法求解方程组。但由于用加窗语音信号的自相关函数代替原语音信号的自相关函数，这种算法必然会引入误差。而自协方差法的特点是精确，但没有高速算法。然而，通过选择窗函数，以及加大窗口的宽度，使其远远大于方程组的个数（预测参数的个数），自相关法在精度上的劣势便不再明显，而其高速性仍然突出，因此在实用中大都采用自相关法。自相关法的递推算法有多个，如 Durbin 算法、Lattice 算法、Schur 算法等。

2. 动态时间伸缩（DTW）算法

语音识别的研究从 20 世纪 50 年代开始，但直到 60 年代中期才取得了实质性的进展。其重要标志就是日本学者 Itakura 将动态规划算法用于解决语音识别中语速多变的难题，提出了著名的动态时间伸缩算法（Dynamic Time Warping，DTW）。当词汇表（所设计的识别词汇）较小、各个词条不易混淆时，DTW 取得了很大的成功。

早期的语音识别系统是按照模板匹配原理工作的。在训练阶段，将词汇表的每个词的特征向量抽出，作为标准模板存入模板库中。在识别阶段，将输入语音的特征向量依次与模板库中的各个标准模板进行比较，计算类似度，将类似度最高的标准模板所对应的词汇输出。很显然，如果只是生硬地将输入特征向量与标准特征向量中的元素一一进行对比，说话者语速不一致的问题将会给正确识别带来困难。DTW 算法为解决这一问题提供了一条有效的途径。

设输入特征向量为 $\boldsymbol{T}=(t_1,t_2,\cdots,t_N)^{\mathrm{T}}$，标准特征向量为 $\boldsymbol{R}=(r_1,r_2,\cdots,r_M)^{\mathrm{T}}$。采用 DTW 算法对 $\boldsymbol{T}$ 和 $\boldsymbol{R}$ 进行弹性匹配的方法可结合图 7-2 说明如下。

将 $\boldsymbol{T}$ 的各个元素的号码 $n=1:N$ 在一个二维直角坐标系的横轴上标出，把 $\boldsymbol{R}$ 的各个元素的号码 $m=1:M$ 在纵轴上标出。通过表示这些号码的整数坐标画一些纵横线形成网格，网格中的交叉点 (n,m) 表示 $\boldsymbol{T}$ 的某个元素 t_n 与 $\boldsymbol{R}$ 的某个元素 r_m 的匹配点。寻求 $\boldsymbol{T}$ 与 $\boldsymbol{R}$ 的最佳匹配问题可归结为在网格中寻找 n 个交叉点使 $\boldsymbol{T}$ 的各个元素与 $\boldsymbol{R}$ 的若干元素相匹配，使得各对匹配元素之间的偏差（差的绝对值）的累计值最小。但对于语音特征向量，匹配点的选取是有限制的，因为发音快慢可能有变化，但各部分的先后顺序不可能改变。因此由所选的 n 个匹配构成的一条路径一定是从左下角出发到右上角终止，并且路径各处的斜率都不可能为负。另外，由于语速的变化是有限度的，因此还可对点 $(1,1)$ 与可选匹配点间连线的斜率作出限制。通常最大斜率定为 2，最小斜率定为 1/2，则可选匹配点只能落在图 7-2中。

DTW 算法就是在这些限制条件下搜索最佳匹配路径的算法。该算法的基本思想是从左下角开始，计算各个可选匹配点 (n,m) 到 $(1,1)$ 之间的最佳匹配路径，由于点 (n,m) 的相邻（左下方向）可选匹配点最多只有 3 个（否则斜率便过大或过小），且这几个相邻可选匹配

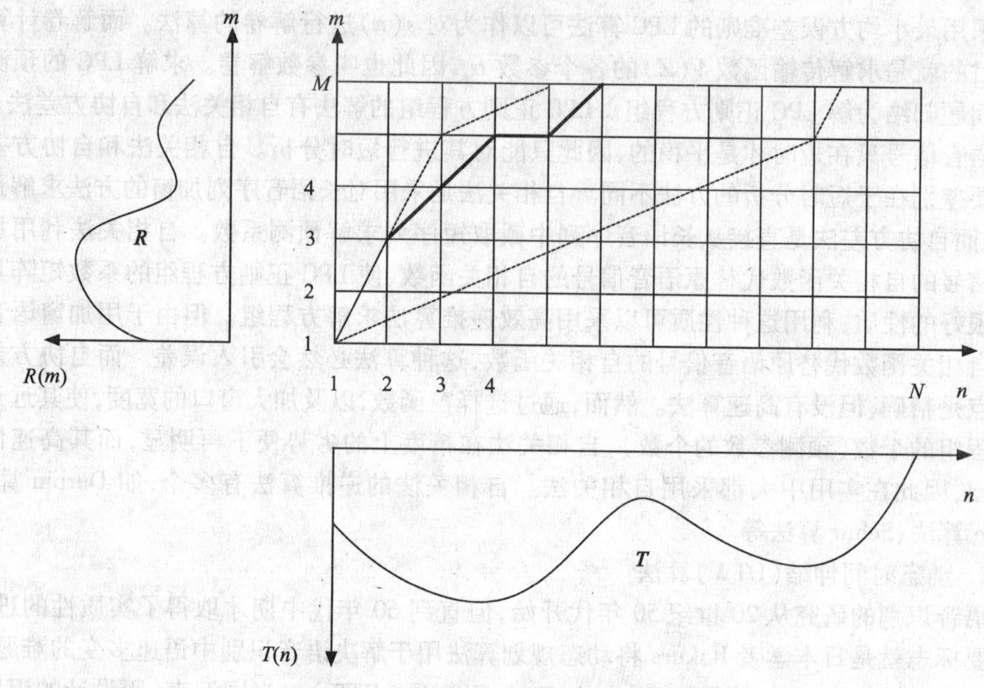

图 7-2　DTW 算法示意图的虚线框以内

点到点(1,1)之间的最佳匹配路径和匹配偏差已经先期计算,因此很容易确定点(n,m)的最佳相邻匹配点,并计算出累计匹配偏差。最终右上角点(N,M)的最佳相邻匹配点被确定时,再顺序倒推,就可以获得从(1,1)到(N,M)的最佳匹配路径。可见,这个算法的主要工作就是从左下到右上顺序计算和存储所有可选匹配点的最佳相邻可选匹配点和累计匹配偏差。

3. 协同发音及语音多变性问题

DTW 在处理小词汇表、孤立词语音的语音识别问题上虽然是有效的,但是在大词汇表、非特定人、连续语音的识别问题上却是无力的。在连续语音识别中,协同发音(co-articulation)现象是最大的问题。所谓协同发音,就是同一音素的发音随上下文不同而变化。对于小词汇表、孤立词识别系统,可以选择词、词组、短语甚至句子作为单位,在模板库中为每个词条建立一个模板,以此来回避协同发音问题。但是随着系统中用词量的提高,以词或词以上的单元作为识别单位是不可能的,因为模板数目将会很多,甚至是个天文数字。因此,大词汇表连续语音识别系统通常以音节甚至音素为识别单位,这样,协同发音问题便无法回避了。

对于非特定人语音识别,还存在一个语音多变性的困难。语音多变性首先在于不同的人对相同的音素、音节、词或句的发音有很大差异。这种差异来源于性别、年龄的不同,也来源于个人发音器官生理构造的不同,而且还与个人的受教育水平、社会地位、经历、气质等诸多后天因素有关。语音的多变性还在于同一个人在不同的时间、不同的生理心理状态下,对相同的话语内容会有不同的发音。可见语音的多变性是一个非常复杂的问题。

协同发音问题和语音多变性问题使得大词汇表、非特定人、连续语音识别成为一个非常具有挑战性的研究课题。多年来,虽然有众多的研究者为之奋斗,但一直没有取得明显的进展，但是到了20世纪80年代，问题终于有了突破，其主要原因就是在识别系统中全盘采用了隐Markov模型（Hidden Markov Model，HMM）这一统一框架。

4. 隐Markov模型（HMM）算法

HMM的建立是以Markov有限状态自动机为基础的。Markov有限状态自动机在任一时刻n所处的状态x_n只能是有限种状态$s_1,s_2,\cdots,s_L$中的一种s_i，而处于各种状态的概率取决于初始状态概率向量$\boldsymbol{\alpha}$和状态转移概率矩阵$\boldsymbol{A}$。$\boldsymbol{\alpha}=(\alpha_1,\alpha_2,\cdots,\alpha_L)$，$\alpha_i$表示初始状态处于$S_i$的概率。$\boldsymbol{A}$是一个$L\times L$的方阵，其元素$A_{ij}$表示由状态$S_i$转变为状态$S_j$的概率。显然自动机在任一时刻$n$所处状态$x_n$只取决于前一时刻$n-1$所处的状态$x_{n-1}$，而与更前时刻的状态无关。这样，该自动机产生的状态转移序列便是一条一阶Markov链。如果外界看不到自动机的状态，任一时刻n只能观察到自动机的一组输出y_n，而y_n取各种值的概率分布函数只取决于x_n处于何种状态。由于可能的状态数为L，所以会有L个概率分布函数$P_{s_1}(y),P_{s_2}(y),\cdots,P_{s_L}(y)$。由它们构成一个$L$维向量$\boldsymbol{B}$。这样的模型便是隐含Markov模型，即HMM。隐含是指系统中的状态是不可见的。一个HMM由它的特征参数α和矩阵$\boldsymbol{A}$、$\boldsymbol{B}$完全确定。

利用HMM进行语音识别时，为每个待识别单位（词、音节或音素）建立一个HMM，将采集到的语音信号（或其特征向量）作为HMM的输出Y。所要解决的问题有以下3项：①根据获得的语音信号，确定HMM的$\boldsymbol{\alpha},\boldsymbol{A},\boldsymbol{B}$；②已知$\boldsymbol{\alpha},\boldsymbol{A},\boldsymbol{B}$，计算HMM产生各种语音信号的概率；③已知$\boldsymbol{\alpha},\boldsymbol{A},\boldsymbol{B}$，在获得语音信号$Y$后，估计HMM产生该语音信号$Y$时最可能经历的状态序列。

7.2.3.2　语音识别

1. 语音识别系统的特征

词汇表、输入方式和服务对象是一个语音识别系统的重要特征。

1）词汇表

每一个语音识别系统都有一个词汇表，系统只识别表中所包含的词。词的数量越多，系统的实现越困难。词汇越多，发音相似的词也越多，导致识别困难；词汇越多，搜索时间越长，导致速度下降。一般来讲，词数小于100个时称小词汇表，100～500个时称中词汇表，超过500个时称大词汇表。

2）输入方式

输入方式是指按什么讲话方式将语音输入系统。它可分为孤立词、连接词和连续语音3种方式。孤立词方式是指每次只说一个词、一个词组或一条命令。如果允许讲词组或命令，那么要将它们作为独立的词条放在词汇表中。连接词方式一般特指自然地说出由0～9这10个数字组成的号码或少量的操作命令。词汇表只由这10个数字和操作命令构成。显然，连接词方式是针对电话声控拨号、数据库查询及操作控制类应用的。连续语音方式是指按自然说话方式输入语句。这3种输入方式的系统难度是依次上升的。

3）服务对象

服务对象是指系统是否只能由特定人使用。如手机声控拨号系统是面向机主个人的，属于特定人系统；而声控售票系统是面向大众的，属于非特定人系统。在词汇表和输入方式相同的前提下，非特定人系统的难度远远高于特定人系统。

词汇表、输入方式和服务对象3个特征是影响系统的实现难度及性能的3个主要因素，另外,环境噪声和应用领域约束也对此有很大影响。

2. 语音识别系统

1) 孤立词识别系统

孤立词识别系统可以采用模式匹配的原理应用 DTW 算法构成。标准模板库中存放每个词条的特征向量,特征可以是共振峰频率,也可以是 LPC 预测系数。标准模板要在识别之前通过训练建立起来。在特定人的场合,一个词只需用户说一遍即可。但多说几遍可以使一个词有多个标准模板,能更好地适应语音的变化,提高识别率。在非特定人的场合,主要依靠多模板的作用,即每个词用多个用户的语音进行训练,每个用户的语音构成一个模板。但模板数太多会造成存储和搜索的困难,为此可以采用聚类的方法,将若干相似的模板合并,用一个模板代替。

除了这些技术环节之外,还有一个更基础的步骤——端点检测。端点检测就是要从输入信号中排除无声段,确定语音的起点和终点。它是特征训练和识别的基础。没有良好的端点检测算法,就无法实现高精度的语音识别。进行端点检测的主要依据是能量、振幅和过零率。

孤立词识别系统也可以采用 HMM 构成。这种系统要请很多人进行训练,每人将词汇表中的每个词条读一遍,获得训练数据。利用这些训练数据,可以为每个词条建立一大套 HMM 参数 $\lambda = \{\alpha_v, A_v, B_v\}, v = 1, 2, \cdots, V$。$V$ 是词汇表中的词条数。在识别时,每输入一个待识别语音,就可以得到一个 N 维的行向量 $\boldsymbol{Y}$,N 是语音中包含的帧数。通过计算各个 $\boldsymbol{\lambda}_v$ 产生 $\boldsymbol{Y}$ 的概率,便可以确定输入的语音最可能是哪一个词。

2)连接词识别系统

连接词识别系统中不包含语言学层次上的句法分析等高层处理,因此可以将用于孤立词识别的 DTW 算法及 HMM 算法扩张以后加以采用。

采用 DTW 算法时,模板库中存放 0 ~ 9 这 10 个数字的标准模板。在识别时,将用户输入的测试序列由 L 个标准模板串接而成的参考模板用 DTW 算法进行比较。L 为待识别数字串的位数。这种方法的缺陷是串接的参考模板数量太大(为 10^L)。为了解决这个问题,提出了分层构筑技术,这种技术不是把标准模板串接成整体后与测试序列进行 DTW 比较,而是将测试序列分成相邻两段重叠 1/2 的 L 段,与各个标准模板逐段(逐层)进行 DTW 比较。这种技术可大大减少运算量。

采用 HMM 算法时,一般选择连续 HMM。训练数据是由多人说出的需要识别的数字串语音。训练时先将数字串语音尽可能准确地分割为对应孤立数字的语音,然后用这些对应孤立数字的语音(被称为词条样本)估计各数字的 HMM 参数。数字串语音分割的一个有效方法是分段 K 均值法。同样,在识别时也要采用分层构筑技术减少运算量。

3)连续语音识别系统

进入 20 世纪 90 年代以后,语音识别的研究重点已经转移到大词汇表、非特定人、连续语音上来,并且已经取得了一些突破。典型的方法是:以 HMM 为统一框架,构筑声学/语音层、词层和句法层 3 层识别系统模型。声学/语音层是系统的底层,它接收语音输入,输出音节、半音节、音素、音子等“次词单位”。音素(phoneme)是一种语言在拼音法中确定的各个拼音单位,如汉语拼音中的各个声母和韵母。而音子(phone)被定义为音素的发音。因为同一音素在不同相邻音素的场合下可能会有不同的发音,因此音子是一个比音素更小的语音单位,可以将其作为语音识别的基本单位。每个基本识别单位至少被建立一套 HMM 结构和参数。每一个 HMM 中最基本的构成单位是状态及其状态之间的转移弧。词层规定词汇表中每个词是由什么音素/音子串接而成。句法层规定词按什么规则构成句子。这些规则被称为句法(syntax),它的严格程度用“分支度”来衡量。分支度越小,可供选择的词组越少,识别也越容易。但要减少分支度,就需要有适合应用环境的较严格的语法,这是系统需要解决的一个重要问题。在 HMM 统一框架下,句法的描述不是采用规则或转移网络的方式,而是采用概率式的句法结构。图 7-3 显示了上述识别系统模型。

如图 7-3 所示,每个句子由若干词条构成。句子中第 1 个可选词用 $A_1,B_1,\cdots$表示,选择概率为 $P(A_1),P(B_1),\cdots$。句子中第 2 个可选词用 $A_2,B_2,\cdots$表示,其选择概率与前一词条有关,所以表示为 $P(A_2|A_1),P(B_2|A_1),\cdots$。句子中第 3 个可选词用 $A_3,B_3,\cdots$表示,其选

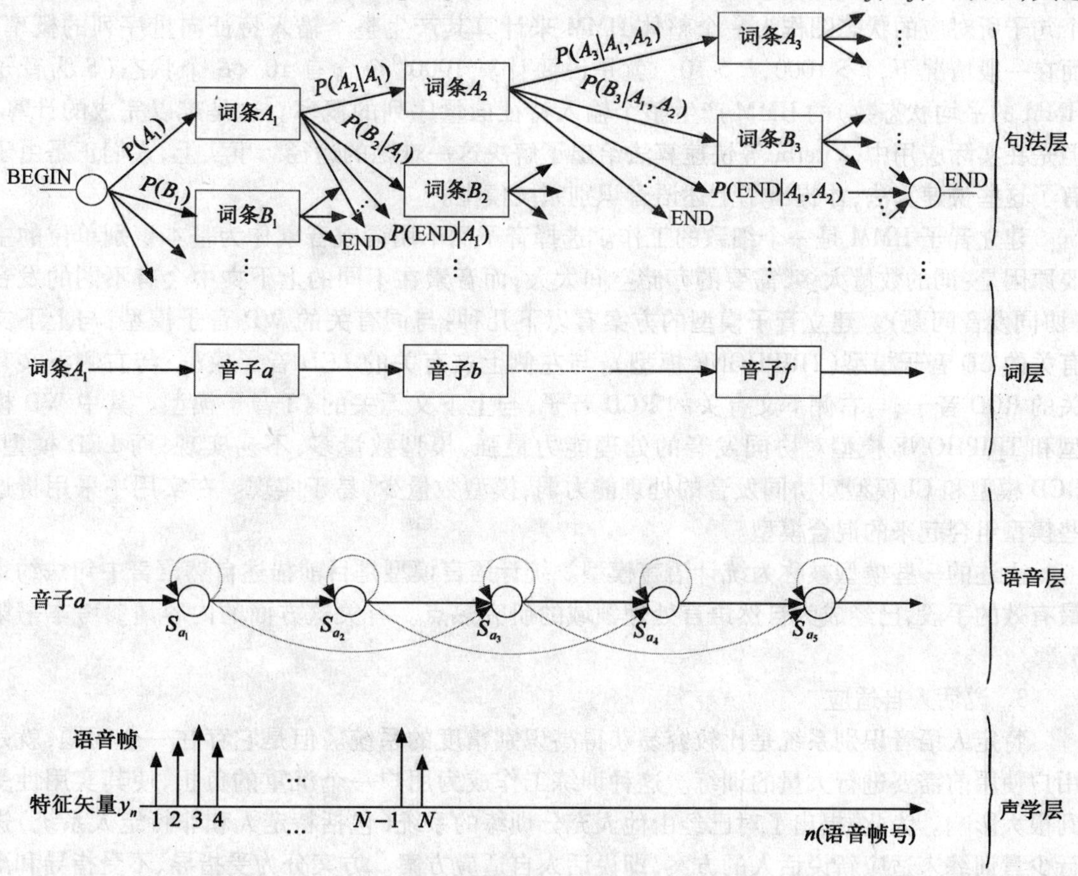

图 7-3　采用 HMM 统一框架的语音识别模型

择概率与前两词条有关,所以表示为 $P(A_3|A_1,A_2),P(B_3|A_1,A_2),\cdots$。如限定句子中最多包含 L 个词,第 L 个可选词 $A_L,B_L,\cdots$表示,其选择概率与前 $L-1$ 个词条有关,所以表示为 $P(A_L|A_1,A_2,\cdots,A_{L-1}),P(B_L|A_1,A_2,\cdots,A_{L-1})$。最简单的方法是假设第 $L-1$ 个词条的选择,这时上述各概率退化为 $P(A_L|A_{L-1}),P(B_L|A_{L-1})$,这相当于一阶 Markov 模型,这种句法称为双词文法,即 Bigram。对应多阶 Markov 模型的句法更符合语言规律,同时也可降低句法的分支度。但是随着阶数的上升,算法的复杂性迅速增加,目前实用中多采用 Bigram

或 Trigram 句法。

句子由词条构成，而词条由音子构成，音子的 HMM 的构成单位是状态和转移弧。因此句子最终被描述为包含多状态的状态图。所有可能的句子构成一个系统大状态图。识别时，要在此大状态图中搜索一条路径，该路径所对应的状态图产生输入特征向量序列的概率最大，该状态图所对应的句子就是识别结果。

采用 HMM 统一框架的语音识别系统要解决的主要问题是：第一，在状态图中搜索最佳路径；第二，为每个音子建立一个 HMM；第三，建立既符合应用要求又有高效算法的统计语言模型。

从图 7-3 中可以看出，在状态图中搜索最佳路径是一个运算量巨大的工作。设词汇表容量为 V，句子的最大长度为 R，则系统大状态图的分支数为 V^R 量级。在全搜索时，是将每个句子所对应的状态图作为一个整体 HMM 来计算其产生整个输入特征向量序列的概率。而在一般情况下，$V>1000$，$R>10$。就是说要计算 1000^{10} 个含有 $10\times S$ 个状态（S 为音子 HMM 的平均状态数）的 HMM 产生整个输入特征向量序列的概率。这是难以完成的计算，但是在实际应用中，Viterbi 等快速算法给出了解决这一难题的途径。事实上，人们正是由于有了这些快速算法，才提出了上述语音识别系统模型。

建立音子 HMM 是一个细致的工作。选择音子而不用词或音素作为基本识别单位的主要原因是：词的数量太多，需要的存储空间太大；而音素在不同的上下文中会有不同的发音（协同发音问题）。建立音子模型的方案有以下几种：与词有关的 WD 音子模型；与上下文有关的 CD 音子模型（TRIPHONE 模型）；与左侧上文有关的 LCD 音子模型；与右侧下文有关的 RCD 音子；与右侧下文有关的 RCD 音子；与上下文无关的 CI 音子模型。其中 WD 模型和 TRIPHONE 模型对协同发音的处理能力最强，模型数量多，不易实现；而 LCD 模型、RCD 模型和 CI 模型对协同发音的处理能力弱，模型数量少，易于实现。在实用中采用将这些模型组合起来的混合模型。

上述的一些模型被称为统计语言模型。统计语言模型是目前描述自然语言中句法约束最有效的手段，已经成为自然语言处理领域的研究热点。有关这方面的内容请参考本书第 5 章。

3. 说话人自适应

特定人语音识别系统是比较容易获得高识别精度的系统。但是它存在一个问题，就是用户使用前需要进行大量的训练。这种训练工作成为用户一个沉重的负担，使其实用性受到很大影响。为此，提出了对已经由他人充分训练的系统（包括特定人和非特定人系统）进行少量训练来适应新说话人的方案，即说话人自适应方案。方案分为受指导、不受指导和渐进 3 种。受指导方式是新说话人的训练要按预选规定进行；不受指导方式是不规定训练内容；渐进方式是使系统在使用过程中逐渐达到最佳。这 3 种方式对于用户来说是一种比一种方便。自适应原理主要分为说话人分类、谱映射和 HMM 参数调整几种类型。

7.2.3.3 语音识别研究前沿

语音识别技术经过 40 多年的研究，目前已经发展到了比较成熟的阶段，在实验室环境下，对大词汇量、朗读式连续口语语音平均识别率可以达到 90% 以上。语音识别技术正在向实用化迈进。以 IBM 的 VIAVOCE 为代表的几个听写机系统的出现使许多人了解了语音识别技术。除听写机外，语音识别技术也被用在一些有限词汇的特定任务上，如数字串的识别,面向特定领域的对话系统等。在这些系统中,当输入语音符合系统要求、比较规范,并且其声学环境同训练数据的声学环境相近时,识别性能甚至可以接近100%。

影响语音识别技术走向实用的主要问题有两个:一是缺乏健壮性,即当系统应用场合的声学环境同训练语料的声学环境差异较大时,误识率将显著增加;二是缺乏灵活性,即当人讲话比较自由随意时,识别性能明显下降。

因此,在语音识别研究的前沿领域中,自然口语语音识别、人机口语对话系统、广播电视新闻自动记录系统等直接解决健壮性和灵活性问题的研究项目吸引了人们的注意力。

1. 自然口语语音识别

1) 自然口语语音的特点

自然口语语音(spontaneous speech)就是指按照日常的自然口语方式讲话所产生的语音信号。自然口语语音是相对朗读式语音而言的。朗读式语音是指符合语法规则的,流畅的,讲话方式有特殊要求的,讲话内容经过特殊准备的语音信号。朗读式语音往往是连续语音识别系统所假设的输入信号。

与朗读式语音相比,自然口语语音通常是不流畅的,其中包含许多随机信号,如语音重入、语音更正、语音插入、犹豫、停顿、咳嗽、咂嘴声等。这些特性使得自然口语语音的识别要比朗读式语音识别困难得多。

经过分析人们发现,除正常语音外,自然口语语音中包含的随机信号大致可分为非流畅语音信号、背景噪声、讲话人的附带发音3类。非流畅语音信号包括填音(filled pattses)、词片段、犹豫等,填音指[er]、[um]、[oh]等音;词片段指已开始讲但未讲完的词;犹豫指发音过程中长于1s的停顿。背景噪声包括背景语音噪声和背景非语音噪声。附带发音是指人在讲话过程中夹杂的笑声、咳嗽声、咂嘴声、呼吸声等。

在基于连续朗读式语音的语音识别系统中(如听写机系统),N-grams语音模型是非常有效的,而在自然口语语音的识别中这种模型不再适用,因为语言模型中预定的词序概率关系无法描述语言信号中所包含的语音插入、更正及其他随机信号。因此对自然口语语音进行识别,对声学模型、语言模型,以及识别和训练算法都需要进行大的改进。

2) 自然口语语音识别的研究概况

(1) 大词汇量自然口语语音识别研究

大词汇量自然口语语音识别研究的目的主要是为了改善听写机的性能。目前的听写机系统已经具有以较高的精度将人们朗读的文章识别并显示或打印出来的功能。但是,人们还不能以自然口语的方式使用它,要做到这样,就要求听写机能够识别边思考、边修改所发出的不流畅的语言信号,同时还要能将说话人语流中夹杂的随机信号过滤掉。

国外的研究者将英语对话语流中的随时机信号进行分类,然后在标注、训练和识别过程中将它们当作一般的词来处理,不同的是每一个这样的词单独对应一个HMM模型。采用这种方法有几个问题值得考虑。首先,各类随机信号在声学上是否具有稳定性,而且靠标注人的听觉将各式各样的随机信号进行分类也是一件很困难的事,因为人对语音信号中的随机信号的分辨能力较差。在日常生活中我们已习惯将这些信号简单地忽略掉,而不去分辨它属于哪种非语音行为。其次,将这些随机信号作为一般的词,并参与语言模型的训练的方法理论依据不足。

(2) 关键词检测技术

关键词检测(word spotting)技术,是近年来颇受重视的一个研究领域。这项技术是在包含随机信号的自然口语中辨认和确定一些特定的词。人机口语对话系统,是目前口语语音识别技术的一个主要应用方向。在这种应用中,机器不但要识别口语语音而且要对其进行理解并做出相应的反馈。但这种系统往往不需要完整地识别整个语音信号,而只需将其中包含关键语义的词或短语识别出来即可。

面向这类应用,人们越来越重视关键词检测技术。在关键词检测的研究中,为从自然口语中找出携带关键语义的词或短语,可以沿用一般连续语音识别的 HMM 框架,但不同的是不仅要给关键词建立模型,也要建立废料(关键词之外的信号)模型。

关键词检测算法可分为两大类:自底向上法和自顶向下法。自底向上法首先将一段输入口语语音识别为一串音素的连接,然后再同关键词的音素网格进行匹配,找出相应的关键词。这种方法灵活、通用性强,缺点是过分依赖在连续口语语音中常常被淹没、替代和修改的音素。自顶向下法检测的直接目标是关键词或短语。这种方法在特定任务的口语对话系统中获得了很好的效果。与自底向上法相比提高了检测的健壮性,但降低了灵活性。目前的问题是如何建立更好的、更接近对话语流特性的语言模型和提高检测的速度。

(3) 语言模型的研究

为了进行自然口语语音识别,需要改善现有的语言模型。尽管自然口语语音规范性差,但其中仍然存在语言规律。如何在丰富多变的自然口语中找出这些规律并进行模型化,是当前的一个研究热点。

有关自然口语语音模型的研究,目前尚未取得大的突破,取得的进展主要是在应用语音模型的技巧文献。例如,根据自然口语尽管非常随意,但一些在语义上结合很紧密的短语或语句段却很少被分开这一特性,将基于词的语言模型改造为基于更长、更稳定的单元的语言模型。

2. 人机口语对话系统

1) 概况

"人机口语对话"是人工智能研究领域的一个崇高目标,经过多年的技术积累,人机口语对话系统已经成为目前的一个研究热点。首先是国内外一系列有关人机口语对话研究项目的启动,国外比较大的有:美国国防部资助的航空旅游信息服务系统(ATIS)、AT&T 公司的自动电话接线员(HMIHY)研究项目、麻省理工大学的天气信息语音自动服务(JUPTTER)研究项目和德国教育科学研究联合部资助的面对面自动翻译项目(VERBMOBIL);国内正在进行的两个比较大的项目是:中国科学院同 AT&T 合作的英汉语音自动翻译项目,以及对"973"项目"图像、语音、自然语言理解与知识发掘"中的自然人机口语对话系统的研究。目前,实用中的人机对话技术主要是面向特定领域的人机口语对话系统,主要有以下几个方面的应用。

(1) 信息查询。

(2) 表格填写。

(3) 有限范围的语音自动翻译。

(4) 特定任务的语音界面。

(5) 手眼都被占用(或不自由)场合的语音交互。

2）人机口语对话系统的基本框架

人机口语对话系统通常包括语音识别器、对话管理器、任务反馈器、语音合成器 4 个主要部件。各部件分别有如下功能：

- 语音识别器将输入语音转化为文本，输出给对话管理器。
- 语音合成器将对话管理器的语言反馈，即将文本合成为语音。

设计一个面向特定领域的人机口语对话系统通常包括以下几个步骤。

（1）选择和确定适当的语音识别器及其与对话管理器、具体任务领域知识的结合方式。

（2）设计对话管理器内部的各功能模块。

（3）确定对话管理器与具体任务领域知识的结合方式。

（4）确定语音合成器与对话管理器的结合方式。

语音识别器与对话管理器的结合方式是指对话管理器所希望得到的文本形式，以及对话管理器对语音识别器的控制作用。根据所采用技术的不同，语音识别器输出的结果可能是单一句子、多个句子假设、词格、关键词或短语。对话管理器的设计者可根据具体情况与识别器达成某种协议，为提高语音识别的性能，对话管理器在某些状态下可对语音识别进行合理约束。

设计对话管理单元内部的各功能模块是系统开发的核心任务。对话管理器应包括哪些功能单元一直没有定论。不过就对话管理器要完成的功能来讲，至少应包括语言理解模块、任务分析模块、任务调用模块和语言产生模块。

另一个重要的问题是确定系统与任务领域知识的结合方式，即任务信息应如何被对话管理器所利用。理想的情况是对话管理器具有很强的通用性，任务领域的知识可以方便地融入其中，而不必为任何一个领域从头进行设计。

语音合成相对语音识别来讲是一个更加成熟的技术，目前也有一些语音合成引擎可以在市场上买到，对话管理器只须输出一段文本给合成器，它即可将其转化为相应的语音信号。

语言合成器同对话管理器的结合方式在于：对话管理器可以根据任务指明一些特殊的或专门的词，即分词信息，使得合成出来的语音更加自然，不过这还要依赖于合成系统所提供的接口。

人机口语对话目前的主要问题在于自然口语语音识别和对话管理器。

3）主要研究方向

目前主要在以下三个方向开展研究：一是对话管理器对语音识别单元的约束和补偿作用；二是着眼于提高对话管理器本身的智能度和灵活度；三是改善人机口语对话系统的核心部分同具体任务领域的结合方式。

第一个方向研究的主要问题是，对话管理器对语音识别的错误结果的补偿作用，对话管理器根据具体任务知识和当前的对话状态对语音识别的词汇，以及语言模型的约束或指导作用。对话管理器恢复语音识别错误可以有两个策略，一是根据语义信息和对话的上下文语境，采用过滤方法拒绝与任务不相关的结果输出；另一种策略是让用户在下一步的对话中自己来判断识别结果的正确与否。人机对话应类似于人与人之间的对话，在对话过程中，任何一方对另一方的回答都有一定期待和预测。为此，需要机器能够进行期待或预测，并将这种期待和预测作为对语音识别器的约束，降低其搜索代价。有研究者认为，对话预测是指将人机对话过程中的一对话状态同一个特定的语言模型建立联系，这个语言模型将被识别器用来对用户的下一次输入的语音进行识别。

第二个方向研究的主要问题是，怎样提高对话管理器本身的智能度和灵活度。对话管理器的作用是帮助用户高效自然地完成对话的意图或目的。因此需要在效率和自然度之间找到一个很好的用户可接受的折中点，也就是对话策略。人们通常将对话策略分为 3 种：系统主导、用户主导和混合主导。对话策略的选择要依据任务而定，目前比较流行的方式是混合主导。对话策略确定后，紧接着面临的问题是建立对话模型，即确定对话管理器的基本单元及其相互关系。

第三个方向研究的主要问题是，改善人机口语对话系统同任务知识的结合方式。设计对话管理器是一件非常困难的任务，它需要考虑诸多的因素。而现实生活中的很多领域对这种技术都有需求，因此如果为每项任务都去作一次设计，那么不但会导致高额的开发成本，而且很难及时满足实际的需求。为此，研究人员一直在寻求一个通用的对话管理框架，这个框架可方便地适用于任何领域。这一问题的研究方向主要有两个：一是如何使对话管理的核心部分通用化；二是面向终端用户开发友好的界面以便任务的描述或定义。

3. 广播电视新闻自动记录系统

广播电视新闻节目中包括了不同的声学和语言学特性的信号段，段与段之间会产生突然和猛烈的变化。信号的质量既有播音室的高保真质量，也有经由电话或其他含噪信道传送的有限带宽信号，也有在音乐背景下的语声或是纯音乐段。同样是语音信号，还有播音员、主持人、带口音的普通百姓、语音不地道的外国人等形形色色的讲话人之别。语言风格有朗读文章式的，也有自然口语式的。由于广播电视新闻节目的上述特征，研究广播新闻自动记录系统引起了人们的兴趣。人们希望通过这一实际系统的研究和开发，提高语音识别技术的健壮性和灵活性，使其早日走向实用化。

与大词汇量连续语音识别系统相比，广播电视新闻自动记录系统框架并无大的变化。主要技术特点是增加了自动分段和强化了自适应能力。

1）分段技术

如前所述，在广播电视新闻节目中包括各种声学性质的语音信号，分段的目的是将具有不同声学语音学特性的信号划分开来。具体地讲，就是将连续的数据流切分为若干适当长度的语音段，一般每一段为同一讲话人和相同的声学条件，从而便于对应不同的段选择不同的自适应变换。信号段大体有 3 类：宽带语音、窄带语音和音乐。分段技术常用的方法是分类建模方法，根据分段特征利用高斯密度模型建模进行重估和聚类。

2）自适应技术

考虑到运算量，此类系统多采用基于变换的自适应技术。在模型参数方面，采用最多的是取大似然线性回归（MLLR）法和最大后验概率法。在特征参数方面主要采用声道长度归一化法、上下文相关特征分析法等。具体的方法，一种是通过均值方差 MLLR 变换，将用纯净语音训练好的模型向各种不同的声学类别的数据进行自适应；另一种是用所有数据训练一个健壮的声学模型，然后用有监督的 MLLR 对各类数据进行自适应。近年来还出现了讲话人自适应训练和聚类自适应训练等新方法。

7.2.4　空间数据挖掘

地理信息系统(Geographic Information System,GIS)是计算机科学、地理学、测量学、地图学等多门学科综合的技术。GIS 的基本技术是空间数据库、地图可视化及空间分析,而空间数据库是 GIS 的关键。空间数据挖掘技术作为当前数据库技术最活跃的分支与知识获取手段,在 GIS 中的应用推动着 GIS 朝智能化和集成化的方向发展。

7.2.4.1　空间数据库与空间数据挖掘技术的特点

随着数据库技术的不断发展和数据库管理系统的广泛应用,数据库中存储的数据量也在急剧增大,在这些海量数据的背后隐藏了很多具有决策意义的信息。但是,现今数据库的大多数应用仍然停留在查询、检索阶段,数据库中隐藏的丰富的知识远远没有得到充分的发掘和利用,数据库中数据的急剧增长和人们对数据库处理和理解的困难形成了强烈的反差,导致出现"人们被数据淹没,但却饥饿于知识"的现象。

空间数据库(数据仓库)中的空间数据除了其显式信息外,还具有丰富的隐含信息,如数字高程模型(DEM 或 TIN),除了载荷高程信息外,还隐含了地质岩性与构造方面的信息;植物的种类是显式信息,但其中还隐含了气候的水平地带性和垂直地带性的信息,等等。这些隐含的信息只有通过数据挖掘才能显示出来。空间数据挖掘(Spatial Data Mining,SDM),或者称为从空间数据库中发现知识,是为了解决空间数据海量特性而扩展的一个新的数据挖掘的研究分支,是指从空间数据库中提取隐含的、令用户感兴趣的空间或非空间的模式和普遍特征的过程。由于 SDM 的对象主要是空间数据库,而空间数据库中不仅存储了空间事物或对象的几何数据、属性数据,而且存储了空间事物或对象之间的图形空间关系,因此其处理方法有别于一般的数据挖掘方法。SDM 与传统的地学数据分析方法的本质区别在于 SDM 是在没有明确假设的前提下挖掘信息、发现知识,挖掘出的知识应具有事先未知、有效和可实用 3 个特征。

空间数据挖掘技术需要综合数据挖掘技术与空间数据库技术,它可用于对空间数据的理解,对空间关系和空间与非空间关系的发现,对空间知识库的构造及空间数据库的重组和查询的优化等。

7.2.4.2　空间数据挖掘技术的主要方法及特点

常用的空间数据挖掘技术包括:序列分析、分类分析、预测、聚类分析、关联规则分析、时间序列分析、粗集方法及云理论等。本节从挖掘任务和挖掘方法的角度,着重介绍分类分析、聚类分析和关联规则分析三种常用的重要的方法。

1. 分类分析

分类在数据挖掘中是一项非常重要的任务,目前在商业上应用最多。分类的目的是学会一个分类函数或分类模型(也常常称作分类器),该模型能把数据库中的数据项映射到给定类别中的某一个。分类和我们熟知的回归方法一样都可用于预测,两者的目的都是从历史数据记录中自动推导出对给定数据的推广描述,从而能对未来数据进行预测。和回归方法不同的是,分类的输出是离散的类别值,而回归的输出则是连续的数值。二者常表现为一棵决策树,根据数据值从树根开始搜索,沿着数据满足的分支往上走,走到树叶就能确定类别。空间分类的规则实质是对给定数据对象集的抽象和概括,可用宏元组表示。

要构造分类器,需要有一个训练样本数据集作为输入。训练集由一组数据库记录或元组构成,每个元组是一个由特征(又称属性)值组成的特征向量。此外,训练样本还有一个类别标记。一个具体样本的形式可为($v_1,v_2,\cdots,v_n;c$),其中,v_i 表示字段值,c 表示类别。

分类器的构造方法有统计方法、机器学习方法、神经网络方法等。统计方法包括贝叶斯法和非参数法(近邻学习或基于事例的学习),对应的知识表示是判别函数和原型事例。机器学习方法包括决策树法和规则归纳法,前者对应的表示为决策树或判别树,后者则一般为产生式规则。神经网络方法主要是反向传播(Back Propagation,BP)算法,它的模型表示是前向反馈神经网络模型(由代表神经元的结点和代表联接权值的边组成的一种体系结构),BP 算法本质上是一种非线性判别函数。另外,最近又兴起了一种新的方法:粗糙集(rough set),其知识表示是产生式规则。

不同的分类器有不同的特点。有三种分类器评价或比较尺度:①预测准确度;②计算复杂度;③模型描述的简洁度。预测准确度是用得最多的一种比较尺度,特别是对于预测型分类任务,目前公认的方法是 10 番分层交叉验证法。计算复杂度依赖于具体的实现细节和硬件环境,在数据挖掘中,由于操作对象是海量的数据库,因此空间和时间的复杂度问题将是非常重要的一个环节。对于描述型的分类任务,模型描述越简洁越受欢迎。例如,采用规则归纳法表示的分类器构造法就很有用,而神经网络方法产生的结果就难以理解。

另外要注意的是,分类的效果一般和数据的特点有关。有的数据噪声大,有的有缺值,有的分布稀疏,有的字段或属性间相关性强,有的属性是离散的,而有的是连续值或混合式的。目前普遍认为不存在某种方法能适合于各种特点的数据。

分类技术在实际应用非常重要,如可以根据房屋的地理位置决定房屋的档次等。

2. 聚类分析

聚类是指根据“物以类聚”的原理,将本身没有类别的样本聚集成不同的组,并且对每一个这样的组进行描述的过程。它的目的是使得属于同一个组的样本之间应该彼此相似,而不同组的样本之间应足够不相似。与分类分析不同,进行聚类前并不知道将要划分成几个组和什么样的组,也不知道根据哪些空间区分规则来定义组。其目的旨在发现空间实体的属性间的函数关系,挖掘的知识用以属性名为变量的数学方程来表示。聚类方法包括统计方法、机器学习方法、神经网络方法和面向数据库的方法。基于聚类分析方法的空间数据挖掘算法包括均值近似算法、CLARANS、BIRCH、DBSCAN 等算法。目前,对空间数据聚类分析方法的研究是一个热点。

对于空间数据,利用聚类分析方法,可以根据地理位置及障碍物的存在情况自动地进行区域划分。例如,根据分布在不同地理位置的 ATM 机的情况将居民进行区域划分,根据这一信息,可以有效地进行 ATM 机的设置规划,避免浪费,同时也避免失掉每一个商机。

3. 关联规则分析

关联规则分析主要用于发现不同事件之间的关联性,即一事物发生时,另一事物也经常发生。关联分析的重点在于快速发现那些有实用价值的关联发生的事件。其主要依据是:

事件发生的概率和条件概率应该符合一定的统计意义。空间关联规则的形式是：$X \rightarrow Y[S\%, C\%]$，其中，$X$、$Y$ 是空间或非空间谓词的集合，$S\%$ 表示规则的支持度，$C\%$ 表示规则的置信度。空间谓词的形式有三种：表示拓扑结构的谓词、表示空间方向的谓词和表示距离的谓词。各种各样的空间谓词可以构成空间关联规则，如距离信息（如 Close_to（临近）、Far_away（远离））、拓扑关系（Intersect（交）、Overlap（重叠）、Disjoin（分离））和空间方位（如 Right_of（右边）、West_of（西边））。实际上大多数算法都是利用空间数据的关联特性改进其分类算法，使得它适合于挖掘空间数据中的相关性，从而可以根据一个空间实体而确定另一个空间实体的地理位置，有利于进行空间位置查询和重建空间实体等。大致算法可描述为：①根据查询要求查找相关的空间数据；②利用临近等原则描述空间属性和特定属性；③根据最小支持度原则过滤不重要的数据；④运用其他手段对数据进一步提纯（如 OVERLAY）；⑤生成关联规则。

关联规则通常可分为两种：布尔型的关联规则和多值关联规则。多值关联规则比较复杂，一种自然的想法是将它转换为布尔型关联规则，由于空间关联规则的挖掘需要在大量的空间对象中计算多种空间关系，因此其代价是很高的。一种逐步求精的挖掘优化方法可用于空间关联的分析，该方法首先用一种快速的算法粗略地对一个较大的数据集进行一次挖掘，然后在裁减过的数据集上用代价较高的算法进一步改进挖掘的质量。因为其代价非常高，所以空间的关联方法需要进一步地优化。

对于空间数据，利用关联规则分析，可以发现地理位置的关联性。例如，85%的靠近高速公路的大城镇与水相邻，或者发现通常与高尔夫球场相邻的对象是停车场等。

7.2.4.3　空间数据挖掘技术的研究方向

1. 处理不同类型的数据

绝大多数数据库是关系型的，因此在关系数据库上有效地执行数据挖掘是至关重要的。但是在不同应用领域中存在各种数据和数据库，而且经常包含复杂的数据类型，如结构数据、复杂对象、事务数据、历史数据等。由于数据类型的多样性和数据挖掘目标的不同，一个数据挖掘系统不可能处理各种数据。因此针对特定的数据类型，需要建立特定的数据挖掘系统。

2. 数据挖掘算法的有效性和可测性

海量数据库通常有上百个属性和表，以及数百万个元组。GB 数量级数据库已不鲜见，TB 数量级数据库已经出现，高维大型数据库不仅增大了搜索空间，也增加了发现错误模式的可能性。因此必须利用领域知识降低维数，除去无关数据，从而提高算法效率。从一个大型空间数据库中抽取知识的算法必须高效、可测量，即数据挖掘算法的运行时间必须可预测且可接受。指数和多项式复杂性的算法不具有实用价值，但当算法用有限数据为特定模型寻找适当参数时，有时也会导致效率降低。

3. 交互性用户界面

数据挖掘的结果应准确地描述数据挖掘的要求，并易于表达。从不同的角度考察发现的知识，并以不同形式表示，用高层次语言和图形界面表示数据挖掘要求和结果。目前许多知识发现系统和工具缺乏与用户的交互，难以有效利用领域知识。对此可以利用贝叶斯方法和演译数据库本身的演译能力发现知识。

4. 在多抽象层上交互式挖掘知识

很难预测从数据库中会挖掘出什么样的知识,因此一个高层次的数据挖掘查询应作为进一步探询的线索。交互式挖掘使用户能交互地定义一个数据挖掘要求,深化数据挖掘过程,从不同角度灵活看待多抽象层上的数据挖掘结果。

5. 从不同数据源挖掘信息

局域网、广域网以及 Internet 将多个数据源连成一个大型分布、异构的数据库,从包含不同语义的格式化和非格式化数据中挖掘知识是对数据挖掘的一个挑战。数据挖掘可揭示大型异构数据库中存在的普通查询不能发现的知识。数据库的巨大规模、广泛分布及数据挖掘方法的计算复杂性,要求建立并行分布的数据挖掘。

6. 私有性和安全性

数据挖掘能从不同角度、不同抽象层上看待数据,这将影响到数据挖掘的私有性和安全性。通过研究数据挖掘导致的数据非法侵入,可改进数据库安全方法,以避免信息泄漏。

7. 和其他系统的集成

方法、功能单一的发现系统的适用范围必然受到一定的限制。要想在更广泛的领域发现知识,空间数据挖掘系统就应该是数据库、知识库、专家系统、决策支持系统、可视化工具、网络等技术的集成。

7.2.4.4 GIS 中的数据挖掘

随着 GIS 与数据挖掘及相关领域科学研究的不断发展,空间数据挖掘技术在广度和深度上的不断深入,在不久的将来,一个集成了挖掘技术的 GIS、GPS、RS 集成系统必将朝着智能化、网络化、全球化与大众化的方向发展。

1. 空间数据库知识发现面临的困难

从空间数据库发现知识的传统途径是通过专家系统、数据挖掘、空间分析等技术来实现的。但是在空间数据库隐含知识的发现方面,只单独依靠某一种技术,往往存在着这样或那样的缺陷。对于专家系统来讲,专家系统不具备自动学习的能力,GIS 中的专家系统也达不到真正的智能系统的要求,仅能利用已有的知识进行推导。对于数据挖掘来讲,空间数据库与普通数据库在数据存储机制的不同和空间数据的相互依赖性等特点,决定了在空间数据库无法直接采用传统的数据挖掘方法。对于空间分析来讲,虽然空间分析中常用的统计方法可以很好地处理数字型数据,但是它存在的问题很多,如统计方法通常假设空间分布的数据间在统计上是独立的,而现实中空间对象间一般是相互关联的;其次,统计模型一般只有具有相当丰富领域知识和统计方面经验的统计专家才能用;另外,统计方法对大规模数据库的计算代价非常高,所以在处理海量数据方面能力较低。

从上面的分析可以看出,由于空间数据具有诸多特点,因此在空间数据库进行知识发现,需要克服使用单一技术的缺陷,即需要融合多种不同技术。所以研究人员提出了空间数据挖掘技术来解决从空间数据库知识发现隐含知识的难题。

空间数据挖掘是多学科和多种技术交叉综合的新领域,它综合了机器学习、空间数据库系统、专家系统、可移动计算、统计、遥感、基于知识的系统、可视化等领域的有关技术。

空间数据挖掘利用空间数据结构、空间推理、计算几何学等技术，把传统的数据挖掘技术扩充到空间数据库并提出很多新的有效的空间数据挖掘方法。与传统空间分析方法相比，它在实现效率、与数据库系统的结合、与用户的交互、发现新类型的知识等方面的能力大大增强。空间数据挖掘能与 GIS 的结合，使 GIS 系统具有自动学习的功能，能自动获取知识，从而成为真正的智能空间信息系统。

2. 扩展传统数据挖掘方法到空间数据库

空间数据挖掘技术按功能划分，可分为三类：描述、解释和预测。描述性的模型将空间现象的分布特征化，如空间聚类。解释性的模型用于处理空间关系，如处理一个空间对象和影响其空间分布的因素之间的关系。预测型的模型用来根据给定的一些属性预测某些属性。预测型的模型包括分类、回归等。以下介绍将几个典型的数据挖掘技术聚类、分类、关联规则扩展到空间数据库的方法。

聚类分析方法按一定的距离或相似性测度将数据分成一系列相互区分的组，而空间数据聚类是按照某种距离度量准则，在某个大型、多维数据集中标识出聚类或稠密分布的区域，从而发现数据集的整个空间分布模式。经典统计学中的聚类分析方法对海量数据的聚类效率很低，而数据挖掘中的聚类方法可以大大提高聚类效率。有文章提出两个基于 CLARANS 聚类算法空间数据挖掘算法 SD 和 ND，可以分别用来发现空间聚类中的非空间特征和具有相同非空间特征的空间聚类。SD 算法首先用 CLARANS 算法进行空间聚类，然后用面向属性归纳法寻找每个聚类中对象的高层非空间描述；ND 算法则反之。另有文章提出一种将传统分类算法 ID3 决策树算法扩展到空间数据库的方法，该算法给出了计算邻近对象非空间属性的聚合值的方法，并且通过对空间谓词进行相关性分析和采用一种逐渐求精的策略使得计算时间复杂度大大降低。Koperski 等将大型事务数据库的关联规则概念扩展到空间数据库，用以找出空间对象的关联规则。此方法采用一种逐渐求精的方法计算空间谓词，首先在一个较大的数据集上用 MBR 最小边界矩形结构技术对粗略的空间谓词进行近似空间运算，然后在裁剪过的数据集上用代价较高的算法进一步改进挖掘的质量。

3. 空间数据库实现技术

在空间数据挖掘系统中，空间数据库负责空间数据和属性数据的管理，它的实现效率对整个挖掘系统有着举足轻重的影响。所以下面详细介绍空间数据库的实现技术。

根据空间数据库中空间数据和属性数据的管理方式，空间数据库有两种实现模式：集成模式和混合模式。后者将非空间数据存储在关系数据库中，将空间数据存放在文件系统中。在这种采用混合模式的空间数据库中，空间数据无法获得数据库系统的有效管理，并且空间数据分别采用各个厂商定义的专用格式，通用性差。而集成模式是将空间数据和属性数据全部存储在数据库中，因此现在的 GIS 软件都在朝集成结构的空间数据库方向发展。下面对集成结构的空间数据库技术中的两个主流技术——基于空间数据引擎技术的空间数据库和以 Oracle Spatial 为代表的通用空间数据库进行比较分析。

空间数据引擎是一种处于应用程序和数据库管理系统之间的中间件技术。使用不同 GIS 厂商的客户可以通过空间数据引擎将自身的数据交给大型关系型 DBMS 统一管理；同样，客户也可以通过空间数据引擎从关系型 DBMS 中获取其他类型 GIS 的数据，并转化成客户可使用的方式。它们大多是在 Oracle Spatial 推出之前由 GIS 软件开发商提供的将空间数据存入通用数据库的解决方案，且该方案价格昂贵。

Oracle Spatial 提供一个在数据库管理系统中管理空间数据的完全开放体系结构。Oracle Spatial 提供的功能与数据库服务器完全集成。用户通过 SQL 定义并操作空间数据，且保留了 Oracle 的一些特性，如灵活的 n – 层体系结构、对象定义、健壮的数据管理机制、Java存储过程。它们确保了数据的完整性、可恢复能力和安全性，而这些特性在混合模式结构中几乎不可能获得。在 Oracle Spatial 中，用户可将空间数据当作数据库的特征使用，可支持空间数据库的复制、分布式空间数据库及高速的批量装载，而空间中间件则不能。除了允许使用所有数据库特性以外，Spatial Cartridge 还提供用户使用行列来快速访问数据。使用简单的 SQL 语句，使用者就能直接选取多个记录。Spatial Cartridge 数据模型也给数据库管理员提供了极大的灵活性，DBA 可使用常见的管理和调整数据库的技术。

4. 空间数据挖掘系统的开发

1）通用 SDM 系统

在空间数据挖掘系统的开发方面，国际上最著名的、有代表性的通用 SDM 系统有 GeoMiner、Descartes 和 ArcView GIS 的 S – PLUS 接口。GeoMiner 是加拿大 Simon Fraser 大学开发的著名数据挖掘软件 DBMiner 的空间数据挖掘的扩展模块。空间数据挖掘原型系统 GeoMiner 包含有三大模块：空间数据立方体构建模块、空间联机分析处理（OLAP）模块和空间数据挖掘模块。这三大模块能够进行交互式地采掘并显示采掘结果。空间数据挖掘模块能采掘 3 种类型的规则：特征规则、判别规则和关联规则。GeoMiner 采用 SAND 体系结构，采用的空间数据挖掘语言是 GMQL。其空间数据库服务器包括 MapInfo，ESRI/OracleSDE，Informix – Illustra以及其他空间数据库引擎。

Descartes 支持可视化的分析空间数据，此软件与数据挖掘工具 Kepler 结合使用，Kepler 完成数据挖掘任务且拥有自己的表现数据挖掘结果的非图形界面。Kepler 和 Descarte 动态链接，把传统 DM 与自动作图可视化和图形表现操作结合起来，实现 C4.5 决策树算法、聚类、关联规则的挖掘。

ArcView GIS 的 S – PLUS 接口是著名的 ESRI 公司开发的，它提供在工具分析空间数据中指定类。

除了以上空间数据挖掘系统外，还有 GwiM 等系统。

从以上 SDM 系统可以看出，它们共同的优点是把传统 DM 与地图可视化结合起来，提供聚类、分类等多种挖掘模式，但它们在空间数据的操作上实现方式不尽相同。Descartes 是专门的空间数据可视化工具，它只有与 DM 工具 Kepler 结合在一起，才能完成 SDM 任务。而 GeoMiner 是在 MapInfo 平台上二次开发而成，系统庞大，造成较大的资源浪费。S – PLUS 的局限在于，它采用一种解释性语言（Script），其功能的实现比用 C 和 C ++ 直接实现要慢得多，所以只适合于非常小的数据库应用。基于现存空间数据挖掘系统的结构所存在的缺陷，我们提出空间数据挖掘系统一种新的实现方案。

2）空间数据挖掘系统一种新的实现方案

以上几种系统都是用自己开发的或 GIS 软件开发商提供的 GIS 平台、组件或中间件来实现SDM系统中的空间数据管理和分析。本文提出空间数据挖掘系统一种新的实现方案，即以现在通用空间数据库(Oracle Spatial)为核心，利用其空间数据管理和空间分析的能力，完成空间数据挖掘中大量的空间信息抽取任务，GIS组件只承担对挖掘结果的地图化显示任务。采用这种模式，不仅可实现GIS系统与空间数据挖掘系统完全集成，并且由于大部分空间信息抽取过程直接在低层数据库上进行，从而可大大提高计算效率。

该系统的基本结构与一般数据挖掘系统相同，仅在数据挖掘和数据管理中增加了有关空间信息的抽取、空间数据管理和空间分析的功能，并建立了一个人机接口处理用户的指令和显示挖掘结果。

这种开发模式与现存开发模式的最大区别是用通用空间数据库代替专门的GIS商用软件，实现空间数据管理和空间分析功能，它的优点如下：

(1) GIS商用软件一般是为开发GIS系统而设计的。GIS作为一个独立软件系统时，需要具有完整的功能结构，而在为数据挖掘服务时，其主要目的在于为决策者提供决策对象及显示作为挖掘结果的地图，因此只要求按需选取GIS的部分功能，而不必面面俱到。GIS的一些功能，如空间数据的管理和空间分析等，在通用空间数据库系统中存在相似模块，因此可由通用空间数据库管理系统中已有功能得到。空间数据和属性数据的查询和空间操作可利用数据库管理功能完成，数据挖掘分析模块则可作为一个或多个模块，由数据挖掘子系统统一管理，而空间数据的存储管理与分析均交给通用空间数据库完成。这样不仅可减少系统的功能冗余，提高系统的一致性，还可更好地利用商用数据管理系统的各种优化技术来提高系统空间数据管理与分析的速度。

(2) 从异构数据库的集成和空间数据与属性数据的统一管理来看，目前不同GIS厂商遵循的空间数据格式标准不同，GIS通用平台或组件一般只能直接处理本系统的空间数据文件，因此异种数据库的集成是一个难题。而通用空间数据库提供了数据转换接口，可以将各种不同格式的空间数据转换为统一的格式存入扩展的对象——关系数据库，从而很好地解决了异种数据库集成的问题。另外，它还克服了GIS系统空间数据与属性数据分离的缺点。

(3) 从数据挖掘与空间数据库技术的结合来看，空间数据库系统与数据挖掘系统完全分开的系统尽管简单，但有不少缺点。首先，空间数据库系统在存储、组织、访问和处理数据立方体方面提供了很大的灵活性和有效性。在空间数据库(SDB)/空间数据仓库(SDW)系统中，数据多半被很好地组织、索引、清理、集成或合并，使得找出与任务相关的、高质量的数据成为一件容易的任务。不使用SDB/SDW系统，数据挖掘系统可能要花大量的时间查找、收集、清理和转换数据。其次，在SDB或SDW系统中，有许多被测试的、可伸缩的算法和数据结构，因此，使用这种系统开发有效的、可伸缩的实现是切实可行的。此外，大部分数据已经或将要存放在SDB/SDW系统中，不与这些系统耦合，数据挖掘系统就需要使用其他工具提取数据，使得很难将这种系统集成到信息处理环境。

(4) Oracle Spatial是专门为开发与执行大型企业空间数据仓库而研制的产品，它在海量空间数据的存储和组织上性能卓越，在开发基于空间数据仓库的空间数据挖掘应用方面具有显著的优势。

（5）Oracle Spatial 分担了 SDM 算法中部分空间数据抽取的任务，减轻了数据挖掘子系统的负担；另外，由于 Oracle 对分布式应用的良好支持，从而为实现分布式空间数据挖掘及并行空间数据挖掘提供了最佳方案。

7.2.4.5 有待研究的问题

目前虽然在空间数据挖掘技术的研究和应用中取得了很显著的成绩，但在一些理论及应用方面仍存在急需解决的问题。

1. 数据访问的效率和可伸缩性

空间数据的复杂性和数据的大量性，TB 数量级的数据库的出现，必然增大发现算法的搜索空间，增加了搜索的盲目性。如何有效地去除与任务无关的数据，降低问题的维数，并为此设计出更加高效的挖掘算法对空间数据挖掘提出了巨大的挑战。

2. 对当前一些 GIS 软件缺乏时间属性和静态存储的改进

由于数据挖掘的应用在很大的程度上涉及时序关系，因此静态的数据存储严重妨碍了数据挖掘的应用。基于图层的计算模式、不同尺度空间数据之间的完全割裂也对空间数据挖掘设置了重重障碍。空间实体与属性数据之间的联系仅仅依赖于标识码，这种一维的连接方式无疑将丢失大量的连接信息，不能有效地表示多维和隐含的内在连接关系，这些都增加了数据挖掘计算的复杂度，极大地增加了数据准备阶段的工作量和人工干预的程度。

3. 发现模式的精炼

当发现空间很大时会获得大量的结果，尽管有些是无关或没有意义的模式，这时可利用领域的知识进一步精炼发现的模式，从而得到有意义的知识。

在空间数据挖掘技术方面，重要的研究和应用的方向还包括：网络环境上的数据挖掘、栅格矢量一体化的挖掘、不确定性情况下的数据挖掘、分布式环境下的数据挖掘、数据挖掘查询语言和新的高效的挖掘算法等。

7.2.5 图像数据挖掘

1. 图像数据的相似性搜索

对图像数据相似搜索，主要考虑两种图像标引和检索系统：①基于描述的检索系统，主要是在图像描述之上建立标引和执行对象检索，如关键字、标题、尺寸和创建时间等；②基于内容的检索系统，它支持基于图像内容的检索，如颜色构成、纹理、形状、对象和小波变换等。基于描述的检索若用手工完成是很费力的，若自动完成，检索结果质量通常较差，如对图像赋予关键字可以是很灵活随意的事情。基于内容的检索使用视觉的特征标引图像并基于特征相似检索对象，这在很多应用中都是需要的。

在基于内容的检索系统中，通常有两种查询：基于图像样本的查询（image sample – based queries）和图像特征描述查询（image feature specification queries）。基于图像样本的查询是指找出所有与给定图像样本相似的图像，其做法是把从样本中提取的特征向量（feature vector）（或特征标识（signature））与已经提取并在图像数据中已经索引过的图像特征向量相比较。基于这一比较结果，可以得到与样本图像近似的图像。图像特征描述查询是指给出图像的特征描述这一比较结果，可以得到与样本图像近似的图像。图像特征描述查询是指给出图像的特征描述或概括(如颜色、纹理或形状),把其转换为特征向量,与数据中已有的图像特征向量匹配。基于内容的检索有广泛的用途,包括医疗诊断、气象预报、TV 制作、针对图像的 Web 搜索引擎及电子商务等。一些系统如 Query By Image Content,按图像内容查询,同时支持样本查询和图像特征描述查询。有些系统也同时支持基于内容和若干描述的检索。

人们已经提出了几种在图像数据库中基于图像特征标识的相似检索方法。

(1) 基于颜色直方图的特征标识(color histogram - based signature)。在此方法中,图像的特征标识包括了基于图像颜色构成的颜色直方图,其中忽略了图像的尺度(scale)或方位。由于此方法中并不包含任何有关形状、位置或纹理信息,因此具有相似颜色构成的两幅图像可以包含极为不同的形状或纹理,这样在语义上可以完全不相关。

(2) 多特征构成的特征标识(multifeature composed signature)。在此方法中,图像的特征标识由多个特征组成:颜色直方图、形状、位置和结构。通常,可以对每一个特征定义其距离函数,然后将各结果综合导出总的结果。多维的基于内容的检索通常使用一个或几个探测特征来搜索包含同样特征的图像。因此它可用于相似图像的搜索。

(3) 基于小波的特征标识(wavelet - based signature)。本方法使用了图像的小波系数作为优势特征标识。小波可以在一个单一的框架内表示形状、纹理和位置等信息。这将提高效率并减少对多个特征搜索的需要(与多特征构成的特征标识不同)。然而,由于此方法对整个图像只计算一个特征标识,它可能无法识别出包含相同对象但对象位置或尺寸不同的图像。

(4) 带有区域粒度的小波特征标识(wavelet - based signature with region - based granularity)。在此方法中,特征标识的计算和比较是在区域粒度上,而不是在整个图像上进行的。这是基于如下的结论:相同的图像可能包含相同的区域,但一幅图像中的一个区域可以是另一幅图像中的匹配区域的变换或伸缩的结果。因此,查询图像 Q 和目标图像 T 之间的相似计算可定义在由 Q 和 T 相匹配的区域所覆盖的两幅图像的面积碎片上进行。这种基于区域相似的搜索可以找出这样的图像,它们包含相似对象,但这些对象可以是经过变换或伸缩过的。

2. 图像数据的多维分析

为进行图像数据的多维分析,可以设计和构造出图像数据立方体。该数据立方体可包含针对图像信息的维和度量,如颜色、纹理和形状。图像数据立方体的建立有助于图像数据的基于视觉内容的多维分析,包括汇总、比较、分类、关联和聚类。

图像数据立方体对图像数据的多维分析是很有用的模型,然而必须注意,要实现一个维数很大的数据立方体是极其困难的。在图像数据立方体中,我们要考虑颜色、方位、纹理、关键字等属性,而这其中有很多属性是集合值而不是单值。如何设计出既能满足效率要求,又有足够表达能力的图像数据立方体是个亟待研究的问题。

3. 图像数据的分类和预测分析

分类和预测分析已经用于图像数据挖掘,目前图像分类主要采用决策树方法。

数据预处理在图像数据挖掘中是相当重要的,它包括数据清洗、数据聚集和特征提取。

除了在模式识别中使用的标准方法如边界探测和 Hough 变换,还可以探索新的技术,如把图像分解为特征向量,或采用概率模型处理不确定性。图像数据的分类和聚类与图像分析和科学数据挖掘有密切联系,因此,图像分析技术和科学数据分析方法可以用于图像数据的挖掘过程。

4. 图像数据中的关联规则挖掘

在图像数据中可以挖掘涉及图像对象的关联规则,至少包括三类规则:①图像内容与非图像内容的关联;②与空间关系无关的图像内容的关联;③与空间关系有关的图像内容的关联。要挖掘图像对象间的关系,可以把每一个图像看作一个事务,从中找出不同图像间出现频率高的模式。这里有三个特点:首先,一个图像可以包含多个对象,每个对象可以有许多特征,这样可能存在大量关联;第二,由于包含多个重复出现对象的图片是图像分析中的一个重要特征,在关联分析中不应忽视同一对象的重复出现问题;第三,在图像对象间通常存在着重要的空间关系,如之上、之下、之间、之左、之右、附近等,这些特征对挖掘对象关联和相关性非常有用。

5. 可视化数据挖掘

可视化数据挖掘用数据或知识可视化技术从大的数据库中发现隐含的和有用的知识。人们的视觉系统是由眼睛和人脑控制的,后者可看作是一个强有力且高度并行的处理和推理引擎,它带有一个大的知识库。可视化数据挖掘把这些强大的组件有效地组合起来使它成为一个吸引人的有效的工具,用来对数据的属性、模式、簇和孤立点进行综合分析。

随着计算机计算能力的发展和业务复杂性的提高,数据的类型会越来越多、越来越复杂,数据挖掘将发挥出越来越大的作用。

7.3　数据挖掘应用

7.3.1　超市布局

根据数据挖掘出特别的信息来,因此现在超级市场的厨房用品是按照女性的视线高度来摆放。根据研究指出,美国妇女的视线高度是 150 cm 左右,男性是 163 cm,而最舒适的视线角度是视线高度以下 15 度左右,所以最好的货品陈列位置是在 130 cm ~ 135 cm 之间。

商品的相互关系分析,有效的摆放可以促销。

需要强调的是,数据挖掘技术从一开始就是面向应用的。目前,在很多领域,数据挖掘(data mining)都是一个很时髦的词,尤其是在银行、电信、保险、交通、零售(如超级市场)等商业领域。数据挖掘所能解决的典型商业问题包括:数据库营销(Database Marketing)、客户种群划分(Customer Segmentation & Classification)、背景分析(Profile Analysis)、交叉销售(Cross – selling)等市场分析行为,以及客户流失性分析(Churn Analysis)、客户信用记分(Credit Scoring)、欺诈发现(Fraud Detection)等。

7.3.2　客户关系管理

随着经济全球化和服务一体化,顾客对产品和服务的满意与否,成为企业发展的决定性因素。另一方面，消费者的价值选择也经历了三个阶段：第一是理性消费时代，即社会物质不丰富、人们的生活水平较低，消费者重价格、重质量，价值选择标准是“好”与“差”；第二是感觉消费时代，随着生活水平逐步提高，人们注重产品的形象、品牌、设计，价值选择标准是“喜欢”与“不喜欢”；第三是感情消费时代，生活水平大大提高，消费者重视心灵的充实和满足，价值选择的标准是“满意”与“不满意”。

两方面的变化将企业管理推到客户关系管理（CRM）时代。客户关系管理是指企业通过富有意义的交流沟通，理解并影响客户行为，最终实现提高客户获得、客户保留、客户忠诚和客户创利的目的。对于获得客户，可以采用 DM 中的分类方法。首先是通过对数据库中各数据行的分析，从而建立一个描述已知数据集类别或概念的模型，然后对每一个测试样本，用其已知的类别与学习所获模型的预测类别做比较，如果一个学习所获模型的准确率经测试被认可，就可以用这个模型对未来对象进行分类。如购物篮分析，就是根据被放到一个购物篮中的商品内容记录数据，发现不同的被购买商品之间所存在的关联知识，找出常在一起被购买的商品，帮助商家分析顾客的购买习惯，制定有针对性的市场营销策略。向上销售可以作为追加销售的重要方法，如向客户销售某一图书的后续部分（上、下册）、姊妹篇、VCD 等相关产品。通过分析，掌握客户的各种特征如年龄、性别、受教育程度、职业、收入等与购书金额、购买频度、喜好种类、决定购买因素、关心问题之间的内在联系，找出客户的购买特征，进而推荐符合这些特征的产品。研究表明，企业在获得新客户上的花费是他们保留已有客户花费的 5 倍。

数据挖掘技术在企业市场营销中得到了比较普遍的应用，它是以市场营销学的市场细分原理为基础，其基本假定是“消费者过去的行为是其今后消费倾向的最好说明”。

通过收集、加工和处理涉及消费者消费行为的大量信息，确定特定消费种群或个体的兴趣、消费习惯、消费倾向和消费需求，进而推断出相应消费种群或个体下一步的消费行为，然后以此为基础，对所识别出来的消费种群进行特定内容的定向营销，这与传统的不区分消费者对象特征的大规模营销手段相比，大大节省了营销成本，提高了营销效果，从而为企业带来更多的利润。

商业消费信息来自市场中的各种渠道。例如，每当我们用信用卡消费时，商业企业就可以在信用卡结算过程中收集商业消费信息，记录下我们进行消费的时间、地点、感兴趣的商品或服务，以及愿意接收的价格水平和支付能力等数据；当我们在申办信用卡、商品保修单等需要填写表格时，我们的个人信息就存入了相应的业务数据库。企业除了自行收集相关业务信息之外，还可以从其他渠道获得此类信息为自己所用，但不能超越法律许可的范围。

这些来自各种渠道的数据信息被组合，应用超级计算机、并行处理、神经元网络、模型化算法和其他信息处理技术手段进行处理，从中得到商家用于向特定消费种群或个体进行定向营销的决策信息。这种数据信息是如何应用的呢？举一个简单的例子，当银行通过对业务数据进行挖掘后，发现一个银行账户持有者突然要求申请双人联合账户，且确认该消费者是第一次申请联合账户时，银行会推断该用户可能要结婚了，就会向该用户定向推销用于购买房屋、支付子女学费等长期投资业务。

在市场经济比较发达的国家和地区，许多公司都开始在原有信息系统的基础上通过数据挖掘对业务信息进行深加工，以构筑自己的竞争优势，扩大自己的营业额。美国运通公司（American Express）有一个用于记录信用卡业务的数据库，数据量达到54亿字符，并仍在随着业务进展不断更新。运通公司通过对这些数据进行挖掘，制定了"关联结算（Relation ship Billing）优惠"的促销策略，即如果一个顾客在一个商店用运通卡购买一套时装，那么在同一个商店再买一双鞋，就可以得到比较大的折扣，这样既可以增加商店的销售量，也可以增加运通卡在该商店的使用率。再如，居住在伦敦的持卡消费者如果最近刚刚乘英国航空公司的航班去过巴黎，那么他可能会得到一个周末前往纽约的机票打折优惠卡。

基于数据挖掘的营销，常常可以向消费者发出与其以前的消费行为相关的推销材料。卡夫（Kraft）食品公司建立了一个拥有3 000万客户资料的数据库，数据库是通过收集对公司发出的优惠券或其他促销手段作出积极反应的客户信息和销售记录而建立起来的，卡夫公司通过数据挖掘了解特定客户的兴趣和口味，并以此为基础向他们发送特定产品的优惠券，并为他们推荐符合客户口味和健康状况的卡夫产品食谱。美国的读者文摘（Reader's Digest）出版公司运行着一个积累了40年的业务数据库，其中容纳有遍布全球的一亿多个订户的资料，数据库每天24小时连续运行，保证数据不断得到实时的更新，正是基于对客户资料数据库进行数据挖掘的优势，使读者文摘出版公司能够从通俗杂志扩展到专业杂志、书刊和声像制品的出版和发行业务，极大地扩展了自己的业务。

基于数据挖掘的营销对我国当前的市场竞争也很有启发意义，我们经常可以看到繁华商业街上一些厂商对来往行人不分对象地散发大量商品宣传广告，其结果是不需要的人随手丢弃资料，而需要的人并不一定能够得到。如果家电维修服务公司向在商店中刚刚购买家电的消费者邮寄维修服务广告，卖特效药品的厂商向医院特定门诊就医的病人邮寄广告，肯定会比漫无目的的营销效果要好得多。

7.3.3　天文数据分析

数据挖掘在天文学上有一个非常著名的应用系统：SKICAT，它是美国加州理工学院与天文科学家合作开发的用于帮助天文学家发现遥远的类星体的一个工具。SKICAT既是第一个获得相当成功的数据挖掘应用，也是人工智能技术在天文学和空间科学上的第一批成功应用之一。利用SKICAT，天文学家已发现了16个新的极其遥远的类星体，该项发现能帮助天文工作者更好地研究类星体的形成及早期宇宙结构。在天文学研究及航天数据分析中，人们遇到了一个很大的难题，即人工对大批量数据分析的无能为力。这里所说的数据量一般在数千兆以上，现有的大型数据库只是把数据以另一种形式给出，而并没有对数据进行更深层次的处理，因而在对大量天体数据进行分析的过程中，很难起到根本的促进作用。SKICAT不仅提供对数据库的管理，并且通过训练可以对天体进行辨识。它采用了模块化设计，共有三个主要功能模块：分类建立、分类管理及统计分析。其中，分类建立是通过有示范的训练建立对天体的辨识机制。对天体的辨识是进行其他数据分析的前提，只有将天体识别出来以后（如判断是星系还是星球），才能进行相应研究。使用SKICAT对天体数据进行分析，一方面是通过机器学习将知识提取过程由学习算法完成，从而可以实现对大批量数据的分析，另一方面是辨识那些亮度很低、人工难以判读的天体图像，以进行后续分析。

SKICAT通过有效地对天体图像的特征进行定义，对那些亮度较低的图像可以得到比人工分类更好的结果。将仅由像素包含的关于天体的多维信息通过变换形成低维空间内的向量空间，并进而利用示范学习进行分类，以达到人工直接观察无法达到的分类精度。

7.3.4 欺诈甄别

在银行或商业的金融活动中，经常发生一些欺诈行为，比如部分客户的恶性透支，给银行或企业带来巨大的经济损失。对这种诈骗行为进行预测，即使正确率很低的预测，都可以减少诈骗行为发生的机会，从而减少经济损失。美国的城市银行利用KDD技术对已有的客户数据进行模式提取，获得关于客户信用评估的模型，然后根据客户提供的相关信息，决定是否发放给客户信用卡。这就是说该模型可以得到客户恶性透支的可能性，对于具有这种可能性的值大于规定阈值的客户，银行用某种理由不予发放，从而每年避免了十几亿美元的损失。

7.4 数据挖掘的技术、经济及社会因素

谈到数据挖掘应从三方面加以考虑：一是利用数据挖掘解决什么样的商业问题；二是为进行数据挖掘所做的数据准备；三是数据挖掘的各种分析算法。

数据挖掘的分析算法主要来自于两个方面：统计分析和人工智能（机器学习、模式识别等）。数据挖掘研究人员和数据挖掘软件供应商，在这一方面所做的主要工作是优化现有的一些算法，以适应大数据量。另外需要强调的是，任何一种数据挖掘的算法，不管是统计分析方法、神经元网络、各种树分析方法，还是遗传算法，没有一种算法是万能的。不同的商业问题，需要用不同的方法去解决。即使对于同一个商业问题，可能有多种算法，这个时候，也需要评估对于这一特定问题和特定数据哪一种算法表现好。

做数据挖掘研究的人，往往把主要的精力用于改进现有算法和研究新算法上。人们都知道数据准备是必不可少的一步，但很少有人去真正花时间和精力去研究。其实数据挖掘最后成功与失败，是否有经济效益，数据准备起到了至关重要的作用。数据准备包含很多方面：一是从多种数据源去综合数据挖掘所需要的数据，保证数据的综合性、易用性，保证数据的质量和数据的时效性，这有可能要用到数据仓库的思想和技术；另一方面就是如何从现有数据中衍生出所需要的指标，这主要取决于数据挖掘者的分析经验和工具的方便性。

众所周知，SQL是广泛用于数据库查询的语言，有很多数据挖掘软件提供商利用SQL来为数据挖掘做数据准备，但就笔者多年来的分析经验和同其他专家探讨感觉到，SQL在很多时候有些力不从心，因为数据挖掘和分析的一些算法通常要求数据具有一定的格式和规范性。

还需要强调的一点是，人们通常把数据挖掘工具看得过份神秘，认为只要有了一个数据挖掘工具，就能自动挖掘出所需要的信息，就能更好地进行企业运作，这是认识上的一个误区。其实要想真正做好数据挖掘工作，数据挖掘工具只是其中的一个方面，同时还需要对企业业务有深入了解，需要数据分析经验。一个企业要想在未来的市场中具有竞争力，必须有

一些数据挖掘方面的专家,专门从事数据分析和数据挖掘工作,再同其他部门协调,把挖掘出来的信息供管理者决策参考,最后把挖掘出的知识物化。在国内的企业中,还很少有决策人员认识到这一点。如果管理者没有这方面的意识,数据挖掘和数据分析就很难发挥应有的作用,很容易走向两个极端:一是认为数据挖掘没有用处;二是开始认为数据挖掘是万能的。如此得到的结果往往与初始期望相差太远。

具体地说,应考虑以下 8 个问题:

(1) 超大规模数据库和高维数据问题。

(2) 数据丢失问题。

(3) 变化的数据和知识问题。

(4) 模式的易懂性问题。

(5) 非标准格式的数据、多媒体数据、面向对象数据处理问题。

(6) 与其他系统的集成问题。

(7) 网络与分布式环境下的 KDD 问题。

(8) 个人隐私问题。

7.5 小结

本章探讨了数据挖掘未来研究方向,论述了网站数据挖掘、文本数据挖掘、语音数据挖掘、空间数据挖掘、图像数据挖掘等复杂类型数据挖掘,描述了数据挖掘在超市布局、客户关系管理、天文数据分析、欺诈甄别等方面的应用情况,分析了数据挖掘的技术、经济及社会因素。

习题 7

1. 异构数据库系统由多个数据库系统组成,这些数据库的定义是相互独立的,但彼此间需要一定的信息交换,能够处理局部和全局查询。试述在这种系统中如何使用基于概化的方法处理描述性挖掘查询。

2. 对象立方体的建立,可以在执行多维概化之前通过把面向对象的数据库概化为结构化数据来完成。试述如何在对象立方体中处理集合值数据。

3. 空间关联挖掘可以至少按两种方式加以实现:①基于挖掘查询的要求,可以动态计算不同空间对象之间的空间关联关系;②预先计算出空间对象间的空间距离,使得关联挖掘可以基于这些预计算结果求得。试述:

(1) 如何高效实现上述方法;

(2) 各方法的适用条件。

4. 假设某城市的交通部门需要规划高速公路的建设,为此希望根据每天不同时刻收集到的交通数据进行有关高速公路交通方面的数据分析。

(1) 设计一存储高速公路交通信息的空间数据仓库,可以方便地支持人们按不同的高速公路、按一天的时间和按工作日查看平均的和高峰时间的交通流量，以及在发生重大交通事故时的交通状况。

（2）可以从该空间数据仓库中挖掘什么样的信息用于支持城市规划人员？

（3）该数据仓库既包含了空间数据，也包含了时态数据。设计一种挖掘技术，可以高效地从该空间－时态数据仓库挖掘有意义的模式。

5. 多媒体中的相似检索已经成为多媒体数据检索系统开发的主要内容。然而，许多多媒体数据挖掘方法只是基于孤立的简单多媒体特征分析，如颜色、形状、描述、关键字等。

（1）请说明为什么将数据挖掘与基于相似性的检索结合，可以给多媒体数据挖掘带来重要的进步。可以用任一数据挖掘技术为例，如多维分析、分类、关联或聚类等。

（2）请概述应用基于相似性的搜索方法增强多媒体数据中聚类质量的实现技术。

6. 假设一个供电站保存了按时间和按地区分配能源消耗的信息，以及按地区和用户分配的能源使用信息。讨论在这一时序数据库中如何解决如下的问题。

（1）找出星期五某一给定地区相似的能源消耗曲线。

（2）当能源消耗曲线急剧上升时，20分钟内会发生什么情况？

（3）设计区分能源消耗稳定地区与能源消耗不稳定地区的最突出特征的办法。

7. 假设某连锁餐厅想挖掘出与主要体育事件相关的顾客消费行为模式，如"每当电视播出法裔加拿大人的曲棍球比赛时，肯德鸡的销量会比赛前一小时上升20%"。

（1）给出一种找出这种模式的有效方法。

（2）大部分与时间相关的关联规则挖掘都使用了类Apriori算法。基于数据库投影的频繁模式（FP）增长方法，对挖掘频繁项集十分有效。可否扩展FP-增长方法以找出此类与时间相关的模式？

8. 一个电子邮件数据库是指包含了大量电子邮件（E-mail）信息的数据库。它可以被视为主要包含文本数据的半结构化数据库。讨论以下问题。

（1）如何使一个E-mail数据库变成结构化的，以便支持多维检索，如按发送者、接受者、主题和时间等的检索。

（2）从E-mail数据库中可以挖掘什么信息？

（3）假设对以前的一组E-mail信息有一个粗略的分类，如junk（垃圾）、unimportant（不重要）、normal（一般）或important（重要）。试述一数据挖掘系统如何以此为训练集来自动分类新的E-mail消息或反分类（unclassify）E-mail信息。

9. 构造针对万维网的数据仓库是十分困难的，原因是它的动态性和海量的存储数据。不过，在因特网上构造包含汇总的（summarized）、局部的（localized）、多维信息的数据仓库仍然是一件有趣而有用的事情。假设一因特网信息服务公司希望建立一个基于因特网的数据仓库，以帮助旅游者选择当地旅馆和餐厅。

（1）请设计一个能满足此服务的基于Web的旅游数据仓库。

（2）假设每一旅馆和餐厅都有一个自己的Web页面。讨论为使这一基于Web的旅游数据仓库大众化，如何查询这些页面及用什么方法去从这些页面中抽取信息。

（3）讨论如何实现一种能够提供关联信息挖掘方法，如"呆在市中心希尔顿的90%的顾客至少要在 Emperor Garden 餐厅就餐两次。”

10. 每一个科学的或工程的学科都有其自身的主题索引分类标准，用于对该学科的文档加以分类。

(1) 设计一个 Web 文档分类方法，可以利用此类主题索引对一组 Web 文档实现自动分类。

(2) 讨论如何利用 Web 链接信息来改进此分类的质量。

(3) 讨论如何利用 Web 使用信息来改进此类分类的质量。

11. Web 日志记录为数据挖掘提供了丰富的 Web 使用信息。

(1) 挖掘 Web 日志访问序列，可有助于预取一定 Web 页面到 Web 服务器的缓冲区中，如那些在接下来需要访问的页面。设计一种可用于挖掘此类访问模式信息有效的实现方法。

(2) 挖掘 Web 日志访问记录，可有助于将用户划分成不同类型，以便实现个性化的市场服务。讨论如何设计一种实现用户聚类的有效方法。

12. 给出一个未在本章论及的数据挖掘应用的例子。讨论在此应用中如何使用各种不同的数据挖掘方法。

13. 假设要在市场上买一个数据挖掘系统。

(1) 考虑数据挖掘系统与数据库或数据仓库系统的耦合方式，试述无耦合、松耦合、半紧耦合和紧耦合之间的区别。

(2) 行可伸缩和列可伸缩性之间的区别是什么？

(3) 当选择一个数据挖掘系统时，在以上列出的诸多特征中，哪些是你所关心的？

14. 考察一个现存的商品化数据挖掘系统。从多个不同角度分析这一系统的主要特征，包括可处理的数据类型、系统体系结构、数据源、数据挖掘功能、数据挖掘方法、与数据库或数据仓库系统的耦合度、可伸缩性、可视化工具及图形用户界面。能否对该系统提出一些改进意见？并概述其实现方法。

15. 提出几种对音频数据挖掘的实现方法。可否将音频数据挖掘与可视化数据挖掘相结合，使得数据挖掘变得生动有趣而功能强大？可否开发一些视频数据挖掘方法？给出一些例子和解决方案，使得集成的音频 - 可视化挖掘有效。

16. 通用计算机加上与领域独立的关系数据库系统在过去的几十年中，已形成为一个巨大的市场。然而很多人认为，通用的数据挖掘系统不会在数据挖掘市场成为主流。你的看法如何？对数据挖掘而言，我们应当致力于开发独立于领域的数据挖掘系统，还是应当开发特定领域的数据挖掘系统？请说明理由。

17. 为什么说理论基础的建立对数据挖掘是十分重要的？列出并描述现已提出的数据挖掘的主要理论基础。评论一下每一种理论如何满足（或不满足）数据挖掘的理想理论框架的要求。

18. 直接查询应答与智能查询应答间的区别是什么？假设一用户要查询某度假区的旅馆的价格、地址和等级。举例来说明用直接查询应答与智能查询应答处理此查询的情况。

19. 假设当地银行有一个数据挖掘系统。该银行已在研究你的信用卡的使用模式。注意到你在家庭装修店有多笔交易，银行决定与你联系，提供有关家居改善方面的特别贷款信息。

（1）讨论一下这如何与你的隐私权相冲突。

（2）给出另外一个使你感到数据挖掘侵犯你的隐私权的情况。

（3）可否举出一些数据挖掘对社会有帮助的例子？你能想出其中一些可能对社会有害的使用方式吗？

20．基于现有的对数据挖掘系统和应用的知识，你认为数据挖掘会成为一个巨大的市场吗？数据挖掘研究与开发的瓶颈是什么？你认为目前数据挖掘的方法会赢得巨大的系统应用市场份额吗？如果不是，你能提出一些建议吗？

21．基于你的研究，提出一个本章没有讨论到的数据挖掘新的课题。

参 考 文 献

[1] CHENG K, ZHOU Y Y. Fuzzy optimization techniques applied to the design of a digital BLDC servo drive[C]//Power Electronics specialists Conference, 2002.

[2] JIMENEZ F, SANCHEZ G, CADENAS J M, GOMEN_SKAMETA A F. A multi_objective evolutionary approach for nonlinear constrained optimization with Fuzzy costs[J]. Systems, Man And Cybernetics, 2004, 6:45 - 49.

[3] LIU Y K. Convergent results about the use of fuzzy simulation in fuzzy optimization problems[J]. Fuzzy Systems, 2006, 10:56 - 60.

[4] GUIMARSE F G, CAMPELO F, SALDANLA R R. A hybrid methodology for fuzzy optimization of electromagnetic devices[C]//IEEE Transaction on Magnetics, 2006.

[5] JIN Y W, SHEN H, LI K Q, CHI Z X. Solution to multi - objective fuzzy optimization dynamic programming with uncertain information[J]. Parallel and distributed computing - Application and Technologies, 2005, 8:78 - 83.

[6] ATTAVIRIYANUPAP P, KITA H, TANAKA E. A fuzzy - optimization approach to dynamic economic dispatch considering uncertains[C]//IEEE Transaction on Power System, 2004.

[7] HANGMING Y, XIANZHONG D. Fuzzy curtailment model study for bilateral transaction[J]. Power System Techonology, 2002, 12:42 - 46.

[8] SHU H N, LIANG Q L. Fuzzy optimization for distributed sensor deployment[C]//Wireless Communications and Networking Conference, 2005.

[9] SATIO S, ISHII H. Fuzzy optimization problems by parametric representation in the two_dimensional metric space[C]//IFSA World Congress and 20th NAFIA International Conferenc, 2001.

[10] ZADEH L. Fuzzy logic neural network and soft computing[J]. Communications of the ACNI, 1994, 37(3):77 - 84.

[11] JOHN R K. Genetic programming: on the programming of computers by the means of natural selection [M]. Cambridge Massachusetts: MI + T Press, 1992.

[12] LI Y F, LAN C C. Development of fuzzy algorithms for servo systems[J]. IEEE Trans on Control System Magazine, 1989(4):65 - 72.

[13] RIOLO R L. Modeling simple human category learning with a classifier system[C]//Proc. of the Fourth Intern. Conf. On Genetic Algorithms, Below RK, Booker LB, Eds San Mateo. CA, Morgan Kaufmann, 1991, 324 - 333.

[14] LIN C T. Neural fuzzy control systems with structure and parameter learning[M]. World Scientific Publishing Co. Pte. Ltd., 1994.

[15] ZIMMERMANN H J. Fuzzy set theory and its application[M]. Kluwer - Nijhoff, Nowell, MA, 1985.

[16] 祈春清. 基于粒子群优化模糊控制器永磁同步电机控制[J]. 中国电机工程学报, 2006.

[17] 郭大忠, 杨洪义. 冗余度机器人运动学模糊优化[J]. 组合机床与自动化加工技术, 2006.

[18] 陈栋, 吴云洁. 基于最优模糊推理的转台控制方法研究[J]. 系统仿真学报, 2006.

[19] 段萍, 张畅, 丁承君, 等. 基于模糊遗传算法的移动机器人墙跟踪控制策略[J]. 控制理论与应用, 2006.

[20] 阎树田. 一种基于模糊神经网络和遗传算法的智能 PID 控制器[J]. 兰州理工大学学报,2006.

[21] 谷蜂,陈华平,卢冰原. 基于遗传算法的模糊柔性工作车间调度优化[J]. 系统工程与电子技术,2006.

[22] 王晋,韩富春,武天文,等. 水电系统中多目标模糊优化分配模型[J]. 现代电力,2005.

[23] 王效华,李春光. 电网无功率分布的模糊优化[J]. 沈阳工程学院学报,2005.

[24] 王耀南. 智能控制系统—模糊逻辑 · 专家系统 · 神经网络控制[M]. 长沙:湖南大学出版社,1996.

[25] 王耀南. 基于遗传算法的模糊神经控制及其应用[J]. 系统工程与电子技术,1999,21(6):54 – 73.

[26] 范晓英,陆培抚,陈文楷. 一个新型的模糊控制器[J]. 控制理论与应用,1995, 12 (5):597 – 601.

[27] 刘增良,刘有才. 模糊逻辑与神经网络 – 理论研究与探索[M]. 北京:北京航空航天大学出版社,1996.

[28] 张良杰,李衍达. 模糊神经网络技术的新近发展[J]. 信息与控制,1995,24(1):39 – 45.

[29] 孟庆春. 基因算法及其应用[M]. 济南:山东大学出版社,1995.

[30] 王凌. 智能优化算法及其应用[M]. 北京:清华大学出版社,2001:42 – 44.

[31] 雷英杰,张善文,李续武,等. MATLAB 遗传算法工具箱及应用[M]. 西安:西安电子科技大学出版社,2005.

[32] 王小平,曹立明. 遗传算法:理论,应用与软件实现[M]. 西安:西安交通大学出版社,2002.

[33] 吴晓莉,林哲辉. MATLAB 辅助模糊系统设计[M]. 西安:西安电子科技大学出版社,2002.

[34] 杨纶标,高英仪. 模糊数学:原理及应用. 3 版. [M]. 广州:华南理工大学出版社,2001.

[35] 唐加福,汪定伟. 模糊优化理论与方法综述[J]. 控制理论与应用,2000.

[36] 唐加福,汪定伟,许宝栋,等. 基于评价函数的遗传算法求解的非线性规划问题[J]. 控制与决策,2000.

[37] 玄光南,程润伟. 遗传算法与工程优化[M]. 北京:清华大学出版社,2004.

[38] SIMON F. Uncertainty and imprecision: modeling and analysis [J]. Jour of Oper Res Soc, 1995, 46:70 – 79.

[39] ZIMMERMANN H J. Fuzzy set theory and its applications (2rd Ed) [M]. Kluwer – Nijhoff, Hinghum, 1991.

[40] ZADEH L A. Fuzzy sets as a basis for a theory of possibility [J]. Fuzzy Sets and Systems, 1978, 1:3 – 28.

[41] LAI Y J, HWANG C L. Fuzzy mathematical programming lecture notes in economics and mathematical systems 394[M]. Springer – Verlag, Berlin, 1992.

[42] BELLMAN R E, ZADEH L A. Decision making in a fuzzy environment[J]. Management Science, 1970, 17:141 – 164.

[43] FANG S, HU C F, et al. Linear programming with fuzzy coefficients in constraints[J]. Computers and Mathematics with Applications, 1999, 37:63 – 76.

[44] FANG S C, LI G. Solving fuzzy relation equations with a linear objective function[J]. Fuzzy Sets and Systems, 1999, 103:107 – 113.

[45] HAMACHER H, LEBERLING H, ZIMMERMANN H J. Sensitivity analysis in fuzzy linear programming [J]. Fuzzy Sets and Systems, 1978, 1(1):269 – 281.

[46] HAN S, ISHII H, FUJII S. One machine scheduling problem with fuzzy due dates[J]. European Journal of Operational Research, 1994, 79:1 – 12.

[47] BUCKLEY J J, HAYASHI Y. Fuzzy genetic algorithm and applications[J]. Fuzzy Sets and Systems,

61(2):129－136.

[48] LODWICK W A, JAMISON K D. A computational method for fuzzy optimization[C]//Avvub B M and Guota M M (Eds), Uncertainty Analysis in Engineering and Sciences: Fuzzy Logic, Statistics and Neural Network Approach. Kluwer Academic Publisher, Boston, 1998, 291－300.

[49] CARLSSON C, KORHONEN P. A parametric approach to fuzzy linear programming[J]. Fuzzy Sets and Systems, 1986, 20(1):17－30.

[50] ALI F M. A differential equation approach to fuzzy non－linear programming problems[J]. Fuzzy Sets and Systems, 1998, 93(1):57－61.

[51] TANG J, WANG D, FUNG R Y K. A survey on fuzzy modeling and fuzzy optlmization//Proceedings of 8th Fuzzy Sets Association World Congress(IFSA 99)[M], Taiwan, 1999, 532－536.

[52] 陈宝林. 最优化理论与算法[M]. 北京:清华大学出版社,2005,394－414.

[53] 欧志英,严克明,王柏岩. 共轭梯度法和最速下降法的混合算法[J]. 甘肃工业大学学报,1999,25(1):89－91.

[54] 宁伟,卿熙宏,陶华学. 基于共轭梯度法和最速下降法的非线性测量数据处理[J]. 山东科技大学学报:自然科学版,2004,23(4):5－7.

[55] 袁亚湘. 最优化理论与方法[M]. 北京:科学出版社,1997.

[56] 薛嘉庆. 最优化原理与方法[M]. 北京:冶金工业出版社,1983.

[57] 热体积模锻工艺过程设计最优化和自动化原理[M]. 肖景容,李德群译. 北京:国防工业出版社,1983.

[58] 张树有,纪扬建,谭建荣,等. 非关联尺寸标注干涉的自适应处理. 浙江大学学报,2001,35(6).

[59] 王明慈,沈恒范. 概率论与数理统计[M]. 北京:高等教育出版社,1999.

[60] BUNTINE W L. Operations for learning with graphical models[J]. Journal of Artifical Intelligence Research, 1994, 2:159－225.

[61] CHU W W, CHEN Q. Neighborhood and associative query answering[J]. Journal of Intelligence Information Systems, 1992, 1:355－382.

[62] STONE M. Cross－validatory choice and assessment of statistical and predications[J]. Journal of the Royal Statistical Society, 1974, 36:111－147.

[63] WANG R, STOREY V, FIRTH C. A framework for analysis of data quality research[J]. IEEE Transactions on Knowledge and Data Engineering, 1995, 7:623－640.

[64] STONE M. Classification and regression trees[M]. Wadsworth International Group, 1984.

[65] AGRAWAL R, SRIKANT R. Fast algorithms for mining association rules in large database[C]//Proceedings of the Twentieth International Conference on Very Large Databases, Santiago, Chile, 1994.

[66] 王耀南. 计算机智能信息处理技术及其应用[M]. 长沙:湖南大学出版社,1999:118－120.

[67] 孙圣和,陆哲明. 矢量量化技术及应用[M]. 北京:科学出版社,2002:233－236.

[68] 张成,王勇,等. 改进的自组织特征映射算法及其在图像矢量量化中的应用[J]. 兰州大学学报:自然科学版,1997,33(2):39－43.

[69] 王炳锡. 语音编码[M]. 西安:西安电子科技大学出版社,2002:162－180.

[70] KOHONEN T. Self organized formation of topological correct feature maps[M]. Biological Cybernetics 43, 1982.

[71] 诸静. 模糊控制原理与应用[M]. 北京:北京航天航空出版社,1995.

[72] 李士勇. 模糊控制、神经控制和智能控制论[M]. 哈尔滨:哈尔滨工业大学出版社,2001.

[73] 张乃尧. 神经网络与模糊控制[M]. 北京:清华大学出版社,1998.

[74] YI J K, WANG L. The application of fuzzy neural networks to the temperature control system of oil－

burning tunnel klin[C]//Proceedings of International Conference on Intelligent Proceedings. 1997,512-516.

[75] PEDRYCZ W. Fuzzy neural networks with reference neurons as pattern classifiers[J]. IEEE Trans on Neural Networks 3,1992,12:43-46.

[76] HORIKAWA S. On Fuzzy modeling using fuzzy neural networks with BP Algorithm[J]. IEEE Trans on Neural Networks 2,1992,23:67-70.

[77] SARIDIS G N. Intelligent robot control[J]. IEEE Trans on Automatic Control 5,1983,23:64-87.

[78] 樊俊,陈忠,涂光瑜,等. 同步发电机半导体励磁原理及应用[M]. 电力工业出版社,1981.

[79] 薛定宇. 控制系统计算机辅助设计[M]. 北京:清华大学出版社,1996:152-186.

[80] 刘金琨. 先进 PID 控制及其 MATLAB 仿真[M]. 北京:电子工业出版社,2003:136-139.

[81] 曾军,方厚辉. 神经网络 PID 控制及其 MATLAB 仿真[J]. 现代电子技术,2004,7(2):51-52.

[82] AWADTH B. Manufacturing process planning model using genetic algorithms [D]//University of Manitoba,1994.

[83] BJORKLUND M,ELLDIN A. A Practical Method of Calculation for Certain Types of Complex Common Control Systems[M]. Ericsson Technics,1964,20:3-75.

[84] 谭建豪,章兢. 逐步回归分析在锻模飞边尺寸设计准则挖掘中的应用[J]. 湖南大学学报:自然科学版,2006,33(4):55-59.

[85] 谭建豪,章兢. 基于遗传算法的 154T 电动车牵引励磁 PID 控制器的设计[J]. 湖南大学学报:自然科学版,2007,34(1):33-36.

[86] 谭建豪,章兢. 154T 电动轮自卸车状态监测与故障诊断系统的面向对象建模研究[J]. 计算技术与自动化,2006,25(3):17-20.

[87] 谭建豪,章兢. 自组织特征映射网络在压缩编码设计中的应用[J]. 计算技术与自动化,2007,26(1):22-25.

[88] 谭建豪,章兢. 基于正交规划的最优模锻工艺方案设计准则实验研究[J]. 锻压技术,2006,31(2):97-100.

[89] 谭建豪,章兢. 石英晶体量热仪测温系统硬件电路的设计[J]. 中国仪器仪表,2007,183(2):39-43.

[90] 谭建豪,章兢. 基于链码差的边界凸凹性判别[J]. 科学技术与工程,2007,7(5):769-772.

[91] 张伟刚,谭建豪. 基于人工免疫系统的网络文本分类研究[J]. 科学技术与工程,2006,6(22):3621-3623.

[92] 陈文斌,谭建豪. MODBUS 协议在电动轮自卸车控制与故障诊断系统中的应用[J]. 计算技术与自动化,2006. 25(1):35-37.

[93] 蒋海波,谭建豪. 基于电压关联的无功的模糊边界调节九区图法[J]. 科学技术与工程,2006,6(4):359-362.

[94] 刘小林,谭建豪. XML 在基于 B/S 架构的房地产管理信息系统中的应用[J]. 科学技术与工程,2005,5(24):1968-1972.

[95] 张国云,章兢,谭建豪. 不确定时滞系统的自适应支持向量机 Smith 预估控制[J]. 湖南大学学报:自然科学版,2005,32(3):35-38.

[96] 谭建豪,章兢,蔡立军,等. 现代信息处理及其应用[M]. 北京:北京交通大学出版社,2006.

[97] 章兢,张小刚. 数据挖掘算法及其工程应用[M]. 北京:机械工业出版社,2006.

[98] ABDULREZAK M,TAHIR C. An integrated knowledge-based system for alternative design and materials selection and cost estimating[J]. Expert Systems with Applications,1998(14):329-330.

[99] ABDEL-ILLAH M. Modeling knowledge-based anytime computation[J]. Expert Systems with Applications,1999(16):173-176.

[100] MANOHAR P A, SHIVATHAYA S S, FERRY M. Design of an expert system for the optimization of steel compositions and process route[J]. Expert Systems with Applications, 1999(17): 129 - 130.

[101] KLIRA J, MARIANO M. On the uniqueness of posiibilistic massage of uncertainty and infumation [M]. Fuzzy Sets and Systems, 1987: 314 - 332.

[102] 何勇. 基于智能对象的决策支持系统体系结构研究[J]. 武汉大学学报, 2004, 29(2): 116 - 119.

[103] 陈越岭, 王学林. 专家系统开发工具中表知识的处理及实现[J]. 华中科技大学学报, 2003, 31(4): 12 - 14.

[104] 张锋博, 蔡青. 通用不确定性推理模型[J]. 模式识别与人工智能, 1999, 12(3): 292 - 299.

[105] 徐琪, 徐福缘. 基于粗集理论的决策支持系统研究[J]. 计算机工程与应用, 2002, 38(16): 90 - 92.

[106] 张荣沂. 专家系统中不确定性知识的表示和处理[J]. 自动化技术与应用, 2002, 5: 35 - 39.

[107] 汪培庄. 模糊集合论及其应用[M]. 上海: 上海科技出版社, 1983, 105 - 106.

[108] 孙爱芳, 王大康. 机械设计专家系统中材料选择的模糊决策[J]. 北京工业大学学报, 1998, 24(4): 128 - 131.

[109] UMEDA. Y, Tomiyama. T. Functional reasoning in design[J]. IEEE Expert, 1997, 12(2): 42 - 48.

[110] 蔡逆水, 邹慧君, 王石刚, 等. 机械产品概念设计: 智能 CAD 中的关键技术[J]. 机械设计, 1997, 14(6): 1 - 3.

[111] 王大康, 李智宏. 基于设计型专家系统的综合数据库的研究[J]. 计算机辅助设计与制造, 2001, 1: 60 - 62.

[112] 于同敏, 刘铁山. 基于智能对象的知识处理方法在专家系统中的应用研究[J]. 计算机工程与应用, 2003, 39(32): 108 - 110.

[113] 黄炎生, 张建生. 结构 CAD 软件与 AutoCAD 接口的实现[J]. 华南理工大学学报, 2002, 30(5): 67 - 69.

[114] 李宏贵, 李兴国. 也谈 VisualC + + 实现数据库大字段存取[J]. 计算机应用与软件, 2003, 20(2): 13 - 14.

[115] LAISERIN, JERRY. Autodesk architectural studio[J]. Computer Software, 2002, 24(10): 54 - 55.

[116] HAO J P, YU Y L, XUE Q. A maintainability of visualization system and its devdopment under the AutoCAD environment[J]. Matmals Processing Technology, 2002(129): 277 - 282.

[117] 黄文虎, 夏松波, 刘瑞岩. 设备故障诊断原理、技术及应用[M]. 北京: 科学出版社, 1996, 1 - 13.

[118] 莫宏伟. 人工免疫系统原理与应用[M]. 哈尔滨: 哈尔滨工业大学出版社, 25 - 30.

[119] DASGUPTA D, ATOH - OKINE N, Immune - based systems: A survey[C]//Proc 1997 IEEE Int Conf on System, Man and Cybernetics, Orlando, FL, USA, 1997(1): 869 ~874.

[120] TIMMIS J, NEAL M, HUNT J. Artificial immune system for data analysis[J]. Biosystems, 2000, 55(3): 143 - 150.

[121] JERNE N K. Towards a network theory of the immune systems[J]. Annual Immunology 12 5C, 1974, 373 - 389.

[122] ISHIGURO A, KUBOSHIKI S, ICHIKAWA S. Gait coordination of hexapod walking robots using mutual - coupled immune networks[C]//Proc IEEE International Conference on Evolutionary Computation, Perth, Australia, 1995, 672 - 677.

[123] COSTA - BRANCO P J, DENTE J A, VILELA - MENDES R. Using immunology principles for fault detection[J]. IEEE Transactions On Industrial Electronics, 2003, 50(2): 362 - 373.

[124] HUNT J, COOKE D. Learning using an artificial immune system[J]. Journal of Network and Computer Applications: Special Issue on Intelligent System Design and Application, 1996(19): 189 - 212.

[125] 陈仁.免疫学基础[M].北京:人民卫生出版社,1982,12-25.

[126] DE-CASTRO L N, VON-ZUBEN F J. An evolutionary immune network for data clustering[C]//Proc 6th Brazilian Symposium on Neural Networks, Rio de Janeiro, Brazil, 2000, 84-89.

[127] 徐炜,贺占庄,等.一种新的免疫克隆选择算法在多峰寻优中的应用[J].武汉大学学报,2005,38(5):147-150.

[128] PAUL H, STEPHANIE F. An efficient algorithm for generating random antibody strings[C]//Technical Report, No. CS94-7: Department of Computer Science, University of New Mexico, 1994.

[129] AYARA, TIMMIS, LEMOS D, DE-CASM L, et al. Negative selection: How to generate detectors [C]//Proceedingso FICARIS(International Conference on ArtificialI mmune Systems), 2002, 89-98.

[130] VARELA F, COUTINHO A, Second generation immune networks[J]. Immunal Today,. 1991, 12, 159-167.

[131] TOYOO F, KAZUYUKI M, MAKOTO T. Parallel search for multi-modal function optimization with diversity and learning of immune algorithm[C]//Dasgupta D, Artificial Immune Systems and their Applications, Spring-Verlag, 1998: 210-220.

[132] 王磊,潘进,焦李成.免疫算法[J].电子学报,2000,28(7):74-78.

[133] 左兴权,李士勇,等.一类自适应免疫进化算法[J].控制与决策,2004,19(3).

[134] 吕岗,陈小平,等.免疫算法抗体浓度调节定义的改进[J].数据采集与处理,2003,18(1).

[135] 葛红.免疫算法与遗传算法的比较[J].暨南大学学报,2003,24(1):22-25.

[136] 郑纬民,黄刚.数据挖掘纵览[J].计算机世界报,1999-05-31 IH,C1~C2.

[137] 王俊锋.过程监测中的数据挖掘技术(博士学位论文)[J].广州:华南理工大学,2002.

[138] BRACHMAN R J, ANAND T. The process of knowledge discovery in databases: a human-centered approach. adavance in knowledge discovery and data mining[M]. AAAIIMIT Press, 1996: 37-58.

[139] JOHN G H. Enhancements to the data mining process[D]//Standford University, 1997.

[140] 钱政,杨莉,严璟.组合神经网络模型中典型训练样本集的选取[J].高电压技术,1999,25(4):1-6.

[141] 数据挖掘概念与技术[M].范明,孟小峰等译.北京:机械工业出版社,2001.

[142] 郭军.智能信息技术[M].北京:北京邮电大学出版社,2001.